"十四五"时期国家重点出版物出版专项规划项目

第二次青藏高原综合科学考察研究丛书

青藏高原
微生物与气候环境变化关联研究

刘勇勤　杨云锋　邢　鹏　张志刚　赵　琪　著

科学出版社

北　京

内 容 简 介

本书系"第二次青藏高原综合科学考察研究"之生物多样性保护与可持续利用关键区科学考察的总结性专著，汇集青藏高原微生物研究的最新成果。全书共 7 章，包括冰川微生物与气候环境变化、土壤微生物与生态环境、湖泊 / 河流 / 湿地微生物与气候环境变化、高原动物微生物与生态环境、空气微生物与大气环流的关系、青藏高原微生物抗生素抗性基因，以及展望和建议。

本书可供生态学、微生物学、地学等专业的科研、教学等相关人员参考使用。

审图号：GS京(2023)1423号

图书在版编目(CIP)数据

青藏高原微生物与气候环境变化关联研究 / 刘勇勤等著 . -- 北京：科学出版社 , 2024. 11. -- (第二次青藏高原综合科学考察研究丛书).
ISBN 978-7-03-079454-3
Ⅰ . Q93；P467

中国国家版本馆CIP数据核字第2024L9T052号

责任编辑：杨帅英 赵 晶 / 责任校对：郝甜甜
责任印制：赵 博 / 封面设计：马晓敏

科学出版社 出版
北京东黄城根北街16号
邮政编码：100717
http://www.sciencep.com

涿州市般润文化传播有限公司印刷
科学出版社发行 各地新华书店经销
*
2024年11月第 一 版 开本：787×1092 1/16
2024年11月第一次印刷 印张：23 1/2
字数：557 000

定价：319.00元
(如有印装质量问题，我社负责调换)

"第二次青藏高原综合科学考察研究丛书"

指导委员会

"第二次青藏高原综合科学考察研究丛书"
编辑委员会

《青藏高原微生物与气候环境变化关联研究》
编写委员会

第二次青藏高原综合科学考察队
微生物多样性科考分队队员名单

姓名	职务	工作单位
刘勇勤	分队长	中国科学院青藏高原研究所
杨云锋	分队长	清华大学
邢 鹏	分队长	中国科学院南京地理与湖泊研究所
张志刚	分队长	云南大学
赵 琪	分队长	中国科学院昆明植物研究所
姚 蒙	队员	北京大学
张 锐	队员	厦门大学
刘军志	队员	兰州大学
计慕侃	队员	兰州大学
刘鹏飞	队员	兰州大学
沈 亮	队员	安徽师范大学
刘克韶	队员	中国科学院青藏高原研究所
毛冠男	队员	兰州大学
张蔚珍	队员	兰州大学
余 涛	队员	兰州大学
张新芳	队员	兰州大学
王 凤	队员	中国科学院青藏高原研究所
邢婷婷	队员	中国科学院青藏高原研究所

郭泌汐	队员	中国科学院青藏高原研究所
陈玉莹	队员	兰州大学
汪文强	队员	兰州大学
臧琳	队员	兰州大学
张志好	队员	中国科学院青藏高原研究所
郭雪滋	队员	中国科学院青藏高原研究所
戴玉成	队员	北京林业大学
蔡箐	队员	中国科学院昆明植物研究所
冯邦	队员	中国科学院昆明植物研究所
葛再伟	队员	中国科学院昆明植物研究所
李艳春	队员	中国科学院昆明植物研究所
王立松	队员	中国科学院昆明植物研究所
王向华	队员	中国科学院昆明植物研究所
王欣宇	队员	中国科学院昆明植物研究所
吴刚	队员	中国科学院昆明植物研究所
褚海燕	队员	中国科学院南京土壤研究所
张更新	队员	中国科学院青藏高原研究所
邓永翠	队员	南京师范大学
时玉	队员	中国科学院南京土壤研究所
杨腾	队员	中国科学院南京土壤研究所
郭雪	队员	中国科学院生态环境研究中心
代天娇	队员	清华大学
曾宇飞	队员	清华大学
雷杰斯	队员	清华大学
张秋亭	队员	清华大学

刘　索	队　员	清华大学
苏亦凡	队　员	清华大学
张隽禹	队　员	清华大学
韩博平	队　员	暨南大学
胡安谊	队　员	中国科学院城市环境研究所
王建军	队　员	中国科学院南京地理与湖泊研究所
曾　巾	队　员	中国科学院南京地理与湖泊研究所
李化炳	队　员	中国科学院南京地理与湖泊研究所
田　晨	队　员	云南大学
白丽艳	队　员	云南大学
於江坤	队　员	云南大学
朱　磊	队　员	云南大学
周宇光	队　员	中国科学院微生物研究所
刘　庆	队　员	中国科学院微生物研究所
张　璇	队　员	中国科学院微生物研究所
郝军军	队　员	中国科学院昆明动物研究所

丛书序一

　　青藏高原是地球上最年轻、海拔最高、面积最大的高原，西起帕米尔高原和兴都库什、东到横断山脉、北起昆仑山和祁连山、南至喜马拉雅山区，高原面海拔 4500 米上下，是地球上最独特的地质 – 地理单元，是开展地球演化、圈层相互作用及人地关系研究的天然实验室。

　　鉴于青藏高原区位的特殊性和重要性，新中国成立以来，在我国重大科技规划中，青藏高原持续被列为重点关注区域。《1956—1967年科学技术发展远景规划》《1963—1972 年科学技术发展规划》《1978—1985 年全国科学技术发展规划纲要》等规划中都列入针对青藏高原的相关任务。1971 年，周恩来总理主持召开全国科学技术工作会议，制订了基础研究八年科技发展规划（1972—1980 年），青藏高原科学考察是五个核心内容之一，从而拉开了第一次大规模青藏高原综合科学考察研究的序幕。经过近 20 年的不懈努力，第一次青藏综合科考全面完成了 250 多万平方千米的考察，产出了近100 部专著和论文集，成果荣获了 1987 年国家自然科学奖一等奖，在推动区域经济建设和社会发展、巩固国防边防和国家西部大开发战略的实施中发挥了不可替代的作用。

　　自第一次青藏综合科考开展以来的近 50 年，青藏高原自然与社会环境发生了重大变化，气候变暖幅度是同期全球平均值的两倍，青藏高原生态环境和水循环格局发生了显著变化，如冰川退缩、冻土退化、冰湖溃决、冰崩、草地退化、泥石流频发，严重影响了人类生存环境和经济社会的发展。青藏高原还是"一带一路"环境变化的核心驱动区，将对"一带一路"20 多个共建国家和 30 多亿人口的生存与发展带来影响。

　　2017 年 8 月 19 日，第二次青藏高原综合科学考察研究启动，习近平总书记发来贺信，指出"青藏高原是世界屋脊、亚洲水塔，是地球第三极，是我国重要的生态安全屏障、战略资源储备基地，是中华民族特色文化的重要保护地",要求第二次青藏高原综合科学考察研究要"聚焦水、生态、人类活动,着力解决青藏高原资源环境承载力、灾害风险、绿色发展途径等方面的问题,为守护好世界上最后一方净土、建设美丽的青藏高原作出新贡献,让青藏高原各族群众生活更加幸福安康"。习近平总书记的贺信传达了党中央对青藏高原可持续发展和建设国家生态保护屏障的战略方针。

第二次青藏综合科考将围绕青藏高原地球系统变化及其影响这一关键科学问题,开展西风-季风协同作用及其影响、亚洲水塔动态变化与影响、生态系统与生态安全、生态安全屏障功能与优化体系、生物多样性保护与可持续利用、人类活动与生存环境安全、高原生长与演化、资源能源现状与远景评估、地质环境与灾害、区域绿色发展途径等 10 大科学问题的研究,以服务国家战略需求和区域可持续发展。

"第二次青藏高原综合科学考察研究丛书"将系统展示科考成果,从多角度综合反映过去 50 年来青藏高原环境变化的过程、机制及其对人类社会的影响。相信第二次青藏综合科考将继续发扬老一辈科学家艰苦奋斗、团结奋进、勇攀高峰的精神,不忘初心,砥砺前行,为守护好世界上最后一方净土、建设美丽的青藏高原作出新的更大贡献!

孙鸿烈
第一次青藏科考队队长

丛书序二

　　青藏高原及其周边山地作为地球第三极矗立在北半球，同南极和北极一样既是全球变化的发动机，又是全球变化的放大器。2000年前人们就认识到青藏高原北缘昆仑山的重要性，公元18世纪人们就发现珠穆朗玛峰的存在，19世纪以来，人们对青藏高原的科考水平不断从一个高度推向另一个高度。随着人类远足能力的不断加强，逐梦三极的科考日益频繁。虽然青藏高原科考长期以来一直在通过不同的方式在不同的地区进行着，但对于整个青藏高原的综合科考迄今只有两次。第一次是20世纪70年代开始的第一次青藏科考。这次科考在地学与生物学等科学领域取得了一系列重大成果，奠定了青藏高原科学研究的基础，为推动社会发展、国防安全和西部大开发提供了重要科学依据。第二次是刚刚开始的第二次青藏科考。第二次青藏科考最初是从区域发展和国家需求层面提出来的，后来成为科学家的共同行动。中国科学院的A类先导专项率先支持启动了第二次青藏科考。刚刚启动的国家专项支持，使得第二次青藏科考有了广度和深度的提升。

　　习近平总书记高度关怀第二次青藏科考，在2017年8月19日第二次青藏科考启动之际，专门给科考队发来贺信，作出重要指示，以高屋建瓴的战略胸怀和俯瞰全球的国际视野，深刻阐述了青藏高原环境变化研究的重要性，希望第二次青藏科考队聚焦水、生态、人类活动，揭示青藏高原环境变化机理，为生态屏障优化和亚洲水塔安全、美丽青藏高原建设作出贡献。殷切期望广大科考人员发扬老一辈科学家艰苦奋斗、团结奋进、勇攀高峰的精神，为守护好世界上最后一方净土顽强拼搏。这充分体现了习近平生态文明思想和绿色发展理念，是第二次青藏科考的基本遵循。

　　第二次青藏科考的目标是阐明过去环境变化规律，预估未来变化与影响，服务区域经济社会高质量发展，引领国际青藏高原研究，促进全球生态环境保护。为此，第二次青藏科考组织了10大任务和 60 多个专题，在亚洲水塔区、喜马拉雅区、横断山高山峡谷区、祁连山 – 阿尔金区、天山 – 帕米尔区等 5 大综合考察研究区的 19 个关键区，开展综合科学考察研究，强化野外观测研究体系布局、科考数据集成、新技术融合和灾害预警体系建设，产出科学考察研究报告、国际科学前沿文章、服务国家需求评估和咨询报告、科学传播产品四大体系的科考成果。

两次青藏综合科考有其相同的地方。表现在两次科考都具有学科齐全的特点，两次科考都有全国不同部门科学家广泛参与，两次科考都是国家专项支持。两次青藏综合科考也有其不同的地方。第一，两次科考的目标不一样：第一次科考是以科学发现为目标；第二次科考是以摸清变化和影响为目标。第二，两次科考的基础不一样：第一次青藏科考时青藏高原交通整体落后、技术手段普遍缺乏；第二次青藏科考时青藏高原交通四通八达，新技术、新手段、新方法日新月异。第三，两次科考的理念不一样：第一次科考的理念是不同学科考察研究的平行推进；第二次科考的理念是实现多学科交叉与融合和地球系统多圈层作用考察研究新突破。

"第二次青藏高原综合科学考察研究丛书"是第二次青藏科考成果四大产出体系的重要组成部分，是系统阐述青藏高原环境变化过程与机理、评估环境变化影响、提出科学应对方案的综合文库。希望丛书的出版能全方位展示青藏高原科学考察研究的新成果和地球系统科学研究的新进展，能为推动青藏高原环境保护和可持续发展、推进国家生态文明建设、促进全球生态环境保护做出应有的贡献。

姚檀栋

第二次青藏科考队队长

前　言

　　青藏高原是世界上低纬度冰川、湖泊和冻土的集中分布区，也是气候变化的敏感区和生态环境的脆弱区（姚檀栋和朱立平，2006）。20 世纪以来气候快速变暖，近 50 年来的气候变暖超过全球同期平均升温率的 2 倍，是过去 2000 年中最温暖的时段。气候变暖和变湿使得青藏高原的水循环加强，冰川整体后退，其中以喜马拉雅山脉和藏东南地区冰川后退最为显著；青藏高原湖泊在 20 世纪 90 年代以后普遍出现扩张趋势，2000 年以后湖泊扩张加速；21 世纪初以来，一些河流径流量出现增加趋势。预测青藏高原近期（现今至 2050 年）和远期（2051 ~ 2100 年）气候仍以变暖和变湿为主要特征，冰川以后退为主，积雪以减少为主，河流径流量以不同程度的增加为主（陈德亮等，2015）。

　　青藏高原生态系统总体趋向于好是环境变化的重要特征，但冻土退化和沙漠化加剧是部分地区陆表环境恶化的主要特征。青藏高原冻土活动层以每年 3.6 ~ 7.5cm 的速率增厚，同时冻土层上限温度也以每十年约 0.3℃ 的幅度升高；沙漠化面积扩大、程度加剧，江河源区尤为突出。未来 50 ~ 100 年，青藏高原冻土面积将进一步缩小，活动层厚度将进一步增厚。青藏高原仍为全球最洁净的地区之一，污染物环境背景值明显低于人类活动密集区，与北极相当。但人类活动对青藏高原环境产生了重要影响，包括农牧业发展对生态系统格局与功能的影响、矿产开发和城镇发展对局部地区的环境质量的影响等（陈德亮等，2015）。总之，以增温为主要特征的全球变化和强烈的人类活动已导致冰川、湖泊、河流以及土壤等生态系统经历着前所未有的变化。

　　微生物是青藏高原高海拔生态系统中生物群落和食物网结构的重要组成部分，参与碳、氮、硫、磷等元素的生物地球化学过程，驱动生态系统中物质循环和能量流动；微生物群落及其在生态系统中的功能是实现青藏高原生态系统中各种生态过程和功能的关键。微生物对全球变化有着敏感的响应和反馈作用，在气候变化上起着不可忽视的推动作用。微生物可通过改变生态系统中有机质分解和温室气体释放速率等直接响应气候变化，也可通过改变生态系统营养物质有效性及其转化等做出间接响应，从而对气候变化形成正向或负向反馈，加强或削弱气候变化对整个生态系统的影响（朱永官等，2018）。

在青藏高原独特的低温、干旱、极碱、极盐等生态系统中（郑度和赵东升，2017），生活着多样性丰富的极端微生物，它们所携带的特殊遗传资源赋予其特殊的"抗逆"能力；在完成自身代谢和繁衍的同时，微生物推动极端环境的物质循环，并维持着这些生态系统的健康和可持续性（褚海燕，2013）；青藏高原的冰芯、冻土和湖芯等是研究全球变化的重要材料，也是各种古老的极端环境微生物资源的"储藏库"（姚檀栋等，2020）。全球变化下冰川、冻土和湖泊显著退缩，水体咸化，土壤干旱沙化，大型动植物生物多样性减低等，生态环境的变化势必危及青藏高原微生物资源，从而给区域生态带来巨大威胁（王根绪等，2020）。因此，有必要对青藏高原微生物多样性在气候变暖和人类活动加剧下的变化开展系统深入研究，揭示青藏高原微生物与生态环境变化的关联，为正确评估青藏高原微生物对生态环境的影响，预测生态环境变化是否可能引发微生物安全危机，以及为青藏高原生态文明建设和可持续发展提供科学依据。

本书是第二次青藏高原综合科学考察研究的最新成果。全书共分为7章，对青藏高原不同生境中的微生物群落本底状况及其环境效应进行了系统论述。第1章冰川微生物与气候环境变化，第2章土壤微生物与生态环境，第3章湖泊/河流/湿地微生物与气候环境变化，第4章高原动物微生物与生态环境，第5章空气微生物与大气环流的关系，第6章青藏高原微生物抗生素抗性基因，第7章展望和建议。

本书中的最新研究成果是科考队成员共同努力完成的。主要撰写人分别是：第1章，刘勇勤、张蔚珍、刘克韶、沈亮、陈玉莹、黄星煜；第2章，杨云锋、郭雪、邓永翠、刘鹏飞；第3章，邢鹏、曾巾、王建军、刘勇勤、邓永翠、刘克韶、臧琳、卢慧斌、荀凡、王树人、张弘杰、赵文倩、刘佳文、李明家、袁海军；第4章，张志刚、田晨、高涵、周虹、柳晓彤、李晓平、庄道华、白丽艳、张涛；第5章，计慕侃、齐静、刘勇勤、汪文强；第6章，胡安谊、毛冠男；第7章，刘勇勤、杨云锋、邢鹏、张志刚、赵琪。

科考计划的实施和本书的编辑出版得到了第二次青藏高原综合科学考察研究的资助[科技部专项（2019QZKK0503）]。感谢任务五"生物多样性保护与可持续利用"负责人施鹏研究员和孙航研究员的指导，感谢第二次青藏高原综合科学考察研究队办公室的组织与协调，感谢对第二次青藏高原综合科学考察事业给予支持与帮助的所有工作人员、专家和同仁们。特别感谢第二次青藏高原综合科学考察首席科学家姚檀栋院士在项目总体实施过程中给予的指导与支持。

《青藏高原微生物与气候环境变化关联研究》编写委员会

2023 年 4 月

摘　要

　　青藏高原是世界上低纬度冰川、湖泊和冻土的集中分布区，也是气候变化的敏感区和生态环境的脆弱区。在青藏高原独特的极端自然环境中，如低温、干旱、极碱、极盐、强紫外线等，生活着多样性丰富的极端微生物，其代谢多样性和基因资源也是生物技术创新的源头；同时，微生物是青藏高原高海拔生态系统中生物群落和食物网结构中重要的分解者，参与碳、氮、硫、磷等元素的生物地球化学过程，驱动生态系统中物质循环和能量流动；微生物还对全球变化有着灵敏的响应和反馈作用，在气候变化上起着不可忽视的推动作用。日益加剧的人类活动以及对气候变化的高度敏感性，使青藏高原面临着多种资源环境问题。青藏高原的冰芯、冻土和湖芯等是研究全球变化的重要材料，也是极端环境微生物资源的"储藏库"。因此，有必要对青藏高原微生物多样性在气候变暖和人类活动加剧背景下产生的变化开展系统且深入的研究，为青藏高原生态文明建设和可持续发展提供科学依据。本书聚焦青藏高原微生物及其与生态环境变化关联的主题，全面总结第二次青藏高原综合科学考察在青藏高原不同生境中的最新研究进展，包括冰川微生物与气候环境变化、土壤微生物与生态环境、湖泊/河流/湿地微生物与气候环境变化、高原动物微生物与生态环境、空气微生物与大气环流的关系、青藏高原微生物抗生素抗性基因，以及展望和建议。主要认识如下：

　　(1) 细菌和病毒广泛分布于青藏高原冰川生态系统中，并具有特异的冰川环境适应能力。在冰川冰、雪、冰尘、冰川径流中，细菌和病毒群落呈现丰富且复杂的时空变异特征，西风和季风主导区细菌与病毒的数量和群落组成显著不同。冰芯细菌可在广泛温度范围生长，在基因水平上具备单碳利用等适应冰川寡营养环境条件的特征，低温、寡营养和强紫外线辐射的极端环境驱动冰芯细菌基因组快速扩增，带入与色素合成、膜运输等功能相关的基因。冰川等冷环境中的节杆菌属（*Arthrobacter*）组成一个冷适应进化分枝 Group C，具备完整的霉菌硫醇（MSH）代谢通路，分别通过温度耐受、碳源利用优势和氧化损伤抵抗力在冰川寒冷、寡营养和强辐射环境中获得生存优势。

（2）青藏高原土壤微生物群落的物种和功能多样性强，其群落组成主要受低温、地上植被类型等环境因子驱动，适用于寒冷环境下高效功能菌种和蛋白酶的开发利用。青藏高原土壤微生物对全球变暖极为敏感，该响应与植被类型、土壤深度等因素有关。更重要的是，青藏高原土壤微生物参与了碳降解、产甲烷、硝化作用、反硝化作用等与温室气体排放相关的功能过程，尤其是在冻土融化条件下对甲烷排放的调节，很可能对未来的全球变暖格局产生较大影响。

（3）与南北极相比，青藏高原湖泊存在独特的微生物区系。微生物群落构建受到随机过程和确定性过程的影响：湖泊中，盐度和叶绿素 a 是对细菌和微型真核生物施加环境过滤的两个最主要的变量；河流中，水温和地理距离是影响青藏高原河水和沉积物微生物群落结构分布格局的主要因子；湿地中，湖滨草甸的退化通过植被、pH、土壤含水量和养分水平等环境变量的变化影响细菌群落构建过程及其多样性与组成。通过对青藏高原湖泊温室气体释放通量的观测发现，非冰封期湖泊是大气温室气体源，由于淡水湖泊释放的 CO_2 当量显著高于咸水湖，气候暖干导致的水体盐度升高有助于削弱湖泊温室气体释放量。青藏高原不同湖泊的病毒群落具有极大的独特性，病毒与原核生物比率为 1.28 ～ 27.96，反映湖泊病毒对原核生物的控制作用相对较强；病毒裂解所释放的碳量估算为 $1.73 \times 10^7 t$，大致和原核生物储存碳量相当，证实病毒在青藏高原湖泊碳循环过程中的重要作用。

（4）青藏高原极端环境的长期自然选择塑造了哺乳动物独特的肠道微生物物种多样性和功能多样性。其中，仅六大食草动物（牦牛、藏羚羊、藏野驴、藏黄牛、藏绵羊和藏马）中就鉴定了 19251 个代表物种水平的肠道微生物参考基因组，新物种超过了 99%。本书在系统阐明哺乳动物肠道微生物组进化动力学的基础之上，首次揭示了肠道微生物与哺乳动物宿主之间协同进化的新机制，发现在哺乳动物宿主物种形成的过程中，进化分歧时间较短的动物宿主类群多次独立地形成了各自稳定的肠道共生微生物组。具体而言，在特定动物类群当中，以祖先细菌（ancestral bacteria，AB）为核心骨架，通过反反复复地产生谱系特异性获得细菌（lineage-specific gained bacteria，LSGB），最终形成结构和功能稳定的肠道微生物组。动物宿主间肠道菌群落结构的差异主要是受宿主系统发育影响的，但是新的发现认为 LSGB 可以跨越宿主不同分类阶元的遗传限制，频繁地在宿主间进行水平转移，甚至突破了动物宿主纲、目水平的遗传局限性，打破了已知的肠菌物种与宿主物种之间协同成种（co-speciation）或共系统发育（co-phylogeny）的传统观点。最后，证实了 LSGB 扮演两类重要功能角色：一方面维持 AFB 的功能冗余性，另一方面帮助宿主快速响应生境改变（如青藏高原季节性冷暖变化及食物的改变）或极端环境的长期胁迫（如高原低氧胁迫）。

（5）青藏高原近地表空气细菌群落以变形菌、放线菌、拟杆菌和厚壁菌为主，但其微生物组成具有显著的时空差异。青藏高原近地表空气细菌多样性和组成受大气环流、下垫面类型和降水过程影响。印度季风裹挟海洋来源气团并途经森林、草地和城市等多种生态系统，显著增加了空气细菌多样性，同时也增加了潜在病原菌的相对丰度。

西风挟带的空气细菌多样性较低、途经的下垫面生态系统以草地为主，对顺风生态系统细菌多样性的影响较弱。青藏高原的热泵效应可能帮助青藏高原南部空气微生物远距离传输到内蒙古草原，影响荒漠区空气细菌沉降。

（6）青藏高原湖泊沉积物中的抗性基因多样性和丰度分别仅为城市湖泊沉积物的4.54%和1.85%，且青藏高原湖泊沉积物抗性基因群落组成与受人为干扰较少的自然生境（远洋海水、沉积物、浅海热液区等）更为相似。青藏高原土壤抗性基因分析表明，纳木错地区念青唐古拉山土壤中抗性基因的丰度与低海拔地区相当，但其移动遗传元件的含量较低，暗示抗性基因通过水平基因转移传播的潜在风险较低。冰川多生境（雪、冰和冰尘）抗性基因分析表明，青藏高原冰川生态系统广泛分布有多种抗性基因、耐药菌和潜在耐药致病菌。值得注意的是，季风区冰川尤其是藏东南冰川中的耐药菌及其携带的抗性基因丰度显著高于西风区冰川，指示季风可能会将南亚地区的外源抗性基因输送至青藏高原。总体上，外排泵是青藏高原不同生境抗性基因的主要抗性机制，说明青藏高原微生物可能主要通过携带这些抗性基因来抵御外在的恶劣环境。

本书是在第二次青藏高原综合科学考察研究中的"生物多样性保护与可持续利用"任务下，紧密围绕习近平总书记提出的科考核心目标和实施战略，针对青藏高原及其周边地区微生物多样性的本底和现状如何、气候变化和人类活动影响下微生物多样性是如何变化的，以及西风-季风相互作用如何影响微生物多样性的未来变化三个核心科学问题，开展青藏高原典型生境微生物多样性与可持续利用研究。"查清"青藏高原冰川系统典型生境中微生物资源和多样性的"家底"，是高寒生态和生物多样性研究的重要部分；认识它们的生态功能，是利用它们维护青藏高原高寒生态系统安全的前提；相关研究将为青藏高原高寒生态系统可持续发展、生态安全屏障建设及其对全球变化的响应及评估提供理论依据，为国土整治和重大工程等规划提供有力的科技支撑。

目 录

第 1 章

冰川微生物与气候环境变化

冰川约覆盖地球陆地面积的 10%，冰川是微生物（细菌、病毒、真菌）的天然保存库，储存了自冰川形成以来数万年至百万年以来的各种微生物，代表了地球未知基因库的很大一部分（Priscu et al.，2007）。当冰川形成时，来自周边生态系统的微生物被一起封存；当冰川随气候变暖消融时，这些微生物也会随冰川融水再次进入下游生态系统。美国科学家根据每升冰川融水中的微生物数量及冰川消融量估算每年有 $1×10^{17}\sim1×10^{21}$ 个微生物随着冰川融化被释放（Rogers et al.，2004）。

青藏高原拥有除南北极以外面积最大的冰川（面积约 10 万 km^2）（刘时银等，2015），不同于远离陆地生态系统和人类活动的极地冰川，青藏高原的山地冰川接收更多的来自周边生态系统的物质沉降，与人类生产生活的关联也更为密切。冰川有多种类型的生物栖息地，如冰川表面雪、表面冰、冰尘穴、冰川径流和冰川冰等。冰川表面环境（雪、冰、冰尘穴等）直接接收太阳辐射，在夏季形成液态水，是冰川生态系统中微生物活动的热点地区（Stibal et al.，2012）。在冰川积累区千万年来形成的冰芯中，微生物作为冰芯沉积时有机界的"见证"，记录了大量的古环境和古气候信息（Xiang et al.，2005a，2005b；Zhang et al.，2007；Miteva et al.，2009）。冰川消融向下游径流、湖泊输入大量营养物质和微生物，改变下游生态系统的微生物群落和生物地球化学循环过程（Wilhelm et al.，2013；Peter and Sommaruga，2016），并产生一系列生态环境效应（Hood et al.，2015；Milner et al.，2017）。此外，冰川微生物应对极端环境的胁迫可能具有独特的环境适应和生长代谢机制，这在探索微生物代谢多样性的发生和演化、与极端微生物基因资源相关的生物技术创新中具有重要意义。然而，目前对青藏高原冰川微生物缺乏系统研究，对其多样性、生态环境效应及基因资源的了解处于起步阶段，对其应用基本上处于空白。

因此，"查清"青藏高原冰川系统典型生境中微生物资源和多样性的"家底"，是高寒生态和生物多样性研究的重要部分；认识它们的生态功能，是利用它们维护青藏高原高寒生态系统安全的前提；相关研究将为青藏高原高寒生态系统可持续发展、生态安全屏障建设及其对全球变化的响应及评估提供理论依据，为国土整治和重大工程等规划提供有力的科技支撑。

第二次青藏高原综合科学考察研究中，冰川微生物研究拟解决的关键科学问题如下：①青藏高原冰川微生物多样性的本底和现状是什么？②气候变化和人类活动影响下青藏高原冰川微生物多样性如何变化？③西风-季风相互作用如何影响冰川微生物多样性的未来变化？

围绕冰川微生物与气候环境变化主题，总体思路如下：通过青藏高原冰川多生境调查，探究冰川雪和冰尘穴微生物群落特征、时空分布格局、环境响应及群落构建机制，揭示冰芯中微生物群落特征、时空分布格局及其对气候环境变化的响应，查清青藏高原冰川表面和冰芯中病毒的丰度、种类、多样性及其与宿主的相互作用；进一步结合青藏高原冰川下游河流、湖泊调查，剖析冰川融水对其所补给的下游系统中细菌和病毒及生态过程的影响；同时，进行冰川可培养细菌的研究，从生理和基因组层面多角度、多技术、全方位解码冰川微生物资源特征，认识其生态功能并挖掘其生态价值。

1.1　冰川微生物的研究方法

1.1.1　冰川微生物样品获取

冰川微生物在多种冰川生境中生存，主要包括冰川表面冰、表面雪、表面冰尘、冰尘穴和冰芯，以及冰川径流、冰前湖等。不同生境中微生物的采样方式如下。

(1) 表面冰、表面雪：用无菌干净的雪铲、冰镐等工具获取表面冰、表面雪（表层 0～15cm，次表层 15～30cm），然后将它们放入干净、酸洗过的 1L 聚乙烯瓶中密封，在低温条件下带回实验室，于 -20℃冷冻环境中保存直至分析。

(2) 表面冰尘：使用无菌不锈钢勺收集采样点及附近多处表面冰尘于 Whirl-Pak 采样袋中混匀作为一个样品，排出空气并密封，在低温条件下带回实验室，于 -20℃冷冻环境中保存直至分析。

(3) 冰尘穴：用无菌注射器抽取上部融水于酸洗过的聚乙烯瓶中，使用不锈钢勺收集所有底部沉积冰尘于 Whirl-Pak 采样袋中，排出空气并密封。每个采样点随机选取 10～20 个冰尘穴进行采样，并混合作为一个沉积冰尘和融水样品，在低温条件下带回实验室，于 -20℃冷冻环境中保存直至分析。

(4) 冰芯：在冰川积累区钻取冰芯，取样钻机由中国科学院寒区旱区环境与工程研究所设计建造。将冰芯样品冷冻运送回实验室冷库，于 -20℃冷冻环境中保存直至分析。

(5) 冰川径流和冰前湖：在每条冰川补给系统中，从冰川末端径流到冰前湖设置采样点，在每个采样点使用 1L 有机玻璃采水器进行水体样品采集，水样冷冻运送回实验室，于 -20℃冷冻环境中保存直至分析。

1.1.2　冰川微生物群落分析

第二次青藏高原综合科学考察研究主要涉及的冰川微生物包括细菌和病毒。二者群落分析分别如下。

(1) 细菌 16S rRNA 扩增子分析：包括冰川表面冰、表面雪、表面冰尘、冰尘穴上覆水、冰芯、冰川径流和冰前湖样品。其中，冰川表面冰、表面雪样品于 4℃在瓶中解冻融化，最大限度地减少空气暴露。其中，冰川径流和湖水样品先使用 20μm 孔径 Millipore 无菌滤膜过滤以去除大孔径颗粒，将过滤后的径流和湖水水样、冰川表面冰、表面雪、表面冰尘、冰尘穴上覆水、冰芯融水使用 0.22μm 孔径 Millipore 无菌滤膜过滤收集滤膜样品，用于提取细菌 DNA。这些融水滤膜样品、冰尘和冰尘穴沉积物样品经 DNA 提取后，使用引物 (515F, 5′-GTGCCAGCMGCCGCGGTAA-3′ 和 806R, 5′-GGACTACHVGGGTWTCTAAT-3′)，通过聚合酶链式反应 (PCR) 一式三份扩增 16S rRNA 基因的 V4 高变区，随后将三份重复混合。条形码 PCR 产物以等物质的量浓度归一化，并在 Illumina HiSeq 测序平台 (Illumina Inc.) 上以 2×250bp 双端测序，然后使用微生物生态学的定量分析 (quantitative insights into microbial ecology, QIIME 2) 管道

处理序列 (Caporaso et al., 2010a)。简言之, 使用 Denoiser 算法 (Reeder and Knight, 2010) 对序列进行去噪, 并使用基于种子的 UCLUST 算法 (Edgar, 2010), 以 ≥ 97% 的成对相似度将序列聚类为操作分类单元 (OTU)。通过 ChimeraSlayer 移除嵌合体 (Haas et al., 2011) 后, 使用 PyNAST 将每个 OTU 的代表性序列 (Caporaso et al., 2010b) 与 SILVA 估算的核心参考序列对齐 (DeSantis et al., 2006)。通过 Lane mask 去除间隙和高变区后, 使用 FastTree (Price et al., 2010) 基于 Jukes-Cantor 距离构建近似最大似然系统发育树。最后, 通过贝叶斯模型, 使用核糖体数据库计划 (ribosomal database project, RDP) 分类器对每个代表性序列进行分类鉴定 (Wang et al., 2007)。

(2) 宏病毒组分析: 以冰川冰尘穴融水和沉积物样品为例, 为了寻找所有已报道的冰尘穴数据, 在 2021 年 9 月 15 日, 以 cryoconite 和 glacier 为关键字, 在 NCBI BioProject 数据库和联合基因组研究中心基因组在线 (JGI GOLD) 数据库中搜索, 并筛选得到 66 个从斯瓦尔巴德群岛、格陵兰岛、加拿大、南极、阿尔卑斯山及喀喇昆仑山上采集的冰尘穴宏基因组数据、宏病毒组和病毒基因组数据集, 所有已报道的 13 条冰川冰雪宏病毒组数据也被采集作为对照。已报道的冰尘穴数据和冰川冰雪宏病毒组数据同来自青藏高原的宏病毒组数据集合并, 形成全球冰尘穴数据库。全球冰尘穴数据库的所有 reads (即测序仪读长获得的原始碱基序列) 使用 Trimmomatic-0.39 (Bolger et al., 2014) 去除低质量读数, 使用的参数为 LEADING 3、TRAILING 3、SLIDINGWINDOW 4-15、MINLEN 36。所有 reads 使用 SPAdes v.3.15.3 (Prjibelski et al., 2020) 的 metaspades 模式组装。组装好的结果由 barrnap 软件筛选样品中的 16S rRNA 序列, 使用 QIIME 2 (Hall and Beiko, 2018) 将冰尘穴 16S rRNA 序列与 SILVA 数据库进行聚类 (138 版: SSU Ref NR 99)。冰尘穴数据库中的 CRISPR Spacer 序列通过 minCED (Bland et al., 2007) 软件使用默认参数识别。另外, NCBI nt 序列 (2021 年 2 月 11 日下载) 中的 CRISPR Spacer 序列也通过 minCED 软件使用默认参数识别。将冰尘穴数据库中的 CRISPR Spacer 序列和 NCBI nt 序列中的 CRISPR Spacer 序列合并, 通过 CD-HIT-EST (Li and Godzik, 2006) 去除重复序列。

根据 Zheng 等 (2021) 的方法, 从包含细胞生物和病毒基因组的冰尘穴宏基因数据中提取病毒序列。所有组装好的序列采用 blastn 和 2021 年 9 月 30 日下载的 NCBI reference virus 序列、NCBI reference viroids 序列以及 IMG/VR V3 (Roux et al., 2021) 提供的环境病毒序列相比对, 相似性大于等于 95% 的序列被认为是潜在病毒序列。另外, 使用 VirSorter 2 (Guo J et al., 2021) 预测含有病毒特征的序列, 且被 VirSorter 2 默认参数或 VirFinder v.1.1 (Ren et al., 2017) 按照得分 > 0.9, $P < 0.05$ 这一阈值识别为病毒的序列, 我们认为该序列是潜在病毒序列。所有序列中包含已知 CRISPR Spacer 的序列 (blastn 比对参数为 perc_identity 95, word_size 8%, query_coverage 100%) 也被认为是潜在病毒序列。所有长度大于 5kB 或基因组呈环状的潜在病毒序列被用于进一步分析。为了提高组装的质量和减少嵌合体, 潜在病毒序列被进行了第二轮组装。使用 Bowtie2 v2.3.5.1 (Langdon, 2015) 将宏基因组的高质量 reads 映射到潜在病毒序列上, 随后使用 SPAdes v.3.15.3 重新组装被映射的 reads。如果序列被 VirSorter 2 或 VirFinder v.1.1 预测为病毒序列，基因组中含有病毒特征序列或 CRISPR Spacer 序列，且长度大于 10kB 或基因组呈环状的序列被识别为冰尘穴病毒序列。另外，总长超过 80% 的序列和 NCBI reference virus 序列、NCBI reference viroids 或 IMG/VR V3 环境病毒序列相似度大于 95%，且长度大于 10kB 或基因组呈环状的序列也被识别为冰尘穴病毒序列。

预先过滤的冰尘穴宏病毒组数据按照 Bellas 等（2015）的方法提取病毒序列。将所有宏病毒组数据的组装结果中长度大于 5kB 或基因组呈环状的序列和 NCBI reference virus 序列、NCBI reference viroids 序列以及 IMG/VR V3 提供的环境病毒进行比较，按照相似序列占比超过 80% 且序列相似度大于 95% 的标准预测冰尘穴宏病毒组中的冰尘穴病毒序列。第一步没有预测为病毒的、长度大于 5kB 的序列或基因组呈环状的冰尘穴宏病毒组序列，含有 16S rRNA 基因的序列被移除，接着使用 VirSorter 2 默认参数进行预测，预测结果为病毒序列的也被认为是病毒序列。在预测冰尘穴宏基因组和宏病毒组数据中的病毒序列后，我们加入南极冰尘穴中之前报道的 ssRNA 病毒序列，构成冰尘穴病毒基因库（Sommers et al.，2019b）。所有冰尘穴病毒基因库中的病毒基因组使用 CD-HIT-EST 聚类。根据 GOV2.0 数据库使用的方法（Gregory et al.，2019），以 95% 的平均核苷酸相似度（average nucleotide identity，ANI）值和 90% 的覆盖率为阈值，将冰尘穴病毒序列划分病毒操作分类单元（viral operational taxonomic unit，vOTU），使用 Bowtie2 v2.3.5.1（Langdon，2015）将宏基因组 reads 映射到冰尘穴 vOTU 的基因组序列上，以及冰尘穴 16S rRNA 序列上，获得冰尘穴病毒和宿主的覆盖深度。序列在数据库中相对丰度的计算通过 CoverM v0.6.1（https://github.com/wwood/CoverM）软件的相对丰度模块获得。冰尘穴病毒的多样性通过 R 的 dplyr 包，根据 vOTU 的相对丰度计算 Shannon-Wiener 指数来表示。使用病毒与 NCBI reference virus 序列的比较结果和 vConTACT v2.0（Bolduc et al.，2017）软件的结果计算冰尘穴病毒系统发育学位置。编码病毒蛋白的基因使用 Prodigal（v2.6.3）（Hyatt et al.，2010）预测，所有得到的病毒开放阅读框（open reading frame，ORF）序列进行 blastp 相互比对，将病毒蛋白聚类为具有相同功能的蛋白簇（identity 60%，query coverage 60%）。病毒蛋白序列通过 eggNOG-mapper v2（Huerta-Cepas et al.，2017）、DRAM v1.2.4 的 DRAM-v 模式（Shaffer et al.，2020）、VIBRANT v1.2.1（Kieft et al.，2020）软件进行预测，并通过 interproscan v5.47-82.0（Jones et al.，2014）使用 hmmscan 模式查找 Pfam 数据库预测病毒蛋白的潜在功能。冰尘穴病毒预测的 ORF 根据 DRAM 数据库中 AMG 类型为 E 和 K 的结果以及 VIBRANT 定义的已知辅助代谢基因，并结合蛋白预测的功能判定是否为辅助代谢基因。有尾病毒目病毒保守基因 *TerL* 和单链 RNA 病毒保守基因 *Rep* 的系统发育树使用 Raxml-ng（Kozlov et al.，2019）构建，并使用 iTOL 可视化。

冰尘穴中宿主序列的系统发育学位置通过 16S rRNA 序列和 SILVA 数据库的比较得到，不含 16S rRNA 序列的宿主序列使用 CAT 软件进行分类学注释（von Meijenfeldt et al.，2019）。冰尘穴数据库中病毒序列的宿主参考使用三种方法进行生物信息学预测（Zheng et al.，2021）。首先，将冰尘穴病毒序列和 Virus-Host DB（2021 年 12 月 19 日）数据库中已经确定宿主的病毒序列使用 blastn 进行比较，相似性阈值为 95%，相似片段占较短序列的比例阈值为 80%。然后，将冰尘穴病毒序列和已构建的宿主 CRISPR

Spacer 序列相比较，blastn 比对参数为 perc_identity 95、word_size 8%、query coverage 100%。最后，冰尘穴数据库中的 tRNA 序列使用 eggNOG-mapper v2 预测，得到的病毒 tRNA 序列和 tRNADB-CE 数据库（Abe et al.，2014）中的宿主 tRNA 序列以及冰尘穴数据库中的宿主 tRNA 序列进行比对。结合所有三种方法的预测结果，判断冰尘穴数据库中病毒序列的宿主。

1.1.3 可培养细菌的基因组分析

以分离自青藏高原玉珠峰冰川的 *Dyadobacter tibetensis* Y620-1 菌株为例，将 *Dyadobacter tibetensis* Y620-1 的基因组与 12 株 *Dyadobacter* 属的参考分离菌株及一个宏基因组群落的基因组相比较。从 NCBI 数据库下载参考基因组，使用 CheckM 评估基因组的完整性，移除完整性低于 95% 以及污染率高于 5% 的基因组（Parks et al.，2015）。为了排除使用不同注释方法的潜在差异，本书研究中所有基因组都同时使用基于电子系统技术的快速注释（rapid annotation using subsystem technology，RAST）（Overbeek et al.，2014）和快速原核基因组注释（PROKKA）（Seemann，2014）。对于系统基因组聚类树，选择 *Runella limosa* DSM 17973 和 *Rudanellalutea* DSM 19387 作为外组，这两株菌是 *Dyadobacter* 属的近亲且位于 *Dyadobacter* 之外的谱系中。使用 PhyloPhlAn2 建立最大似然基因组系统发育树（Segata et al.，2013），基于由 PhyloPhlAn2 产生的串联蛋白质序列，分别使用 MEGA 5.05 和 MrBayes 3.2 建立邻接树和贝叶斯树（Tamura et al.，2011；Ronquist et al.，2012；Parks et al.，2017），使用 FastOrtho 软件聚类基因家族（-pi_cuto 70-pmatch_cuto 70），cutoff 值根据 Parks 等（2017）的研究设置。使用定制的实用报表提取语言（PERL）脚本生成基因家族矩阵。

1.1.4 冰芯可培养细菌的分离纯化、分子鉴定与温度适应性

以青藏高原木吉冰川、慕士塔格冰川、木孜塔格冰川、玉珠峰冰川、格拉丹东冰川、宁金岗桑冰川和左求普冰川 7 条冰川为例，在这些冰川的积累区各钻取 1 根冰芯（直径 7cm、长度为 28～164m）共计 7 根冰芯，冰芯被纵向分成不同部分进行可培养细菌的分离纯化、分子鉴定与温度适应性鉴定。

（1）菌株分离纯化与分子鉴定：一部分冰芯在冷藏室（-20℃）中用锯刀沿深度从表层到底层切割成 5cm 的切片用于微生物菌落分析。共 489 个切片被富集培养，其中 7 根冰芯中的切片均在 4℃环境下培养，玉珠峰冰川、宁金岗桑冰川和左求普冰川的冰芯切片在 24℃环境下培养。将 200μL 切片融水样品涂抹在 R2A 琼脂培养基表面以获得培养物；在 24℃环境下孵育 7 天和 4℃环境下孵育 15 天后，可以看到第一批菌落；所有样品于 24℃环境下孵育 2 个月，于 4℃环境下孵育 4 个月，每 2 周检查生长情况；从每个培养皿中挑出形态明显不同（1～6 个）的最大菌落，在新的 R2A 琼脂培养基上传代 5～6 次进行纯化；纯化后的分离物于 -80℃保存在 30% 甘油溶液中。

共有 887 株细菌被成功分离培养，使用酚氯仿法分别提取它们的 DNA，以其为模板通过 PCR 反应扩增细菌 16S rRNA 基因。

（2）温度适应性实验：使用 R2A 液体培养基，将来自玉珠峰冰川冰芯的 32 个具有不同菌落形态的细菌分离株分别于 0℃、5℃、10℃、15℃、20℃、30℃和 35℃环境下培养，测定 600nm 光密度以表征细菌生长状态，通过不同温度下菌株的生长状态判定其温度适应性。

（3）DNA 克隆菌株的构建与鉴定：对一部分完整长度的玉珠峰冰川、宁金岗桑冰川和左求普冰川冰芯融水进行细菌物种分析。融水经过滤后进行 DNA 提取，以其为模板通过 PCR 反应扩增细菌 16S rRNA 基因，PCR 产物经纯化后连接到 pGEM-T 载体并转化到大肠杆菌 DH5α 基因组中，用菌落 PCR 检测插入序列的存在。在玉珠峰冰川、宁金岗桑冰川和左求普冰川冰芯中分别选择 150 个、110 个和 110 个克隆进行扩增子测序并建立克隆文库。将 16S rRNA 基因序列在属水平上与 SILVA 参考数据库进行比对（Pruesse et al.，2007）。使用 Pintail 工具去除嵌合体，使用 blastn（Altschul et al.，1997）将菌株序列与包含有效发布原核生物名称的 EZTAXON 菌株数据库（EzTaxon-e 服务器；http://eztaxon-e.ezbiocloud.net/）（Kim et al.，2012）进行比对，以鉴定菌株并确定离分离株最近的正式命名的物种系统的发育信息。

本章中，第二次青藏高原综合科学考察研究冰川微生物采样地点如图 1-1。

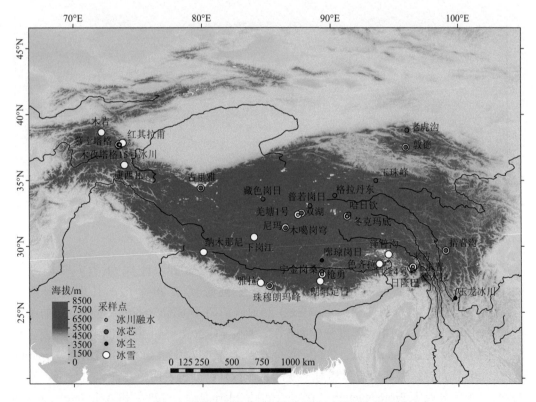

图 1-1　第二次青藏高原综合科学考察研究冰川微生物采样地点

1.2 冰川雪和冰尘穴微生物

1.2.1 青藏高原冰川雪细菌群落地理分布格局及其驱动机制

对采自青藏高原23条冰川上68个冰雪微生物样品进行Illumina MiSeq高通量测序，共获得23388888条高质量序列。根据青藏高原地形和大气环流特征，将青藏高原面上冰川雪样样品分为西风主导区、西风季风过渡区和季风主导区三个组群（图1-2）。

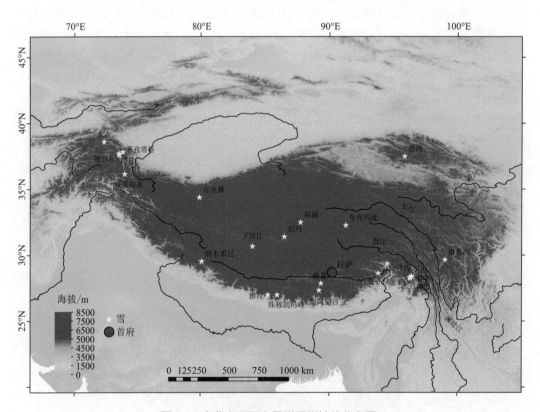

图1-2 青藏高原面上雪样采样站位分布图

朴素贝叶斯分类器（Navie Bayesian Classifier）分析（种属分类）表明，在门（phylum）级别，青藏高原冰雪细菌群落主要分属于28个门，其中变形菌门（Proteobacteria）、拟杆菌门（Bacteroidetes）和放线菌门（Actinobacteria）是最主要的细菌类群（图1-3），其平均相对丰度分别为56%、16%和12%，这些主要细菌类群与南、北极雪中的相似（Carpenter et al.，2000；Amato et al.，2007；Larose et al.，2010；Lopatina et al.，2013）。对冰雪细菌群落相对丰度前30的OTU分析表明，在西风主导区，其优势OTU主要分属于Proteobacteria门中的Burkholderiales目（17%）和Acidithiobacillales目（3%）以及Bacteroidetes门中的Cytophagales目（8%）和Actinobacteria门中的

Actinomycetales 目（6%）；在季风主导区，优势 OTU 主要分属于 Proteobacteria 门中的 Burkholderiales 目（23%）和 Pseudomonadales 目（10%）、Bacteroidetes 门中的 Cytophagales 目（8%）和 Actinobacteria 门中的 Actinomycetales（6%）目；在西风季风过渡区，优势 OTU 种属分类与季风主导区相似，其优势 OTU 主要分属于 Proteobacteria 门中的 Burkholderiales 目（24%）和 Pseudomonadales 目（9%）以及 Bacteroidetes 门中的 Cytophagales 目（4%）和 Actinobacteria 门中的 Actinomycetales 目（3%）（图 1-4）。以上分类学分析表明，青藏高原冰雪细菌群落的组成极为复杂，且优势种群非常明显。

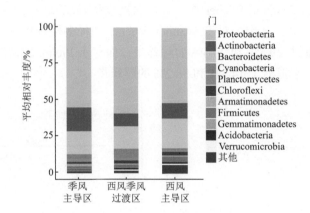

图 1-3　青藏高原西风主导区、西风季风过渡区和季风主导区雪样细菌群落组成

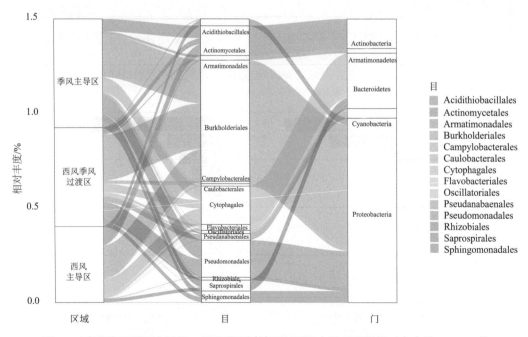

图 1-4　青藏高原季风主导区、西风季风过渡区和西风主导区雪样相对丰度前 30 OTU 的
细菌群落组成

　　总体上，青藏高原冰雪细菌群落 α 多样性指数（包括 Shannon-Wiener 物种多样性指数和 Pielou 均匀度指数）表现为西风主导区＞西风季风过渡区＞季风主导区（图 1-5）。同时，我们也发现，西风季风过渡区的雪样细菌 α 多样性指数与季风主导区和西风主导区中的雪样细菌 α 多样性指数没有显著差异，但是季风主导区和西风主导区中的雪样细菌 Shannon-Wiener 物种多样性指数和 Pielou 均匀度指数则存在着显著或接近显著的差异（Kruskal-Wallis 检验，$P=0.05$ 和 $P=0.068$，图 1-5）。增强回归树（boosted regression trees，BRT）模型结果表明，溶解有机碳（DOC）和年平均气温（MAT）是影响青藏高原雪样细菌 Shannon-Wiener 物种多样性指数和 Pielou 均匀度指数的两个最重要的环境因素（图 1-6）。其中，对于 Shannon-Wiener 物种多样性指数，溶解有机碳和年平均气温分别贡献了 29.8% 和 20.5% 的解释量；而对于 Pielou 均匀度指数，溶解有机碳和年平均气温分别贡献了 14.3% 和 38.2% 的解释量。

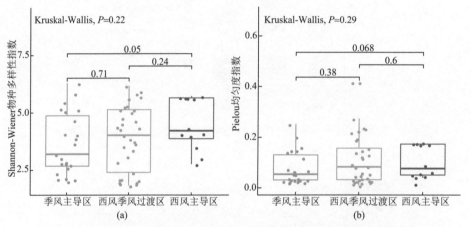

图 1-5　青藏高原西风主导区、西风季风过渡区和季风主导区雪样细菌多样性

注：图中数字表示两组之间显著性检验的 P 值

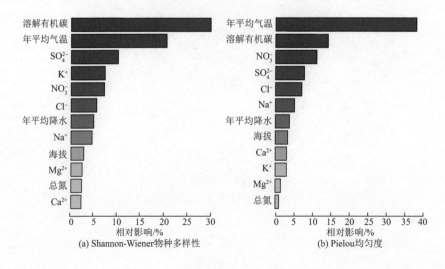

图 1-6　增强回归树分析揭示青藏高原雪样细菌 α 多样性与环境因子的关系

我们进一步分析了青藏高原冰雪细菌群落结构与环境因子之间的关系。DistLM 模型分析表明，海拔、总氮和年平均降水都是影响青藏高原冰雪细菌群落结构分布的重要环境因子，分别占据 7.5%、6.7% 和 6.4% 的贡献量（表 1-1）。因此，青藏高原冰雪细菌群落组成和结构在空间上的分布可能是由地势、气候和雪样的理化性质等综合作用而导致的。

表 1-1　青藏高原面上雪样细菌群落结构与环境因子相关性分析

变量	DistLM 模型分析 F 值	变量对细菌群落影响的显著性 P 值	变量单独解释量 /%	变量累积解释量 /%
海拔	2.900	0.010	7.5	7.5
总氮	2.713	0.019	6.7	14.1
年平均降水	2.786	0.025	6.4	24.5
冰川面积	2.213	0.059	4.9	29.4
年平均气温	1.654	0.101	4.0	18.1
K^+	1.803	0.108	4.0	38.1
溶解有机碳	1.004	0.379	2.2	31.6
Ca^{2+}	0.851	0.491	1.9	42.2
Mg^{2+}	0.652	0.646	1.5	43.7

注：因数值修约，表中个别数据略有误差。

Chen J 等（2021）对青藏高原敦德冰川进行了为期 9 天的表层雪和次表层雪（深度分别为 0 ～ 15cm 和 15 ～ 30cm）的时间序列采样（图 1-7），并进行了理化性质检测和基于 16S rRNA 基因扩增的 Illumina MiSeq 高通量测序。

对理化性质的分析表明，次表层雪中 NO_3^-、NH_4^+、K^+、SO_4^{2-} 的浓度显著高于表层雪。随着时间变化，表层雪中 NO_3^- 和 NH_4^+ 离子的浓度显著增加，而次表层雪中 NO_3^- 和 NH_4^+ 离子的浓度显著降低（图 1-8）。这表明表层雪中可能存在与氮物质积累相关的过程，而次表层雪则存在与氮物质消耗相关的过程。

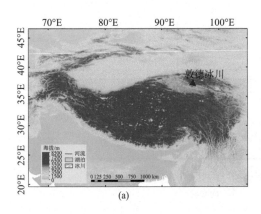

（a）　　　　　　　　　　　　　　　（b）

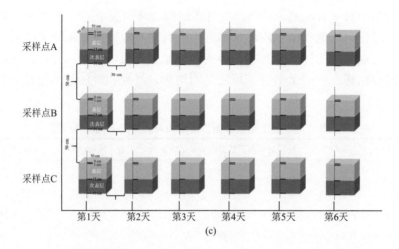

图 1-7　敦德冰川的地理位置 [(a) 和 (b)] 和时间采样设计 (c)

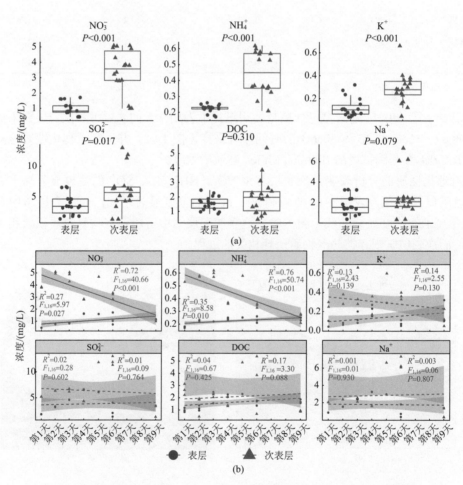

图 1-8　敦德冰川表层雪（0 ～ 15cm）和次表层雪（15 ～ 30cm）环境因子

（a）表层雪和次表层雪层的环境因子比较；（b）表层雪和次表层雪层环境因子的时间变化。F 值是指 F 检验的统计量表层细菌 Shannon-Wiener 物种多样性指数和 Chao1 指数分别为 5.61±0.39 和 744±199，与次表层（分别为 5.52±0.68 和 705±269）无显著差异 [图 1-9（a）]。在表层雪中，Shannon-Wiener 物种多样性指数和 Chao1 指数与采样时间不存在显著的相关性（Pearson 相关；R^2=0.02，P=0.553；R^2=0.001，P=0.939）。而次表层雪中，Shannon-Wiener 物种多样性指数和 Chao1 指数均随采样时间显著降低（Pearson 相关；R^2=0.44，P=0.003；R^2=0.35，P=0.009，图 1-9）。

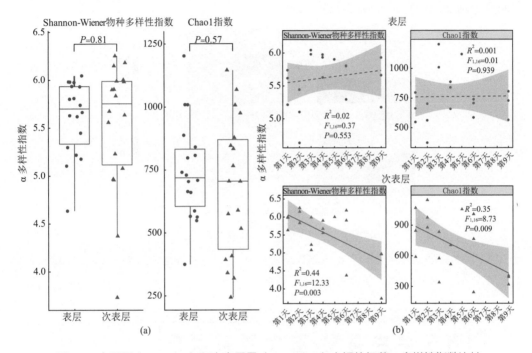

图 1-9　表层雪（0 ～ 15cm）和次表层雪（15 ～ 30cm）之间的细菌 α 多样性指数比较
（a）表层雪和次表层雪层的细菌 α 多样性指数比较；（b）表层雪和次表层雪层的细菌 α 多样性指数的时间变化

通过进一步分析细菌 α 多样性指数与环境因子之间的关系，发现次表层雪样的细菌群落多样性受到 NO_3^- 和 NH_4^+ 浓度的显著影响。表层雪中，Shannon-Wiener 物种多样性指数与 DOC 浓度表现为显著正相关（Pearson 相关；R^2=0.187，P=0.04）；在次表层雪中，Shannon-Wiener 物种多样性指数和 Chao1 指数与 NO_3^- 和 NH_4^+ 的浓度呈显著正相关（Pearson 相关；所有 $P < 0.05$）（图 1-10）。氮是微生物生长所需的重要元素，在调节微生物多样性和生产力中扮演着重要角色（Xia et al.，2008；Sun et al.，2014）。过去的研究发现，氮含量与微生物多样性间存在正相关时，表明微生物受到氮限制（Telling et al.，2011）。因此，表层雪中微生物不受氮限制，而次表层雪中的微生物受氮限制，且次表层雪中 NO_3^- 和 NH_4^+ 含量随时间逐渐下降，表明其对微生物的限制作用也逐渐增强。与次表层雪不同，表层雪中微生物不受到氮限制的影响。

表层雪与次表层雪的细菌群落主要由 Alphaproteobacteria（25%）、Actinobacteria（20%）、Cyanobacteria（15%）、Gammaproteobacteria（15%）、Bacteroidetes（11%）、Firmicutes（4%）、Chloroflexi（2%）、Gemmatimonadetes（2%）、Planctomycetes（1%）、

Acidobacteria（1%）、Deltaproteobacteria（1%）和 Deinococcus_Thermus（1%）组成（图 1-11）。除了 Gemmatimonadetes、Planctomycetes 和 Acidobacteria 外，大部分门的相对丰度在两个雪层中没有显著差异。在表层雪中，Alphaproteobacteria、Gammaproteobacteria 和 Firmicutes 的相对丰度随时间显著降低，而 Cyanobacteria 和 Deinococcus_Thermus 的相对丰度随时间显著增加（所有 $P < 0.05$）。在次表层雪中，Alphaproteobacteria 和 Firmicutes 的相对丰度随时间显著降低，而 Cyanobacteria 和 Chloroflexi 的相对丰度随时间显著增加（所有 $P < 0.05$，图 1-12）。

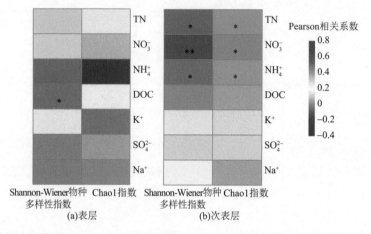

图 1-10　敦德冰川表层雪（0 ～ 15cm）和次表层雪（15 ～ 30cm）中细菌 α 多样性指数与环境因子的相关关系

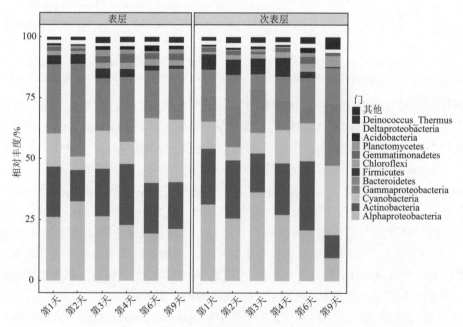

图 1-11　敦德冰川表层雪（0 ～ 15cm）和次表层雪（15 ～ 30cm）中细菌群落的分类组成
（优势门相对丰度＞ 1%）

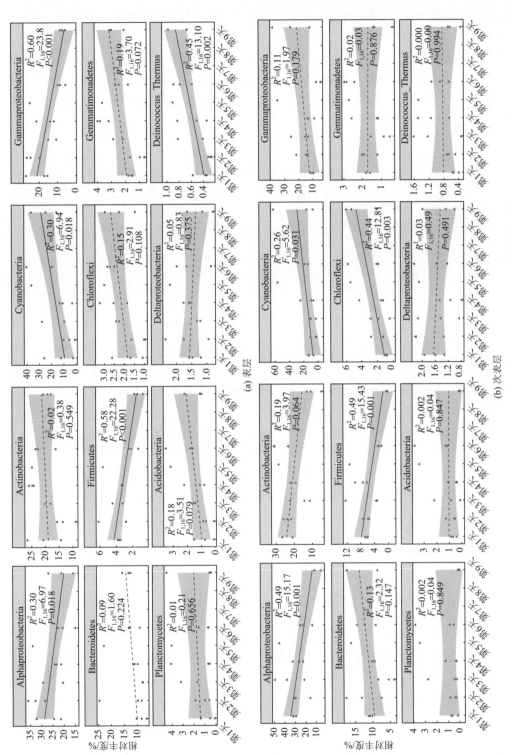

图 1-12　敦德冰川表层雪（0～15cm）和次表层雪（15～30cm）中优势细菌门的时间变化

　　敦德冰川表层雪和次表层雪中细菌群落结构显著不同，不同采样时间的细菌群落也表现出显著的不同（PERMANOVA，F=2.78，$P < 0.001$；F=3.31，$P < 0.001$）。此外，在深度和时间之间检测到显著的交互效应（PERMANOVA，F=2.68，$P < 0.001$），这一结果表明，采样深度影响细菌群落结构的时间变化模式［图 1-13（a）］。表层雪的第二主坐标（PCoA2）值与采样时间显著相关（Pearson 相关；R^2=0.89，$P < 0.001$），而表层雪的 PCoA1 与采样时间不相关。次表层雪的 PCoA1 和 PCoA2 值都与采样时间显著相关 ［Pearson 相关；R^2=0.28，P=0.023；R^2=0.34，P=0.011，图 1-13（b）］。这表明次表层雪中细菌群落结构具有比表层雪更加强烈的时间动态变化。

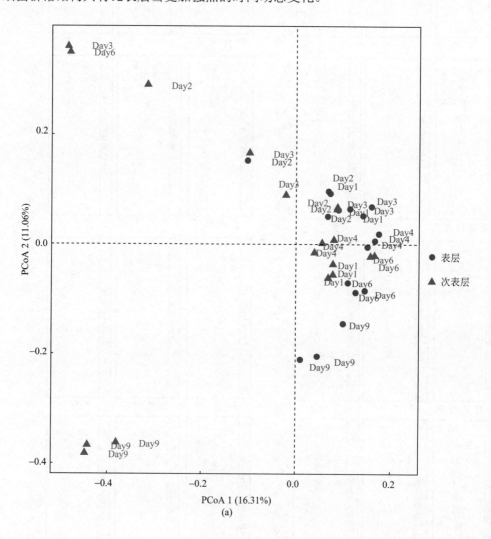

(a)

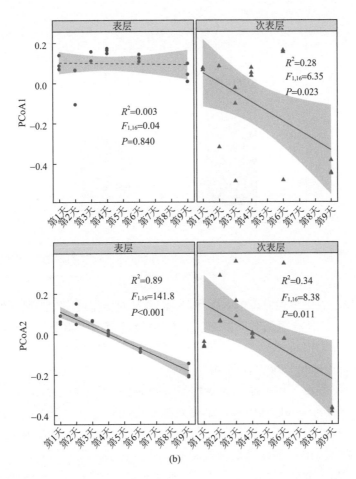

图 1-13　敦德冰川表层雪（0 ～ 15cm）和次表层雪（15 ～ 30cm）中微生物群落的主坐标分析（PCoA）

（a）基于 Bray-Curtis 距离的 PCoA 排序图；（b）PCoA 主坐标轴的时间变化。Day1 表示第 1 天，余同

使用归一化随机性比（NST）来检查随机性和确定性在塑造细菌群落中的相对贡献（图 1-14）。表层和次表层雪样的平均 NST 值分别为 74% 和 46%。NST 分析表明，表层雪细菌群落更多地受到随机作用的影响，而次表层雪细菌群落则更多地受到决定性作用的影响。过去的研究认为，深层雪的环境特征是寒冷、寡营养并呈现较低的生物代谢速率（Marshall and Chalmers，1997），但越来越多的证据表明，深层雪中的细菌群落可以在短时间内发生较大变化。格陵兰冰盖次表层冰中，细菌主要门类 Proteobacteria 在 5 天内发生了较大变化，并在其中发现了活跃的细菌代谢现象（Hell et al.，2013；Nicholes et al.，2019）；类似地，在温度零下的南极（Lopatina et al.，2013）和北极（Holland et al.，2020）雪中也检测到 Proteobacteria 门的活跃菌群。因此，本书研究表明，深层雪中细菌群落较活跃，并可能影响其中的营养转化过程。

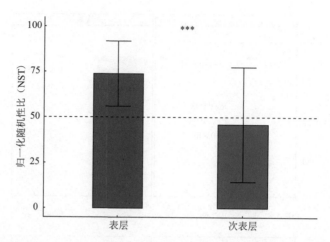

图1-14 敦德冰川表层雪（0～15cm）和次表层雪（15～30cm）中的细菌群落的归一化随机性比（NST）

*** 代表 P 值 <0.001

在表层雪和次表层雪中发现的 NO_3^- 和 NH_4^+ 含量的变化可能与细菌代谢作用密切相关。对于表层雪，NO_3^- 含量随时间的增加 [图 1-8 (b)] 有两个重要来源，其中很大一部分来自大气氮沉降（Björkman et al.，2014），在本书研究区域中氮沉降速率可达 282kg N/(km²·a)（Lue and Tian，2007），这相当于每天在我们采样的 0.5m×0.5m 面积范围内沉降 0.19mg N（假设一年中氮每天是均匀沉降的）；另一部分 NO_3^- 来源可能是微生物的固氮作用（Telling et al.，2011），细菌是唯一可固定大气中氮气的微生物（Anne，2010），这与本书研究中发现的随时间增加的固氮蓝藻丰度和 *nifH* 基因一致。蓝藻是一种自由生活的光合细菌，部分类群具有固氮功能，特别是在极端环境中（Levy-Booth et al.，2014；Makhalanyane et al.，2015；Chrismas et al.，2018）。过去在格陵兰冰盖表面，通过 3 种特异性 *nifH* 基因引物的定量 PCR 研究，发现蓝藻是格陵兰冰盖表面主要的潜在固氮类群（Telling et al.，2012）。本书研究虽未测定固氮速率，但目前的结果表明，微生物固氮过程可能是青藏高原冰川雪生境中被忽视的氮素来源，需要进一步使用转录组学和氮同位素分析等方法确认其中固氮微生物的活性。

与表层雪相反，次表层雪中 NO_3^- 和 NH_4^+ 浓度随时间显著降低 [图 1-8 (b)]。该现象可能与微生物氮利用相关过程，如硝酸盐还原和反硝化过程，以及氮元素的光化学降解过程有关（Björkman et al.，2014）。本书研究中发现，*narG* 基因随时间的增加支持微生物对氮物质的利用过程。反硝化过程将 NO_3^- 转化为 N_2，同时产生 NO_2^-、NO 和 N_2O 中间产物（Kuypers et al.，2018）。过去的研究在挪威斯瓦尔巴（Svalbard）群岛的斯匹次卑尔根（Spitsbergen）岛的积雪中检测到能够进行反硝化反应的细菌类群，如玫瑰单胞菌（Roseomonas）（Larose et al.，2013）。含氮化合物的光降解是最广为人知的氮降解途径，在欧洲高北极积雪中已报道了自然雪表面 NO_3^- 光解释放 NO 和 NO_x 的过程（Beine et al.，2003；Amoroso et al.，2010）。因此，将来的研究有必要通过进一步的以氮循环过程为核心的宏转录组，确定表层雪与次表层雪不同的氮转化过程。

　　另外，为了推断物种之间的生物相互作用，我们构建了表层和次表层雪细菌群落的共生网络（图 1-15）。次表层雪的网络结果显示了更多的节点边数（分别为 3.73 和 2.21）、更高的平均连通性（7.36 和 4.4）和更低的平均路径距离（4.72 和 5.5），这表明次表层雪的网络拓扑结构更为复杂。两个网络都以正相关关系为主，次表层雪的网络（95%）存在比表层雪的网络（83%）更高的正相关关系比例和更低的模块化特征。与表层雪细菌群落网络（分别为 0.31、0.45、0.71）相比，次表层雪的网络的正相关、传递性和连通性值更高。一般而言，更高的正相关关系表明该网络中存在更强烈的生物间相互合作（Scheffer et al.，2012；Ju et al.，2014），而模块化的降低表明微生物生态位的同质化（Ji et al.，2019）。次表层雪中微生物之间更强的联系与合作可能归因于反硝化过程的出现，反硝化是一个多步骤反应过程，需要多种菌群共同完成（Henry et al.，2004；Madsen，2011；Yuan et al.，2021a）。次表层雪网络的路径长度短于表层雪，较短的路径长度被认为与网络中微生物的信息和物质的更高传输效率相关（Du et al.，2020），这是需要广泛细菌协作的复杂生物过程所必需的，如反硝化过程（Yuan et al.，2021b），因此较短的路径长度与次表层雪中反硝化过程的优势一致。先前的研究已经提出微生物相互作用是影响微生物多样性的重要生物驱动因素（Hunt and Ward，2015；Calcagno et al.，2017），因此，那些不适应次表层雪环境的微生物将被排除在环境之外，这为多样性减少提供了另一种解释（Scheffer et al.，2012；Ziegler et al.，2018）。

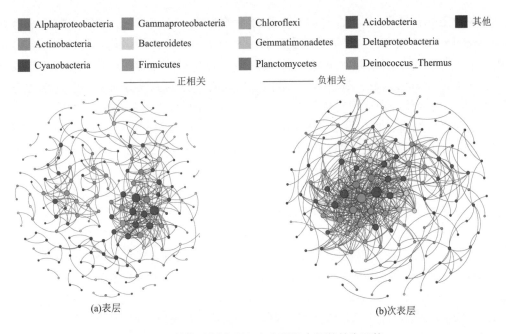

图 1-15　敦德冰川表层和次表层雪中细菌共生网络

　　本书研究表明，氮在塑造青藏高原冰川雪细菌群落中具有关键作用。表层和次表层雪分别与氮物质的积累和消耗有关：由于干沉降和微生物固氮活动，地表雪不太可能发生氮限制，因此全球气候变化引起的额外氮沉降不大可能对地表雪中的细菌群落造成实质性影响；相反，在次表层雪中发现了氮随时间的消耗，传统上认为冰雪环境中氮的光解是主要途径，而这项研究也发现氮同化和反硝化过程也可能是氮消耗的重要途径之一。总之，这些结果提供了青藏高原冰川雪中营养物质和细菌群落动态变化的新视角（Chen Q et al.，2021）。

总体而言，青藏高原冰雪细菌群落属性具有丰富的时空变异特征。①在空间分布上，西风主导区、季风主导区和西风季风过渡区冰雪细菌优势种群相似，按相对丰度从大到小依次为 Proteobacteria、Bacteroidetes 和 Actinobacteria，但其 α 多样性表现为西风主导区＞季风主导区，这种差异主要受溶解有机碳和年平均气温调控；冰川表层（0～15cm）和次表层（15～30cm）雪中，细菌群落大部分门类及细菌 α 多样性均无显著差异。②在时间分布上，雪中细菌群落特征在不同深度存在明显差异：随着时间的推移，α 多样性和群落结构的变异在表层雪不明显或较小，在次表层雪却强烈得多；表层雪细菌主要受随机性作用的影响，而次表层雪细菌更多受制于决定性作用，细菌共生网络中后者比前者的正相关比例、传递性和连通性也更高，表层和次表层雪细菌群落的这种时间变异模式分别与氮的积累和消耗有关。因此，青藏高原冰雪细菌类群的时空变异主要由气候（年平均气温）和营养素（碳、氮）调节。

1.2.2 青藏高原冰尘细菌群落地理分布特征及其驱动机制

冰尘是冰川表面由小岩石颗粒、黑碳和微生物组成的粉尘与有机物的聚合体（Rozwalak et al.，2022）。冰尘可减少冰面反照率进而加速冰川融化，是冰川现代过程中非常重要的部分（Bagshaw et al.，2013）。微生物是影响冰尘颗粒聚合和有机物成分的重要因素（Xiang et al.，2009），冰尘微生物具有一定的空间分布差异性，这种空间差异性与环境变化和地理距离有关（Cameron et al.，2012；Liu K et al.，2017）。

在青藏高原唐古拉山脉 2 条相邻冰川——龙匣宰陇巴冰川（LXZLB）和冬克玛底冰川（DKMD）进行了冰尘穴样品的采集（图 1-16），发现 LXZLB 和 DKMD 冰川冰尘细菌丰富度指数和 Shannon-Wiener 物种多样性指数均无显著差异 [$P \geq 0.55$，图 1-17（a）]。对阴阳离子（Ca^{2+}、Mg^{2+}、K^{+}、Na^{+}、Cl^{-}、NO_3^{-} 和 SO_4^{2-}）降维后再分析，发现 DKMD 冰川冰尘细菌 Shannon-Wiener 物种多样性指数与地理位置呈显著负相关，与电导率、碳氮比（C：N）、主成分一（PC1）和主成分二（PC2）呈显著正相关 [$P < 0.05$，图 1-18（a）]；LXZLB 冰川冰尘细菌的丰富度指数和 Shannon-Wiener 物种多样性指数与环境因子无显著相关性（$P \geq 0.051$）。相反，DKMD 和 LXZLB 冰川冰尘细菌群落的 β 多样性存在显著差异 [图 1-17（b），表 1-2]。DKMD 冰川冰尘穴上覆水中的温度、电导率、总溶解性固体（TDS）、PC1、冰尘穴的短轴长、面积、纬度、海拔以及冰尘中的 C：N 与冰尘细菌群落结构呈显著正相关（$R \geq 0.343$，$P \leq 0.046$，表 1-3）；LXZLB 冰川冰尘穴深度、C 和 N 含量与冰尘细菌群落结构呈显著正相关（$R \geq 0.338$，$P \leq 0.026$，表 1-3）。总体而言，唐古拉山脉冰川冰尘细菌 Shannon-Wiener 物种多样性指数与冰尘穴深度和 PC1 呈显著正相关 [$P < 0.05$，图 1-18（a）]；除 pH、C、PC1 和 PC2 外，冰尘中的细菌群落结构与其余变量呈显著正相关（$R \geq 0.168$，$P \leq 0.046$，表 1-3），这表明冰尘微生物 α

多样性和 β 多样性不仅受控于环境和地理因子，还受控于冰尘穴的形态结构，冰尘穴形态结构的差异更易导致冰尘微生物的 α 多样性变化。

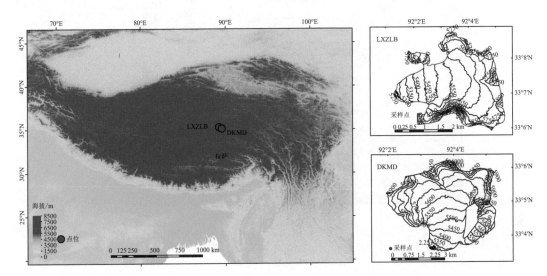

图 1-16　唐古拉山脉龙匣宰陇巴冰川（LXZLB）和冬克玛底冰川（DKMD）在青藏高原的地理位置以及冰川等高线冰尘样点图

图中数字表示海拔，m

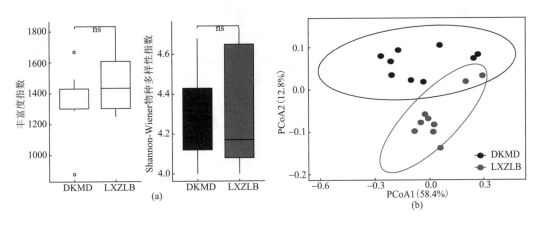

图 1-17　DKMD 和 LXZLB 冰川冰尘细菌微生物之间的 α 多样性（a）和 β 多样性（b）

ns：无显著差异

表 1-2　基于 DKMD 和 LXZLB 冰川冰尘细菌群落贝叶斯距离的相异性检验

DKMD 和 LXZLB	MRPP		ANOSIM		Adonis	
	δ	P	R	P	F	P
	0.023	0.001	0.583	0.001	1.817	0.001

注：MRPP，多反应排列程序；ANOSIM，相似性分析；Adonis，多元方差分析，亦可称为非参数多元方差分析。

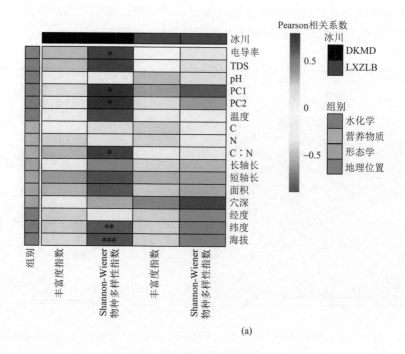

(a)

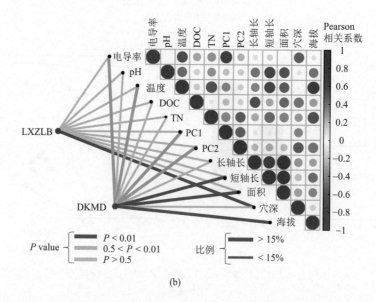

(b)

图 1-18　唐古拉山脉冰川冰尘细菌多样性与生物地球化学特征的关系

(a) α 多样性指数与生物地球化学特征之间的 Pearson 相关性；(b) 基于贝叶斯距离的细菌群落组成多元线性模型的结果。

统计显著性：$*P < 0.05$，$**P < 0.01$，$***P < 0.001$；ns：无显著性差异；下同

表 1-3　DKMD 和 LXZLB 冰川冰尘细菌群落的贝叶斯相异性与环境变量之间的关系

		电导率	TDS	pH	温度	C	N	C∶N	长轴长	短轴长	面积	穴深	经度	纬度	海拔	PC1	PC2
唐古拉山脉冰川	r	0.293	0.285	0.121	0.338	0.094	0.281	0.339	0.168	0.393	0.350	0.144	0.516	0.495	0.320	0.098	0.026
	P	0.003	0.003	0.117	0.007	0.172	0.006	0.004	0.046	0.002	0.005	0.06	0.001	0.001	0.005	0.163	0.350
DKMD冰川	r	0.576	0.573	0.002	0.343	−0.206	0.078	0.764	0.235	0.795	0.757	0.026	0.091	0.781	0.683	0.369	0.231
	P	0.012	0.009	0.389	0.046	0.775	0.287	0.002	0.16	0.004	0.002	0.384	0.215	0.017	0.003	0.045	0.131
LXZLB冰川	r	0.209	0.214	0.209	0.024	0.351	0.338	0.013	−0.001	0.240	0.053	0.53	0.227	0.220	0.221	0.176	0.008
	P	0.12	0.094	0.101	0.384	0.026	0.017	0.441	0.453	0.091	0.313	0.011	0.098	0.134	0.109	0.167	0.421

　　唐古拉山脉冰川冰尘细菌群落主要由 Cyanobacteria、Bacteroidetes、Betaproteobacteria、Alphaproteobacteria、Actinobacteria、Deltaproteobacteria、Firmicutes、Verrucomicrobia、Planctomycetes 和 Chloroflexi 组成，这与已报道的冰尘微生物主要的优势群体结构相似（Cameron et al.，2012）。在这些细菌群落中，只有 Betaproteobacteria 和 Chloroflexi 在两条冰川之间存在显著差异 [$P < 0.01$，图 1-19（a）]，这符合地理距离越小，群落结构差异越小的特点（Cameron et al.，2012）。通过 SIMPER 分析发现，引起相邻冰川冰尘细菌群落差异的主要 OTUs 共 10 个 [图 1-19（b）]。这些 OTUs 能解释总体差异的 44.27%。在这 10 个 OTUs 中，4 个 OTUs 隶属于 Cyanobacteria，4 个 OTUs 隶属于 Bacteroidetes，剩余 2 个 OTUs 隶属于 Proteobacteria。曼哈顿图表明，造成相邻冰川冰尘细菌差异 OTUs 或 taxa（物种）的主要门类是 Bacteroidetes、Cyanobacteria 和 Proteobacteria，在差异显著的 OTUs 中，大多数 OTUs 表现为以高的相对丰度存在（图 1-20）。

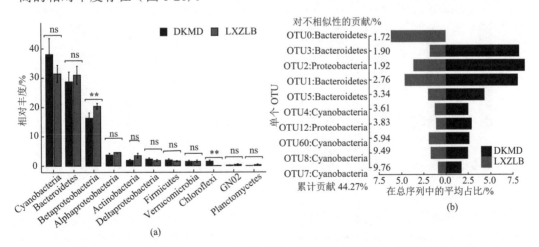

图 1-19　DKMD（a）和 LXZLB（b）冰川冰尘细菌微生物群落组成及其指示 OTUs

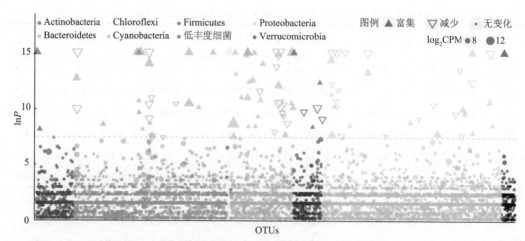

图 1-20　基于曼哈顿图示 DKMD 和 LXZLB 冰川冰尘差异 OTUs

不同颜色表示不同的细菌门

　　对水化学、营养物质、冰尘穴形态学特征和地理分组的 Mantel 检验结果表明，这些分类因子和冰尘细菌群落显著相关（$P < 0.01$），但在不同冰川之间存在差异。DKMD 冰川冰尘中只有营养物质对群落结构的影响不显著（$P=0.114$），而在 LXZLB 冰川冰尘中水化学和地理位置对群落的影响不显著 [$P \geqslant 0.095$；图 1-21（a）]。方差分解分析结果表明，这些变量能够解释唐古拉山脉冰川冰尘细菌群落差异的 58.62%，其中冰尘穴上覆水水化学变量对群落结构的影响高于冰尘中营养物质和冰尘穴形态的影响 [图 1-21（b）]，这说明冰尘细菌群落结构受众多因子的调控，其中一些潜在未知因子还需进一步探索。该结果再次证明冰尘穴形态学结构对冰尘群落结构具有重要作用。

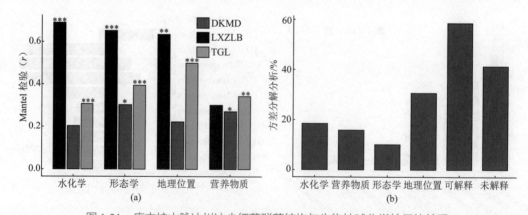

图 1-21　唐古拉山脉冰川冰尘细菌群落结构与生物地球化学特征的关系

（a）基于贝叶斯距离的 Mantel 检验；（b）由未剔除交互作用的水化学、营养物质、形态学和地理位置解释的群落组成中的变异比例

TGL 表示对唐古拉山脉中 DKMD 冰川和 LXZLB 冰川的合并分析，本节同

　　我们还发现 DKMD 和 LXZLB 冰川冰尘细菌群落装配过程中随机性过程比确定性过程更为重要，这反映了环境作用的相似性和冰川局部微生物源的重要作用（图 1-22）。

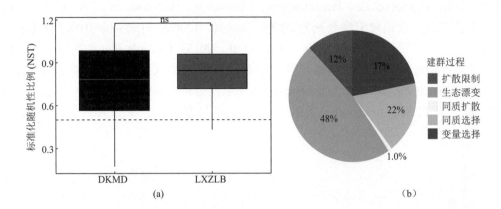

(a)   (b)

图 1-22　DKMD、LXZLB 以及唐古拉山脉冰川冰尘微生物群落装配过程

（a）DKMD 和 LXZLB 冰川标准化随机性比例（NST）的比较；（b）唐古拉山脉冰川冰尘微生物群落构建过程

Liu Y 等（2017）对老虎沟冰川、唐古拉山小冬克玛底冰川和玉龙冰川冰尘（图 1-23）

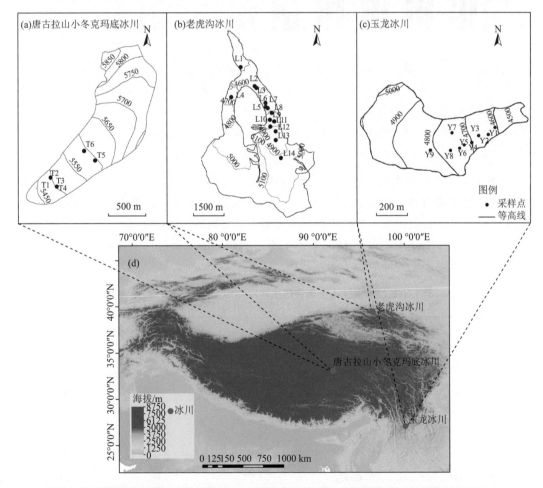

图 1-23　唐古拉山小冬克玛底冰川（a）、老虎沟冰川（b）和玉龙冰川（c）冰尘样点图（d）

研究表明，Cyanobacteria、Proteobacteria、Chloroflexi、Bacteroidetes 和 Actinobacteria 是主要细菌类群，其相对丰度分别为30.9%、19.9%、13.8%、11.8% 和 10.0%（图 1-24），这与其他冰川中的研究结果相似（Zarsky et al.，2013；Edwards et al.，2014）。光合细菌类群 Cyanobacteria 在老虎沟冰川和唐古拉山小冬克玛底冰川的相对丰度较高，而 Proteobacteria、Bacteroidete 和 Actinobacteria 则明显在玉龙冰川有着更高比例的相对丰度，Chloroflexi 和 Planctomycetes 在三条冰川的分布没有显著性差异（$P > 0.05$）（图 1-24）。

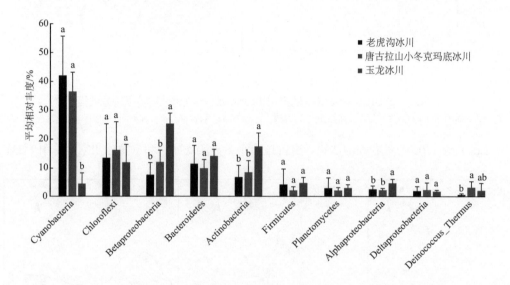

图 1-24 唐古拉山小冬克玛底冰川、老虎沟冰川和玉龙冰川冰尘优势微生物群落（相对丰度 > 5%）的组成特征（门水平）

老虎沟冰川、唐古拉山小冬克玛底冰川和玉龙冰川冰尘细菌群落的遗传多样性和物种丰富度随着纬度的增加逐渐减少。三条冰川 Shannon-Wiener 物种多样性指数与纬度和电导率呈显著负相关，与冰尘的化学参数 [总有机碳（TOC）、总氮（TN）、硫（S）] 呈显著正相关（表 1-4）。这些相关关系说明，所研究的三条冰川的细菌群落多样性可能受空间距离以及多种环境因子的共同调控。

表 1-4 老虎沟冰川（LHG）、唐古拉山小冬克玛底冰川（DKMD）和玉龙冰川（YL）冰尘微生物群落多样性指数与环境因子相关性分析

	三条冰川 Shannon-Wiener	LHG Shannon-Wiener	DKMD Shannon-Wiener	YL Shannon-Wiener
纬度	−0.699***	−0.522	0.329	0.619
经度	0.410*	0.656*	0.472	0.753*
海拔	0.145	0.760**	0.427	−0.883**
TOC	0.633***	−0.503	0.320	−0.732*
TN	0.654***	−0.186	0.649	−0.686*
S	0.550**	−0.084	−0.121	−0.023
C∶N	0.357	−0.211	−0.392	0.393

续表

	三条冰川 Shannon-Wiener	LHG Shannon-Wiener	DKMD Shannon-Wiener	YL Shannon-Wiener
pH	−0.299	−0.062	−0.061	0.150
电导率	−0.464*	−0.550*	0.397	−0.523
氧化还原电位（Eh）	0.282	0.022	0.051	−0.166

老虎沟冰川、唐古拉山小冬克玛底冰川和玉龙冰川冰尘细菌群落结构存在明显的空间聚类（图 1-25）。结合 SIMPER 分析，研究表明，分属于 Cyanobacteria、Chloroflexi、Betaproteobacteria、Actinobacteria 和 Firmicutes 的 15 个物种作为指示 OTUs，对三条冰川冰尘细菌群落的差异性贡献率总共为 45.5%（图 1-26）。而其中隶属于 Cyanobacteria 的物种对冰尘细菌群落的差异性贡献率达到了 26.6%，说明 Cyanobacteria 作为冰尘微生物主要的优势细菌类群之一，是造成青藏高原冰尘细菌群落结构差异的重要类群。

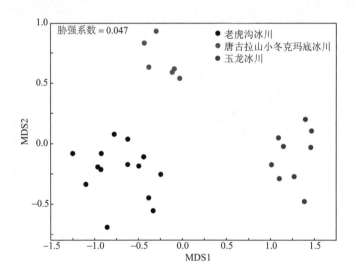

图 1-25　唐古拉山小冬克玛底冰川（DKMD）、老虎沟冰川（LHG）和玉龙冰川（YL）冰尘细菌群落空间分布

MDS1 和 MDS2 表示多维标度（multidimensional scaling，MDS）算法的第一轴和第二轴

通过基于距离的多元线性模型（DistLM）对与冰尘细菌群落结构相关的环境因子进行正向选择。结果表明，总碳（TC）和海拔以及空间距离（纬度和经度）与冰尘细菌群落结构都有显著相关关系。在此基础上，我们利用主坐标的约束分析（CAP）方法对影响冰尘细菌群落结构的四个相关因子（总碳、海拔、经度和纬度）进行了研究。在总碳、海拔、经度和纬度因子的共同作用下，冰尘细菌群落根据来源的不同聚成了三个彼此分离的类群（图 1-27）。非生物环境因子对全球其他区域冰川冰尘微生物的影响已有过大量报道（Christner et al.，2003a；Mueller and Pollard，2004；Edwards et al.，2011，

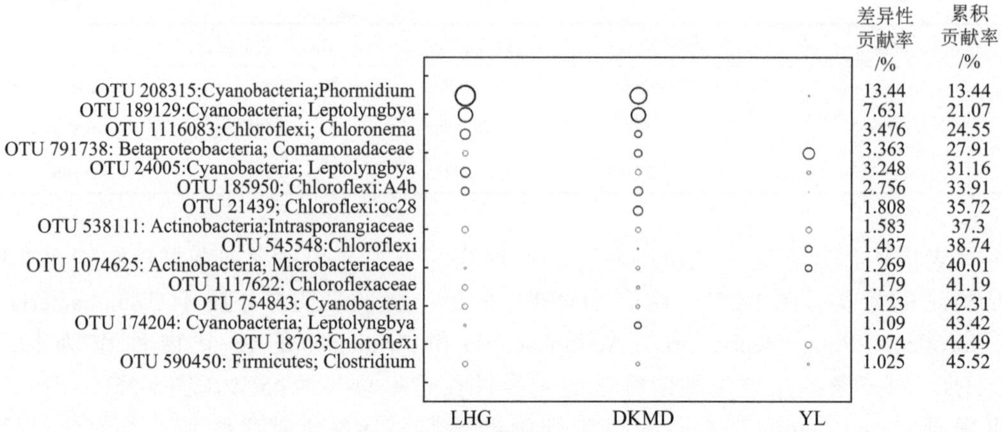

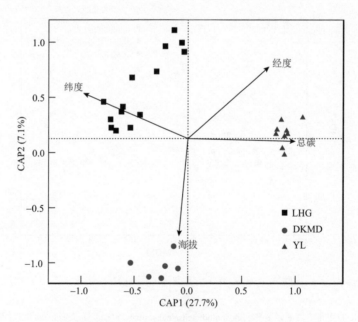

	差异性贡献率/%	累积贡献率/%
OTU 208315:Cyanobacteria;Phormidium	13.44	13.44
OTU 189129:Cyanobacteria; Leptolyngbya	7.631	21.07
OTU 1116083:Chloroflexi; Chloronema	3.476	24.55
OTU 791738: Betaproteobacteria; Comamonadaceae	3.363	27.91
OTU 24005:Cyanobacteria; Leptolyngbya	3.248	31.16
OTU 185950; Chloroflexi:A4b	2.756	33.91
OTU 21439; Chloroflexi:oc28	1.808	35.72
OTU 538111: Actinobacteria;Intrasporangiaceae	1.583	37.3
OTU 545548;Chloroflexi	1.437	38.74
OTU 1074625: Actinobacteria; Microbacteriaceae	1.269	40.01
OTU 1117622: Chloroflexaceae	1.179	41.19
OTU 754843: Cyanobacteria	1.123	42.31
OTU 174204: Cyanobacteria; Leptolyngbya	1.109	43.42
OTU 18703;Chloroflexi	1.074	44.49
OTU 590450: Firmicutes; Clostridium	1.025	45.52

图 1-26   唐古拉小冬克玛底冰川（DKMD）、老虎沟冰川（LHG）和玉龙冰川（YL）冰尘细菌指示物种对冰尘微生物群落相似度差异性贡献率及累积贡献率

图 1-27   老虎沟冰川（LHG）、唐古拉山小冬克玛底冰川（DKMD）和玉龙冰川（YL）冰尘细菌群落与已选定的空间距离和环境变量主坐标约束分析

CAP1 和 CAP2 表示主坐标约束分析（constrained analysis of principal coordinates，CAP）的第一轴和第二轴

2014；Cameron et al.，2012； Stibal et al.，2015），其中总有机碳通常被认为是从局域到区域尺度影响冰尘细菌群落变化最重要的因子（Christner et al.，2003b；Edwards et al.，2011；Cameron et al.，2012），在加拿大冰川研究中发现，6 个环境因子包括亚硝酸盐、硝酸盐和溶解态活性磷浓度、电导率、海拔和深度共同解释了局域尺度冰尘

微生物群落变化的 55%（Mueller and Pollard，2004）。本书研究进一步确证了环境变量对解释区域尺度（冰川之间的差异）冰尘细菌群落变化的重要性。本书研究中的三条冰川被不同的陆地生态系统包围，并具有不同的物理化学条件；老虎沟冰川和唐古拉山小冬克玛底冰川冰尘细菌群落之间没有显著差异，它们位于相似的生态系统中，具有相似的营养成分，进一步支持了环境影响的重要性。基于这些结果，青藏高原冰川冰尘细菌群落的变化可部分归因于环境变量。综上所述，青藏高原冰尘细菌群落的地理学分布可能是由空间距离和多种环境因子的共同作用导致的（Liu Y et al.，2017）。

在青藏高原唐古拉山小冬克玛底冰川、枪勇冰川和帕隆 4 号冰川进行了冰尘穴、冰尘穴上覆水、表面冰尘样品的采集（图 1-28）。在所有样品中共鉴定出 2805400 个高质量序列和 97582 个 OTUs。细菌群落的 α 多样性指标在三种生境中存在显著差异。三条冰川中冰尘穴沉积物中的细菌多样性指标均显著高于冰尘穴上覆水中细菌多样性指标（单因素方差分析，$P < 0.05$）。三条冰川中，沉积物和上覆水显示出不同的细菌组成（图 1-28）。冰尘穴沉积物和表面冰尘中的优势细菌门是 Proteobacteria（帕隆 4 号冰川 18.7% vs. 26.5%；枪勇冰川 30.1% vs. 34.2%；唐古拉山小冬克玛底冰川 27.2% vs. 34.2%）、Bacteroidetes（帕隆 4 号冰川 31.2% vs. 29.7%；枪勇冰川 23.9% vs. 23.9%；唐古拉山小冬克玛底冰川 31.3% vs. 23.1%）和 Cyanobacteria（帕隆 4 号冰川 31.0% vs. 12.3%；枪勇冰川 35.4% vs. 35.1%；唐古拉山小冬克玛底冰川 33.7% vs. 33.5%）。然而，冰尘穴上覆水中 Proteobacteria 和 Bacteroidetes 最丰富，而 Cyanobacteria 的丰度较低（图 1-29）。

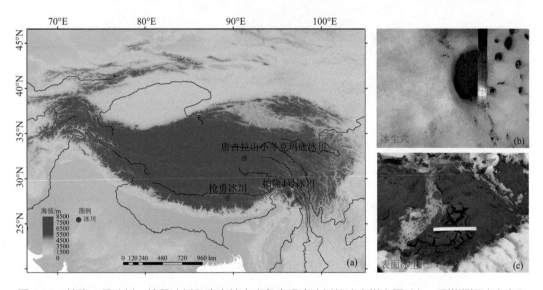

图 1-28　帕隆 4 号冰川、枪勇冰川和唐古拉山小冬克玛底冰川的冰尘样点图（a）；采样期间冰尘穴和表面冰尘的照片 [（b）和（c）]

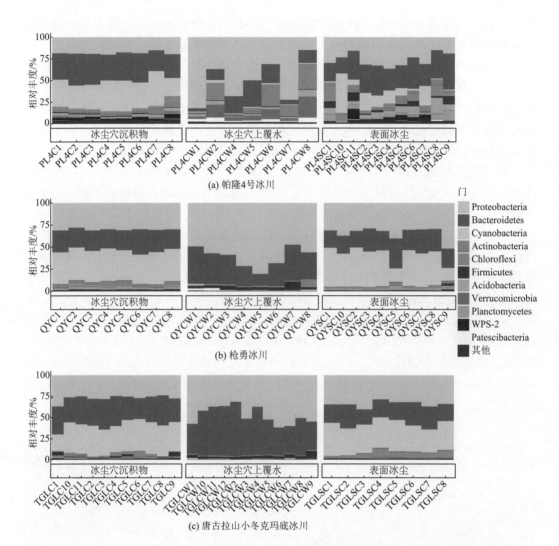

图 1-29　帕隆 4 号冰川（PL4）(a)、枪勇冰川（QY）(b) 和唐古拉山小冬克玛底冰川（DKMD）(c) 冰尘穴沉积物、冰尘穴上覆水、表面冰尘中主要细菌门的相对丰度

C 代表冰尘穴沉积物；W 代表冰尘穴上覆水；SC 代表沉积冰尘。1 ～ 12 代表采样点编号中的序号

为研究微生物类群从冰尘穴到表面冰尘的连通性关系，我们将冰尘穴的冰尘穴沉积物定义为本书研究中最远的上游环境，并将每个 OTU 分配到它首次出现的最远上游环境。新的 OTUs 从冰尘穴到表面冰尘出现的比例很高，3 条冰川中的冰尘穴上覆水和表面冰尘中首次检测到的 OTUs 分别为 75% ～ 85% 和 47% ～ 73% [图 1-30（a）(c)(e)]。然而，这些新出现的 OTUs 分别仅占冰尘穴上覆水和表面冰尘群落序列的 13% ～ 23% 和 5% ～ 16%[图 1-30（b）(d)(f)]。在冰尘穴和表面冰尘环境中，枪勇冰川和唐古拉山小冬克玛底冰川的冰尘穴沉积物迁移的 OTUs 比例从冰尘穴上覆水向表面冰尘增加，枪勇冰川的值从 16% 增加到 41%，唐古拉山小冬克玛底冰川的值从 15% 增加到 46%[图 1-30（c）(e)]。这些冰尘穴沉积物迁移的 OTUs 在所有三

条冰川的上覆水和表面冰尘中的序列数量上占主导地位，占每个栖息地群落序列的 70% 以上 [图 1-30 (b) (d) (f)]。

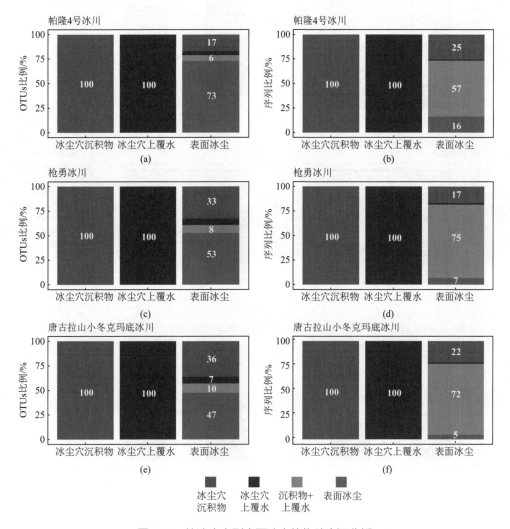

图 1-30　从冰尘穴到表面冰尘的物种来源分析

(a)、(c)、(e)：按最远上游栖息地分类的 OTUs 比例，它们分别首次出现在帕隆 4 号冰川、枪勇冰川和唐古拉山小冬克玛底冰川上。(b)、(d)、(f)：分别与帕隆 4 号冰川、枪勇冰川和唐古拉山小冬克玛底冰川上每个栖息地的 OTUs 相关的序列比例

Proteobacteria、Bacteroidetes 和 Cyanobacteria 是冰尘穴沉积物、冰尘穴上覆水和表面冰尘群落的优势物种，序列比例分别为 81% ~ 92%、65% ~ 71% 和 75% ~ 87%（图 1-31）。这一证据表明，冰尘穴上覆水和表面冰尘中的优势细菌分类群主要从冰尘穴沉积物中获得。

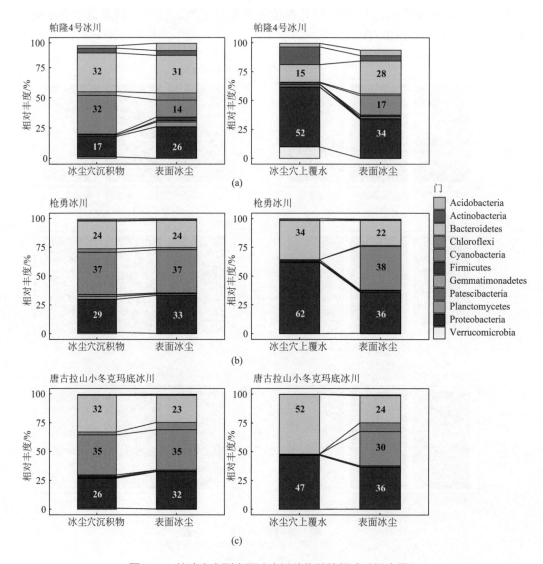

图 1-31 从冰尘穴到表面冰尘迁移物种的组成（门水平）

使用基于强相关性和显著相关性的网络分析来探究细菌共生模式（图 1-32）。基于相关性分析，在 1795 个节点之间获得 225627 条边，这些边描述了物种之间显著的相关性（Spearman 相关性分析 $\rho > 0.6$，$P < 0.01$）。分别在冰尘穴沉积物、冰尘穴上覆水和表面冰尘中发现了 513 个、538 个和 514 个显著富集的 OTUs[图 1-32（a）]。上覆水中的 OTUs 之间高度联系，但与组外节点的联系较少。然而，冰尘穴沉积物和表面冰尘中的 OTUs 在网络中表现出更多的相互联系。属于蓝细菌的节点主要发现于冰尘穴沉积物（19.3%）和表面冰尘中（17.3%）[图 1-32（b）]。

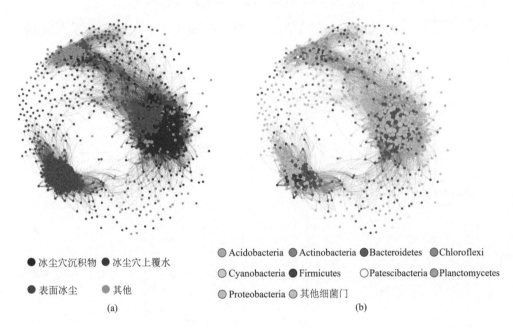

(a)

● 冰尘穴沉积物　● 冰尘穴上覆水

● 表面冰尘　　　● 其他

◉ Acidobacteria　◉ Actinobacteria　◉ Bacteroidetes　◯ Chloroflexi

◯ Cyanobacteria　● Firmicutes　　　◯ Patescibacteria　◉ Planctomycetes

◉ Proteobacteria　◯ 其他细菌门

(b)

图 1-32　帕隆 4 号冰川、枪勇冰川和唐古拉山小冬克玛底冰川冰尘穴沉积物、冰尘穴上覆水、表面冰
尘微生物的共生网络

(a) 节点根据栖息地类型着色；(b) 节点由门级分类法着色

在三个子网络中，网络的拓扑性质显著高于各自的随机网络，表明三个子网络都具有"小世界"性质和模块化结构。此外，冰尘穴沉积物和表面冰尘子网络的平均连接程度和聚类系数高于冰尘穴上覆水子网络，表明冰尘穴沉积物中物种的连接更紧密。此外，冰尘穴上覆水子网络的平均路径长度高于冰尘栖息地子网络，表明上覆水群落之间的联系更紧密。

基于 Bray-Curtis 差异的非度量多维尺度（non-metric multidimensional scaling，NMDS）分析显示，整体细菌和蓝细菌群落都根据栖息地聚类（图 1-33）。ANOSIM 分析进一步证实了细菌群落的栖息地分布模式（$P < 0.001$）。此外，冰尘穴沉积物和表面冰尘的群落更相似，但与上覆水群落显著不同（ANOSIM；$P=0.001$），表明冰尘穴沉积物和表面冰尘群落之间在某种程度上存在密切关联。

通过量化冰尘环境中细菌群落的主要生态过程的相对贡献，我们发现调节群落变异的过程在整体细菌群落和蓝细菌群落之间存在很大差异（图 1-34）。一般来说，异质性选择在整个细菌群落中更为明显，而遗传漂变和异质性选择在蓝细菌群落的组装中发挥了更重要的作用。此外，对于蓝细菌群落，不同生境的生态过程表现出不同的模式。例如，异质性选择在冰尘栖息地的蓝细菌群落结构中发挥了更重要的作用，占冰尘穴沉积物群落变异的 74.6%[图 1-34（d）] 和表面冰尘群落变异的 43.1%[图 1-34（f）]。然而，遗传漂变是塑造冰尘穴上覆水中蓝细菌群落结构的最重要过程（90.0%）[图 1-34（e）]。

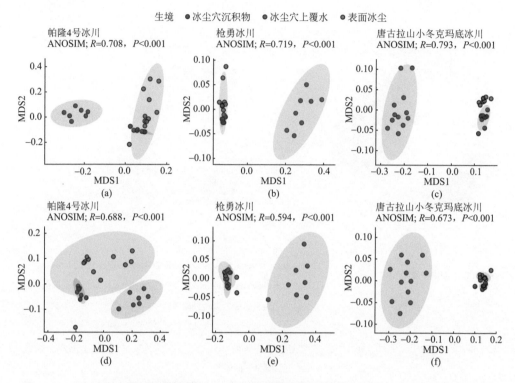

图 1-33　三条冰川上整体细菌群落 [(a) ～ (c)] 和蓝细菌群落组成 [(d) ～ (f)] 的非度量多维尺度
（NMDS）排序

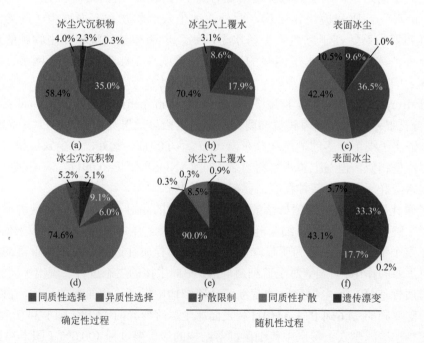

图 1-34　冰尘穴沉积物、冰尘穴上覆水、表面冰尘中细菌 [(a) ～ (c)] 和蓝细菌 [(d) ～ (f)] 群落的构
建过程贡献量

　　总体而言，青藏高原冰尘细菌群落属性的空间分布差异较为明显。冰尘细菌主要类群按相对丰度从大到小依次为 Cyanobacteria、Proteobacteria、Chloroflexi、Bacteroidetes 和 Actinobacteria，其相对比例在青藏高原不同冰川存在差异，Cyanobacteria 对该差异的贡献最大（达 26.6%）；冰尘细菌 α 多样性随纬度增加而逐渐降低，与 TOC、TN 和 S 等显著正相关，其群落结构主要受地理距离、总碳和海拔调控，尽管冰尘穴的形态结构对其影响相对较小，但不能忽视。生境也是影响冰尘细菌群落分布的重要因素：与冰尘穴沉积物相似，表面冰尘以 Proteobacteria、Bacteroidetes 和 Cyanobacteria 为主要类群，冰尘穴上覆水与其区别在于 Cyanobacteria 丰度较低；细菌 α 多样性表现为冰尘穴沉积物＞冰尘穴上覆水；细菌物种的联结度在冰尘穴沉积物和表面冰尘子网络中更紧密，两生境之间的网络联结度也较高，但二者与冰尘穴上覆水的网络连接较少；类似地，细菌群落结构在冰尘穴沉积物和表面冰尘中也更相似；异质性选择在全细菌群落中更为明显，而遗传漂变和异质性选择在蓝细菌群落组装中发挥了更重要的作用。因此，青藏高原冰尘细菌群落的空间分布主要受地理距离（空间和海拔）、生境和营养物质（碳、氮）的共同调节，其主要群落组装机制是异质性选择和遗传漂变。

1.3　冰芯微生物及其对气候环境变化的响应

1.3.1　冰芯中微生物数量的时空变化趋势

　　我们对青藏高原面上的 15 条冰川钻取了冰芯，并使用流式细胞仪对 15 根冰芯中的细菌数量进行高分辨率测定（图 1-35）。

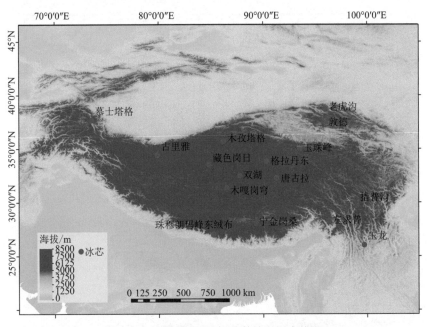

图 1-35　青藏高原 15 根冰芯的采样点位置

　　对木孜塔格、古里雅、藏色岗日、双湖、格拉丹东、宁金岗桑、珠穆朗玛峰东绒布和左求普冰芯进行了年代与冰芯细菌数量的拟合分析，发现不同冰芯具有不同的变化趋势，但所有冰芯中细菌数量均在 1980 年后表现出上升趋势（图 1-36）。

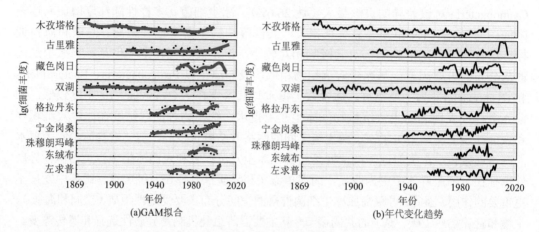

图 1-36　青藏高原冰芯细菌数量年代变化趋势及广义相加模型（generalized additive model，GAM）拟合分析

　　根据青藏高原地形和大气环流特征，将青藏高原面上冰芯样品分为季风主导区、过渡区（西风季风过渡区）和西风主导区三个组群（图 1-37），发现季风主导区的细菌数量较为接近，随着季风作用的减弱，细菌数量上升；而西风主导区的细菌数量差异较大，具有随西风作用增强，细菌数量呈下降趋势；而在过渡区，西风季风的共同作用导致不同冰川细菌数量之间没有明显的变化规律。

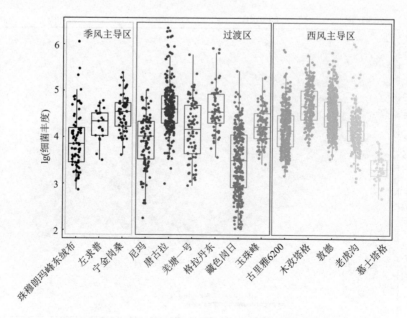

图 1-37　青藏高原季风主导区、过渡区、西风主导区冰芯细菌丰度

1.3.2　冰芯中低核酸含量和高核酸含量菌群比例对气候环境变化的响应

冰芯中微生物的数量和群落结构的变化对气候环境变化有着敏感的响应；微生物可以成为冰芯中恢复古气候和环境的替代性指标；冰芯微生物在青藏高原气候环境变化研究中有着重要的作用。Mao 等（2022）对青藏高原宁金岗桑冰芯和帕隆 4 号冰芯中黑碳含量和细菌数量进行定年研究，结果表明，1961 ～ 2006 年细菌数量随着黑碳含量的升高而升高，且在 1980 ～ 2006 年升高趋势更为显著 [图 1-38（a）、图 1-38（b）]。显著性分析进一步证明了冰芯中黑碳含量与细菌数量之间存在显著线性关系（$P < 0.001$）[图 1-38（c）]。

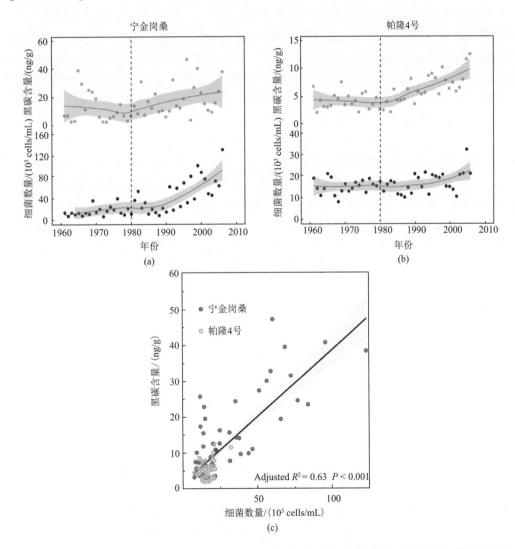

图 1-38　青藏高原宁金岗桑冰芯（a）和帕隆 4 号冰芯（b）中黑碳含量与细菌数量随年代的变化及黑碳含量与细菌数量的线性关系（c）

基于 DNA 荧光染色的流式细胞技术（flow cytometry，FCM）可以通过不同的荧光信号反映出细胞的不同性质，如细胞的核酸含量和尺寸。依据这些信号值可以将微生物分为低核酸含量菌群（low nucleic acid content bacteria，LNA 菌群）和高核酸含量菌群（high nucleic acid content bacteria，HNA 菌群）这两大类菌群。冰芯中微生物种类很多，我们很难确定冰芯中每一种微生物对气候环境变化的响应，因此需要找到一类对环境变化相对敏感的微生物群落作为研究对象，而 LNA/HNA 菌群比例可以随着外界环境的变化而改变，也就意味着 LNA 和 HNA 菌群群落演替可以揭示气候环境变化与微生物迁移转化之间的关系。对青藏高原宁金岗桑冰芯和帕隆 4 号冰芯中 LNA 和 HNA 菌群比例研究表明，青藏高原冰芯中以 LNA 菌群为主，占总细菌比例的 62.4 % ± 7.2%（n=92）（图 1-39）。LNA/HNA 菌群比例随年代变化的结果表明，1960 ～ 2010 年冰芯中 LNA/HNA 菌群比例呈现降低趋势（图 1-40）。与环境因子的分析表明，LNA/HNA 菌群比例与黑碳含量变化呈显著负相关（P < 0.001）（图 1-41），说明黑碳含量的增加可以显著改变青藏高原 LNA/HNA 菌群比例。主要的原因是黑碳含量的增加给青藏高原环境带来了大量的外来碳源，易造成环境的富营养化，而 LNA 菌群是寡营养环境细菌，在富营养环境下 LNA 菌群占比较少。冰芯中 LNA/HNA 菌群比例的降低也反映了青藏高原环境受到了外来营养物质的影响。

进一步对冰芯中 LNA/HNA 菌群比例、细菌数量和黑碳含量随季节的变化进行分析。结果表明，在季风时期 LNA/HNA 菌群比例较高，细菌数量和黑碳含量均较低，而非季风时期黑碳含量的上升使得 LNA 菌群占比较少（图 1-42）。对季风时期和非季风时期 LNA/HNA 菌群比例与黑碳含量关系的 Procrustes 分析表明，非季风时期 LNA/HNA 菌群比例与黑碳含量具有显著关系（Monte Carlo P < 0.01，999 次置换检验），

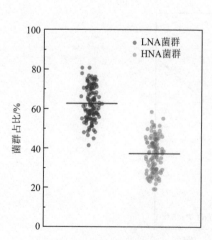

图 1-39　青藏高原宁金岗桑冰芯和帕隆 4 号冰芯中 LNA 和 HNA 菌群占比

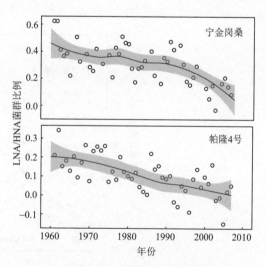

图 1-40　青藏高原宁金岗桑冰芯和帕隆 4 号冰芯中 LNA/HNA 菌群比例的变化

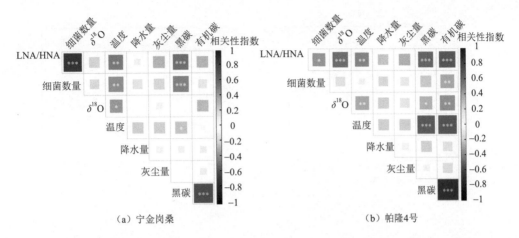

（a）宁金岗桑　　　　　　　　　　　　　　　　（b）帕隆4号

图 1-41　青藏高原宁金岗桑和帕隆 4 号冰芯中 LNA/HNA 菌群比例与环境因子的关系

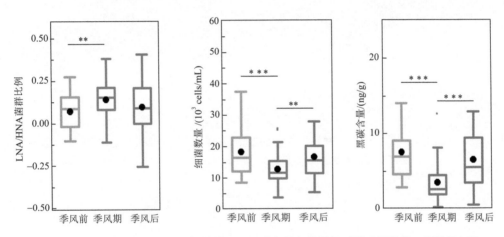

图 1-42　LNA/HNA 菌群比例、细菌数量和黑碳含量在非季风时期（季风前、季风后）和
季风时期的变化

而在季风时期没有这种显著关系（Procrustes，Monte Carlo P=0.36，999 次置换检验）[图
1-43（a）]。方差分解比较了非季风时期和季风时期黑碳含量对 LNA/HNA 菌群比例变化
的贡献度，非季风时期黑碳的解释度为 49.78%，季风时期黑碳的解释度为 4.44%[图
1-43（b）]。以上结果表明，非季风时期 LNA/HNA 菌群比例变化与黑碳含量存在潜在的
因果关系。主要原因是在非季风时期由西风带传输而来的黑碳沉降在青藏高原的东南
部（Xu et al.，2009），增加了冰川营养物质的浓度，使得 LNA 菌群向 HNA 菌群转变
（Bouvier et al.，2007；Wang et al.，2009）。相比之下，季风时期由于降雨的湿降作用
降低了青藏高原冰川上的黑碳浓度（Xu et al.，2009；Yang et al.，2021），在相对寡营
养的环境中 LNA 菌群的占比较高（图 1-44）。

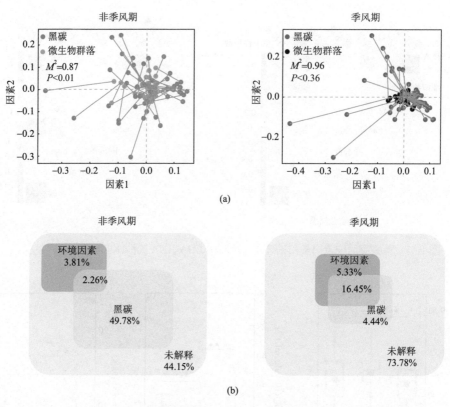

(a)

(b)

图 1-43　LNA/HNA 菌群比例与黑碳含量在非季风时期和季风时期的 Procrustes 相关性分析（a）；非季风时期和季风时期黑碳含量对 LNA/HNA 菌群比例变化的解释度（b）

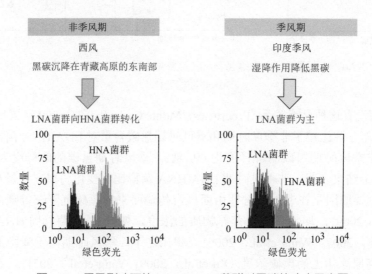

图 1-44　季风影响下的 LNA、HNA 菌群对黑碳的响应示意图

综上所述，过去半个世纪青藏高原冰川黑碳浓度不断累积，使得冰川生态系统的

营养状况迅速恶化。LNA 和 HNA 菌群对由黑碳引起的营养环境变化的响应表明，无止境的黑碳排放会对青藏高原冰川的营养状态造成严重的、不可逆的影响（Mao et al.，2022）。

1.3.3　慕士塔格冰芯细菌群落演替与气候环境的关系

应用 16S rRNA 基因高通量测序技术重建了慕士塔格冰川一根 71.08m 冰芯约 120 年细菌记录（图 1-45）。按同一冰芯中黑碳含量的变化对冰芯进行定年，我们所研究的慕士塔格冰芯年代跨度为 1869～2000 年。对冰芯中所分得的 124 个样品的营养元素（DOC 和 TN）、氧同位素（δ^{18}O）温度指标，以及离子进行分析发现，温度在近 120 年内呈现上升趋势，同时冰芯中 DOC、TN、硝态氮（NO_3^-）和铵态氮（NH_4^+）浓度在 1960 年后呈现上升趋势（图 1-46）。

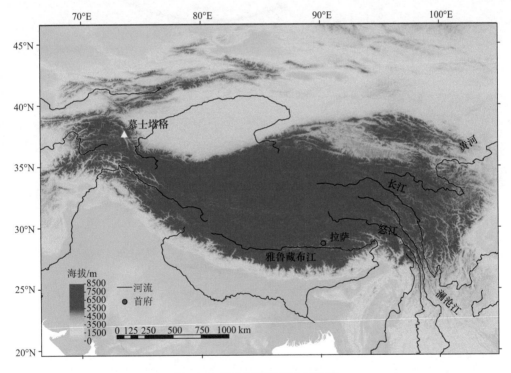

图 1-45　慕士塔格冰芯钻取位置

将不同深度细菌数量按定年结果计算年平均数，所研究冰芯 120 年以来细菌年平均数在 6.6×10^2（1982 年）～ 3.06×10^4 个 /mL（1875 年）变化，平均 3.97×10^3 个 /mL[图 1-46（i）]。细菌数量的年际分布整体上表现为先降低，然后在 1982 年后再上升的趋势 [图 1-46（i）]。相关性结果显示，冰芯中细菌数量与 DOC、TN、氧同位素、Na^+、NH_4^+、K^+、Ca^{2+}、Cl^-、NO_3^- 等离子的浓度显著相关（表 1-5）。该结果表明细菌数量的年际分布是 C 和 N、温度以及各种离子综合作用的结果。

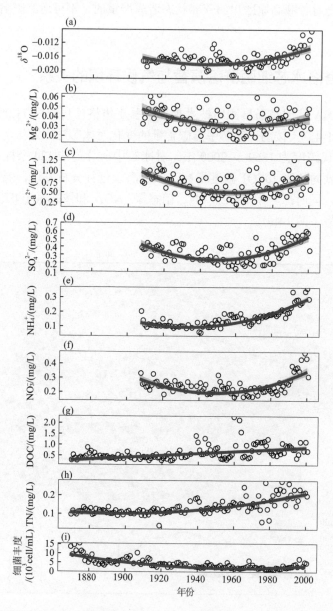

图 1-46　慕士塔格冰芯 1869～2000 年 DOC、TN、氧同位素、主要离子浓度和细菌丰度变化特征

表 1-5　慕士塔格冰芯细菌数量和多样性与环境因素 Spearman 相关性分析

变量	丰度		Shannon-Wiener 物种多样性指数		Chao1 指数		样品量 n
	R	P	R	P	R	P	
DOC	−0.515	< 0.001	−0.161	0.077	−0.191	0.035	121

续表

变量	丰度		Shannon-Wiener 物种多样性指数		Chao1 指数		样品量 n
	R	P	R	P	R	P	
TN	−0.537	< 0.001	−0.086	0.346	−0.096	0.293	121
$\delta^{18}O$	0.215	0.042	0.078	0.467	−0.001	0.994	90
Na^+	0.234	0.026	0.047	0.658	−0.018	0.863	90
K^+	0.411	< 0.001	−0.024	0.825	−0.081	0.450	90
Mg^{2+}	0.186	0.080	0.066	0.538	0.013	0.903	90
Ca^{2+}	0.329	0.002	0.008	0.942	−0.031	0.770	90
Cl^-	0.298	0.004	0.090	0.397	0.025	0.816	90
SO_4^{2-}	0.294	0.005	0.041	0.700	−0.073	0.494	90
NH_4^+	−0.311	0.003	−0.156	0.143	−0.271	0.010	90
NO_3^-	0.361	< 0.001	0.062	0.564	−0.074	0.491	90
MAT	0.268	0.083	0.249	0.107	−0.030	< 0.001	43

　　慕士塔格冰芯中优势细菌类群主要隶属 Proteobacteria、Actinobacteria 和 Firmicutes，分别占总群落序列数的 49%、21% 和 11%（图 1-47）。在所有优势细菌类群中，Proteobacteria 相对丰度的年际分布没有明显规律 [图 1-47（a）]。Actinobacteria 和 Cyanobacteria 的相对丰度呈现明显降低的趋势，分别从 24.8%（1869 ～ 1878 年）下降到 19.8%（1990 ～ 2000 年）和 7.0%[图 1-47（b）和图 1-47（e）]。相反，在整个冰芯中，随着时间的推移，Firmicutes 和 Bacteroidetes 的丰度明显增加 [图 1-47（c）和图 1-45（d）]。

　　我们采用随机森林模型对慕士塔格冰芯细菌类群进行分析，鉴定出与年际变化最相关的 22 个微生物指示物种（indicated taxa）[图 1-48（a）]。这 22 个指示物种分属于 5 个门。其中，10 个指示物种 [包括 *Dechloromonas*（168% IncMSE[①]）、*Burkholderia*（85%）、*Rubellimicrobium*（81%）、*Polaromonas*（46%）、*Acidocella*（25%）、*Kaistobacter*（23%）、*Afifella*（21%）、*Bdellovibrio*（21%）、*Salinispora*（16%）和 *Methyloversatilis*（15%）] 属于 Proteobacteria 门；*Acetothermus*（48%）属于 OP1 门；*Lactobacillus*（24%）和 *Ruminococcus*（23%）属于 Firmicutes 门；5 个指示物种 [包括 *Segetibacter*（231%）、*Flavobacterium*（21%）、*Flavisolibacter*（18%）、*Bacteroidetes*（15%）和 *Spirosoma*（15%）] 属于 Bacteroidetes 门；4 个指示物种 [包括 *Geodermatophilus*（221%）、*Rhodococcus*（179%）、*Cellulomonas*（36%）和 *Modestobacter*（28%）] 属于 Actinobacteria 门。各指示物种在近 120 年内的分布存在明显的演替现象 [图 1-48（c）]。例如，*Rubellimicrobium*、*Modestobacter*、*Segetibacter* 和 *Gedematophirus* 的相对丰度随时间的推移而降低，与 DOC、TN 和 NH_4^+ 呈显著负相关（Spearman 相关性检验，$P < 0.001$，图 1-49）。相反，其他指示分类群，如

---

① 均方误差的增加（increase in mean squared error，IncMSE）。

Bacteroidetes、*Lactobacillus* 和 *Rhodococcus* 表现出随时间的推移而增加的趋势，且与 DOC、TN 和 NH_4^+ 具有显著的正相关性（图 1-49）。

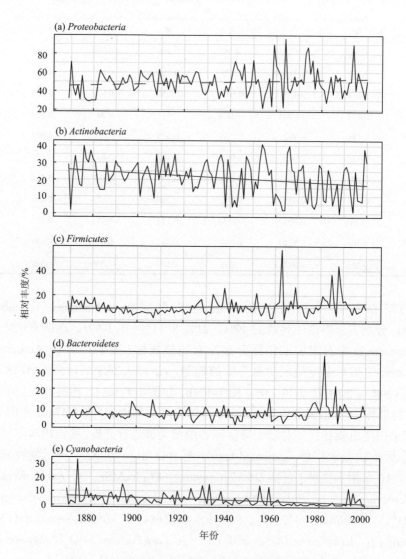

图 1-47　慕士塔格冰芯主要优势细菌类群年际分布特征

细菌群落组成的 UPGMA 聚类分析将所有冰芯样品沿时间变化分为两个主要组 [图 1-50 (a)]。第一组包括 1951～2000 年的样本，第二组包括 1869～1950 年的主要样本。第 1 阶段（1951～2000 年）细菌群落的 Chao1 指数显著高于第 2 阶段（1869～1950 年）细菌群落 [Kruskal-Wallis 检验，$P=0.005$，图 1-50 (b)]。而第 1 阶段群落的细菌 β 多样性（平均 Bray-Curtis 距离）显著低于第 2 阶段群落 [Kruskal-Wallis 检验，$P < 0.001$，图 1-50 (c)]。

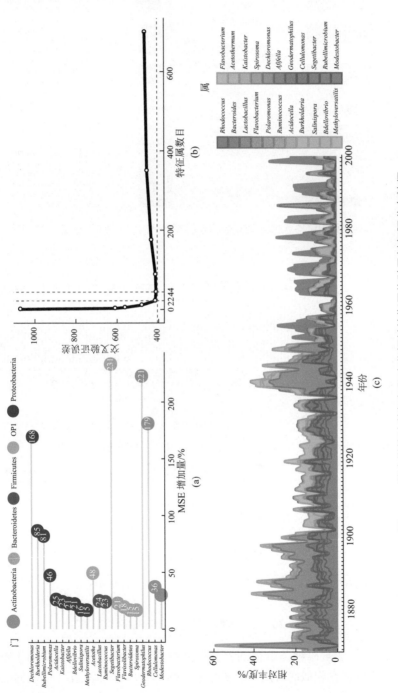

图 1-48　慕士塔格冰芯与年际变化相关的指示物种及其年际分布特征

MSE 代表均方误差 (mean squared error)

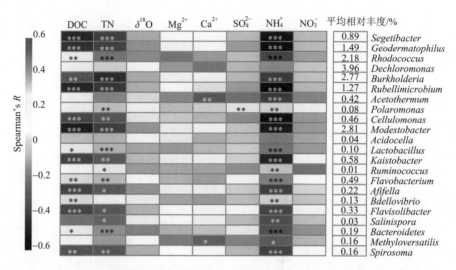

图 1-49　慕士塔格冰芯与年际变化相关的指示物种与环境指标相关性分析

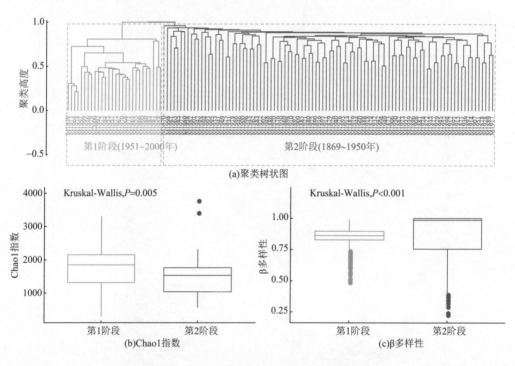

图 1-50　慕士塔格冰芯群落年际演替特征

第 1 阶段和第 2 阶段细菌群落的差异性随时间呈线性增加，表明第 1 阶段和第 2 阶段细菌群落之间存在相似的时间–衰变关系（图 1-51）。然而，第 1 阶段的细菌群落的周转率比第 2 阶段细菌群落更大（0.0015 vs. 0.0003），这表明随着时间的推移，第 2 阶段细菌群落结构更加稳定。

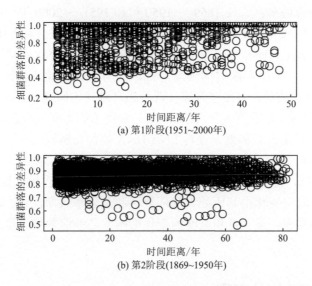

(a) 第1阶段(1951~2000年)

(b) 第2阶段(1869~1950年)

图 1-51 慕士塔格冰芯群落年际演替周转率分析

DistLM 分析结果表明，NH_4^+ 和 NO_3^- 是影响慕士塔格冰芯细菌群落年际变化的重要因素，两者解释了冰芯细菌群落年际变化的 9.9%（表 1-6）。$\delta^{18}O$（气温替代指标）是调控冰芯细菌群落年际变化的另一个重要变量，占总变异的 1.6%。综合以上结果，我们可以推测出温度和营养成分（NH_4^+ 和 NO_3^-）是调控慕士塔格冰芯细菌指示物种、群落结构和细菌数量年际变化的重要因素。

表 1-6 慕士塔格冰芯细菌群落年际演替及其主要驱动因素分析

变量	DistLM 模型分析 F 值	变量对细菌群落影响的显著性 P 值	变量单独解释量 /%	变量累积解释量 /%
NH_4^+	3.905	0.000	4.3	4.3
NO_3^-	5.411	0.000	5.6	9.9
$\delta^{18}O$	1.568	0.028	1.6	11.5
Mg^{2+}	0.997	0.371	1.0	12.5
Ca^{2+}	1.278	0.086	1.3	13.8
TN	0.937	0.532	1.0	14.8
DOC	0.932	0.598	1.0	15.8
SO_4^{2-}	0.798	0.925	0.8	16.6

综上所述，青藏高原冰芯记录的细菌时空变化格局主要随大气环流而变化。冰芯细菌主要类群按相对丰度从大到小依次为 Proteobacteria、Actinobacteria 和 Firmicutes。在空间分布上，冰芯细菌数量变化趋势在季风（或西风）主导区随季风（或西风）增强而下降，而在西风季风过渡区内无明显变化规律。在时间尺度上，就年际变化而言：①冰芯细菌数量在 1869 年至 20 世纪 80 年代呈降低趋势，在 80 年代后呈上升趋势且随黑碳含量升高而升高，细菌及不同物种数量的年际分布由黑碳、DOC、TN、NH_4^+、

温度及各种离子综合调节；②在 1869 ~ 1950 年和 1951 ~ 2000 年，冰芯细菌 α 多样性后者显著高于前者，细菌群落呈时间 - 群落相似度衰减模式且后者比前者衰减更快，其年际变化主要受 NH_4^+、NO_3^- 和温度的调节；③冰芯 LNA/HNA 菌群比例对气候环境响应敏感，在 1960 ~ 2010 年随时间逐渐降低，其与黑碳含量呈显著负相关，这是由于 LNA 菌群为寡营养类群，当黑碳升高、营养趋富时其比例逐渐下降。冰芯菌群的季节变化受到季风的影响，在非季风期，随西风带传输而来的黑碳沉降在青藏高原东南部，LNA 菌群随黑碳含量上升而降低，使得 LNA/HNA 菌群比例较低且与黑碳含量关联显著，后者可解释前者变化的 49.78%；而在季风期，降雨导致青藏高原冰川上的黑碳浓度及细菌数量均较低，使得 LNA/HNA 菌群比例较高但与黑碳含量无显著关系。因此，青藏高原冰芯细菌时空变化由其所处大气环流区和是否季风期决定，这些气候因子通过调节冰川上黑碳累积、氮含量和温度的变化影响冰芯细菌数量、群落结构及细菌指示物种数量。

1.4 青藏高原冰川病毒

1.4.1 青藏高原冰芯中病毒的丰度

对从青藏高原唐古拉（TLS）、普若岗日（PRGR）及珠穆朗玛峰（ZF）三条冰川上钻取的短冰芯样品中的病毒样颗粒丰度（简称病毒丰度，viral like particles abundance，单位为 VLPs/mL）进行检测。其中，唐古拉冰芯为 2017 年钻取，共 4 根（core1、core2、core3、core4），长度分别为 2.42m、2.86m、2.32m 和 2.43m，普若岗日冰芯为 2017 年钻取，长度为 1.78m。用荧光显微镜对唐古拉和普若岗日部分深度冰芯中的病毒丰度进行了计数（表 1-7），结果表明，唐古拉和普若岗日冰芯中病毒丰度为 1×10^3 ~ 1×10^4 VLPs/mL，其中深层的病毒丰度要低于上层。

珠穆朗玛峰冰芯为 2019 年钻取的长冰芯，总长 21.62m。根据 $\delta^{18}O$ 同位素测量结果，对季风期和非季风期冰芯中病毒丰度进行了计数统计（表 1-8），结果表明，在 1985 ~ 2019 年，珠穆朗玛峰冰芯中病毒的平均丰度为 8.47×10^4 VLPs/mL，其中气温高降雨多的季风期（8 月）平均丰度为 7.12×10^4 VLPs/mL，而气温低降雨少的非季风期（5 月）平均丰度为 9.87×10^4 VLPs/mL，非季风期病毒丰度显著高于季风期。

进一步，对位于青藏高原印度季风、西风作用区不同冰川不同生境中的病毒丰度进行了统计。在印度季风作用区，帕隆 4 号冰川冰中病毒的丰度为 4.49×10^4 VLPs/mL，枪勇冰川径流和冰前湖中病毒丰度为 1×10^4 ~ 1×10^5 VLPs/mL，其中前者和后者分别为 7.36×10^4 VLPs/mL 和 9.95×10^4 VLPs/mL；在西风作用区，羌塘冰川冰中病毒丰度为 1.58×10^4 VLPs/mL，古里雅冰尘穴上覆水中病毒丰度为 8.02×10^4 VLPs/mL。西风作用区病毒丰度总体上略低于季风作用区的病毒丰度。

表 1-7 普若岗日及唐古拉冰芯中病毒丰度

冰芯	深度 /cm	病毒丰度 /(10^4 VLPs/mL)
PRGR2017		
core1-09	27.0	4.47(3.01 ~ 6.53)
core1-56	167.5	1.74(0.54 ~ 3.50)
core1-54	161.5	3.32(0.81 ~ 5.65)
core1-55	177.5	3.12(1.08 ~ 4.30)
TLS2017		
core1-09	31.98	2.83(1.50 ~ 4.52)
core2-48	146.5	2.90(0.84 ~ 3.35)
core2 92-94	277 ~ 286	1.63(0.27 ~ 3.23)

表 1-8 珠穆朗玛峰季风期及非季风期冰芯中病毒丰度

非季风期		季风期	
样品 ID	病毒丰度 /(10^4 VLPs/mL)	样品 ID	病毒丰度 /(10^4 VLPs/mL)
17	17.6	3	5.12
38	12.01	30	9.95
56	19.26	65	10.09
72	3.58	87	11.02
97	6.47	116	3.33
130	8.75	140	15.21
155	9.52	168	5.61
191	8.74	197	6.68
221	8.64	215	6.18
234	6.68	227	5.04
244	4.97	240	24.9
255	23.06	251	19.7
281	19.87	268	12.65
298	19.07	316	2.67
325	13.32	342	11.8
347	2.83	362	1.67
382	18.62	371	9.81
414	3.54	390	5.9
447	7.34	427	1.85
463	7.89	456	3.2
496	9.31	488	2.19
517	6.47	503	3.69
542	4.34	522	2.96
594	8.27	567	0.54

续表

非季风期		季风期	
样品 ID	病毒丰度 /(10⁴ VLPs/mL)	样品 ID	病毒丰度 /(10⁴ VLPs/mL)
638	4.66	604	6.96
672	3.62	648	1.02
703	5.7	683	1.15
—	—	710	3.08

1.4.2 青藏高原冰川多生境中病毒的多样性

对位于西风作用区的木嘎岗琼冰川（MGGQ）、羌塘 1 号冰川（QT1）、唐古拉山冰川（LXZLB）以及印度季风作用区的廓琼岗日冰川（KQGR）、枪勇冰川（QY）、帕隆 4 号冰川（PL4）进行了多种生境宏病毒组和宏基因组样品的采集，采集了 4 条冰川表面冰尘样品（MGGQ、LXZLB、KQGR、TGL），4 个冰雪样品（QT2 个、QY、PL4）以及 3 条冰川融水样品（LXZLB、QY、PL4），每个样品都进行了宏病毒组测序及相应的宏基因组测序。

11 个样品共获得了 2605 个 vOTUs，其中仅有 11 个 vOTUs 能够被注释，5 个是 *Siphoviridae*（长尾病毒），4 个是 *Myoviridae*（肌尾病毒），2 个是 *Podoviridae*（短尾病毒），另外有 7 个 vOTUs 能够与 IMG-VR（可培养和不可培养病毒基因组）数据库比对上，但是无分类信息（图 1-52）。将青藏高原冰川样品中获得的 2605 个 vOTUs 与参考序列以及 IMG-VR 数据库中与冰川相关的序列进行聚类，结果表明，青藏高原冰川中有很多病毒并未与之前发表的冰川生境的病毒序列聚类（图 1-53）。因此，青藏高原冰川中含有大量未知且特有的病毒。

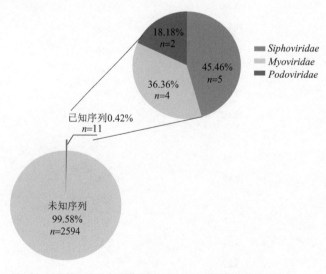

图 1-52　青藏高原冰川病毒序列注释结果

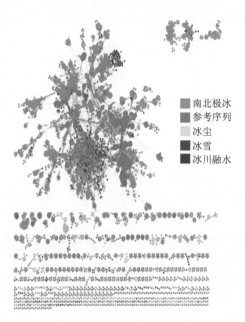

图 1-53　青藏高原冰川不同生境（冰川融水、冰雪、冰尘）及南北极冰川病毒序列的
基因共享网络分析

　　将 11 个样品按照冰尘、冰雪和冰川融水三种生境进行划分，不同生境之间 vOTU 差异极大（图 1-54），表明青藏高原冰川不同生境之间病毒存在显著差异。三种生境的病毒的 α 多样性指数（Shannon-Wiener、Evenness、Chao1）没有显著性差异，冰尘的 Shannon-Wiener 物种多样性指数、Evenness 指数以及 Chao1 指数略高于冰雪和冰川融水（图 1-55）。

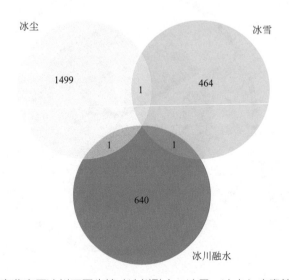

图 1-54　青藏高原冰川不同生境（冰川融水、冰雪、冰尘）病毒簇的韦恩图

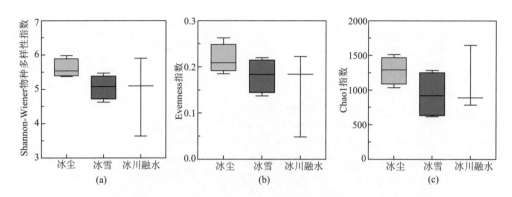

图 1-55　青藏高原不同生境（冰川融水、冰雪、冰尘）病毒的 α 多样性

1.4.3　青藏高原冰川中病毒的细菌宿主及其相互作用

利用 CRISPR Spacer、blastn 以及 VirHostMatcher 三种方法进行病毒的宿主预测。11 个样品的宏基因组和宏病毒组中的 150 个宏基因组组装基因组（metagenome assembled genomes，MAGs）被预测为病毒宿主（图 1-56），涵盖了大部分的细菌类群，因此我们推测青藏高原多数冰川微生物受到病毒的潜在调控。其中，在冰尘中，蓝细菌是病毒的主要宿主类群，在冰雪以及唐古拉和枪勇的冰川融水中，变形杆菌和拟杆菌是主要宿主类群，而在帕隆 4 号冰川融水中，以厚壁菌为宿主的病毒占较大的比例（图 1-57），因此，病毒的宿主组成在不同生境之中也存在较大差异。

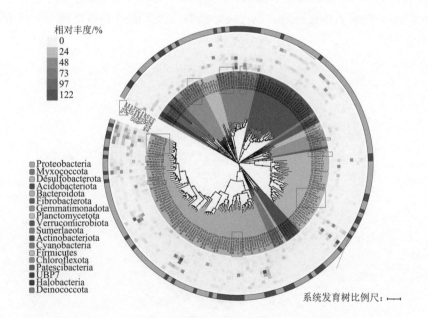

图 1-56　青藏高原冰川生境病毒与宿主的联系
宏基因组细菌及古菌 MAGs 的最大似然系统发育树，外圈不同颜色代表不同的宿主预测方法

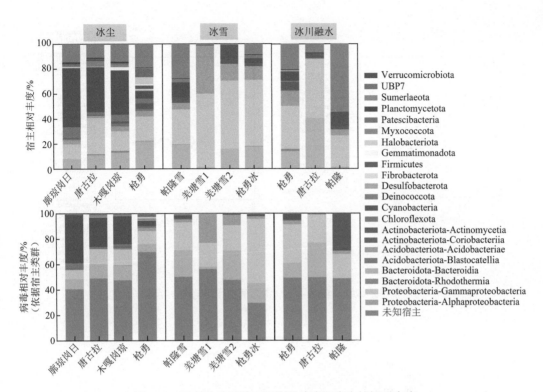

图 1-57　冰川生态系统不同样品病毒及宿主的相对丰度

在门和科的水平上，将病毒／宿主比率（VHR）与宿主的丰度进行线性拟合，结果表明，在门水平上，所有门的 VHR 均与宿主丰度呈负相关；在科水平上，同样有很多科的 VHR 与宿主丰度呈负相关（图 1-58）。这表明，在青藏高原冰川中，部分病毒是采取搭乘胜利者（Piggyback the Winner）理论作用于宿主的，即在宿主丰度较高时，病毒倾向于溶原性侵染并整合进宿主基因组中，而不是通过裂解作用杀死它们。此外，通过 Check V 对病毒进行溶原性和裂解性预测，11 个样品中大约有 7% 的病毒具有溶原性侵染的能力，其中冰雪中溶原性病毒的丰度（约 11%）要高于冰尘和冰川融水（图 1-59）。之前的研究表明，在宿主丰度和生产力水平较低的极地生境中，当气候环境条件恶劣时，这些具有溶原性能力的病毒会倾向于溶原性感染，而当气候环境变得适宜时，这些病毒会转变为裂解性感染，以进行复制和传播。这一理论与上述我们的结果一致，表明冰川生境中部分病毒可能选择溶原性侵染，以适应极端环境。

总体而言，青藏高原冰川病毒群落存在非常明显的时空异质性，主要表现在病毒丰度、种类和宿主类群方面。在空间尺度，①冰川病毒丰度在冰中表现为西风作用区低于季风作用区（羌塘和帕隆 4 号冰川分别为 1.58×10^4 VLPs/mL 和 4.49×10^4 VLPs/mL），但均低于冰尘穴上覆水（古里雅冰川为 8.02×10^4 VLPs/mL）；②冰川中冰雪、表面冰尘和融水中含有大量未知且特有的病毒，三种生境之间病毒种类差异巨大，其中冰尘中病毒 α 多样性略高于冰雪和融水；③青藏高原多数冰川细菌受病毒的潜在调控，

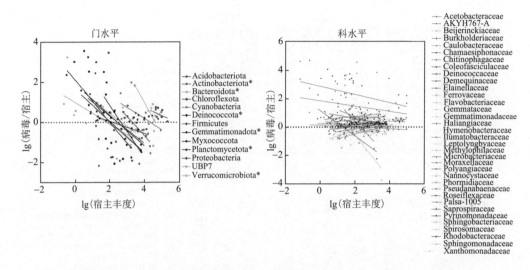

图 1-58 冰川生态系统纲及科水平上病毒与宿主比率与宿主相对丰度的相关性

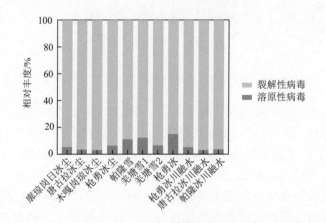

图 1-59 冰川生态系统裂解性病毒及溶原性病毒相对丰度

但不同生境间病毒的宿主组成存在较大差异，在冰尘中以蓝细菌为主，在冰雪和融水中以变形杆菌、拟杆菌和厚壁菌为主；④病毒／宿主比率与宿主丰度具有显著负相关关系，证明部分病毒在宿主丰度较高时倾向于溶原性侵染并整合进宿主基因组中，而不是通过裂解作用杀死它们，即遵循 Piggyback the Winner 理论，其中冰雪中溶原性病毒的丰度（约 11%）要高于冰尘和冰川融水。在时间尺度，冰芯记录的病毒平均丰度为 $1 \times 10^3 \sim 1 \times 10^4$ VLPs/mL，病毒丰度离当前时期越近则越高，在气温低降雨少的非季风期显著高于气温高降雨多的季风期（分别为 9.87×10^4 VLPs/mL 和 7.12×10^4 VLPs/mL）。因此，青藏高原冰川中病毒的时空变化模式主要取决于其所处的大气环流区、是否季风期以及生境差异，部分病毒倾向于遵循 Piggyback the Winner 理论作用于宿主。

1.5 冰川融水细菌和病毒及其对下游生态系统的影响

1.5.1 冰川融水中细菌的数量和多样性

第二次青藏高原综合科学考察研究在枪勇冰川 6 年的监测数据表明，2015 ~ 2021 年枪勇冰川径流中细菌丰度月变化呈现出周期性的波动，这种波动对应于冰川季节性消融，表现为从每年的 6 月开始，径流中细菌丰度开始逐渐上升，在 7 ~ 8 月达到最高值，从 9 月逐渐下降。该冰川在消融最强的 7 月融水中细菌丰度为 $(14.29\pm6.96)\times10^4$ cells/mL，预计 7 月向下游输出的细菌总量为 1.91×10^{11} ~ 7.65×10^{11} cells（图 1-60）。

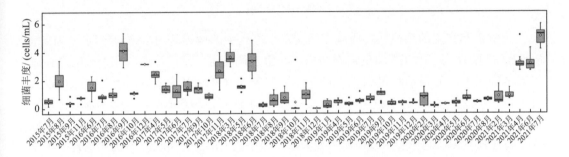

图 1-60 2015 ~ 2021 年枪勇冰川径流细菌丰度月变化

1.5.2 冰川融水中的病毒

在第二次青藏高原综合科学考察研究中，我们考察了西藏八宿县帕隆 4 号冰川、浪卡子县枪勇冰川和安多县唐古拉冰川融水中的病毒，病毒数量为 1×10^4 ~ 1×10^5 VLPs/mL（图 1-61），低于湖泊海洋其他生态系统 1 ~ 2 个数量级，类似地，位于印度季风作用区的枪勇冰川冰前湖和冰川径流中病毒丰度也为 1×10^4 ~ 1×10^5 VLPs/mL，其中冰川融水中病毒丰度为 7.36×10^4 VLPs/mL，冰前湖中病毒丰度为 9.95×10^4 VLPs/mL。

用宏病毒组方法识别了 4 万多条病毒信息，发现冰川融水病毒序列主要属于 Caudovirales（有尾噬菌体目）、Algavirales（藻类病毒目）、Imitervirales（模拟病毒目）和 Chitovirales（克希特恩病毒目）4 个目下 24 个科，其中 62% 是仅感染细菌的噬菌体病毒，次之 14% 为感染藻类的脱氧核糖核酸病毒科，感染变形虫等原生动物 8%，非哺乳动物（软体、非脊椎、脊椎）2%，植物 0.35%，昆虫 0.5%（图 1-61）。

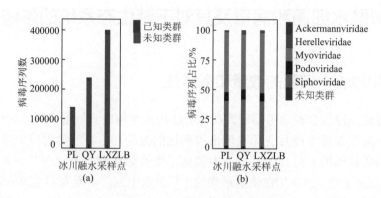

图 1-61 冰川融水病毒注释结果

(a) 帕隆冰川（PL）、枪勇冰川（QY）和唐古拉冰川（LXZLB）融水可分类病毒和不可分类病毒的序列；（b）可分类病毒内
不同病毒科的比例

用病毒和宿主的规律间隔成簇短回文重复序列中的病毒基因组靶向序列（CRISPR Spacer）匹配预测了冰川病毒的潜在宿主。在融水病毒组上游的冰尘穴和下游的高原湖泊宏基因组中，分别预测得到了 20637 条和 8196 条 CRISPR Spacer，所有样品均以类杆菌门（上游 61.38%、下游 74.91%）、放线菌门（上游 19.70%、下游 8.36%）和拟杆菌门为主（上游 10.49%、下游 5.68%）。然而，上游和下游细菌的 CRISPR Spacer 基因库没有任何重复，它们和 NCBI 参考细菌数据库中的 CRISPR Spacer 基因库也几乎不重复，这说明冰川融化过程中，上游冰川和下游融水主导噬菌体群落可能完全不同（图1-61）。在帕隆、枪勇和唐古拉冰川融水中，都只有不到 1% 的病毒基因组能够和上游冰尘穴或下游高原湖泊细菌 CRISPR Spacer 联系起来（图 1-62）。而在古里雅冰芯中，有 6.52% 和 13.77% 的病毒基因组可以与上游冰尘穴细菌 CRISPR Spacer 联系起来，而且没有冰芯病毒基因组能够和下游高原湖泊细菌 CRISPR Spacer 联系起来。宿主预测表明，冰川融化过程中，占主导性的病毒会发生明显变化，感染当地流域中的细菌。

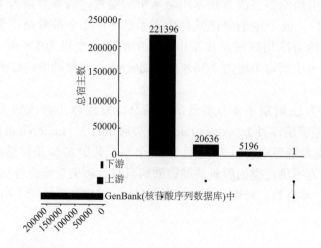

图 1-62 通过 CRISPR Spacer 序列预测帕隆、枪勇和唐古拉冰川融水病毒在上、下游的宿主

1.5.3　冰川融水对下游径流和湖泊的影响

持续的冰川消融是全球气候变化最突出的信号之一。冰川在夏季融化并增加融水量，给下游湖泊输入较多的营养物质和微生物，引起湖泊中微生物数量和群落结构的变化，放大了原有湖泊生态系统中微生物对气候变化的响应。在更长的时间尺度上，随着冰川覆盖面积的减小和冰储量的减少，最终将导致下游生态系统中微生物多样性的丧失。

冰川融水对下游生态系统的影响主要表现为以下三个方面：①冰川作为下游水生环境中微生物多样性的种子库，冰川微生物的输入影响下游生态系统中微生物数量和群落结构的变化（Wilhelm et al.，2013；Peter and Sommaruga，2016）；②冰川可以作为碳和养分的来源，冰川融水的输入带入大量生物可利用物质，改变了下游水体（如径流和湖泊）的营养状况，以支持下游微生物群落的生长和代谢（Liu K et al.，2017）；③冰川融水将大量矿物颗粒输送到下游水体中，改变了下游水体的物理化学特征（如浊度和电导率的变化），进而对下游生态系统产生重要影响（Hood et al.，2015；Milner et al.，2017）。

冰川作为重要的微生物源，通过输入微生物对下游水生环境中微生物群落产生影响。Liu 等（2021b）对青藏高原慕士塔格、羌塘和枪勇三条冰川雪 - 径流 - 湖水生态系统和序列空间演替分析发现，尽管冰川输入下游径流和湖泊的物种比例不高 [20% ～ 40%；图 1-63（a）、图 1-63（c）、图 1-63（e）]，但是在序列水平上，超过 60% 的序列随着冰川融水输入下游径流和湖泊中 [图 1-63（b）、图 1-63（d）、图 1-63（f）]。这一结果表明，冰川是下游水生环境中微生物多样性的重要来源，且从冰川冰雪生境到下游径流和湖泊的过程中，主要是优势物种的跨生境扩散过程（Liu et al.，2021b）。

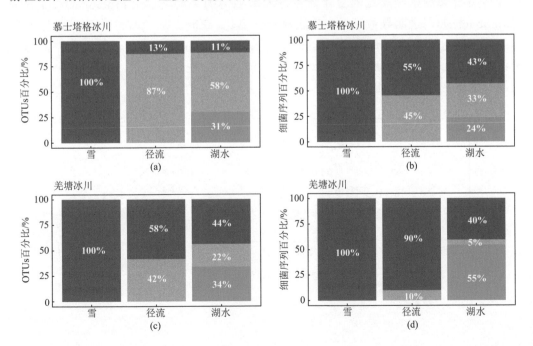

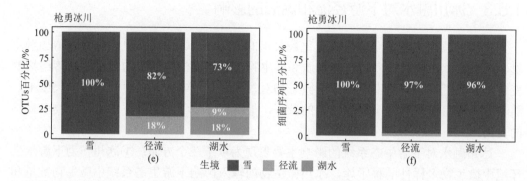

图 1-63　慕士塔格冰川、羌塘冰川和枪勇冰川的雪 – 径流 – 湖水细菌群落 OTUs 和序列空间演替分析

　　冰川作为重要碳源，通过输入大量溶解有机质对下游水生环境中微生物群落产生影响。Liu K 等（2017）通过对位于青藏高原西风影响下的冰川补给湖卡拉库里湖的研究发现，卡拉库里湖及其径流细菌群落以 Actinobacteria 和 Proteobacteria 为主。在空间尺度上，从径流到湖泊，主要细菌类群表现为发生了明显的从 Proteobacteria 向 Actinobacteria 的变化。阈值模型（SEGMENTED）分析结果表明，Proteobacteria 向 Actinobacteria 的演替与 C ∶ N 值有关，C ∶ N 值 6.796 是 Proteobacteria 的变化点，而 C ∶ N 值 2.448 是 Actinobacteria 的变化点，这两个变化点分别处于湖水和径流中 C ∶ N 值的变化范围内（分别为 6.59±2.40 和 2.69±3.07）。所有这些数据都表明，C ∶ N 值的变化引起了在空间尺度上 Proteobacteria 向 Actinobacteria 的演替。湖泊沉积物中 C ∶ N 值的变化可以反映湖泊的外源输入和内源自生碳源的比例，C ∶ N 值的增加意味着湖泊获得了大量的外源输入有机物。我们的结果表明，冰川融水带入湖泊的营养成分引起湖水碳氮比的变化，使得湖水细菌的主要类群由 Proteobacteria 变为 Actinobacteria，进而导致湖泊微生物群落的变化。Zhou 等（2019）对青藏高原不同冰川及下游融水中溶解有机碳（dissolved organic carbon，DOC）以及细菌群落的研究结果表明，在青藏高原冰川融水中，大量的 DOC 被细菌利用，细菌群落与 DOC 的组成变化密切相关，该发现进一步证实了本书研究的结论（Liu K et al.，2017）。

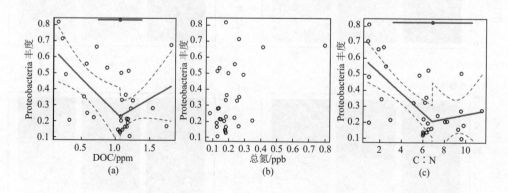

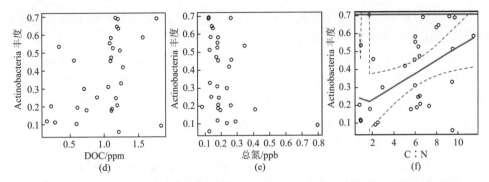

图 1-64　卡拉库里湖及其径流中主要细菌群落 Proteobacteria 和 Actinobacteria 演替的阈值拐点分析

(a) ～ (c) Proteobacteria；(d) ～ (f) Actinobacteria。1ppm=10^{-6}；1ppb=10^{-9}（美法等）或 10^{-12}（英德等）

　　冰川融水的注入改变了下游水体的物理化学特征，进而对微生物群落产生影响。冰川融化会立即增加融水量，但随着冰川覆盖面积的减小，长此以往，冰川融化量将减少。冰川融水补给的变化会改变下游水生生态系统的物理化学特征，进而对冰川补给的湖泊 / 溪流中微生物多样性产生影响。Liu 等（2019b）对位于青藏高原季风作用区的典型冰川补给湖泊然乌湖及其入湖径流微生物的细菌群落组成和多样性开展了研究。研究结果表明，随着冰雪的融化、融水量的增加，水体中电导率呈现降低趋势，推测电导率的波动是冰川季节性消融的体现。受季节性冰川消融的影响，然乌湖及其径流中细菌群落组成和多样性季节变化显著。我们发现，细菌 α 多样性随季节变化而变化，呈现出与电导率极强的负相关关系 [图 1-65（a）和 1-65（b）]。同时电导率在调控细菌群落季节分布中起着关键作用 [图 1-65（c）]。因此，季节性的冰川消融对然乌湖水及入湖径流中电导率和温度等环境条件产生影响，从而影响到然乌湖水及入湖径流中细菌群落多样性和组成的季节变化（Liu et al.，2019b）。

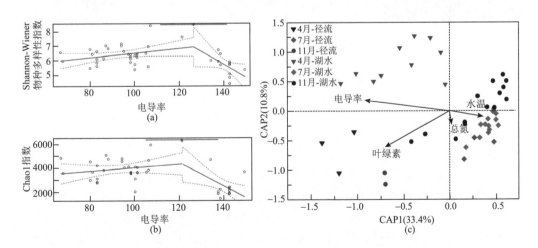

图 1-65　然乌湖及其入湖径流的细菌 α 和 β 多样性对电导率梯度的响应

（a）Shannon-Wiener 物种多样性指数对电导率梯度的反应变化情况。（b）Chao1 指数对电导率梯度的反应变化情况，其中水平实线代表变化点的标准误差。实线和虚线代表广义线性模型，其置信区间为 95%。（c）不同月份湖水和径流细菌群落与环境因子之间的主坐标典型相关分析（canonical analysis of principal coordinates，CAP）

　　群落组装过程是水生微生物群落构建的重要内容，然而这些过程对冰川径流和湖泊中细菌群落动态的影响在很大程度上仍未得到研究。为了进一步探究细菌群落随时间变化的组装过程，Gu 等（2021）在 5 个月（6～10月）内，在青藏高原枪勇冰川末端的短暂冰川径流及其下游湖泊中收集了 50 个水样。利用细菌 16S rRNA 基因的 V4 高变区获得细菌群落，同时进行了环境测量，如水温、pH、总氮（TN）、溶解有机碳（DOC）和水体电导率等，我们发现环境因素的时间变化促进了冰川径流和湖泊细菌群落的变化。生态过程的量化研究表明，径流微生物群落在 6 月主要受生态漂移（40%）的影响，7 月变为均质选择（40%），9 月变为变量选择（60%），而在整个 6～10 月研究时间段内，冰前湖泊中浮游细菌群落的动态格局几乎主要受同质选择（≥50%）的控制。总体而言，冰川径流和湖水中细菌群落的动态受环境因素的影响，枪勇冰川径流和湖泊细菌群落组装模式可能是动态变化的，主要受确定性过程的控制（图 1-66）（Gu et al.，2021）。

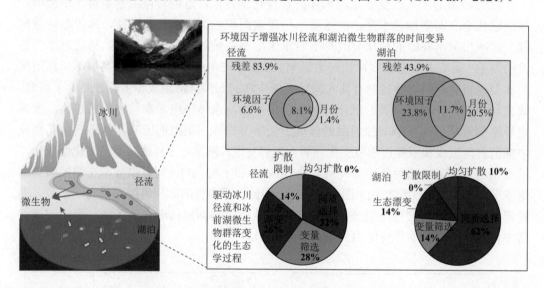

图 1-66　冰川径流和冰前湖泊中微生物群落组装过程

右上图：枪勇冰川径流和湖泊细菌群落变异受环境因子、时间（月份）及二者共同作用的方差分解；右下图：不同生态学过程对枪勇冰川径流和湖泊 6～10 月细菌群落结构组装模式的平均贡献度

　　总体而言，青藏高原冰川融水细菌和病毒群落具有各自特异的时空变化特征，并对下游径流和湖泊产生重要影响。在空间分布上，冰川上游冰雪中超过 60% 的细菌序列随融水进入下游径流和湖泊中，是下游水生环境中微生物的重要来源，细菌群落在该空间分布过程中发生明显的优势类群演替，如在西风影响下的冰川补给湖卡拉库里湖从径流到湖泊的优势细菌呈现由 Proteobacteria 向 Actinobacteria 的转变，该转变由水体 C∶N 值调控。在时间分布上，冰川融水细菌丰度随冰川季节性消融而变化，从 6 月开始上升，7～8 月达峰值（$1 \times 10^4 \sim 1 \times 10^5$ cells/mL），9 月后逐渐下降；冰川补给湖泊中，细菌多样性和群落组成季节性变化显著，主要由随冰川季节性消融而变化的水体电导率调控。就病毒而言，其在冰川融水中的丰度较低（$1 \times 10^4 \sim 1 \times 10^5$ VLPs/

mL），主要属于 Caudovirales、Algavirales、Imitervirales 和 Chitovirales 这 4 个目，62% 为仅感染细菌的噬菌体病毒（主要为类杆菌、放线菌和拟杆菌），14% 为感染藻类的脱氧核糖核酸病毒；在时空分布上，冰川上、下游融水中的主导噬菌体可能完全不同，且冰川消融过程中占主导的病毒也会发生明显变化，由此感染当地流域中的细菌。因此，青藏高原冰川融水细菌和病毒的时空变化与消融阶段和生境差异（径流、湖泊）息息相关，通过随消融季节和生境变化的电导率和 C ∶ N 值调控，进而影响冰川下游水体系统中的微生物群落。

1.6　冰川可培养细菌

1.6.1　分离自青藏高原 7 个高海拔冰芯的可培养细菌

微生物是地球上种类最丰富的生物类群，冰川中的冰芯按年代顺序沉积了数百年至数千年的微生物物种，是具有全球意义的微生物库（9.6×10^{25} 个细胞）（Priscu et al.，2007）。目前可培养细菌只占自然界总细菌群落的 1%，基于细菌 16S rRNA 基因克隆文库的高通量测序技术，可以不依赖培养地进行细菌群落组成分析（Miteva et al.，2009；An et al.，2010）。与该方法相比，可培养细菌的研究在探索冰川细菌与气候环境关系方面仍具有不可替代性，如喜马拉雅山、格陵兰岛和我国慕士塔格冰川不同层次冰芯可培养细菌与当地过去的气候条件及全球大气环流变化记录息息相关（Xiang et al.，2005a，2005b；Zhang et al.，2007；Miteva et al.，2009），保存在冰芯中仍然是活菌的部分细菌有可能揭示未知的微生物嗜冷机制。然而，目前全球冰芯可培养细菌研究数量极少（截至 2019 年相关研究涉及的冰芯不到 10 根，其中青藏高原冰川冰芯仅 5 根）（Christner et al.，2000，2003b；Miteva et al.，2004，2009；Xiang et al.，2005a；Zhang et al.，2007；Margesin and Miteva，2011；Shen et al.，2018），不同研究中关注的冰芯深度及采取的细菌培养方法也不尽相同（Xiang et al.，2005a，2005b；Zhang et al.，2007），尤其是温度设置（Christner et al.，2003b），这些都阻碍了我们对冰芯可培养细菌物种多样性和地理格局的宏观认识。

为了广泛探讨冰芯可培养细菌的多样性和分布规律，在第二次青藏高原综合科学考察研究中，我们同时使用了依赖和不依赖培养的方法来检测冰川冰中的细菌，以此作为难以恢复的高分辨率丰度记录的替代方法。在青藏高原不同气候区选取 7 条冰川（平均海拔高于 5300m），包括木吉冰川、慕士塔格冰川、木孜塔格冰川、玉珠峰冰川、格拉丹东冰川、宁金岗桑冰川和左求普冰川（图 1-67），其中木吉、慕士塔格和木孜塔格冰川位于西部的高寒荒漠地带，玉珠峰、格拉丹东冰川位于被高山草原和沙漠包围的青藏高原北部、宁金岗桑冰川位于被草原包围的青藏高原南部，而左求普冰川则位于靠近林区的青藏高原东南部。在这些冰川的积累区各钻取 1 根共计 7 根冰芯（直径7cm、长度为 28 ～ 164m，表 1-9），冰芯被纵向分成四部分进行不同指标的测定，冰芯可培养细菌的分离纯化、分子鉴定与温度适应性鉴定已在 1.1.4 节中说明。

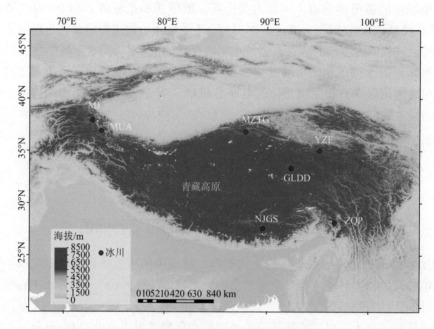

图 1-67　青藏高原 7 根冰芯的采样点位置

其中包括木吉冰川（MJ）、慕士塔格冰川（MUA）、木孜塔格冰川（MZTG）、玉珠峰冰川（YZF）、格拉丹东冰川（GLDD）、
宁金岗桑冰川（NJGS）和左求普冰川（ZQP）

表 1-9　采样冰芯描述及从每个冰芯分离培养菌株的数目

冰芯	海拔 /m	深度 /m	培养温度 /℃	样品数目	分离菌株数目
木孜塔格冰川	5770	164	4	160	217
木吉冰川	5300	28	4	10	18
慕士塔格冰川	6300	90	4	20	30
格拉丹东冰川	5720	47	4	15	32
玉珠峰冰川	5670	161	4	63	166
			24	90	137
宁金岗桑冰川	5960	33	4	15	64
			24	27	36
左求普冰川	5600	97	4	22	74
			24	84	113

注：每条冰川冰芯样品的数目为每根冰川间隔 5cm 切割的切片数目，因此该数目与冰芯的长度相关。

　　研究发现，从青藏高原冰川冰芯中分离的 887 株细菌隶属于 Actinobacteria、
Firmicutes、Bacteroidetes 和 Proteobacteria 这 4 个门类的 53 个属，其中主要的 13 个属
占所有分离菌株的 78%，它们广泛分布于从青藏高原西部高寒荒漠地带（慕士塔格冰

川）到东南部林区的跨地理区域（左求普冰川）冰芯之中。这 13 个属中，分别隶属于 Firmicutes、Bacteroidetes 和 γ-Proteobacteria 的属 *Bacillus*（14%）、*Flavobacterium*（12%）和 *Pseudomonas*（10%）在所有样品中占主要优势，另外 10 个属为隶属于 Actinobacteria 的 *Arthrobacter*、*Microbacterium*、*Rhodococcus*，隶属于 α-proteobacteria 的 *Brevundimonas* 和 *Sphingomonas*，隶属于 β-proteobacteria 的 *Polaromonas* 和 *Massilia*，隶属于 Actinobacteria 的 *Cryobacterium*，隶属于 Firmicutes 的 *Paenisporosarcina* 和隶属于 Bacteroidetes 的 *Burkholderia*。以上细菌属先前在青藏高原、南极和北极冰川中均有发现（Christner et al.，2000；Miteva et al.，2004；Zhang X F et al.，2008），表明这些冰冻圈相关细菌类群具有广泛的分布，并可能具有抗高紫外线辐射和抗冻的生理机能。

　　发现于不同深度冰芯中的物种存在多样性和代表类群的差异，其中物种多样性随冰芯加深而逐渐降低，在 0～40m、40～80m 和＞80m 冰芯中分别有 18 个、5 个和 1 个细菌属，其中 *Bacillus* 在所有＜100m 冰芯中均有分布且是 80～100m 冰芯中唯一的属，而 *Sporosarcina* 是＞100cm 冰芯中唯一发现的属。有报道指出，*Bacillus* 形成内生孢子的能力可作为其抵抗冰川中冰冻环境的策略（Christner et al.，2000）；*Sporosarcina* 在不同的冰环境中也已有广泛报道（如冰川、雪、高山冻土、南极和北极）（Zhang S et al.，2008；Zhang X F et al.，2008；Shivaji et al.，2013；Zdanowski et al.，2013；Yadav et al.，2015）。除了 *Bacillus*，发现于 40～80m 冰芯中的属还包括 *Flavobacterium*、*Pseudomonas*、*Brevundimonas* 和 *Sphingomonas*。前人研究发现，在 22～84m 长冰芯中，不同深度由不同的细菌群体占主导地位（Xiang et al.，2005a，2005b；Zhang S et al.，2008），进一步地，本书研究首次清晰地呈现了从浅层到深层冰芯中（28～160m）可培养细菌的优势属差异。我们推测，这些差异理应能够反映细菌沉降到冰川表面后，原位过程对细菌群落的影响、不同细菌群落在不同时间初始输入后的差异或者原位过程和时间因素对细菌群落的联合作用。尽管在一些原位冰雪环境中细菌群落可能出现代谢周转，但其代谢速率极低（Tung et al.，2006），使得在本次短期研究中不太可能出现明显的细菌系统发育类群间的周转，但我们也不能排除对本书研究的环境条件耐受性低的系统发育类群的丧失。

　　由于沉积在冰川上的微生物必须在一定温度范围内的气候变化中生存，故耐低温成为其最重要的生存机制之一。在 0～35℃测定的分离菌株生长性能结果表明，冰芯分离细菌具有在广泛温度范围生长的能力。有 26 株菌可在 0～35℃生长，另外 6 株可在 0～35℃生长。一般嗜冷菌的最适生长温度≤15℃，20℃时不生长；耐冷菌的最适生长温度高于 20℃，4℃时有生长（Bowman et al.，1997）。本书研究中，10 株细菌最适生长温度≤15℃，13 株细菌最适生长温度在 15～20℃，另外 9 株细菌在低温下生长，不能归类为中温菌，但最适生长温度为 30～35℃。因此，来自本书研究 7 条冰川冰芯所有不同深度的可培养菌株均具有耐寒的生长特性；类似地，来自古里雅冰川、格陵兰岛和南极冰芯的细菌也可在广泛的温度范围内生长（Miteva et al.，2004；Xiang et al.，2005b）。结合这些前人研究的发现，冰川相关细菌普遍具有广范围温度生长特性，这是细菌适应从其来源生境长距离传输到冰川期间的气候环境变化的一种重要的生存策略。

　　Cryobacterium（30%）和 *Flavobacterium*（23%）是玉珠峰冰川的优势类群，而 *Polaromonas*、*Cryobacterium* 和 *Flavobacterium*（共占总序列的 40%）是宁金岗桑冰川的优势类群，隶属于 Microbacteriaceae 科的 2 个未知属（占总序列的 43%）在左求普冰川占优势。玉珠峰、宁金岗桑和左求普冰川冰芯中，在 4℃和 24℃分离的细菌集合具有不同的物种组成：在宁金岗桑和玉珠峰冰川，可形成内生孢子的 *Bacillus* 在 24℃培养条件下占优势，而耐寒种类 *Cryobacterium* 在 4℃占优势（图 1-68）。在属水平，分离自 7 个冰芯的细菌组成（Bray-Curtis 相似性）随培养温度的差异而分组：分离自玉珠峰、宁金岗桑和左求普冰川冰芯的 24℃细菌培养集合与其他研究中分离自东绒布 1 号、东绒布 2 号、普若岗日冰川（Zhang et al.，2007；Zhang S et al.，2008；Zhang X F et al.，2008；An et al.，2010；Shen et al.，2012）和木孜塔格冰川（Xiang et al.，2005b）的 4℃细菌培养集合呈现显著分离，本书研究中分离自玉珠峰和宁金岗桑冰川的 4℃细菌培养集合也聚集在一起（图 1-69）。因此，对于冰芯分离菌株组成的变化，培养温度是比地理距离更加强烈的驱动力，这与我国西部冰川的研究结果相似（An et al.，2010）。通过基于 Bray-Curtis 距离的单因素 ANOSIM 群落不相似性分析表明，4℃细菌培养物中分离菌株的组成与克隆文库中获得的细菌组成相似（$P > 0.05$），但与 24℃细菌培养物中分离菌株的组成显著不同，24℃细菌培养物中分离菌株的组成与克隆文库中获得的细菌组成也显著不同（$P < 0.05$）。前人研究表明，冰中低温培养比高温培养可获得

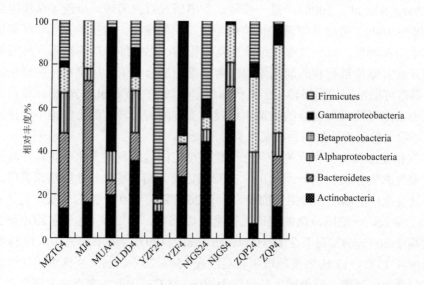

图 1-68　4℃和 24℃下分离培养菌株及 16S rRNA 克隆文库获取的细菌相对丰度

MZTG4、MJ4、MUA4、GLDD4、YZF4、NJGS4 和 ZQP4 分别为木孜塔格、木吉、慕士塔格、格拉丹东、玉珠峰、宁金岗桑和左求普冰川冰芯在 4℃下分离培养；YZF24、NJGS24 和 ZQP24 分别为玉珠峰、宁金岗桑和左求普冰川冰芯在 24℃下分离培养

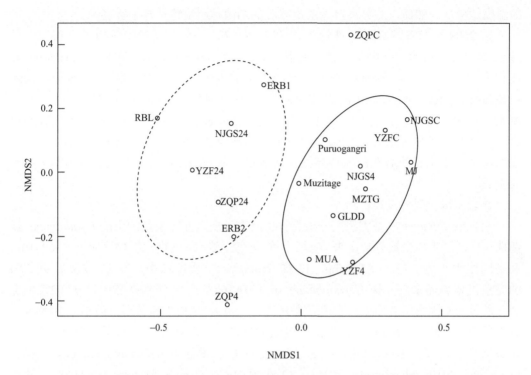

图 1-69　887 株本研究中冰芯分离菌株、244 株前人青藏高原冰芯分离菌株克隆文库的非度量多维尺度分析

包括东绒布 [不同研究中的表示方式不同：东绒布 1 号（ERB1）和东绒布 2 号（ERB2），以及东绒布（RBL）]、普若岗日（Puruogangri）、木吉（MJ）、木孜塔格（不同研究中的表示方式不同：Muzitage 和 MZTG）、慕士塔格（MUA）、格拉丹东（GLDD）、玉珠峰（YZF）、宁金岗桑（NJGS）和左求普（ZQP）冰川冰芯分离菌株。YZFC、NJGSC 和 ZQPC 分别为玉珠峰、宁金岗桑和左求普冰川冰芯的 16S rRNA 克隆文库

虚线圈为 24℃分离培养菌株，实线圈为 4℃分离培养菌株及克隆文库（除了左求普冰川，该冰川菌株未与其他分离培养菌株和克隆文库聚在一起）

更丰富的分离菌株（Christner，2002），意味着冰中细菌更适应低温环境，这与本书研究结果相契合。本书研究结果显示，冰芯中包含种类多样的几十年或上百年后仍可复活的细菌类群，结合冰川相关细菌普遍具有广范围温度生长特性的结论，共同强调了在冰期寒冷环境作为微生物避难所的重要性（Liu Y et al.，2018）。

1.6.2　分离自冰芯的 *Dyadobacter tibetensis* Y620-1 的环境适应特征——基因组视角解析

　　耐寒细菌在生理和分子层面具有多种适应寒冷环境的特殊适应性机制，目前已有许多新物种从冰川生态系统中分离出来，其生理特征研究包括生长温度、盐度、pH、脂肪酸组成、酶活性和碳源同化等已获得较多进展（Rodrigues and Tiedje，2008；De Maayer et al.，2014；Yadav et al.，2016），如 1.6.1 节及相关研究发现的冰芯细菌广泛的温度适应性。然而，对分离自深层次冰芯的细菌基因组特征却了解甚少。

从 2009 年在青藏高原玉珠峰冰川（94° 14.77′E，35° 39.64′N）钻取的一根冰芯的 59 m 深处分离得到一株细菌新种，命名为 *Dyadobacter tibetensis* Y620-1。*Dyadobacter* 属首先由 Chelius 和 Triplett（2000）从表面灭菌的玉米茎中分离，隶属于 Bacteroidetes 门 Sphingobacteria 纲，该属中的成员为革兰氏阴性杆菌，并已陆续从植物、土壤、淡水、海水、冰川、地下沉积物和沙漠中分离出来（Gao et al.，2016）。我们使用比较基因组学方法揭示了冰芯中 *D. tibetensis* Y620-1 菌株的基因组特征，并深入挖掘了促进其在冰川环境中生存的潜在菌株特异性代谢途径。从 NCBI 数据库下载的参考基因组如表 1-10。

比较基因组研究发现：

（1）*Dyadobacter* 属基因组的一般特征。具有高质量非冗余基因组的 *Dyadobacter* 属菌株从广泛的生境中被分离出来，包括土壤、沙漠、淡水、植物和生物反应器（表 1-10），其基因组大小为 5.18 ～ 8.74Mbp。13 株 *Dyadobacter* 属菌株中，有 12 株菌以 99.69% 的完整度培养而来，一株（*Dyadobacter* sp. UBA7685）是从淡水样品中以 97.02% 的完整度通过宏基因组组装而来。培养菌株中 *D. tibetensis* Y620-1 的基因组最小（5.31Mbp）。就鸟嘌呤－胞嘧啶（GC）含量而言，多数能够在 ≤ 5℃ 环境下生长的菌株（≤ 47%）比最低生长温度 ≥ 10℃ 菌株（≥ 50.23%）的 GC 含量低（Chelius and Triplett，2000；Lee et al.，2010；Shen et al.，2013）。13 株菌中 GC 含量为 41.26% ～ 52.08%，其中 *D. tibetensis* Y620-1 菌株的 GC 含量几乎最低（43.45%）。16S rRNA 拷贝数具有种间差异（1 ～ 4 个），如 *D. tibetensis* Y620-1 和 *D. fermentans* DSM 18053 分别含有 1 个和 4 个 16S rRNA 基因，*D. tibetensis* Y620-1 的低 rRNA 操纵子拷贝数暗示其具有寡营养生活方式（Rawat et al.，2012）。13 株菌的冷休克基因（Csp）拷贝数为 3 ～ 7 个，其中 *D. tibetensis* Y620-1 拷贝数最高（5 个 CspA 和 2 个 CspG）。

（2）*Dyadobacter* 属菌株在其基因系统发育树中的分布。在 3 种方法构建的基因组系统发育进化树中，淡水来源的 *D. koreensis* DSM 19938 和 *Dyadobacter* sp. UBA7685 位于深层谱系中，土壤和杉木来源于与植物相关的 *Dyadobacter* sp. Leaf189 位于中层谱系中。然而，59m 深冰芯来源的 *D. tibetensis* Y620-1 位于进化树根部（图 1-70），暗示其古老来源，这表明细菌的分布可能不是当代广泛传播的结果，而是一种古老的进化遗产，在对寒冷沙漠蓝藻和链霉菌姐妹分类群热性状的进化分析也证实了这一点（Bahl et al.，2011；Choudoir and Buckley，2018）。

（3）功能基因和基因家族的分布模式。根据 RAST 服务器注释的 *Dyadobacter* 基因组的功能基因共包含 26 个类别，99 个子类别，372 个子系统和 1498 个成员，26 个类别的基因分布在 *D. tibetensis* Y620-1，与参考菌株间无显著差异，但 25 个丝氨酸－乙醛酸循环的单碳代谢相关基因均只发现于 *D. tibetensis* Y620-1 菌株中。基于 PROKKA 注释的 *Dyadobacter* 基因组包含 10898 个基因家族，功能基因的非度量多维尺度排序表

表1-10　13株 *Dyadobacter* 菌株基因组测序获得的基因组和表型特征

菌株	组装编号	分离环境	完整度/%	污染度/%	GC含量/%	大小/Mbp	rRNA拷贝数	tRNA拷贝数	CspA拷贝数	CspG拷贝数	新基因密度	编码密度
D. alkalitolerans DSM 23607	GCA_0004288845.1	沙漠	100.00	0.00	45.67	6.29	3	35	3	1	0.24	0.11
D. beijingensis DSM 21582	GCA_000382205.1	土壤	99.69	0.30	52.08	7.38	6	40	4	1	0.23	0.12
D. crusticola DSM 16708	GCA_000701505.1	土壤	100.00	0.00	46.73	7.06	3	40	2	1	0.2	0.12
D. fermentans DSM 18053	GCA_000023125.1	植物	99.70	0.30	51.54	6.97	12	43	2	1	0.22	0.12
D. jiangsuensis DSM 29057	GCA_003014695.1	土壤	100.00	0.60	50.26	8.27	2	38	2	1	0.19	0.12
D. koreensis DSM 19938	GCA_900108855.1	淡水	99.70	0.89	41.26	7.34	7	40	1	1	0.19	0.12
D. psychrophilus DSM 22270	GCA_900167945.1	土壤	99.70	0.30	45.05	6.74	4	34	2	1	0.19	0.12
D. soli DSM 25329	GCA_900101885.1	土壤	99.70	0.00	50.47	8.74	6	40	1	1	0.17	0.12
D. tibetensis Y620-1	GCA_000566685.1	冰芯	99.70	0.30	43.35	5.31	3	37	5	2	0.34	0.12
Dyadobacter sp. 50-39	GCA_001898145.1	生物反应器	99.70	0.60	50.24	7.72	2	40	4	1	0.2	0.12
Dyadobacter sp. Leaf189	GCA_001424405.1	叶片	99.70	0.60	47	6.07	3	40	3	1	0.24	0.12
Dyadobacter sp. SG02	GCA_900109045.1	植物根部	99.70	0.74	50.23	8.48	2	38	6	1	0.21	0.12
Dyadobacter sp. UBA7685	GCA_002482895.1	水体	97.02	0.00	50.58	5.18	0	30	2	1	0.27	0.12

注：Csp表示冷休克基因。

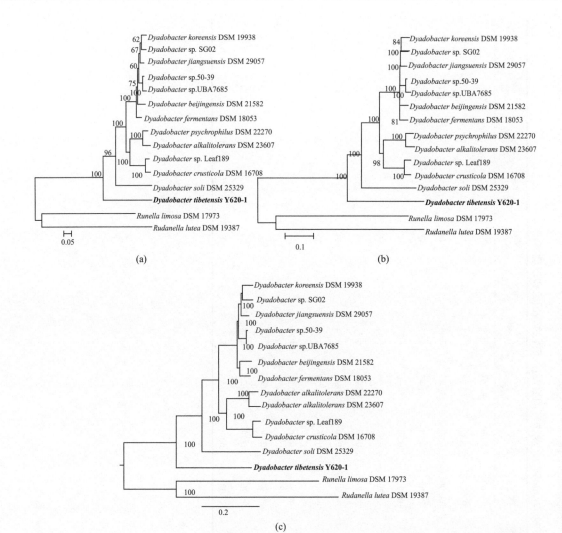

图 1-70　基于由 PhyloPhlAn2 产生的串联蛋白质序列的 *Dyadobacter* 基因组最大似然系统发育树（a）；
使用 MEGA 5.05 建立的邻接树（b）；使用 MrBayes 3.2 建立的贝叶斯树（c）

节点数字表示最大似然树、邻接树的 bootstrap 百分比和贝叶斯树的后验概率。最大似然树、邻接树和贝叶斯树的每个氨
基酸累积变化分别为 0.05、0.1 和 0.2

明，*D. tibetensis* Y620-1 和 *D. psychrophilus* DSM 22270（分离自碳氢化合物污染的土壤，
是一种嗜冷细菌）与其他菌株显著分离。新基因是指不能被分配到任何已知功能或基
因家族的蛋白编码序列（Mukherjee et al.，2017），*Dyadobacter* 基因组中新基因的密度
在种间差异巨大（17% ～ 34%），其中 *D. tibetensis* Y620-1 具有最高密度的新基因（34%），
比其他分离株高 10% 以上（图 1-71）。

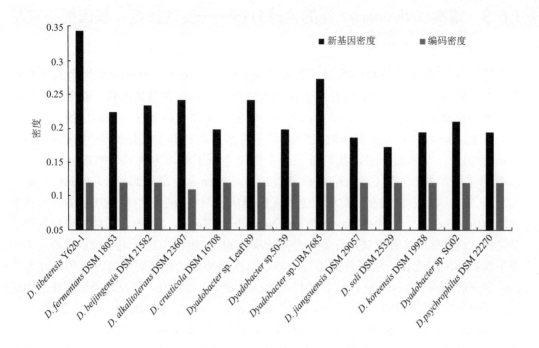

图 1-71　*Dyadobacter* 属菌株基因组中新基因和蛋白编码基因的密度

（4）*D. tibetensis* Y620-1 菌株在单碳代谢中的特殊功能。*D. tibetensis* Y620-1 基因组中有 30 个基因与单碳代谢有关，该数目比其他菌株高得多（5～7个）。这些基因分为两个子系统：四氢蝶呤和丝氨酸 - 乙醛酸循环的单碳代谢，其他 12 株菌的单碳代谢基因都属于前者，另外 25 个丝氨酸 - 乙醛酸循环的单碳代谢相关基因均只发现于 *D. tibetensis* Y620-1 菌株中。单碳物质可从多种可再生资源中生成，如有机物的消耗（Sawatdeenarunat et al.，2016）；丝氨酸 - 乙醛酸循环是唯一一种自然进化的对氧不敏感的途径，可以从多组单碳化合物合成乙酰辅酶 A（双碳结构单元）而不会造成碳损失（Smejkalova et al.，2010）。在寡营养的冰川环境中，获取代谢底物是微生物最大的生存挑战之一（Murakami et al.，2015），单碳物质可在寒冷寡营养环境中支持微生物群落的生存（Ji et al.，2017），并使微生物形成新的代谢功能（Anesio and Bellas，2011）。与丝氨酸 - 乙醛酸循环相关的基因的出现可能有助于 *D. tibetensis* Y620-1 菌株利用简单形成和新产生的碳源，如包裹在冰川中的微生物分解残留物和来自光合细菌的新鲜不稳定有机碳（Smith et al.，2017；McCrimmon et al.，2018）。据估计，冰芯中的碳和能源能够维持细菌种群数万年，*D. tibetensis* Y620-1 的低 rRNA 操纵子拷贝数也表征了其寡营养生活方式，其基因组中发现了其他菌株中没有的所有丝氨酸 - 乙醛酸循环单碳代谢所需的基因，这表明单碳利用可能是其适应冰川寡营养环境条件的重要策略之一（Shen et al.，2019）。

1.6.3 嗜冷 *Arthrobacter* 属的全球分布——生理特征、基因组与宏基因组综合解析

近年来，随着分子测序技术（如宏基因组学）的进步，对于微生物生态学和微生物对自然世界贡献的理解已取得了较大的进展。人们越来越认识到，微生物在广阔的寒冷生物圈中占据主要生物量并构成了生物圈的生命支持系统，在制定相关策略以减轻人类活动对自然界的影响时必须适当考虑微生物在其中发挥的作用（Cavicchioli et al.，2019）。从本质上讲，我们处在一个需要全面了解微生物如何响应自然和人为影响的重要历史时期（Cavicchioli et al.，2019；Timmis et al.，2019；Edwards et al.，2020）。宏基因组学方法在一定程度上为人们提供了洞察微生物群落及功能的一个重要视角（Chen J et al.，2020；Nkongolo and Narendrula-Kotha，2020），已经对寒冷生物圈微生物生命进化的多种方式进行了分类（Cavicchioli，2015），也被用于揭示极地环境中微生物群落响应变化环境条件的途径，如季节性极地阳光循环对南极海洋和海洋衍生湖泊群落的影响（Grzymski et al.，2012；Panwar et al.，2020），以及北极细菌在冻土融化过程中作为重要的 CO_2 源和大气 CH_4 汇（Lau et al.，2015；Stackhouse et al.，2015）。

Arthrobacter（Actinobacteria 门，Micrococcales 目，Micrococcaceae 科）是一个全球分布的细菌属，被广泛发现于土壤、水体、人类皮肤和污水中（Conn and Dimmick，1947；Cacciari and Lippi，1987；Niewerth et al.，2012），在全球生物地球化学循环和污水处理中发挥重要作用（Unell et al.，2008；Niewerth et al.，2012）。*Arthrobacter* 在实验室的生长具有营养多样性，可转化为其在培养基中利用多种碳、氮源进行有氧生长的能力（Cacciari and Lippi，1987）；目前已在一系列低温环境包括冻土和冰川中分离到 *Arthrobacter* 属菌株（Chen et al.，2011；Liu T et al.，2018；Shen et al.，2018）。由于地球寒冷生物圈的规模及其与全球生物地球化学循环的相关性，以及嗜冷菌及其产物的生物技术潜力，目前已有大量研究试图确定嗜冷菌的关键特征（Margesin and Feller，2010；Cavicchioli et al.，2011；Anesio and Laybourn-Parry，2012；Feller，2013；Siddiqui et al.，2013；Boetius et al.，2015；Cavicchioli，2015，2016；Collins and Margesin，2019）。

在本书研究中，我们通过测序，从分离自青藏高原 7 个湖泊、2 条冰川和 1 个湿地的 16 个 *Arthrobacter* 属菌株中获得了 13 个高质量基因组序列。基于最大似然法和贝叶斯法分别建立了共 210 个非冗余高质量 Micrococcaceae 科基因组系统发育进化树，根据聚类及菌株来源情况，将 *Arthrobacter* 菌株分为 3 个组（Group）。分别从这 3 个Group 选取 3 株分离菌在 25℃、5℃和 –1℃下培养，测定其低温生长能力。使用超过100 个 *Arthrobacter* 属基因组评估相关的菌株特征，以作为该属在自然寒冷条件下生存的可能解释。在确定极地和高山环境的进化枝特征并确定具有低温生长优势的代表性菌株后，使用可用的宏基因组数据来评估与不同 Group 关联的环境因子与细菌群落。

Arthrobacter 总体特征如下：

（1）基因组系统发育特征。两种建树方法结果一致表明，*Arthrobacter* 谱系形成

一个具有 106 个代表的簇，与其他 Micrococcaceae 科明显分离，其中 31 个代表极地 (polar) 和高山 (alpine) 环境分离株 (PA)，其他代表非极地或高山环境分离株 (NPA)。*Arthrobacter* 谱系从 *Arthrobacter* 进化树的树根处分为 3 个进化枝，其中中央进化枝包含 11 个 PA 和 3 个 NPA 的 *Arthrobacter* 菌株，有 10 个聚在一个亚分支上，定义为 Group C，其他 21 个 PA 的 *Arthrobacter* 菌株定义为 Group B，所有 NPA 的 *Arthrobacter* 菌株定义为 Group C（图 1-72）。

（2）Group C *Arthrobacter* 的低温生长能力。在不同温度下的菌株培养实验表明，3 株 Group C 的 *Arthrobacter* 菌株相比于 Group A 在 –1℃ 具有显著的更强的生长速率，相比于 Group A 和 Group B 在 25℃ 具有较低的生长速率（图 1-73）。

（3）基因组特征。106 株 *Arthrobacter* 菌株基因组大小为 3.24 ～ 5.89Mbp。在 Group A 和 Group C 间，基因组大小、16S rRNA 和 tRNA 基因拷贝或编码密度均无显著差异。然而，Group A 和 Group C 间广泛的基因组成及功能差异，①两者氨基酸组成和 GC 含量差异显著。② –1℃ 条件下的蛋白质稳定性预测发现，所有 32 个具有稳定性下调表现的蛋白质中多数在 Group C 中是过表达的，这些蛋白质参与代谢功能，这意味着菌株在低温下具有更高的催化功能，将支持 Group C *Arthrobacter* 的低温生长能力 (Siddiqui and Cavicchioli，2006)。③对表达 26 个功能类群的蛋白质的氨基酸组成分析表明，Group C 在硫代谢，辅酶因子、维生素、色素代谢，蛋白质代谢，胁迫响应，细胞分裂，细胞循环过程中过表达，而 Group A 在芳香物质、氮代谢、氨基酸及其衍生物、细胞信号方面过表达。④功能评估表明，一系列参与氨基酸、维生素和核苷酸合成的基因出现在所有 Group C 基因组中，其中完整的霉菌硫醇 (MSH) 代谢通路是其最标志性的特征。MSH 是一种氧化还原活性硫醇，在功能上类似于谷胱甘肽（放线菌中通常不存在），它维持细胞内的氧化还原平衡，因此可以防止氧化损伤 (Newton et al.，2008)；MSH 也可能作为细菌中碳和硫的稳定储存库 (Bzymek et al.，2007)。有效应对氧化损伤的能力可能是来自寒冷环境的微生物的一个重要特征，特别是在低温限制下促进生长 (Methe et al.，2005；Williams et al.，2011；Mackelprang et al.，2017)。MSH 途径也存在于中央进化枝的其他四个非 Group C 成员以及另一个 Group B 成员中，Group C *Arthrobacter* 的特征既具有 MSH 途径，又包含参与氨基酸、维生素和核苷合成的单个基因，如果 MSH 或其他单个基因在低温下发挥促进生长的作用，则这些基因可能在 Group C 中获得更强的正向选择。⑤相比于 Group A，Group C 中分别有 48 个和 66 个基因家族具有显著更高和更低的基因拷贝数（后者有 4 个基因家族不存在于 Group C 基因组中），前者中典型的包括 3- 氧代酰基 -[酰基载体蛋白] 还原酶 (FabG)、甘油酸激酶 (GlxK) 和乙醇脱氢酶 (Adh)。对于 FabG，这可能反映了 Group C 组催化长链脂肪酸形成的能力降低。GlxK 是一种重要的分解代谢酶，因为存在多种底物被降解为甘油酸，GlxK 的作用在于将这些降解途径与中枢碳代谢联系起来 (Bzymek et al.，2007)，Adh 拷贝数减少可能表明利用酒精的能力降低。因此，GlxK 和 Adh 的降低可能反映了这些 *Arthrobacter* 对底物的偏好降低。

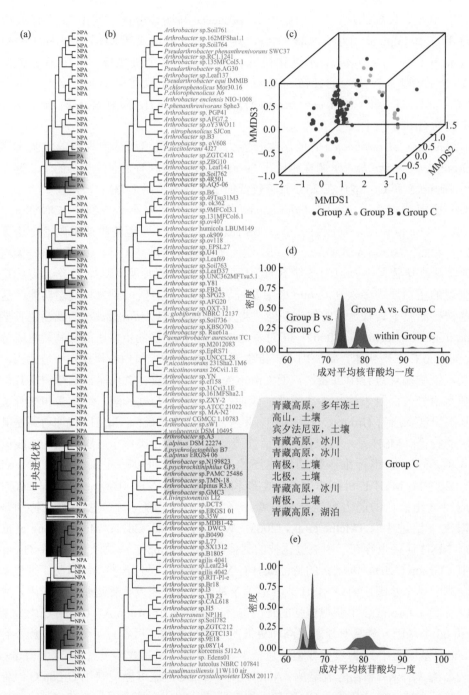

图 1-72 *Arthrobacter* 系统发育和基因组组成图谱

（a）最大似然节杆菌系统基因组树。最大似然微球菌科系统发育树的节杆菌部分，极地和高山（PA，灰色突出显示）或非极地和高山（NPA）。基因组系统发育树有三个主要的进化枝，中央进化枝（紫色框）；（b）用不同的字体颜色描述各组的 *Arthrobacter* 名称：Group A（橙色；NPA 环境）、Group B（绿色；PA 环境与 NPA 环境中的序列聚类）和 Group C（蓝色）。从中分离出 Group C *Arthrobacter* 的特定寒冷环境类型显示在树的右侧（灰色框）；（c）全基因组氨基酸组成的三维非度量多维图；（d）成对平均核苷酸均一度；（e）成对平均氨基酸均一度

（4）Group C *Arthrobacter* 的生态学。我们假设如果实验生长数据（图 1-73）和基因组特征转化为在寒冷环境中的竞争力，那么与 NPA 环境相比，来自 PA 环境宏基因组数据中的 Group C *Arthrobacter* 将过度表达。环境样本中 *Arthrobacter* 的相对丰度（可公开获得的宏基因组数据）往往较低，在由约 1500 个宏基因组（Parks et al.，2017）构建的约 8000 个宏基因组组装基因组（MAGs）中不存在 *Arthrobacter* 的 MAGs，在 76831 个集成微生物基因组（IMG）的 MAGs 中总共发现了 12 个（> 90% 的完整性）*Arthrobacter* 的 MAGs（2019 年 12 月）。为进行进一步的宏基因组分析，在 639 个从 PA、温带和热带环境获得的宏基因组中检查了 Group A、Group B、Group C 特异性基因。① Group C 特异性基因在 11 个多年冻土宏基因组中具有更高的表达 [图 1-74（b）]，后者均来自于同一个研究位点，即加拿大 Nunavut 的 Axel Heiberg 岛，该岛上共报道了一项冻土融化实验中 76 个采自 1m 深土钻中的宏基因组，多数（7 个）Group C 特异性基因在 65cm 深处富集，另外 1 个在 35cm，3 个发现于 80cm 冻土层中（Chauhan et al.，2014）。对 639 个宏基因组进行 Group C 匹配，发现共存在 94% 的变异，该变异的原因可追溯到对 *Arthrobacter* 泛基因组的匹配中预先存在的变异性，当通过协方差分析（ANCOVA）去除这种协方差时，统计上回归线的 y 截距存在显著差异（P < 0.0001）；这证实了与其余 628 个宏基因组相比，11 个宏基因组中 Group C 特异性基因的过度表达。为了评估 Group C *Arthrobacter* 是否在永久冻土区域广泛富集，将所有已公开发布的另外 334 个宏基因组数据纳入 639 个宏基因组进行分析。其中发现了一些似乎在某种程度上富含 Group C 的特异性基因 [例如，来自瑞典 Abisko 附近 Stordalen Mire 的宏基因组；在图 1-74（c）中用箭头标记]，但两条回归线的斜率不平行导致对 y 截距的比较有效性存疑（Siddiqui and Cavicchioli，2006），因此无法评估它们之间差异的显著性。②对于 Group B 特异性基因，没有发现可将来自 PA 和 NPA 环境的宏基因组显著区分开的趋势 [图 1-74（d）]，然而 Group A 特异性基因的分布根据气候分类而聚集，来自 PA 环境的宏基因组的 Group A 含量显著低于温带和热带环境，与所有其他宏基因组相比，11 个 Axel Heiberg 岛宏基因组 Group A 特异性基因的代表性显著不足，该模式表明在 NPA 环境中存在对 Group A 的特异性选择，而 PA 环境则不选择 Group A。③根据 Axel Heiberg 岛实验中可用的与宏基因组对应的环境数据（Lau et al.，2015；Stackhouse et al.，2015），相关环境因子对 Group A 或 Group C 并无显著影响；相比之下，Group A 或 Group C 与微生物群落的许多成员具有强烈的分类学关联，分别有 107 个和 63 个 OTUs 与 Group C *Arthrobacter* 呈正相关和负相关。在与 Group C 呈正相关的 107 个 OTUs 中，72 个也与 Group A 呈正相关，并且与 Group C 无显著关联的 OTUs 也与 Group A 无显著关联。正相关的 OTUs 主要包括 Actinobacteria（放线菌门）和 Firmicutes（厚壁菌门）的孢子和非孢子形成菌，以及 Proteobacteria（变形菌门）的类群，其中大多数分离自土壤环境；负相关的细菌 OTUs 主要属于 Bacteroidetes（拟杆菌门）、Cyanobacteria（蓝细菌门）和 Proteobacteria（变形菌门）海洋或湖泊类群，以及某些真核生物（真菌、植物、海洋环节动物线虫），暗示微生物风力携带的可能性（Chauhan et al.，2014）。综合相关结果，本书研究对 *Arthrobacter* 生理特征、基因组与宏基因组

的综合解析,为揭示其 Group C 分枝的冷适应进化特性提供了一系列强有力的证据(Shen et al.,2021)。

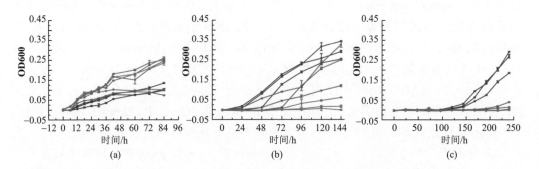

(a)　　　　　　　　　　(b)　　　　　　　　　　(c)

图 1-73　Group A、Group B 和 Group C *Arthrobacter* 的生长温度曲线

Group A(橙色;菌种 *A. luteolus*、*A. globiformis* 和 *A. subterraneus*)、Group B(绿色;菌种 *Arthrobacter* sp. 4R501、*Arthrobacter* sp. 9E14 和 *Arthrobacter* sp. 08Y14)和 Group C(蓝色;*A. alpinus*、*Arthrobacter* sp. A3 和 *Arthrobacter* sp. N199823)。(a)、(b)和(c)的生长温度分别为 25℃、5℃和 −1℃

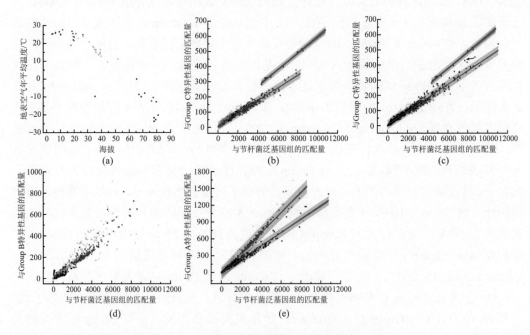

(a)　　　　　　　　　　　　(b)　　　　　　　　　　　　(c)

(d)　　　　　　　　　　　　(e)

图 1-74　Group C *Arthrobacter* 的宏基因组分析

(a)地表空气年平均温度随海拔的变化;639 个宏基因组包括:高山 / 极地(黑色,196 个)、温带(灰色,243 个)和热带(紫色,200 个)。(b)每个宏基因组中 Group C 特异性基因的丰度与 *Arthrobacter* 泛基因组中 Group C 特异性基因的丰度之间的线性回归,显示了每条回归线的 95% 预测区间(深粉色带)和 95% 置信区间(浅粉色带)[(b)、(c)和(e)]。上部集群包含 11 个 Axel Heiberg 岛永久冻土宏基因组。(c)与(b)相比,额外添加了 334 个永久冻土宏基因组(共 973 个宏基因组),Stordalen Mire(Abisko,瑞典)宏基因组用箭头显示。(d)显示 GroupB 特异性基因,其余与(b)一样。(e)显示存在于 PA 基因组(下方线)和 NPA 基因组(上方线)中的 Group A 特异性基因。未显示 11 个 Axel Heiberg 岛永久冻土宏基因组的回归线,其余与(b)一样

1.6.4　冰芯冷杆菌 *Cryobacterium* 基因组学——微生物适应冰川环境的进化动力学特征

冰川和冰盖是以微生物为主的特殊生境。这些环境中的微生物在其蛋白质、酶、膜以及对低温和营养浓度及过度紫外线辐射的遗传反应方面已经进化出独有的特征。例如，在嗜冷物种 *Flavobacterium bomense* 的基因组中发现了编码在冷适应中具有已知或预测作用蛋白质的基因，即冷休克蛋白、视紫红质、渗透保护和膜相关蛋白。冰芯菌株 *Dyadobacter tibetensis* Y620-1 的基因组中含有高比例的新基因和单碳代谢中丝氨酸 – 乙醛酸循环所需的基因，这可能有助于其在冰川中的生存。尽管来自北极土壤的冰川细菌和嗜冷菌都适应寒冷环境，但冰川细菌表现出不同的基因组适应特征，主要与致力于规律间隔成簇短回文重复序列（CRISPR）防御系统的基因、单糖、氮和芳香化合物的渗透适应和代谢有关，这些适应特征的差异是来自北极土壤的冰川细菌和嗜冷菌承受着不同的环境胁迫。在过去的几十年里，嗜冷菌在基因组水平上的生存策略得到了很好的研究。然而，微进化、基因组适应策略和环境因素在塑造冰川细菌基因组中的作用在很大程度上是未知的。

Cryobacterium 菌株广泛分布在寒冷的环境中，并且很好地适应寒冷条件。Suzuki 等提出的 *Cryobacterium* 由具有多形杆状形态的革兰氏阳性需氧菌组成。嗜冷菌的模式种是专性嗜冷放线菌。目前，*Cryobacterium* 属包括 11 个正式发表的物种。除 *C. mesophilum* 之外的所有类型的 *Cryobacterium* 菌株都是从寒冷的环境中分离出来的，被认为是嗜冷菌，最适生长温度范围为 15～20℃，生长发生在 0～25℃。*C. mesophilum* 菌株在 20～28℃生长，最佳生长温度为 25～28℃。大多数已经报道的 *Cryobacterium* 属物种是从冰川环境中分离出来的。青藏高原两个冰芯中的可培养细菌以冰杆菌为主。冰杆菌在全球十多条冰川中表现出高度的多样性，这表明冰杆菌属物种已经产生了应对恶劣冰川栖息地的策略。以前的研究主要集中在使用多相和多位点序列分析冷杆菌分离株对寒冷环境的适应特征，但缺乏对多个 *Cryobacterium* 基因组详细的比较基因组研究，这可能明显阻碍我们对该属冷适应的分子策略的理解。

为了验证细菌的基因组含量和动力学是受冰川环境胁迫因素驱动的假设，我们对 21 个嗜冷性冷杆菌 *Cryobacterium* 菌株（包括 14 个从青藏高原冰芯中分离的菌株）的基因组与放线杆菌科的 11 株嗜温细菌的基因组进行了比较（表 1-11），发现嗜冷低温细菌的基因组含量发生了更多的动态变化，并且它们的基因组中涉及应激反应，运动性和趋化性的基因数量明显多于嗜温性低温细菌（$P < 0.05$）。基于多基因串联系统发育树的出生 – 死亡（birth-and-death）模型分析，我们发现在中温菌株 *C. mesophilum* 分化后，嗜冷 *Cryobacterium* 的最近共同祖先基因组经历了一个快速扩增的过程（通过 1168 个基因获得了最多的基因）（图 1-75）。基因组的扩增带来了关键基因，这些基因主要和"辅酶、维生素和色素""碳水化合物"和"膜运输"等功能相关（图 1-76）。嗜冷 *Cryobacterium* 菌株的氨基酸取代率比嗜温菌株低两个数量级（图 1-77）。然而，

在嗜冷的 *Cryobacterium* 菌株中没有发现明显更多的冷休克基因，这表明尽管冷休克基因对于嗜冷菌是必不可少的，但多拷贝并不是微杆菌科 *Microbacteriaceae* 中冷适应的关键因素。由冰川环境胁迫因素驱动的广泛的基因水平转移可能是嗜冷的低温细菌抵抗冰川上低温、寡营养和高紫外线辐射的策略。对嗜冷低温细菌的基因组进化和生存策略的探索加深了我们对细菌冷适应的理解（Shen et al.，2019）。

表 1-11　冷杆菌分离地点和基本基因组特征

菌株编号	基因组大小 /Mbp	编码基因数量	RNA 数量	分离地点	GC 含量
M15	3.67	3497	49	木孜塔格冰川	63.4
M23	3.55	3347	52	木孜塔格冰川	66.8
M25	3.35	3177	53	木孜塔格冰川	67.0
M91	3.99	3822	48	木孜塔格冰川	64.2
M96	3.30	3096	51	木孜塔格冰川	67.0
N19	4.29	4070	50	宁金岗桑冰川	64.5
N21	4.14	3944	53	宁金岗桑冰川	64.4
N22	4.06	3751	53	宁金岗桑冰川	68.3
Y11	4.03	3891	51	玉珠峰冰川	63.3
Y29	3.66	3484	49	玉珠峰冰川	63.5
Y50	4.40	4344	49	玉珠峰冰川	63.2
Y57	4.01	3884	50	玉珠峰冰川	63.2
Y62	4.23	4179	48	玉珠峰冰川	63.2
Y82	3.69	3556	50	玉珠峰冰川	63.6
CGMCC 1.11215	4.04	3906	51	乌鲁木齐一号冰川	64.7
CGMCC 1.11211	3.75	3531	51	乌鲁木齐一号冰川	64.5
CGMCC 1.11210	3.83	3600	52	乌鲁木齐一号冰川	65.1
CGMCC 1.5382	3.25	3016	51	乌鲁木齐一号冰川	68.3
RuG17	4.36	4048	50	乌鲁木齐一号冰川	65.3
PAMC 27867	4.17	3826	61	南极冰川	68.6
MLB-32	4.27	3214	72	北极冰川	64.9
CGMCC 1.10440	2.41	2342	48	韩国土壤	66.5

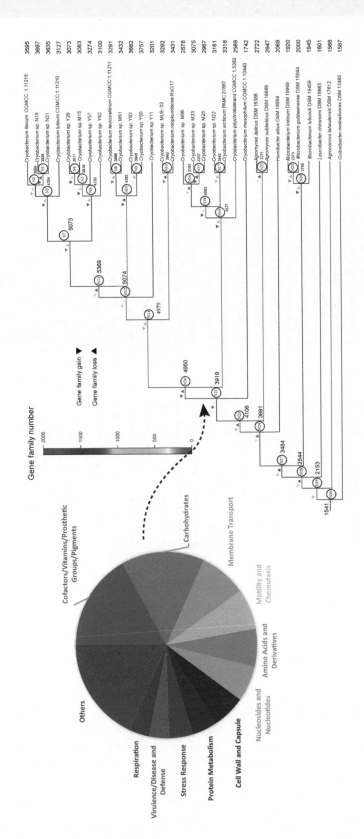

图 1-75　基于 birth-and-death 模型重建的 *Cryobacterium* 基因组进化过程

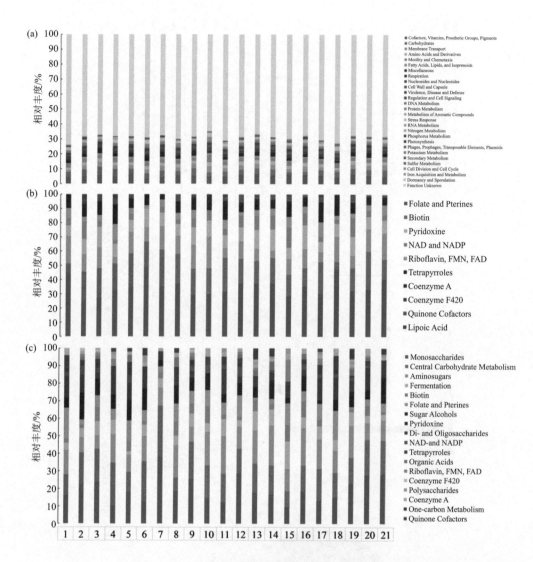

图 1-76　基于 RAST 注释的表示基因家族的层次聚类分析

（a）"碳水化合物代谢"相关基因；（b）"呼吸"相关基因；（c）"运动性和趋化性"相关基因。"碳水化合物""呼吸"
和"运动性和趋化性"类别分别包含 575 个、154 个和 43 个基因。Cofactors, Vitamins, Prosthetic Groups, Pigments 表示
辅因子、维生素、辅基、色素；Carbohydrates 表示碳水化合物；Membrane Transport 表示跨膜转运；Amino Acids and
Derivatives 表示氨基酸及其衍生物；Motility and Chemotaxis 表示运动性和趋化性；Fatty Acids, Lipids, and Isoprenoids 表示
脂肪酸、脂类和类异戊二烯；Miscellaneous 表示具备多种功能的基因；Respiration 表示呼吸；Nucleosides and Nucleotides
表示核苷和核苷酸；Cell Wall and Capsule 表示细胞壁和被囊；Virulence, Disease and Defense 表示毒性、疾病和防御；
Regulation and Cell Signaling 表示调控和细胞信号传导；DNA Metabolism 表示 DNA 代谢；Protein Metabolism 表示蛋白
质代谢；Metabolism of Aromatic Compounds 表示芳香化合物代谢；Stress Response 表示应激反应；RNA Metabolism 表示
RNA 代谢；Nitrogen Metabolism 表示氮代谢；Phosphorus Metabolism 表示磷代谢；Photosynthesis 表示光合作用；Phages,
Prophages, Transposable Elements, Plasmids 表示噬菌体、前噬菌体、转座因子、质粒；Potassium Metabolism 表示钾代谢；
Secondary Metabolism 表示次级代谢；Sulfur Metabolism 表示硫代谢；Cell Division and Cell Cycle 表示细胞分裂和细胞周期；
Iron Acquisition and Metabolism 表示铁获取和代谢；Dormancy and Sporulation 表示休眠和产孢；Function Unknown 表示功

能未知；Folate and Pterines 表示蝶呤；Biotin 表示生物素；Pyridoxine 表示吡哆醇（维生素 B6）；NAD and NADP 表示烟酰胺腺嘌呤二核苷酸（NAD，辅酶 I）和烟酰胺腺嘌呤二核苷酸磷酸（NADP，辅酶 II）；Riboflavin, FMN, FAD 表示核黄素及其活性形态、辅助因子黄素单核苷酸（FMN）和黄素腺嘌呤二核苷酸（FAD）；Tetrapyrroles 表示四吡咯；Coenzyme A 表示辅酶 A；Coenzyme F420 表示辅酶 F420；Quinone Cofactors 表示醌因子；Lipoic Acid 表示硫辛酸；Monosaccharides 表示单糖类；Central Carbohydrate Metabolism 表示中枢碳水化合物代谢；Aminosugars 表示氨基糖；Fermentation 表示发酵；Sugar Alcohols 表示糖醇；Di- and Oligosaccharides 表示二糖和寡糖；Organic Acids 表示有机酸；Polysaccharides 表示多糖类；One-carbon Metabolism 表示单碳代谢。横轴 1～21 菌株名称：1，*C. arcticum*；2，*Cryobacterium* sp. Y11；3，*Cryobacterium* sp. Y50；4，*Cryobacterium* sp. M96；5，*Cryobacterium* sp. M15；6，*Cryobacterium* sp. MLB-32；7，*C. levicorallinum*；8，*Cryobacterium* sp. Y29；9，*Cryobacterium* sp. Y62；10，*C. psychrotolerans*；11，*Cryobacterium* sp. M25；12，*Cryobacterium* sp. Y57；13，*C. flavum*；14，*Cryobacterium* sp. N19；15，*C. luteum*；16，*Cryobacterium* sp. Y82；17，*Cryobacterium* sp. M23；18，*Cryobacterium* sp. N22；19，*Cryobacterium* sp. N21；20，*Cryobacterium* sp. M91；21，*C. roopkundense*

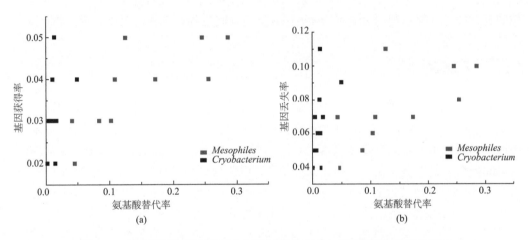

图 1-77　冷杆菌基因获得率（a）和基因丢失率（b）与氨基酸替代率的分析
系统发育是使用 RAxML 构建的，从 ML 树中提取氨基酸替代率，在祖先重建分析中计算基因得失率

总述本节关于冰川可培养菌株的研究如下：

青藏高原不同气候区的 7 条冰芯中共分离出 887 株细菌，隶属于 4 个门类 Actinobacteria、Firmicutes、Bacteroidetes 和 Proteobacteria 的 53 个属。位于不同深度冰芯（28～160m）可培养细菌的代表类群明显不同，其多样性随深度增加而逐渐降低；不同冰川不同深度冰芯中可培养细菌普遍具有可在广范围温度中生长的特性及耐寒的生长特性，且低温下获得的可培养菌株多样性高于高温条件。在广泛温度范围生长的能力可能是细菌适应长距离运输期间气候环境变化的一种重要的生存策略。

对青藏高原冰芯细菌基因组研究揭示了其适应极端环境的演化机制。玉珠峰冰芯分离菌株 *D. tibetensis* Y620-1 的比较基因组研究发现，其基因组最小且 GC 含量相对较低，该菌株明显与参考菌株分离，含有最高比例的新基因，位于基因组系统发育树的根部，且在该菌株中发现了其他菌株没有的单碳代谢途径：丝氨酸－乙醛酸循环所需的所有基因，表明 *D. tibetensis* Y620-1 菌株包含的新基因和功能具有古老的起源，单碳利用可能是其适应冰川寡营养环境条件的重要策略之一。青藏高原冰芯中

Cryobacterium 属细菌经历了一个快速基因组扩增的过程,基因组的扩增带来了和"辅酶、维生素和色素""碳水化合物"和"膜运输"等功能相关的基因。冰川环境胁迫因素驱动的广泛的基因水平转移可能是 *Cryobacterium* 适应冰川低温、寡营养和强紫外线辐射的主要策略。

通过青藏高原新分离菌株的基因组序列,定义了 *Arthrobacter* 属一个新的冷适应进化分枝,命名为 Group C,代表来自极地和高山环境的分离株。Group C 具有在 -1℃ 生存的能力,其在基因组 GC 含量、氨基酸组成、蛋白稳定性、代谢能力(如硫代谢等)方面的优势将之与非极地或高山种群的 *Arthrobacter* 属 Group A 区别开。通过对近 1000 个宏基因组的研究,发现了加拿大多年冻土群落中 Group C 的过度表达,指示该种群在特定生态位的适应性,而在所有极地和高山样本中 Group A 的表达不足,表征 Group A 对寒冷普遍不耐受。该研究表明试图从基因组和生理数据推断微生物环境适应性的复杂性,并揭示利用 *Arthrobacter* 作为环境变暖生物标志物的可能途径。

1.7 本章小结

综上所述,微生物广泛分布于青藏高原冰川表面及下游生境中,包括冰川冰、雪、冰尘、冰芯、冰川径流和湖泊,细菌和病毒群落呈现丰富且复杂的时空变异特征。细菌、病毒的空间分布主要受青藏高原西风/季风作用、生境、地理距离、碳和氮含量的影响,其时间分布主要由季风期、气温、氮含量和消融阶段调控;其中是否处于西风/季风作用区和季风期可通过影响年平均温度、黑碳和氮含量而作用于微生物的群落变化;微生物生态机制包括异质选择、漂移等对冰川微生物,如冰尘细菌的时空分布起主导作用。青藏高原冰川中可培养细菌生理学和基因组学的研究发现,冰芯细菌可在广泛的温度范围生长,在基因水平上显示单碳利用等适应冰川寡营养环境条件的特征,冰芯细菌在进化中有一个快速基因组扩增的过程,基因组的扩增带来了与"辅酶、维生素和色素""碳水化合物"和"膜运输"等功能相关的基因。冰川环境胁迫因素驱动的广泛的基因水平转移可能是冰芯微生物适应冰川低温、寡营养和强紫外线辐射的主要策略。冰川等冷环境中的 *Arthrobacter* 属组成一个冷适应进化分枝 Group C,具有完整的 MSH 代谢通路,分别通过温度耐受、碳源利用优势和氧化损伤抵抗力在冰川寒冷、寡营养和强辐射环境中获得生存优势。以上发现强调了同时利用依赖培养与不依赖培养的技术手段进行冰川微生物群落研究的重要性。然而,关于冰川微生物资源及其环境效应的研究仍处于起步阶段,有大量内容待补充和完善,包括青藏高原冰川微生物多样性对气候变化和人类活动的响应,西风 – 季风相互作用下冰川微生物多样性的未来变化趋势等,这些都是全球变化、冰川消融加速背景下亟待深入阐明的重要课题。

第 2 章

土壤微生物与生态环境

青藏高原平均海拔在 4000m 以上，其土壤类型随地上植被与海拔的变化而丰富多样，包含高山草甸土、亚高山草甸土、高山草原土、山地草甸土、亚高山草原土、荒漠土等多种类型。土壤中栖息的细菌、古菌、真菌、病毒、原生动物等微生物是土壤生物圈的主要组成部分，其组成和多样性对土壤的生态功能和土壤生态平衡起着非常重要的作用。青藏高原是我国夏季最凉爽的地区，其腹地（海拔＞4500m）的年平均气温几乎常年低于 0℃，使得该地区土壤以冻土（permafrost）的形式存在。冻土一般指至少连续两年呈冻结状态的土壤，主要由土壤、岩石、液态水、冰、空气、沉积物等组成。青藏高原冻土区是全球最大的高山冻土区，其面积为 $1.5\times10^6\text{km}^2$，大约为中国冻土总面积的 69.8%（金会军和李述训，2000；Zhu et al.，2011）。

尽管常年低温，青藏高原冻土中依然栖息着大量微生物，是物种、遗传、功能多样性的资源宝库。这些微生物在长期进化过程中形成了对低温及冻融循环的适应机制，即使低温条件也能保持代谢活跃。由于低温限制，冻土中微生物主导的有机碳分解过程较为缓慢，动植物残体得以积累，使得青藏高原冻土区成为地球上中低纬度地区巨大的有机碳库，其有机碳储量约占我国土壤总有机碳储量的 1/4。最新的估算模型表明，青藏高原土壤有机碳总储量约为 50.4Pg[①]（Wang et al.，2020）。由于青藏高原地质构造运动频繁，具有较高的地热背景值，因此青藏高原多年冻土具有地温高、厚度薄、构造-地热融区发育等特点。与西伯利亚和北美洲等地区高纬度的多年冻土相比，青藏高原多年冻土的稳定性更弱，对气候变化的响应更为敏感。

近年来，在全球气候变暖背景下，青藏高原地区气温变化的总趋势上升，导致冰川退缩速度加快，冻土消融深度加深，物种多样性加剧丢失，其气候效应备受关注。青藏高原土壤微生物在全球变暖研究中至关重要，主要体现在以下两方面：

（1）青藏高原土壤微生物是决定区域、全球温室气体排放及陆地碳循环动态变化的关键。青藏高原冻土区是陆地生态系统中最容易受到外界变化影响的碳库，对维持全球碳平衡具有至关重要的作用。由于碳封存量远高于碳排放量，青藏高原冻土碳库长期以来都以碳汇的形式存在。然而，随着全球变暖的加剧，青藏高原有可能将由碳汇逐渐转化为碳源（Le Mer and Roger，2001；Dutta et al.，2006）。部分原因是升温引起的冻土退化会导致储存在冻土中的土壤有机碳在短时间内迅速释放，这一过程主要是通过土壤微生物对有机碳的降解作用来完成的，经微生物分解所产生的二氧化碳和甲烷等温室气体被排放到大气中，进一步加剧温室效应，进而对区域、全球的碳循环及生态平衡产生影响。

（2）在新冠疫情肆虐全球的当下，青藏高原土壤微生物存在的古老病原微生物可能对生态环境带来无法估量的生态威胁。由于土壤微生物群落的复杂性，冻土中封存了大量的古老微生物，尤其是病毒这类潜在的致病微生物。伴随着全球变暖导致的冻土消融，这些长期处于休眠状态的古老微生物可能会复苏甚至被释放到外界环境中，给人类社会及其他生态系统带来潜在威胁。例如，研究人员从晚更新世时期的西伯利

---

① 1Pg=10^{15}g。

亚冻土中分离并复苏了两株古老病毒，发现其复苏后仍具有侵染宿主的能力（Legendre et al., 2014，2015）。

针对这些国家重大需求，亟须深入开展青藏高原土壤微生物的摸底研究，厘清①青藏高原土壤微生物的组成、多样性；②群落驱动因子；③对全球变暖的响应；④对生态环境的潜在威胁等前沿科学问题，为评估和预测青藏高原冻土区碳循环过程及有机碳储量的变化、未来我国及全球可能面对的生物安全风险提供重要的基础数据，这些将有助于提高我国在国际气候环境变化谈判中的地位，也对制定相应的生物安全应急预案以及符合国情的低碳经济政策等目标有重要的指导价值。

在第二次青藏高原综合科学考察研究中，土壤微生物研究的总体思路为：通过对青藏高原大规模冻土和其他土壤类型调查，揭示冻土细菌与真菌的组成、多样性、群落驱动因子及对全球变暖的响应，梳理其他土壤类型（如高山草原土、高山草甸土、荒漠土等）中的细菌与真菌的组成、多样性、随海拔或土壤深度的分布格局等；进一步阐明青藏高原土壤中与碳循环（如产甲烷、固碳）、氮循环（如硝化与反硝化）等功能相关的微生物及其气候环境效应，解析青藏高原土壤病毒的功能基因多样性及其对气候环境变化的响应；最后通过模型构建，预测未来气候变化背景下青藏高原土壤微生物多样性的变化趋势。

2.1　青藏高原土壤微生物的研究方法

2.1.1　分离培养

利用培养基分离培养是研究土壤微生物的传统方法。虽然分离培养具有快速、直观、花费较低、可代表土壤中的活性微生物等优点，但其局限性在于仅有极少数微生物（0.1% ～ 10%）可被分离培养。而且，大多数微生物无法分离培养的原因尚不明确，这导致该方法对微生物多样性的估计值通常远低于实际值。分离培养的方法在早期的青藏高原土壤微生物研究中较为常见。例如，陈伟等（2011）以青藏高原北麓河不同类型草地生态系统下土壤为研究对象，通过分离培养的方法研究了可培养细菌的数量及组成，发现该地区土壤中可培养细菌数量为 $4 \times 10^6 \sim 4.6 \times 10^7$ CFU/g，分属于 α- 变形菌（α-Proteobacteria）、β- 变形菌（β-Proteobacteria）、γ- 变形菌（γ-Proteobacteria）、放线菌门（Actinobacteria）、厚壁菌门（Firmicutes）共 5 个类群。

2.1.2　磷脂脂肪酸分析

磷脂脂肪酸（phospholipid fatty acid，PLFA）几乎存在于所有细胞中，从土壤样品中提取 PLFA 并进行甲基化处理，然后使用气相色谱对 PLFA 组分进行鉴定，即可分析微生物群落组成，此外还可指征土壤中的活性微生物量。独特的 PLFA 组分可以指示特定的微生物类群。例如，硫还原菌的 PLFA 组分主要为 10Me16:0、i17:1ω7、17:1ω6 等，真菌的 PLFA 组分主要为 18:1ω9、18:2ω6、18:3ω6、18:3ω3 等。该方法无须分离培养微生物，故可较大程度地反映土壤微生物的多样性；但局限性在于并非所有的 PLFA 组分都有与之对应的已知微生物，且 PLFA 的分辨率较低，一般无法鉴定到物种。PLFA 分析在青藏高原土壤微生物的研究中应用广泛。例如，斯贵才等（2015）基于 PLFA 技术，发现青藏高原东北缘土壤中细菌与真菌的数量随降水量的下降显著减少。

2.1.3 DNA 测序技术

目前，DNA 测序技术已成为土壤微生物研究中最主流的手段。对土壤微生物的研究可根据目标 DNA 的不同分为扩增子测序（amplicon sequencing）和鸟枪法测序（shotgun sequencing），即宏基因组测序。前者仅针对已知的特定目标 DNA 进行测序，常用于微生物物种和系统发育方面的研究；后者则针对环境微生物的全部 DNA 进行测序，常用于发掘未知的微生物物种或功能基因。对于原核生物（细菌与古菌）而言，开展扩增子测序最常见的目标基因是 16S rRNA 基因，该基因广泛存在于原核生物基因组中，是一种可靠且分辨率较高的原核生物遗传标记。对于真菌这类真核生物而言，扩增子测序中最常用的遗传标记主要是内部转录间隔区 1（internal transcribed spacer 1，ITS1）和内部转录间隔区 2（internal transcribed spacer 2，ITS2），这两段非编码 DNA 序列的可变性较高，表现出丰富的序列多态性，对亲缘关系较近的真菌物种具有很高的分辨率。

以 Illumina 测序技术为代表的第二代测序基于边合成、边测序（sequencing by synthesis）的原理，具有通量高、成本低的优点，是当前研究青藏高原土壤微生物最常见的技术。例如，在扩增测序方面，王艳发等（2016）基于 Illumina 测序平台，对青藏高原冻土垂直剖面土壤样品中的古菌与细菌的 16S rRNA 基因和真菌的 ITS 序列进行测序，发现垂直剖面土壤中古菌分别属于泉古菌门（Crenarchaeota）和广古菌门（Euryarchaeota），细菌的优势类群包括放线菌门（Actinobacteria）、厚壁菌门（Firmicutes）与变形菌门（Proteobacteria），真菌分属于子囊菌门（Ascomycota）和担子菌门（Basidiomycota）；在宏基因组测序方面，Liu 等（2021c）采用宏基因组测序技术，探究了青藏高原多年冻土沿融化梯度（未融化、融化 1 年、融化 10 年和融化 16 年）的表层土壤微生物群落组成和功能基因的变化，发现与未融化的冻土相比，融化 1 年的土壤微生物 α 多样性显著下降，融化 16 年后土壤微生物与易降解碳降解相关的功能基因丰度显著下降，而与难降解碳降解相关的功能基因丰度显著增加，表明全球变暖导致的冻土融化会改变青藏高原土壤微生物的结构和功能。

以太平洋生物科技（Pacific Biosciences）、牛津纳米孔（Oxford Nanopore）为代表的第三代测序技术实现了单分子实时测序（single-molecular sequencing），无须 PCR 扩增，因此避免了 PCR 的偏好性，且测序读长更长。Oxford Nanopore 公司开发的纳米孔测序仪 MinION 仅有手掌大小，小巧便携，适用于样本无法及时转运情况下的就地测序，尤其适合环境条件恶劣、交通不便的青藏高原地区。有学者利用第三代测序技术研究了青藏高原喜马拉雅冰川及湖泊沉积物中的微生物群落（Kumar et al.，2021），然而该技术在青藏高原土壤微生物的研究应用中尚处于起步阶段。

2.1.4　DNA 微阵列技术

DNA 微阵列技术的原理是将环境样品的 DNA 与成千上万个固定在小型固体基质（如玻璃、聚丙烯）上的荧光 DNA 探针进行杂交，以获得环境样品的 DNA 中包含的物种或功能基因信息。其中，以美国俄克拉荷马大学周集中教授研发的功能基因芯片（GeoChip）为代表的功能基因微阵列在探究土壤微生物的功能方面发挥了巨大作用。GeoChip 可以灵敏、快速地定量环境微生物功能基因组成，由于 GeoChip 定量性好，可检测不同环境或实验处理间微生物功能潜势的变化，因此非常适合全球变暖背景下与温室气体排放相关的碳降解、碳固定、产甲烷等功能过程的研究。GeoChip 包含的功能基因探针的物种来源非常广泛，包括细菌、古菌、真菌、病毒等几乎所有微生物类群，故可更为全面地反映微生物的多样性。目前，GeoChip 在青藏高原土壤微生物的功能研究中应用较多。例如，Yang 等（2014）利用 GeoChip 比较了青藏高原海拔 3200m、3400m、3600m 和 3800m 的高寒草甸土壤微生物的功能基因组成，发现不同海拔间微生物功能基因组成（尤其是与碳循环、氮循环和胁迫响应相关的基因）具有显著差异，其中，冷激蛋白基因在高海拔地区相对丰度更高。

本章在第二次青藏高原综合科学考察研究中的土壤微生物采样地点如图 2-1。

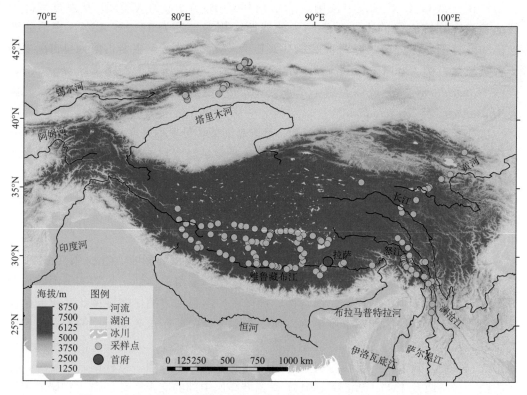

图 2-1　本章在第二次青藏高原综合科学考察研究中土壤微生物采样地点

2.2 青藏高原冻土微生物

青藏高原冻土可培养细菌的数量在 $1×10^2 ～ 1×10^7$ 个 /g 土壤干重，并随冻土年龄的增加而减少（章高森，2007）。从冻土中分离出的细菌包括高 G+C 革兰氏阳性菌、低 G+C 革兰氏阳性菌、α- 变形菌、β- 变形菌、γ- 变形菌和 CFB（Cytophaga/Flexibacter/Bacteroides）门细菌。这些微生物大多具有耐低温特性，但嗜冷菌却非常少。顾艳玲等（2013）借助免培养的变性梯度凝胶电泳（denatured gradient gel electrophoresis，DGGE）技术，分析了天山乌鲁木齐河源 1 号冰川前沿冻土活动层古菌群落的垂直分布格局。该研究表明，不同深度的土层古菌种群不同，并在浅表层分离到一些特有群落，如广古菌门的嗜盐杆菌类古菌。李昌明等（2012）用同样的方法研究了青藏高原多年冻土区的细菌遗传多样性，所分离到的放线菌、厚壁菌、变形菌等细菌也广泛存在于南北两极及西伯利亚等低温生境中（Hinsa-Leasure et al.，2010；Peeters et al.，2011）。放线菌中的节细菌（*Arthrobacter*）及 γ- 变形菌中的假单胞菌（*Pseudomonas*）比例较高，是优势物种，说明此类菌群对冰川、冻土等极端环境具有良好的适应性。白玉（2007）对天山冻土中的可培养细菌进行了研究，发现细菌数目为 $2.5×10^5 ～ 6×10^5$ 个 /g 干土，最适宜生长温度为 12℃左右，主要属于高 G+C 革兰氏阳性菌、低 G+C 革兰氏阳性菌、变形菌和 CFB。Jiang 等（2015）发现青藏高原腹地羌塘高原冻土区的主要微生物为放线菌，相对丰度为 33% ～ 48%，之后为变形菌和酸杆菌、浮霉菌、绿弯菌和硝化螺旋菌（*Nitrospirae*）。主要古菌为泉古菌中的一种氨氧化古菌（Soil Crenarchaeotic Group，SCG）。真菌属于子囊菌（*Ascomycota*）、壶菌（*Chytridiomycota*）及球囊菌（*Glomeromycota*）中的孢霉属（*Mortierella*）、镰刀菌属（*Fusarium*）及 *Tetracladium*。

冻土微生物具有季节动态变化规律，可培养细菌数量夏季升高，而在春秋下降（刘慧艳，2011）。这可能是受地表植被的影响，由于夏季温度高，植物代谢旺盛，向土壤释放根基分泌物刺激微生物生长。细菌多样性受 C：N 及土壤含水率驱动，而真菌则受 pH 影响较大（Zhang et al.，2013）。青藏高原北麓的研究结果表明，低温、寡营养状态时冻土优势菌种（假单胞菌和节杆菌）的季节变化不大。这两种细菌能够降解土壤中的复杂化合物，在自然环境物质转化中发挥重要作用。

全球变暖导致的冻土消融会对微生物群落结构造成重要影响。Chen 等（2017）在羌塘高原中部的研究结果表明，在冻土消融过程中，细菌多样性指数随冻土消融显著升高（图 2-2）。其中，酸杆菌、绿弯菌、疣微菌、浮霉菌、硝化螺旋菌、芽单胞菌及泉古菌在冻土活动层的相对丰度更高，而变形菌及厚壁菌在永久冻土层的相对丰度更高。Zhang 等（2013）研究了金沙江沿岸冻土微生物分布规律，发现冻土活动层细菌分属 19 门 30 纲。其中，主要细菌属于放线菌、变形菌、酸杆菌、拟杆菌、厚壁菌、芽单胞菌、绿弯菌及 TM7。Wu 等（2017）在羌塘高原中部的冻土活动层微生物研究中发现了类似的细菌群落结构，其中酸杆菌、变形菌、拟杆菌、绿弯菌和放线菌为主要微生物类群，pH 为最主要环境驱动因子。Zhang 等（2014）评估了青藏高速公路沿途冻土活动层的微生物，发现变形菌、酸杆菌、放线菌及拟杆菌为主要土壤细菌，相对丰度超过 76.03%，而绿弯菌、芽单胞菌、TM7、厚壁菌、疣微菌、浮霉菌、纤维杆菌、硝化螺旋菌及绿菌的相对丰度较低。冻土活动层微生物群落结构还受地表植被影响，其中变形菌的相对丰度沿荒漠草原、草原、草甸、沼泽草甸的顺序增加，而酸杆菌及纤维杆菌的相对丰度变化规律相反。

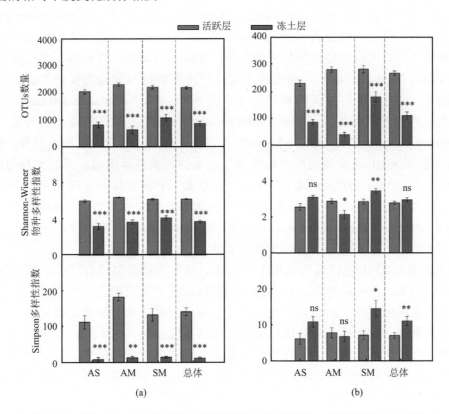

图 2-2 细菌（a）与真菌（b）在青藏高原冻土消融过程中的多样性、丰富度及均匀度变化（Chen et al.，2017）

AS，高寒草原（alpine steppe）；AM，高寒草甸（alpine meadow）；SM，沼泽草甸（swamp meadow）

青藏高原冻土真菌主要属于子囊菌、担子菌和毛霉菌，总占比超过 77.1%，而壶菌、梳霉菌、球囊菌、芽枝霉菌及微孢子虫的相对丰度极低。Zhang 等（2013）研究了金沙江沿岸冻土微生物分布规律真菌分属 7 门 19 纲，主要真菌属于子囊菌、担子菌、梳霉菌、球囊菌及芽枝霉菌。冻土消融对真菌整体多样性的影响不显著（Chen et al.，2017）（图 2-2），但壶菌及接合菌在活动层的相对丰度更高，而球囊菌在冻土层的相对丰度更高。Wu D D 等（2018）也发现，微生物群落在冻土消融过程中发生剧烈变化。

王艳发等（2016）使用克隆文库的方法研究了冻土微生物的垂直组成，结果显示，青藏高原冻土微生物多样性随着土壤温度下降，从冻土活动层的 –5.3℃降至冻土

层的 −8.1℃，沿着剖面方向呈现下降趋势。其中，冻土活动层包括 6 个古菌 OTUs，过渡层包括 4 个 OTUs，冻土层包括 5 个 OTUs。冻土活动层古菌多样性最高，冻土层具有最高的古菌优势度。冻土活动层与冻土层之间古菌基因拷贝数为每克土壤 $1.81×10^7 \sim 2.44×10^7$ 个，差异性较小。古菌序列属于泉古菌和广古菌两大类，分别占克隆序列总数的 29.0% 和 71.0%。其中，泉古菌只包括 Group1.3b/MCG-A 这一种类型，占古菌克隆序列总数的 29.0%；共有 71 个克隆序列属于广古菌，包括 4 种类型：Methanomicrobiales、Methanosarcinaceae、Methanosaetaceae 和 Methanobacteriaceae，分别占古菌克隆序列总数的 52.0%、5.0%、9.0% 和 5.0%。这几种古菌均是产甲烷古菌，可能参与冻土消融过程中的甲烷释放。在冻土活动层，广古菌、泉古菌的相对丰度分别占 71.5% 和 28.5%；而在冻土层，广古菌则进一步成为优势类群，相对丰度达到了 93.7%，而泉古菌的相对丰度仅为 6.3%。属于 Methanomicrobiales 的古菌在冻土层的相对丰度更高；而属于 Methanosaetaceae 的古菌只出现于活动层。属于 Methanobacteriaceae 和 Group1.3b/MCG-A 的古菌在冻土层和活动层均被发现。Wei 等 (2014) 使用 DGGE 及克隆文库方法研究了冻土的古菌群落组成。该研究获得的 282 个序列聚类成 15 个 OTUs。其中，永久冻土层的广古菌丰度高于泉古菌，而活动层的分布规律与之相反。泉古菌与土壤硝化反应相关，而很多广古菌（如该研究发现的 Methanosaetaceae、Methanosarcinaceae 及 Methanomicrobiales）是产甲烷菌。因此，冻土活动可能会改变冻土微生物的碳氮循环模式。

Mao 等 (2020) 对青藏高原冻土的总氮、氨氮和硝态氮进行了大范围调研，发现冻土中的氮、氮矿化速率、微生物硝酸盐固定速率及反硝化速率要低于冻土活动层，这与北极地区研究的结果相反。此外，冻土层氮矿化和硝酸盐固定速率主要受微生物总量驱动，而其在活动层则主要受土壤湿度驱动（图 2-3）。冻土及活动层土壤的硝化反应速率则均受氨氧化古菌量驱动。这说明青藏高原冻土的氮含量与北极高纬度冻土相比差异很大，而微生物是冻土氮循环的主要参与者。在冻土消融过程中，土壤湿度的下降抑制了微生物生物量及其酶活性，从而降低了土壤的矿化速率。同时，土壤湿度的下降通过提高生态系统含氧量提高了氨氧化细菌和氨氧化古菌的数量，进而提高了土壤的反硝化能力（Mao et al., 2019）。冻土消融导致土壤微生物反硝化反应及硝化反应速率的提升，使得土壤氮以氧化亚氮及氮气的形态释放到大气中，进而导致植物的氮匮乏（Kou et al., 2020），从而影响未来生态系统的稳定性。

微生物是冻土及冻土消融过程中二氧化碳通量变化的主要驱动者。青藏高原季节性冻土是我国最重要的高寒湿地分布区，其碳循环系统在陆地生态环境中具有重要的作用。

Chen B 等 (2016) 发现，青藏高原冻土二氧化碳通量主要受微生物丰度影响，而冻土活动层的二氧化碳通量则主要受有机碳质量（易降解有机碳和难降解有机碳相对比例）驱动（图 2-4）。当冻土消融时，微生物活动可能导致土壤有机碳量下降 32%，同

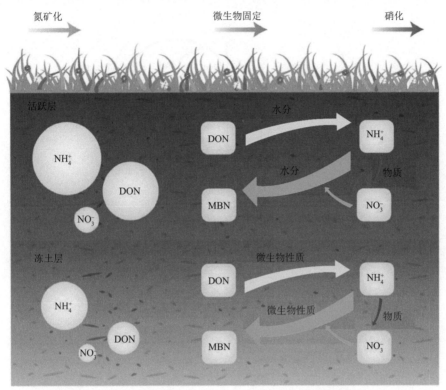

图 2-3　青藏高原冻土活动层与永久冻土层的氮库及氮转化过程示意图

DON，溶解性有机氮；MBN，微生物氮

时伴随着土壤有机碳质量的下降（Liu F et al.，2018）。由于活动层有机碳质量与二氧化碳通量呈正相关（与有机碳难降解性呈负相关），土壤有机碳质量的下降可能对活动层二氧化碳通量形成负反馈，进而抑制土壤碳库的流失。冻土消融过程中，有机质的分解会释放大量甲烷。Wang X 等（2016）发现甲烷含量在冻土活动层最低，仅为 7.81nmol/g，随着深度的增加甲烷含量迅速增大，到冻土层时达到最大值 206.43nmol/g。Yang 等（2018a）对青藏高原冻土消融过程形成的热融地貌的甲烷释放进行研究，发现在冻土消融 12 年之后，土壤甲烷排放增加了 2.5 倍以上。这是土壤间隙被水填充所致，从而导致土壤氧气含量降低，进而刺激了甲烷氧化菌的活性。冻土消融也会增强氧化亚氮的释放。但与甲烷的释放过程不同，氧化亚氮在冻土消融 3 年后增加，而在 12 年后降低至未降解冻土水平（Yang et al.，2018b）。这一过程与反硝化反应微生物的丰度密切相关。冻土消融后温室气体甲烷和氧化亚氮的不同变化规律说明微生物群落随土壤理化性质变化发生了复杂的动态变化。

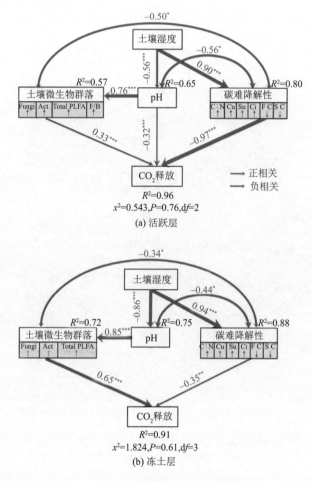

图 2-4　青藏高原冻土活动层及永久冻土层土壤二氧化碳通量的驱动因子（Chen L et al.，2016）

土壤微生物群落指标包括真菌磷脂脂肪酸含量（Fungi）、放线菌磷脂脂肪酸含量（Act）、微生物总磷脂脂肪酸含量
（Total PLFA）以及真菌细菌的磷脂脂肪酸比例（F/B）

2.3　青藏高原土壤细菌与真菌群落

受印度洋的暖湿气流影响，青藏高原藏东南地区云量丰富、降水充沛，是全世界生物多样性最高的地区之一。由于藏东南地区承载着较高的生物量与生产力，其生态系统对于全球变暖以及降水格局的改变十分敏感。沿山地海拔梯度考察微生物多样性变化格局及其背后的驱动机制，是探究气候变化效应的常用方法（Rahbek et al.，2019）。本节研究中考察了藏东南地区从海拔 800 ～ 4400m、覆盖了"森林-草地"的生境变化、长度超 500km 的海拔梯度带。在海拔梯度带上设置 12 个采样地点，每个采样地点分别在垂直海拔方向与水平地表方向不等距采样 12 个，利用 Illumina 高通量测序平台测定土壤细菌与真菌群落，并利用 LI-COR8100 红外野外平台测定土壤呼吸，分

析其与微生物群落多样性的潜在关系。研究发现，土壤中细菌沿海拔变化趋势为在 2800m 海拔处最低，之后随海拔逐渐升高；真菌在海拔 3200m 达到最低，随后略有上升。其他研究也发现，青藏高原地区高于 3000 m 海拔地区土壤中存在着较高的微生物多样性（Cui et al.，2019；Hu et al.，2020b），原因是藏东南地区湿润的土壤有利于微生物获取更多营养。土壤细菌与真菌群落展现了接近的 β 多样性扩散特征。在每个海拔梯度上计算微生物群落的扩散速率发现，细菌与真菌群落扩散速率变化都为单峰式，在海拔 2800m 表现出最高的扩散速率（图 2-5）。细菌与真菌不同的 α 多样性变化趋势，以及相同的 β 扩散速率变化趋势，暗示两者空间格局的形成在高海拔地区与低海拔地区由不同的生态过程驱动。

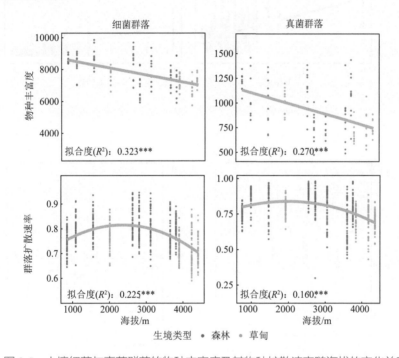

图 2-5　土壤细菌与真菌群落的物种丰富度及其物种扩散速率随海拔的变化关系

通过距离衰减模型表征土壤中细菌与真菌群落的物种组成随海拔的变化（图 2-6）。细菌群落的周转速率（斜率：−0.088）快于真菌群落（斜率：−0.067）。距离变化分别单独解释了 21.8% 的细菌组成和 15.1% 的真菌组成，距离变化和土壤因子变化则共同解释了 42.6% 的细菌组成和 31.7% 的真菌组成。

利用标准化随机系数（normalized stochastic ratio，NSR）计算群落构建机制的结果表明（图 2-7），细菌群落在各个海拔中 NSR 均大于 0.5，随机性过程主导细菌群落构建；真菌群落构建则随着海拔增加，随机性过程的贡献不断增加。Mantel 检验发现，真菌群落对土壤水分变化更为敏感（表 2-1；$r_{真菌}$=0.145，$r_{细菌}$=0.068），可能揭示了土壤水分的作用差异是改变各自群落构建机制差异的原因。将细菌与真菌群落的多样性参数纳入考察是否影响土壤呼吸（soil respiration，Rs），结果发现，真菌群落的 α 多样性与土壤呼吸变化的相关性最强，其次为土壤本身总有机碳（TOC）含量（表 2-2）。真菌的 α 多样性往往与植物联系紧密，可能更高的真菌多样性往往也同时存在更丰富的植物多样性与生物量。随着植物根茎生物量增加，土壤总呼吸值也随之增加。

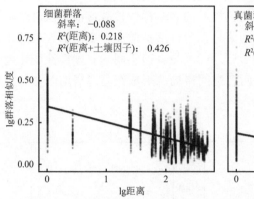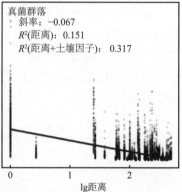

图 2-6　土壤细菌与真菌群落在不同尺度下的距离衰减模型

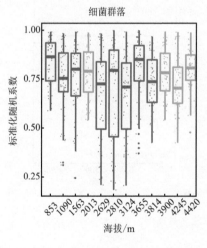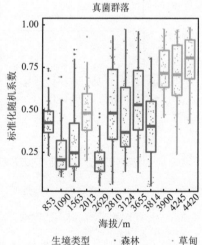

图 2-7　基于随机性过程与确定过程的土壤细菌与真菌群落构建机制

表 2-1　环境因子对微生物群落组成变化影响的 Mantel 检验

	细菌		真菌	
	Mantel$R$	Mantel$P$	Mantel$R$	Mantel$P$
pH	0.161	0.001	0.164	0.001
土壤水分	0.068	0.032	0.145	0.001
土壤温度	0.427	0.001	0.368	0.001
NH_4^+	0.096	0.008	0.115	0.001

续表

	细菌		真菌	
	Mantel$R$	Mantel$P$	Mantel$R$	Mantel$P$
NO_3^-	0.126	0.001	0.150	0.001
总氮	0.153	0.001	0.180	0.001
总碳	0.141	0.001	0.178	0.001

表 2-2　微生物群落与环境因子对土壤呼吸影响的 Mantel 检验

对于土壤呼吸的效应	Mantel R	Mantel P
细菌 β 多样性	0.031	0.200
细菌 α 多样性	0.043	0.214
真菌 β 多样性	−0.028	0.671
真菌 α 多样性	0.094	0.001
pH	0.014	0.309
土壤水分	0.039	0.226
土壤温度	−0.003	0.445
TOC	0.164	0.019
NH_4^+	0.004	0.357
NO_3^-	0.098	0.097
总氮	0.088	0.099

　　以青藏高原墨脱地区的嘎隆拉山海拔梯度 3000m 的构造断裂为对象，研究了地质和现代环境对微生物群落的共同影响，发现这些生物群落和生态系统功能在 2000 ～ 2800m 的海拔断点基本一致，且与印度河 - 鸭绿江缝合带断裂相似，同时发现年平均温度、土壤 pH 和湿度是当代生物多样性和生态系统功能的主要决定因素。因而，地质作用和现代环境影响共同决定了微生物多样性及其生态功能（图 2-8）。该研究表明，地质作用与环境梯度的结合可以增强我们对生物多样性以及不同气候带的生态系统功能的认识。

　　利用 Illumina MiSeq PE250 二代测序平台，通过真菌的特异性 DNA 区段 ITS2 区，探究了青藏高原高寒草原土壤真菌多样性在区域尺度内的分布规律，特别是地下真菌群落与地上植物群落的可能联系，发现土壤真菌多样性，包括 α 多样性（这里特指每个样方内的真菌物种多样性）和 β 多样性（指任何两样方群落组成的差异性），与相应的植物群落 α 多样性和 β 多样性呈极显著的正相关。当控制了所有真菌和植物的共同的环境驱动因子，以及空间距离的影响后，这种显著的正相关性仍然存在。多元回归分析表明，植物多样性和真菌多样性为彼此多样性变化的最佳的预测因子之一，而最佳的结构等式模型的结果也表明，除了共有的环境因子，如降雨对真菌和植物多样性的耦合有一定作用外，地上植物多样性可直接影响土壤真菌的多样性（图 2-9），说明

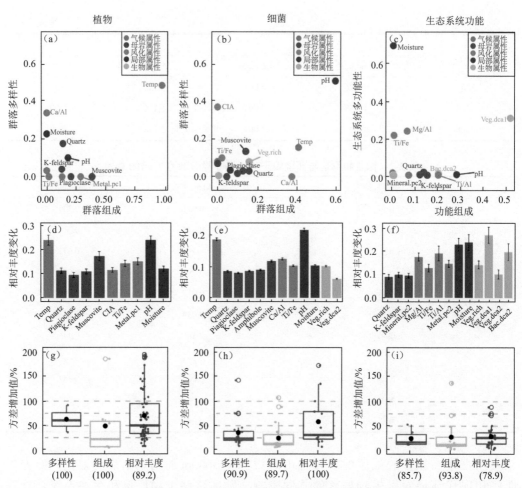

图 2-8　现代环境和地质过程对植物、细菌和生态系统功能的相对重要性

利用五组变量：气候、母岩、风化、局部和生物属性，对最佳拟合模型的参数进行加权平均来量化相对重要性。对于植物 [(a)、(d)] 和细菌 [(b)、(e)] 群落，考虑了三个方面：多样性 [(a)、(b)]、组成 [(a)、(b)] 和物种的相对丰度 (RA) [(d)、(e)]。对于生态系统功能 [(c)、(f)]，考虑了三个方面：生态系统多功能性 (c)、生态系统功能的组成 (c) 和个体功能 (f)。(d) ~ (f) 中的数据表示平均值 ± 标准误差。相对于现代环境变量模型，包括地质过程后的模型显著改进对植物 (g)、细菌 (h) 群落和生态系统功能 (i) 的解释方差。括号中的值表示每个方面的现代环境变量的所有可能模型中 R^2 显著增加的百分比。箱线图中的黑点是每个方面的平均值，响应变量与本图中 (a) ~ (c) 中提到的植物、细菌和生态系统功能三个方面的变量相同。Temp 表示温度；Quartz 表示石英；Plagioclase 表示斜长石；K-feldspar 表示钾长石；Muscovite 表示白云母；CIA 表示化学蚀变指数（chemical index of alteration）；Meta.pc1 表示金属元素主成分第一轴；Moisture 表示湿度；Amphibole 表示闪石；Veg.rich 表示植被丰富度；Veg.dca2 表示植被去趋势对应分析第二轴；Mineral.pc2 表示矿物质主成分第二轴；Veg.dca1 表示植被去趋势对应分析第一轴；Bac.dca2 表示细菌群落去趋势对应分析第二轴

资源的多样性（宿主植物的多样性和营养底物的多样性）可能是植物直接影响真菌多样性的重要因素。植物生产力通过对植物多样性产生的效应间接影响了真菌多样性。生产力与腐生真菌多样性的关系为单峰模型，而与病原真菌和共生真菌为单调递增的情况，暗示了植物因素对土壤真菌多样性的影响依赖于具体的功能类群。此外，也发现真菌的群落结构（而非多样性）更多地受到土壤、气候和空间因素的影响，而植物

因素（植物生产力和多样性指数）对真菌群落虽然也有显著影响，但解释率并不大。综上，本书研究反映了高度单向的植物多样性到土壤真菌和真菌功能类群多样性的影响。路径分析可以在多种环境预测因子的共同作用下分离和量化植物多样性对微生物多样性的贡献（Ben et al.，2018）。

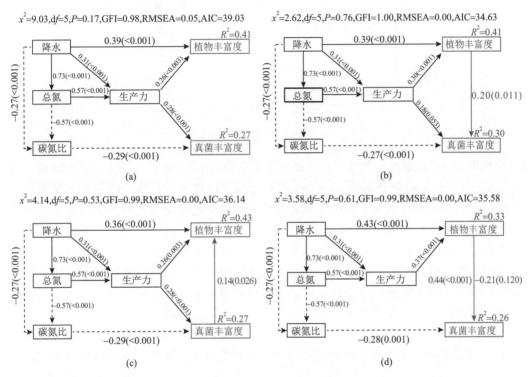

图 2-9　气候、土壤和植物生产力对土壤真菌和植物多样性的直接和间接影响

四个基于不同假设的结构等式模型被展示：（a）植物多样性与真菌多样性无直接的联系；（b）植物多样性直接影响真菌多样性；（c）真菌多样性直接影响植物多样性；（d）植物多样性在直接影响真菌多样性的同时，真菌多样性也直接作用于植物多样性

n=180 样方；df 是自由度；GFI 是拟合优度（goodness of fit）；RMSEA 是近似均方根误差（root mean square error of approximation）；AIC 是赤池信息量准则（akaike information criterion）

　　阿里地区位于青藏高原西北部，地域面积约 30.4 万 km²，是喜马拉雅山脉、冈底斯山脉等山脉相聚的地方，被称为"万山之祖"。其由于高海拔、高寒以及极度干燥等特征，也被称作亚洲高原之上的"干燥中心地带"（arid core）。对阿里地区表层（0～15cm）和亚表层（15～30cm）土壤微生物的空间分布的研究发现，表层与亚表层土壤细菌群落明显分异，表层土壤优势菌门为 Acidobacteria、Chloroflexi 和 Alphaproteobacteria，而亚表层土壤优势菌门为 Actinobacteria、Gemmatimonadetes 和 Betaproteobacteria；表层土壤的细菌群落更倾向于系统进化聚集。进一步发现，表层与亚表层之间（厘米尺度）的细菌群落差异等同于甚至大于样地之间（公里尺度）的群落差异；土壤细菌群落的空间分布与土壤碳及碳氮比显著相关，揭示了土壤碳氮相关的生境过滤作用是青藏高原西部地区土壤细菌空间分布的关键因素（图 2-10）。

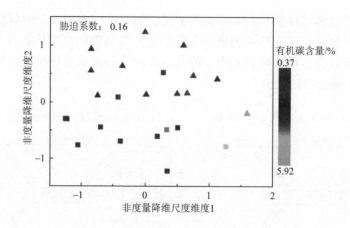

图 2-10　阿里地区土壤细菌群落空间分布

利用 Illumina MiSeq 测序平台，通过靶标真菌的 ITS2 区段，研究了阿里地区土壤表层（0～15cm）和亚表层（15～30cm）的真菌多样性及其群落空间分布，并探索了随机过程和确定性过程在上下层土壤真菌群落构建中的相对重要性。借助多元变量分析和零模型的运用，发现：①表层土壤真菌多样性显著大于亚表层土壤的真菌多样性，这主要是因为表层高度的土壤扩散作用带来了大量迁入的物种以及表层相对较高的营养可利用性（可溶性氮含量）；②土壤真菌群落结构在上下层分异显著，表层土壤与亚表层土壤之间（厘米尺度）的真菌群落差异显著大于样地之间（公里尺度）的表层土壤真菌群落差异；③表层土壤真菌的群落组成受随机扩散过程主导，而气候、空间和土壤累积解释了 27% 的亚表层土壤真菌群落的变异，暗示了更强的确定性过程（图2-11）。该结果揭示了土壤深度对真菌多样性、群落分布及种群构建过程的显著影响，特别是表层土壤真菌群落高度扩散，部分支持了极端环境下"微生物无处不在"的假说。

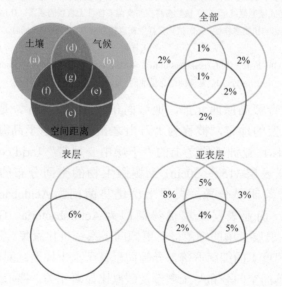

图 2-11　方差分解土壤、气候和空间对表层和亚表层土壤真菌群落组成的影响

2.4　青藏高原土壤功能微生物

作为自然界最大的甲烷释放源，湿地土壤的甲烷排放作用已经受到了广泛关注。已有研究表明，土壤温度增加会促进甲烷的周转，土壤甲烷氧化微生物是能够利用甲烷作为唯一碳源和能源的微生物，但在湿地甲烷氧化过程中的作用尚缺乏系统性研究。利用 DNA-SIP 技术、高通量测序技术和定量 PCR 技术研究了高寒湿地土壤中甲烷氧化微生物对不同温度的响应机制，结果表明，温度显著影响土壤中甲烷氧化潜势、群落多样性、群落结构。甲基杆菌属（*Methylobacter*）成为该地区活跃的指示菌，可能是该地区潜在发挥碳汇作用的优秀种质资源（图 2-12）。

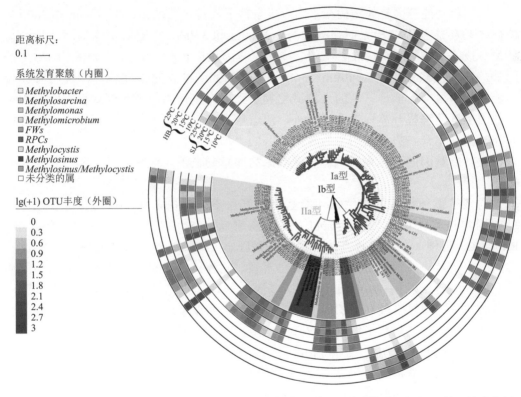

图 2-12　不同温度处理下 115 个甲烷氧化菌核心菌群 [指示菌及高丰度物种（标红 ）] 的系统发育树
该研究探明了活性甲烷氧化微生物对不同温度的响应机制，为应对全球变化、保护湿地生态服务功能、合理利用种质资源提供了科学依据（Cheng et al.，2020）

针对青藏高原不同海拔（3200m、3400m、3600m 和 3800m）的土壤样品，利用微生物功能基因芯片发现 3200m 样品中的微生物功能基因种类最少，仅为 3400m 样品的一半（表 2-3）。进一步对微生物功能基因 Shannon-Weiner 物种多样性指数和 Simpson 多样性指数进行分析，发现高海拔样品的微生物功能基因多样性相对较高。以上结果表明，不同海拔条件下的微生物功能基因多样性具有显著差异。

表 2-3　微生物功能基因多样性随海拔梯度的变化

多样性指标	海拔梯度			
	3200m	3400m	3600m	3800m
功能基因丰度	23369	45685	42282	41338
Shannon-Weiner 物种多样性指数	9.95^{cd}	10.65^{a}	10.54^{b}	10.56^{ab}
Simpson 多样性指数	21009.73^{c}	42282.21^{a}	37603.16^{b}	38563.35^{ab}

注：功能基因丰富度，各海拔检测到的功能基因数目；Shannon-Weiner 物种多样性指数，数值越高代表多样性越高；Simpson 多样性指数，数值越高代表多样性越高；各海拔 Shannon-Weiner 物种多样性指数和 Simpson 多样性指数为三个平行样品的均值。显著性差异（$P < 0.05$）用小写字母表示。

　　微生物功能基因整体结构在不同海拔条件下具有显著差异。除 3600m 和 3800 m 的微生物功能基因结构无明显差异外，3200m 和 3400m 样地的功能基因结构均与其他海拔的功能基因结构显著不同。冷休克基因包括 *csp*A、*csp*B、*des*K 和 *des*R 基因等，在海拔较高地区（3400m、3600m 和 3800m）的相对丰度较高，说明海拔较高地区（即温度较低地区）的土壤微生物受到的温度压力较大，因此抵抗低温的功能基因丰度随海拔升高而上升。此外，渗透压力和低氧压力基因的相对丰度随海拔升高亦呈现上升趋势，说明海拔较高地区的土壤微生物可能还受到了低氧胁迫。以上各类功能基因的变化均反映了青藏高原高寒草甸低温、低氧、低营养以及高辐射等环境特点。

　　与碳氮循环相关的微生物功能基因丰度在不同海拔条件下也具有显著差异。以碳固定过程中的重要基因 *rbc*L（编码核酮糖 -1,5- 二磷酸羧化酶 / 加氧酶，即 RubisCO）为例，在海拔较高的样地中其基因丰度较高，说明在沿海拔上升的过程中，微生物参与的卡尔文循环过程或在增强。此外，与降解易降解碳相关的功能基因，如异支链淀粉酶（isopullulanase）基因及外切葡聚糖酶（exoglucanase）基因，在海拔较低（即温度较高）的地方丰度较低，说明温度的升高可能削弱了土壤中微生物对淀粉、纤维素和半纤维素的降解作用。与此相反，与降解难降解碳相关的功能基因 [如几丁质外切酶（exochitinase）基因及乙二醛氧化酶（glyoxal oxidase）基因 *glx*] 在海拔较低的地方丰度较高，说明增温可能加强了微生物对难降解碳的降解作用。对于氮循环过程而言，氨化作用中的关键基因 *gdh* 和 *ure*C 的相对丰度随海拔升高呈现相反的变化趋势，海拔较高样地中 *gdh* 的丰度较高，而 *ure*C 的丰度较低。参与异化硝酸盐还原作用的 *nap*A 基因及参与反硝化作用的 *nir*S 和 *nos*Z 基因在低海拔样地中基因丰度较低，说明高海拔样地中以上两个过程均较强。此外，参与硝化过程的 *amo*A 基因在高海拔样地中其基因丰度较低，说明在海拔升高的过程中，该过程强度在增强。

　　全球变暖的速度随着海拔的升高而加剧（Pepin et al.，2015）。青藏高原是地球上海拔最高的高原，也是对全球变暖最敏感的地区之一。由于全球变暖，青藏高原冰川迅速退缩（Yao et al.，2007），导致冰川融化季节融水增加，影响冰川前缘的水文过程，将冰川前缘的高寒草甸转变为季节性的沼泽草甸。因为高寒草甸是甲烷汇，而沼泽草甸是甲烷源，所以这一过程会影响冰川前缘草甸土壤的甲烷通量（Wei et al.，2015；Xing et al.，2022）。

甲烷是仅次于二氧化碳的最重要的温室气体（Church et al.，2013）。甲烷的排放分别由产甲烷菌和甲烷氧化菌介导的甲烷产生和氧化来调节（Conrad，2009）。好氧甲烷氧化菌是甲基氧化菌的一种，它们在有氧条件下氧化甲烷，并以甲烷作为唯一碳源和能源（Knief，2015）。冰川融水的增加将淹没部分冰川前缘土壤，为产甲烷菌产生甲烷提供合适的厌氧环境，而这种厌氧环境可能不适合甲烷氧化菌的生长；但甲烷是甲烷氧化菌的食物，甲烷的增加可能会对甲烷氧化菌有激发效应。冰川融水的增加和融水的季节性变化导致冰川前缘土壤水分条件的变化，但这种变化对甲烷氧化菌及其介导的甲烷氧化过程的影响仍知之甚少。

温度是影响微生物过程的关键环境变量。在各种生态系统中已研究了全球变暖引起的温度升高对甲烷氧化菌群落及其甲烷氧化能力的影响（He J Z et al.，2012；van Winden et al.，2012；Li et al.，2021）。在大多数生态系统中，好氧甲烷氧化的最适温度在 25～35℃（Mohanty et al.，2007；Martineau et al.，2010）。在青藏高原的海北湿地，甲烷氧化随着温度的升高（10～25℃）而增强（Zhang H J et al.，2021）。然而，在长期处于 2℃ 以下的冻土深层区，其甲烷氧化的最大值出现在 4℃（Liebner and Wagner，2007）。此外，不同的甲烷氧化菌种群对温度变化的反应可能不同，嗜冷甲烷氧化菌随着温度的增加会被取代，最终导致整个甲烷氧化菌群落的变化。因此，温度对冰川前缘土壤甲烷氧化和甲烷氧化菌群落的影响有待进一步研究。

青藏高原南部的枪勇冰川是发源于卡鲁雄峰的山谷冰川，枪勇冰川所在地区属于温带半干旱气候（刘金花等，2018），降水多集中于 5～9 月，年均温 3.39℃（罗日升等，2003）。受全球变暖的影响，枪勇冰川处于退缩消融的状态，在夏季冰川融水充沛时可以形成冰川径流，淹没末端草甸。我们选择枪勇冰川的末端草甸土壤，对其进行室内甲烷标记实验的培养。通过向土壤中添加不同量的冰川径流融水来调节土壤水分，使其形成三种状态：潮湿土壤（质量含水量 65%）、饱和土壤（质量含水量 100%）和淹水土壤（质量含水量 400%），并在三种温度（10℃、20℃ 和 35℃）下培养。我们在培养过程中，监测其甲烷氧化潜势，用 qPCR 测定甲烷氧化菌的丰度，并结合 DNA-SIP 技术和高通量测序技术对活性甲烷氧化菌进行测定，发现枪勇冰川末端草甸土壤的甲烷氧化潜势随着温度的增加而增加，并随着土壤含水量的增加而下降（图 2-13）。前 7 天和换气后 7 天的甲烷氧化对不同温度和含水量的反馈基本一致，但土壤开始氧化甲烷的时间明显缩短，这也说明前 7 天的高浓度甲烷培养促进了土壤中甲烷氧化菌的生长，提高了土壤的甲烷氧化能力。通过对甲烷氧化菌功能基因 *pmo*A 的 qPCR 测定，发现温度和水分及不同培养时间对 *pmo*A 基因拷贝数的影响与甲烷氧化潜势比较一致（图 2-14）。

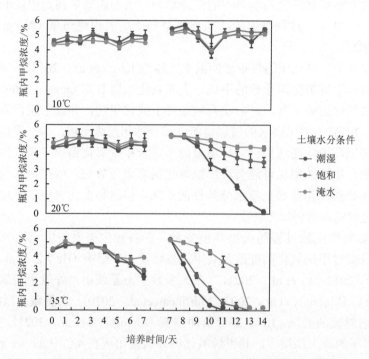

图 2-13 温度和水分梯度培养下枪勇冰川末端草甸土壤甲烷浓度的变化

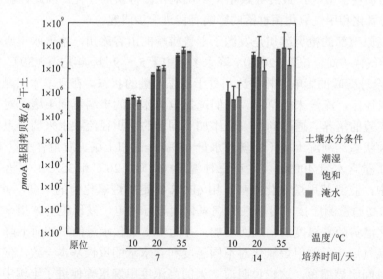

图 2-14 不同温度和水分条件培养的枪勇冰川末端草甸土壤中好氧甲烷氧化菌数量

  枪勇冰川末端草甸土壤中甲烷氧化菌在总细菌中比例的变化和其甲烷氧化潜势的变化比较一致（图 2-15）。在前 7 天，10℃和 20℃的甲烷氧化菌和甲基氧化菌的组成和丰度变化不大；而在 35℃，甲烷氧化菌的相对丰度迅速增加并占据优势。随着含水量的增加，淹水状态土壤的甲烷氧化菌的相对丰度要远低于潮湿状态的土壤和水分饱和的土壤。

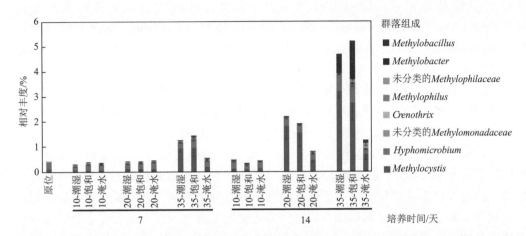

图 2-15　不同温度和水分条件培养的枪勇冰川末端草甸土壤中优势甲烷氧化菌和甲基氧化菌群落
10- 潮湿代表在 10℃培养的原位潮湿水分的土壤样品，10、20 和 35 分别代表 10℃、20℃和 35℃

　　稳定性同位素标记 ^{13}C-DNA 揭示了参与甲烷氧化的活性甲烷氧化菌的重要作用，其结果基本与总 DNA 中的结果相一致。枪勇土中主要的活跃甲烷氧化菌为 *Methylocystis*，主要的活跃甲基氧化菌为 *Hyphomicrobium*、*Methylobacterium-Methylorubrum* 和未分类的 *Methylophilaceae*（图 2-16）。在三个温度梯度中，主要的活跃甲烷氧化菌都是 *Methylocystis*，

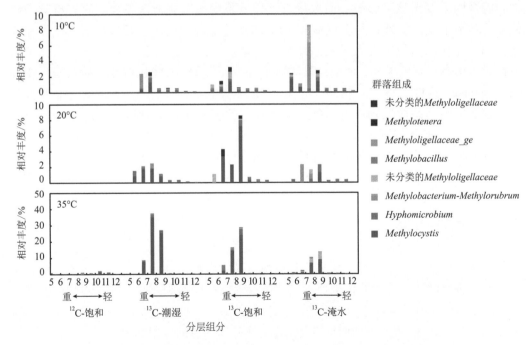

图 2-16　不同温度和水分条件培养的枪勇土壤中活跃甲烷氧化菌
^{12}C 和 ^{13}C 分别代表用 ^{12}CH$_4$ 和 ^{13}CH$_4$ 培养的土壤样品。5 ～ 12 为样品总 DNA 离心分层后的密度由重到轻的 DNA 组分

丰度与温度呈正相关。随着温度的增加，主要的活跃甲基氧化菌从未分类的 *Methylophilaceae* 和 *Methylobacterium-Methylorubrum* 转变为 *Hyphomicrobium* 和未分类的 *Methylophilaceae*。而对于不同的水分梯度而言，*Methylocystis* 的相对丰度在完全淹水时明显下降。

总之，枪勇冰川末端草甸土壤的甲烷氧化量随着温度的增加而增加，并随着土壤含水量的增加而下降。在青藏高原冰川融化季节，随着温度和水分条件的改变，枪勇冰川末端草甸土壤甲烷氧化菌的相对丰度也发生变化，*Methylocystis* 是优势甲烷氧化菌，并且 *Methylocystis* 的丰度随温度的增加而增加。而对于水分而言，潮湿和饱和的土壤中甲烷氧化菌差异不大，但在淹水时，甲烷氧化菌 *Methylocystis* 的相对丰度明显下降。所以，枪勇冰川末端草甸土壤在冰川融水季随着水分的增加，其甲烷氧化潜势下降，但融水季节温度的升高对其甲烷氧化过程有较强的促进作用，一定程度上缓解了甲烷氧化潜势随水分增加的下降趋势，而 II 型甲烷氧化菌 *Methylocystis* 是枪勇冰川末端草甸土壤中在融水季节氧化甲烷的主要甲烷氧化菌类群。

大量氮沉降通过改变土壤微生物群落功能而显著影响高寒生态系统的稳定性及功能，但其机制尚不清楚。针对大气氮沉降这一全球气候问题，我们在青藏高原高寒草原地区设置了为期两年的人为多梯度氮添加试验，利用微生物功能基因（GeoChip 4.6），结合土壤酶活性、土壤有机化合物及环境因子，来研究氮沉降增加对该地区微生物群落功能的影响（Chen Q et al.，2021）。研究结果显示，少量氮添加对该地区微生物功能基因丰度无显著影响，而大量氮添加显著增加了该地区参与土壤有机碳降解的功能基因丰度。此外，与土壤 NH_4^+ 相关的功能基因丰度（包括参与氨化、固氮和同化硝酸盐还原途径）在大量氮添加下显著增加。同时，大量氮添加显著增强了微生物对土壤有机磷的利用，体现在植酸酶（phytase）基因丰度和碱性磷酸酶（alkaline phosphatase）活性的增加。植被丰度和土壤 NO_2^-/NH_4^+ 与微生物功能基因丰度呈现显著相关关系，是微生物群落功能在氮添加下改变的主要驱动因子。这些研究结果有助于预测未来氮沉降的增加可能会改变青藏高原高寒草原土壤微生物的功能结构，进而导致该地区由微生物介导的生物地球化学动态发生变化，并对由微生物参与的土壤碳、氮、磷循环产生显著影响。

2.5 土壤病毒

病毒可休眠于冻土环境。如果冰封的病毒是完整的，并且能够重新侵染，那么这个古老的病毒仍具有潜在的传染性。三万年前埋藏在西伯利亚永久冻土中的巨型病毒被人工复苏后，仍然可以感染和扩增。在冻土中保存的病毒包括 1918 年的西班牙流感病毒，利用从土壤中提取的 1918 年大流感病毒基因构建的重组病毒，可以在人类支气管上皮细胞中高效复制，并导致小鼠 100% 死亡，其毒性明显超过当前的 H1N1 病毒。在北极一处永久流冰区域发现 700 年前的驯鹿粪便中保存了植物病毒和昆虫病毒的基因，这些古病毒基因组依托现代同源病毒重构后，能够感染现代大锦兰的叶片。在冰中埋藏了 800 万年的细菌仍然可能复活。

冰封古细菌复苏并感染人类的事情已经有先例：2016 年，炭疽病在俄罗斯东北部的萨列哈尔德暴发，导致一名 12 岁的男孩死亡，另有数十人住院治疗。疫情源于 75 年前埋在永久冻土中的人和动物的患病遗体，后因热浪，冰层解冻而暴露。

通过将青藏高原三个不同海拔（3400m、3600m 和 3800m）的土壤移植到更低海拔（3200m）的方式模拟增温，发现与三个原海拔的土壤相比，增温处理下土壤病毒群落的功能基因多样性都显著降低 [图 2-17（a）]。NMDS 分析病毒群落结构表明，三个不同海拔的样品聚集在一起，说明三个高海拔地区的病毒群落结构较为相似。而移植之后，所有的样品都向相同的方向发生变化 [图 2-17（b）]，表明增温可能作为确定的环境筛选因子作用于病毒群落，从而使得群落结构发生方向一致的变化。

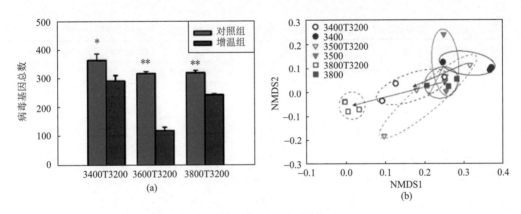

图 2-17　增温（红色）和对照（蓝色）处理下病毒相关基因的数量（a）；土壤移植低海拔模拟增温的
病毒群落结构变化（b）

3400T3200、3600T3200 和 3800T3200 分别指海拔 3400m、3600m 和 3600m 移植至海拔 3200m 后的样品

沿青藏高原藏东南区海拔梯度带采集样品并进行宏基因组鸟枪测序，对测序数据进行 De Novo 序列组装并识别基因和潜在病毒序列，发现功能基因数量在 3000m 以下随着海拔逐渐增加，其后出现降低 [图 2-18（a）]。病毒序列数量变化趋势基本与预测功能基因数量变化趋势一致，平均比例为 0.7%[图 2-18（b）、图 2-18（c）]。所有检测出的病毒序列均属于 dsDNA 及 ssDNA 病毒。线性回归检验（表 2-4）发现，功能基因数量除了与海拔变化显著相关外，还与宏基因组平均 GC 含量有关。由于更高的 GC 含量意味着微生物需要更多资源，表征着生存环境营养的贫寨。随着 GC 含量增加功能基因数量减少，这可能说明功能基因组成在富营养的环境会逐渐趋同。除了海拔之外，病毒序列亦与土壤氨氮含量有关，其他研究也曾发现土壤中噬菌体数量的增加与氨氮含量存在正相关关系（Barga et al.，2020）。

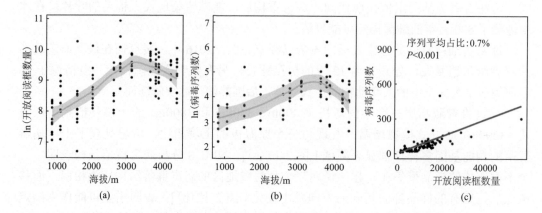

图 2-18　土壤微生物宏基因组中开放阅读框数量 (a) 与病毒序列数量 (b) 沿海拔变化趋势及其相关性 (c)

表 2-4　宏基因组中开放阅读框数量与病毒序列数量和其他因子的线性回归检验

	ln(开放阅读框数量)		ln(病毒序列数)	
	线性回归系数	P	线性回归系数	P
土壤水分	−0.105	0.232	−0.074	0.485
NH_4^+	0.132	0.134	0.219	0.037
总氮	−0.031	0.723	0.15	0.157
NO_3^-	0.007	0.941	0.049	0.646
海拔	0.583	< 0.001	0.365	< 0.001
pH	−0.272	0.002	−0.173	0.101
土壤呼吸	0.12	0.172	0.118	0.266
GC 含量	−0.221	0.01	−0.181	0.086

2.6　短期增温降水对青藏高原土壤微生物的影响

　　基于青海省海北藏族自治州门源回族自治县的典型高寒草甸气候模拟实验站，利用功能基因芯片和 Illumina 高通量测序技术，发现在增温与减水模拟气候变化情景下，功能基因的变化相比土壤细菌群落与真菌群落更为敏感（图 2-19）。增温和减水的叠加显著改变了碳循环（尤其是甲烷循环），使功能基因丰度普遍下降；增温加水处理则提高了碳循环功能基因丰度（图 2-20）。同时，碳降解功能基因丰度与土壤二氧化碳排放通量呈强正相关；产甲烷和甲烷氧化功能基因丰度与土壤甲烷排放通量呈强正相关（图 2-21），表明功能基因可表征土壤二氧化碳和甲烷排放通量。

　　利用偏 Mantel 相关性检验分析发现，土壤二氧化碳和生态系统净排放通量与碳降解功能基因丰度，特别是惰性碳降解功能基因丰度显著相关（表 2-5），揭示了功能基因在气候变化情景下调节土壤碳排放的潜在机制。

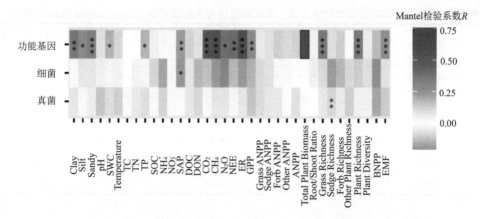

图 2-19　功能基因、细菌群落与真菌群落对于各环境参数响应的 Mantel 检验

Clay：黏土；Silt：粉砂；Sandy：沙质；SWC：土壤水分含量；Temperature：温度；TC：总碳；TN：总氮；TP：总磷；SOC：土壤有机碳；SAP：高吸水聚合物；DOC：溶解有机碳；DON：溶解有机氮；CO_2：二氧化碳；CH_4：甲烷；N_2O：一氧化二氮；NEE：净系统初级生产力；ER：系统呼吸速率；GPP：总初级生产力；Grass ANPP：草地净系统初级生产力；Sedge ANPP：莎草净系统初级生产力；Forb ANPP：非禾本草本植物净系统初级生产力；ANPP：地上部分植物初级生产力；Total Plant Biomass：总植物生物量；Root/Shoot Ratio：根／冠比；Grass Richness：草丰富度；Sedge Richness：莎草丰富度；Forb Richness：非禾本草本植物丰富度；Other Plant Richness：其他植物丰富度；Plant Richness：植物丰富度；Plant Diversity：植物多样性；BNPP：地下部分植物初级生产力；EMF：生态系统多功能性

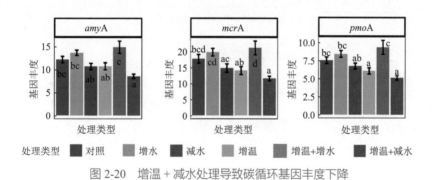

图 2-20　增温＋减水处理导致碳循环基因丰度下降

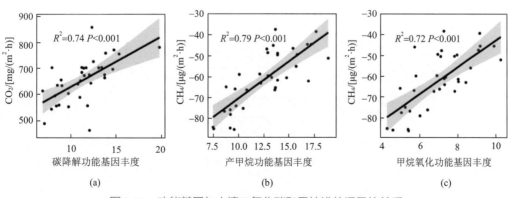

图 2-21　功能基因与土壤二氧化碳和甲烷排放通量的关系

表 2-5　惰性碳降解功能基因对于土壤二氧化碳排放与生态系统净交换的 Partial Mantel 检验

基因类型	CO_2		生态系统净交换	
	r	P	r	P
碳降解功能基因	0.35	0.003	0.29	0.015
淀粉	−0.05	0.658	−0.11	0.846
半纤维素	0.1	0.161	0.14	0.161
纤维素	0.09	0.183	0.02	0.408
几丁质	0.2	0.013	0.2	0.034
木质素	0.18	0.033	0.31	0.002

　　基于功能基因对土壤碳排放通量在气候模拟变化下的变化构建结构方程模型（图 2-22）发现，对于 CO_2 排放而言，加水调控了微生物碳降解功能基因以及植物地上部分的生物量，而减水仅影响了植物地上部分的生物量。对于 CH_4 排放而言，产甲烷功能基因和甲烷氧化功能基因分别促进和抑制了土壤甲烷通量，说明由于水平基因转移、共性进化、适应退化等，微生物功能基因与物种组成具有明显的不一致性；功能基因作为生态系统多功能性的主要驱动者，是潜在的功能表征指标。

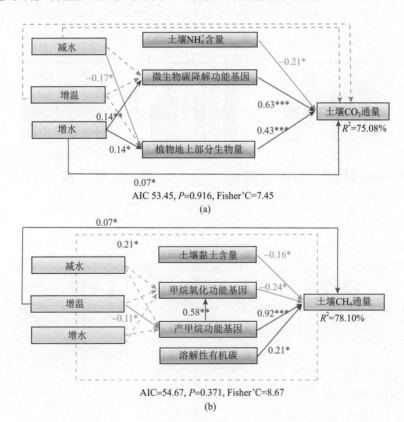

图 2-22　基于碳降解功能基因调控土壤碳排放通量的结构方程模型

四年增温降水未显著改变微生物 α 多样性，细菌（表 2-6）、真菌（表 2-7）和功能基因（表 2-8）多样性指标在不同处理条件下无显著变化。但增温降水显著改变了细菌和真菌群落的 β 多样性（表 2-9）。在增温减水条件下，细菌和真菌群落 β 多样性显著降低，这可能是增温减水造成土壤干旱，使微生物群落受同向选择作用，进而降低增温减水处理组内生物重复之间的微生物群落变异性。

表 2-6　四年增温降水条件下的细菌 α 多样性

	多样性指标	对照	增水	减水	增温	增温增水	增温减水
表层土壤	丰度	1708.67a	2052.00a	1856.17a	1627.50a	1870.50a	2069.50a
	Shannon-Wiener 多样性	4.10a	4.19a	4.16a	4.10a	4.17a	4.22a
	Simpson 多样性	0.75abc	0.75abc	0.75ab	0.75abc	0.75a	0.75a
	Chao1 多样性	1735.54a	2097.69a	1896.59a	1653.26a	1904.81a	2119.05a
	系统发育多样性	104.23a	95.8a	107.72a	88.47a	104.65a	102.72a
亚表层土壤	丰度	2086.33a	1907.33a	1949.17a	1944.33a	2064.50a	1976.83a
	Shannon-Wiener 多样性	4.15a	4.09a	4.12a	4.11a	4.14a	4.13a
	Simpson 多样性	0.75abc	0.75c	0.75abc	0.75bc	0.75abc	0.75abc
	Chao1 多样性	2139.04a	1954.13a	1997.72a	1991.83a	2110.98a	2016.21a
	系统发育多样性	104.35a	99.34a	102.01a	104.54a	101.37a	106.92a

注：表中字母代表统计显著性。在同一行中，字母不同表示处理间存在显著差异，字母相同表示处理间无显著差异。

表 2-7　四年增温降水条件下的真菌 α 多样性

	多样性指标	对照	增水	减水	增温	增温增水	增温减水
表层土壤	丰度	732.33a	832.33a	764.17a	786.67a	837.00a	921.00a
	Shannon-Wiener 多样性	4.31a	4.30a	4.07a	4.26a	4.81a	5.19a
	Simpson 多样性	0.93a	0.92a	0.91a	0.88a	0.96a	0.98a
	Chao1 多样性	932.32a	850.59a	843.89a	816.08a	815.65a	794.84a
	系统发育多样性	106.24a	112.66a	106.19a	109.26a	114.28a	119.13a
亚表层土壤	丰度	752.40a	793.67a	711.50a	773.67a	782.00a	796.50a
	Shannon-Wiener 多样性	4.06a	4.14a	4.00a	4.32a	4.56a	4.39a
	Simpson 多样性	0.88a	0.93a	0.89a	0.94a	0.95a	0.95a
	Chao1 多样性	792.87a	790.10a	775.57a	766.50a	738.81a	722.08a
	系统发育多样性	111.18a	111.38a	102.45a	111.00a	111.77a	109.85a

注：表中字母代表统计显著性。在同一行中，字母不同表示处理间存在显著差异，字母相同表示处理间无显著差异。

表 2-8　四年增温降水条件下的微生物功能基因多样性

	对照	增水	减水	增温	增温增水	增温减水
表层土壤	13.56a	13.69a	13.62a	13.64a	13.60a	13.70a
亚表层土壤	13.68a	13.62a	13.71a	13.65a	13.69a	13.66a

注：表中字母代表统计显著性。在同一行中，字母不同表示处理间存在显著差异，字母相同表示处理间无显著差异。

　　增水处理显著增加亚表层土壤微生物功能基因 β 多样性（表 2-9）。以下三种机制可解释增水对微生物功能基因 β 多样性的影响（Schwieger et al.，2020）：①增水导致病毒释放，致使细菌大量裂解，从而改变微生物 β 多样性；②增水导致更多土壤水膜形成，土壤颗粒充分黏合，此时竞争力大的细菌可在土壤水膜内移动并趋向营养条件更好的环境，从而改变微生物群落结构和 β 多样性；③溶解性有机碳和矿物在干旱时容易赋存在矿物上，增水使二者分开，土壤碳库的可利用性增加，从而通过改变基质实现微生物群落及微生物 β 多样性的改变。

表 2-9　四年增温降水条件下的微生物群落 β 多样性

实验处理	细菌	真菌	功能基因
表层土壤对照	0.45a	0.04a	0.78ab
表层土壤增水	0.42ab	0.03abc	0.75ab
表层土壤减水	0.41abc	0.03ab	0.76b
表层土壤增温	0.42ab	0.03a	0.78b
表层土壤增温增水	0.42ab	0.03abcd	0.74b
表层土壤增温减水	0.37bcd	0.03d	0.65b
亚表层土壤对照	0.34cd	0.03bcd	0.68b
亚表层土壤增水	0.33d	0.04cd	0.66a
亚表层土壤减水	0.41ab	0.03bcd	0.68b
亚表层土壤增温	0.34cd	0.03bcd	0.68b
亚表层土壤增温增水	0.34cd	0.03cd	0.66b
亚表层土壤增温减水	0.33d	0.04bcd	0.67ab

注：表中字母代表统计显著性。在同一列中，字母不同表示处理间存在显著差异，字母相同表示处理间无显著差异。

　　通过分析不同增温降水处理下微生物群落组成发现，土壤细菌群落受减水和土壤深度的影响显著（表 2-10）。土壤真菌群落受到所有单因素以及增温和土壤深度交互作用的影响显著，说明青藏高原高寒草甸生态系统中的真菌对四年增温降水的敏感度比细菌高。

表 2-10　四年增温降水对微生物群落影响的 Adonis 分析

实验处理	物种组成（细菌）	物种组成（真菌）	物种组成（宏基因组）	功能基因（宏基因组）
增温	1.25	1.93**	1.53	2.93*
减水	1.82#	1.61*	1.91	1.71
增水	1.16	1.59*	1.25	4.91***
土壤深度	56.67***	10.27***	77.19	5.44***
区块	1.99**	1.79***	1.69	0.98
增温 × 减水	1.00	1.12	1.02	1.34
增温 × 增水	1.28	1.43	1.18	4.24**

续表

实验处理	物种组成（细菌）	物种组成（真菌）	物种组成（宏基因组）	功能基因（宏基因组）
增温 × 土壤深度	1.10	1.50*	1.57	4.27***
减水 × 土壤深度	1.39	1.06	1.16	1.56
增水 × 土壤深度	1.04	0.75	0.90	4.48**
增温 × 减水 × 土壤深度	0.90	0.74	0.82	1.67
增温 × 增水 × 土壤深度	1.05	0.78	0.90	5.73***

注：表中数字为 Adonis 分析所得 F 统计量。# 和 * 代表统计显著性。#，$0.050 \leqslant P < 0.100$；*，$0.010 \leqslant P < 0.050$；**，$0.001 \leqslant P < 0.010$；***，$P < 0.001$。× 代表变量间的交互作用。

　　有两种机制可解释真菌对增温降水的敏感性：①细菌和真菌的生态位不同（Kaisermann et al.，2015）。与细菌相比，真菌体积更大，所以适合在大土壤孔隙中生活。而细菌偏向在小土壤孔隙中生活，小的土壤孔隙能更好地免受外界环境的扰动，也能更好地在干旱条件下保存土壤微环境中的水分。②许多细菌以生物膜的形式存在，且能够在干旱的时候产生胞外多聚物（extracellular polymeric substances，EPS），减少外界对细菌群落的扰动。此外，增温、增水、土壤深度、增温和土壤深度的交互作用、增温和增水的交互作用及增水和土壤深度的交互作用都会对功能基因组成（通过 EggNOG 数据库注释）有显著影响。与微生物物种组成相比，微生物功能基因对四年增温降水更加敏感。

　　对比两年和四年的微生物群落 Adonis 结果发现，随着时间延长，增温和降水对表层土壤微生物群落的影响更加显著。两年增温降水后，仅减水显著影响微生物群落，增温增水交互作用改变真菌群落。而四年增温减水后，不仅观察到两年增温降水模拟实验的结果，还发现增温显著改变微生物的物种组成和功能基因组成，增水以及增温减水的交互作用显著改变功能基因组成，说明增温及增温降水交互作用对微生物群落的显著影响需经过一定时间才能显现（Johnston et al.，2019；Guo et al.，2020）。

　　分析细菌群落构建机制发现，随机性过程同时主导表层、亚表层土壤细菌群落的构建，但相对重要性略有不同。在表层土壤中，细菌群落的随机性过程相对重要性为 69.77% ～ 72.90%（图 2-23）。其中，漂变过程的相对重要性为 42.64% ～ 49.06%，同向扩散过程的相对重要性为 11.50% ～ 17.66%，扩散限制过程的相对重要性为 8.88% ～ 15.12%。而表层土壤细菌的确定性过程以同向选择过程为主，其相对重要性范围为 26.99% ～ 30.18%。在亚表层土壤中，细菌群落的随机性过程的相对重要性为 66.40% ～ 68.05%（图 2-24）。其中，漂变过程的相对重要性为 35.77% ～ 40.16%，同向扩散过程的相对重要性为 20.20% ～ 27.00%，扩散限制过程的相对重要性为 2.77% ～ 7.70%。而亚表层土壤细菌的确定性过程也以同向选择为主，其相对重要性范围为 31.95% ～ 33.52%。

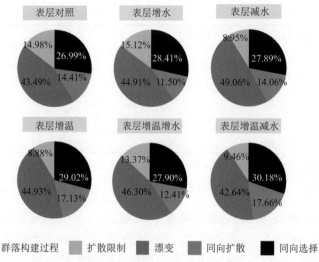

图 2-23　四年增温降水条件下的表层土壤细菌群落构建机制

注：因数据修约图中个别数值略有误差

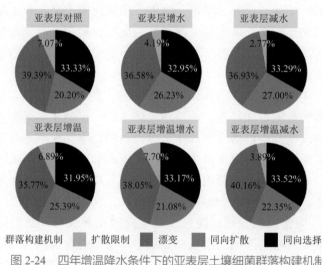

图 2-24　四年增温降水条件下的亚表层土壤细菌群落构建机制

注：因数据修约图中个别数值略有误差

　　分析增温、降水对细菌群落构建过程的影响，发现增温减水提升了表层土壤细菌同向选择过程的相对重要性，减水、增温以及增温减水叠加降低表层土壤细菌扩散限制过程的相对重要性（表 2-11）。其中，扩散限制过程相对重要性的下降是由于增温、减水造成干旱，导致土壤水膜减少，土壤颗粒间的联结度降低。与表层土壤相比，亚表层土壤细菌群落的同向选择作用增加，扩散限制作用下降，确定性过程增加（表 2-12）。以上结果表明，虽然表层和亚表层细菌群落构建机制均以随机性过程为主导，但由于亚表层土壤环境受扰动少、亚表层土壤微生物扩散能力差（Louca，2022），亚表层土壤细菌的随机性过程相对重要性显著下降，确定性过程的影响增加（表 2-12）。综上，表

层和亚表层细菌群落构建机制均以随机性过程为主导,说明表层和亚表层土壤微生物
的群落构建机制不同。

表 2-11　四年增温降水对细菌群落构建机制的影响

	处理 1	处理 2	表层土		亚表层土	
			相对变化	P	相对变化	P
异向选择	对照	增温增水	−0.99	0.090[#]	−0.99	0.200
同向选择	对照	增温减水	0.11	0.046*	0.00	0.440
扩散限制	对照	减水	−0.40	0.017*	−0.62	0.001***
	对照	增水	0.01	0.475	−0.43	0.047*
	对照	增温	−0.41	0.010*	−0.06	0.455
	对照	增温减水	−0.37	0.008**	−0.47	0.046*
漂变	对照	减水	0.11	0.072[#]	−0.05	0.345
	对照	增温减水	−0.04	0.053[#]	0.00	0.449

注:相对变化的计算公式为:(处理 2− 处理 1)/ 处理 1。# 和 * 代表统计显著性。#, $0.050 \leqslant P < 0.100$;*, $0.010 \leqslant P < 0.050$;**, $0.001 \leqslant P < 0.010$;***, $P < 0.001$。随机性为扩散限制过程、同向扩散过程和漂变过程的加和。表格中显示被实验处理显著改变的群落构建过程,未显著改变的群落构建过程不显示。

表 2-12　土壤深度对细菌群落构建机制的影响

	处理 1	处理 2	相对变化	P
同向选择	表层对照	亚表层对照	0.19	< 0.001***
	表层减水	亚表层减水	0.16	< 0.001***
	表层增水	亚表层增水	0.13	0.003**
	表层增温	亚表层增温	0.09	0.051[#]
	表层增温减水	亚表层增温减水	0.09	0.019*
	表层增温增水	亚表层增温增水	0.15	< 0.001***
扩散限制	表层对照	亚表层对照	−0.51	< 0.001***
	表层减水	亚表层减水	−0.69	< 0.001***
	表层增水	亚表层增水	−0.72	< 0.001***
	表层增温减水	亚表层增温减水	−0.59	0.001***
	表层增温增水	亚表层增温增水	−0.42	0.010*
同向扩散	表层对照	亚表层对照	0.28	0.038*
	表层增水	亚表层增水	0.56	0.004**
	表层增温	亚表层增温	0.32	0.09[#]
	表层增温增水	亚表层增温增水	0.41	0.047*
漂变	表层对照	亚表层对照	−0.10	0.077[#]
	表层减水	亚表层减水	−0.24	0.073[#]
	表层增水	亚表层增水	−0.18	0.024*
	表层增温	亚表层增温	−0.20	0.058[#]
	表层增温增水	亚表层增温增水	−0.17	0.017*

续表

	处理 1	处理 2	相对变化	P
随机性	表层对照	亚表层对照	−0.08	< 0.001***
	表层减水	亚表层减水	−0.07	< 0.001***
	表层增水	亚表层增水	−0.06	0.003**
	表层增温	亚表层增温	−0.04	0.051#
	表层增温减水	亚表层增温减水	−0.04	0.018*
	表层对照	亚表层对照	−0.08	< 0.001***

注：相对变化的计算公式为：（处理 2− 处理 1）/ 处理 1。# 和 * 代表统计显著性。#，$0.050 \leqslant P < 0.100$；*，$0.010 \leqslant P < 0.050$；**，$0.001 \leqslant P < 0.010$；***，$P < 0.001$。表格中显示被土壤深度显著改变的群落构建过程，未显著改变的群落构建过程不显示。

　　与表层土壤相比，亚表层土壤细菌的正向联结度增加（表 2-13），这可能是亚表层土壤细菌为应对亚表层土壤缺氧、营养元素匮乏等不利环境，增加细菌间的正向相互作用（互利共生、偏利共生等）所致。此外，表层土壤细菌群落的负向 / 正向联结度绝对值显著高于亚表层土壤，说明表层土壤细菌群落的复杂度更高。已有研究表明，在贫营养环境下，微生物群落的合作关系会更多（Hammarlund and Harcombe，2019）。这与本节研究结果一致：细菌群落由于亚表层土壤的贫营养环境出现了更多的合作关系；真菌群落的物种间关系不受增温降水和土壤深度影响。

表 2-13　四年增温降水条件下的细菌和真菌的联结度

	细菌正向	细菌负向	细菌负向 / 正向
表层对照	0.113b	−0.110ab	0.970a
表层增水	0.109b	−0.107a	0.983a
表层减水	0.113b	−0.112abcd	0.990a
表层增温	0.114b	−0.114abcde	0.994a
表层增温增水	0.114b	−0.111abc	0.979a
表层增温减水	0.111b	−0.110abc	0.991a
亚表层对照	0.129a	−0.117bcde	0.911b
亚表层增水	0.137a	−0.122e	0.893b
亚表层减水	0.132a	−0.120de	0.915b
亚表层增温	0.132a	−0.119cde	0.901b
亚表层增温增水	0.133a	−0.119cde	0.895b
亚表层增温减水	0.135a	−0.121de	0.897b

注：表中字母代表统计显著性。在同一列中，字母不同表示细菌或真菌的联结度在处理间存在显著差异，字母相同表示细菌或真菌的联结度在处理间无显著差异。

　　将宏基因组短序列拼接、分箱、去冗余后，得到 185 个完整度大于 50%、污染度小于 10% 的中、高质量基因组，其中表层土壤细菌基因组 70 个（图 2-25），表层土壤古菌基因组 26 个（图 2-26），亚表层土壤细菌基因组 64 个（图 2-27），亚表层土壤古菌基因组 25 个（图 2-28）。

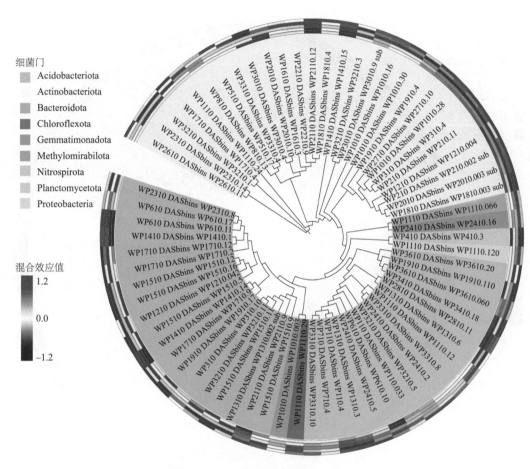

图 2-25 表层土壤细菌基因组的系统发育树

树状图外侧圆环依次为增温作用、增水作用、减水作用、增温增水交互作用和增温减水交互作用对基因组丰度的线性混合效应模型预估值。背景颜色表示物种信息

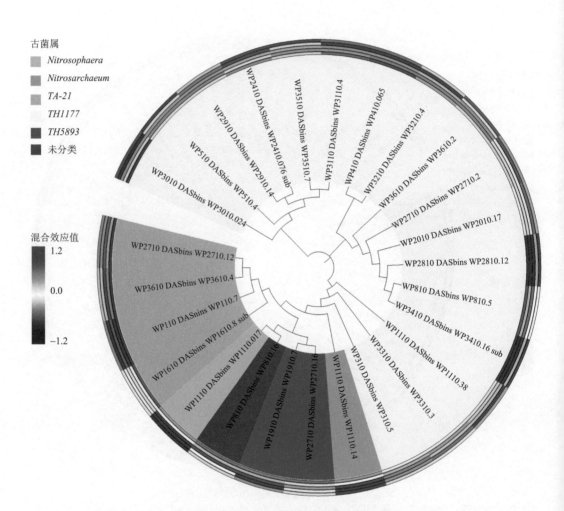

图 2-26　表层土壤古菌基因组的系统发育树

树状图外侧圆环依次为增温作用、增水作用、减水作用、增温增水交互作用和增温减水交互作用对基因组丰度的线性混合效应模型预估值。背景颜色表示物种信息

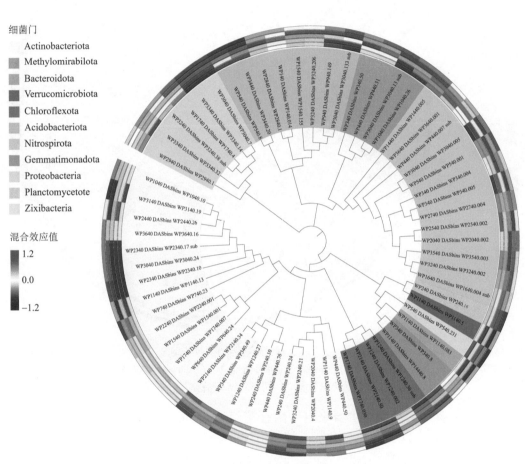

细菌门

- Actinobacteriota
- Methylomirabilota
- Bacteroidota
- Verrucomicrobiota
- Chloroflexota
- Acidobacteriota
- Nitrospirota
- Gemmatimonadota
- Proteobacteria
- Planctomycetote
- Zixibacteria

混合效应值

- 1.2
- 0.0
- -1.2

图 2-27　亚表层土壤细菌基因组的系统发育树

树状图外侧圆环依次为增温作用、增水作用、减水作用、增温增水交互作用和增温减水交互作用对基因组丰度的线性混合效应模型预估值。背景颜色表示物种信息

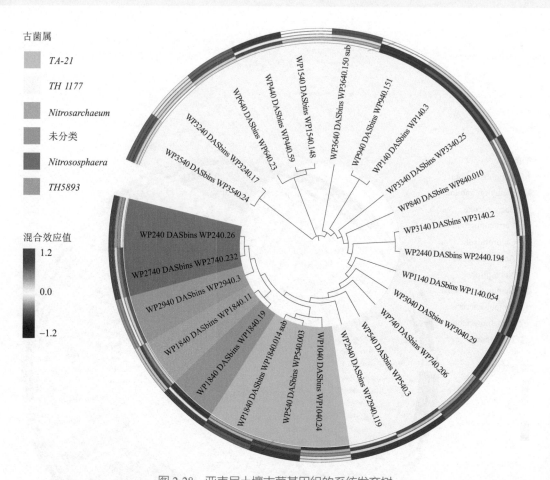

图 2-28　亚表层土壤古菌基因组的系统发育树

树状图外侧圆环依次为增温作用、增水作用、减水作用、增温增水交互作用和增温减水交互作用对基因组丰度的线性混合效应模型预估值。背景颜色表示物种信息

　　表层土壤细菌基因组主要来自于酸杆菌门（Acidobacteria，27.14%）、放线菌门（Actinobacteria，40.00%）和硝化螺旋菌门（Nitrospirota，24.28%）（图 2-25）。表层土壤古菌基因组全部来自于 Nitrososphaerales 目古菌（图 2-26），具备氨氧化功能，这与16SrRNA 扩增子测序结果一致。使用线性混合效应模型探究增温降水对细菌、古菌基因组丰度的影响发现，减水可降低部分基因组丰度（表 2-14）。亚表层土壤细菌基因组主要来自于放线菌门（Actinobacteria，35.93%）和硝化螺旋菌门（Nitrospira，20.31%）（图2-27）。古菌基因组全部来自于 Nitrososphaerales 目古菌（图 2-28）。实验处理可显著影响 7 种古菌基因组丰度（表 2-15）。

　　从青藏高原表层和亚表层土壤样品中得到 51 个氨氧化古菌（AOA），但仅得到 14个氨氧化细菌（AOB）。氨氧化是指将氨转化为羟胺，再将羟胺氧化为亚硝酸盐的过程（Diamond et al.，2021），该过程也是硝化反应中的限速步骤。很多土壤研究都证明，与 AOB 相比，AOA 的土壤丰度更高（He R et al.，2012）。其原因是 AOA 对底物铵态氮的亲和能力更强，AOA 进行氨氧化所需的铵根最低浓度比 AOB 要高 100 倍（刘正辉和李德豪，2015)，所以 AOA 更容易获得竞争优势。

表 2-14　表层土壤微生物基因组丰度的线性混合效应模型分析

基因组	实验处理效应	模型预测值	P
WP1010.28	减水	−1.29	0.011*
WP1210.004	减水	−1.21	0.032*
WP1410.1	增温	−1.09	0.047*
WP1410.14	增水	−1.16	0.039*
WP1410.14	减水	−1.14	0.043*
WP1810.003	减水	−1.28	0.019*
WP2010.003	减水	−1.11	0.041*
WP210.002	减水	−1.12	0.043*
WP210.11	减水	−1.27	0.014*
WP2710.10	减水	−1.53	0.004**
WP310.4	减水	−1.48	0.005**
WP410.3	增温	1.18	0.046*

* 代表统计显著性。*，$0.010 \leqslant P < 0.050$；**，$0.001 \leqslant P < 0.010$。

表 2-15　亚表层土壤微生物基因组丰度的线性混合效应模型分析

基因组	实验处理效应	模型预测值	P
WP2340.10	增水	−1.29	0.028*
WP2340.10	增温	−1.23	0.036*
WP3040.133	增温	−1.24	0.027*
WP3040.7	增温	−1.25	0.024*
WP3040.7	增温 × 减水	1.70	0.029*
WP3340.14	增温	−1.27	0.026*
WP3340.14	增温 × 减水	1.73	0.032*

* 代表统计显著性。*，$0.010 \leqslant P < 0.050$。

使用偏 Mantel 检验分析表层土壤微生物群落与环境因子的关联，发现表层土壤微生物功能基因组成、细菌群落组成与土壤有机碳（$R > 0.16$，$P < 0.092$）、土壤总氮（$R > 0.16$，$P < 0.084$）、土壤总碳（$R > 0.19$，$P < 0.063$）相关。其原因是土壤中的碳、氮可为微生物提供营养元素，从而影响微生物群落组成；反之，微生物也可以通过自身的生命活动介导土壤碳、氮循环。此外，真菌群落组成与土壤溶解性有机氮显著相关，这可能是真菌利用土壤溶解性有机氮合成蛋白质并运送到植物体内（Hobbie et al.，2013），使真菌群落组成与溶解性有机氮显著相关。关于亚表层土壤微生物的偏 Mantel 检验结果表明，亚表层土壤细菌组成与生态系统总初级生产力（$R=0.23$，$P=0.046$）显著相关，而微生物功能基因组成与生态系统净碳交换量（$R=0.35$，$P=0.020$）、生态系统呼吸（$R=0.43$，$P=0.033$）和生态系统总初级生产力（$R=0.43$，$P < 0.001$）显著相关，说明亚表层土壤微生物对生态系统碳通量有重要贡献，证实了亚表层土壤微生物与碳通量显著相关。而表层土壤微生物功能基因组成则与生态系统净碳交换量（$R=-0.10$，

$P=0.778$)、生态系统呼吸($R=-0.14$,$P=0.895$)和生态系统总初级生产力($R=-0.11$,$P=0.816$)无显著相关性。其他研究中的结果也表明亚表层土壤碳组分在气候变化条件下更加敏感,表现出更高的Q_{10}值(Yan et al.,2017;Jia et al.,2019);亚表层土壤微生物也对增温更为敏感(Zosso et al.,2021)。亚表层土壤碳储量大(Rumpel et al.,2012),且亚表层土壤微生物和碳组分的高气候变化敏感性,导致亚表层土壤微生物功能基因组成与生态系统碳通量显著相关。因此,应在高寒草甸生态系统的碳通量预测模型里纳入亚表层土壤微生物的功能基因组成,修正和扩展生态系统碳通量的预测函数。

土壤微生物功能基因丰度与环境因子的相关性结果表明,表层土壤温度与细胞分裂($R=0.46$)、脂类转运和代谢($R=0.49$)、次级代谢($R=0.49$)、生物合成($R=0.49$)、碳水化合物代谢($R=0.52$)、转录相关($R=0.60$)的功能基因丰度呈显著正相关,表明温度对微生物核心生命活动具有重要影响。土壤水分含量与细胞分裂($R=-0.57$)、能量产生($R=-0.46$)、辅酶转运和代谢($R=-0.59$)相关的功能基因丰度呈负相关,而与细胞移动($R=0.61$)、细胞内运输、分泌($R=0.47$)等相关的功能基因丰度呈正相关,表明增水会增加微生物细胞内物质的分泌和运输,增强细胞活性。此外,土壤总碳、土壤总氮与细胞移动($R > 0.58$)、细胞内运输、分泌($R > 0.46$)相关的功能基因丰度呈显著正相关,说明土壤碳氮含量与微生物细胞中运输和分泌相关的功能密切相关。在亚表层土壤中,生态系统净碳交换量、生态系统总初级生产力与碳水化合物($R > 0.70$)、核苷酸($R > 0.56$)、氨基酸($R > 0.71$)、脂类($R > 0.70$)等活跃碳转运代谢相关的功能基因丰度呈正相关。

2.7 未来青藏高原土壤微生物变化预测

青藏高原高寒草甸是草原生态系统中极易受气候变化影响的敏感生态带之一。从20世纪60年代开始,青藏高原高寒草甸增温速度超过全球平均增温速度的两倍,每十年温度升高约0.4℃(Qiu,2014)。已有的研究指出,青藏高原区域内的表层土壤碳储量从20世纪80年代起至2004年没有明显的变化(Yang et al.,2009),表明微生物活动可能对保持土壤碳库稳定起着重要作用;因此,研究青藏高原土壤微生物及其介导的碳氮循环对气候变暖的响应对预测全球碳排放具有重大意义。近年来,青藏高原地区气温变化的总趋势上升,导致冰川消退速度加快,冻土消融深度加深,物种多样性加剧丢失。地下土壤中微生物在将来如何变化?这些变化会带来何种影响等都是重要的科学问题。

利用在青藏高原收集的土壤样品,开展了预测未来气候变化下青藏高原土壤微生物多样性变化趋势的研究。利用种群分布预测模型,发现在未来几十年青藏高原主要区域的土壤微生物多样性将呈上升趋势(图2-29)。这个预测主要是基于当前的土壤微生物多样性与50年前的气候状况显著相关,即气候变化具有滞后效应。为验证预测准确性,可以与北美洲的土壤微生物数据进行比较(图2-30),发现北美洲土壤微生物多样性在未来气候变化下仍呈升高趋势。本节研究表明,气候变化带来的影响是广泛的、多尺度的和全方位的,且正面和负面影响并存。在之后的气候变化研究中,土壤微生物的响应研究不可或缺,反过来,利用微生物的响应和变化,亦可预测未来气候的变化趋势(Thompson et al.,2017)。

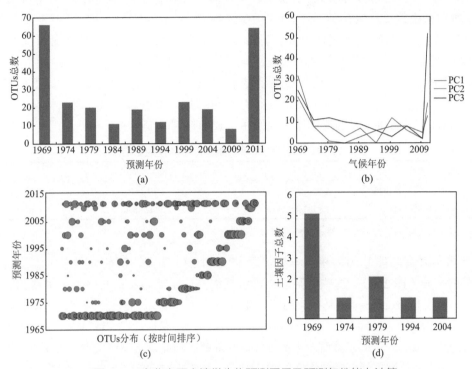

图 2-29　青藏高原土壤微生物预测因子及预测年份能力计算

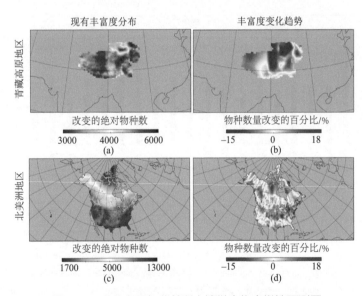

图 2-30　青藏高原与北美洲土壤微生物多样性预测图

在青藏高原高寒草原生态系统中选定 3200m、3400m、3600m、3800m 四个不同海拔的土壤进行相互转移置换，从中选取高海拔向低海拔转移的土壤作为研究对象，用以模拟气候变暖，并且进行了微生物群落结构和功能基因的测定。结果表明，土壤下移使土壤的温度及上方空气年均温均显著（$P < 0.002$）上升，证明土壤下移过程能

够模拟增温效果。此外，植物的生物量、总覆盖率及物种多度均显著（$P < 0.006$）增加，土壤总有机碳及总氮含量（包括 $0 \sim 10\text{cm}$ 及 $10 \sim 20\text{cm}$ 两层土壤样品）也显著（$P < 0.015$）增加，CO_2 和 N_2O 气体通量显著（$P < 0.040$）增加，而 CH_4 气体通量保持不变。

模拟增温后，土壤微生物功能多样性（包括 Shannon-Wiener 多样性指数和 Simpson 多样性指数）总体上相比对照组显著（$P < 0.003$）降低（表 2-16）。不相似性检验及去趋势对应分析均显示增温组与相对应的对照组土壤微生物群落结构存在差异（$P < 0.081$），说明微生物的群落结构也发生了较明显的改变。

表 2-16　模拟增温对土壤功能基因多样性的影响

功能基因多样性	对照组	模拟增温组	P 值
Shannon-Wiener 多样性指数	10.570	10.363	0.003
Simpson 多样性指数	38881.830	32474.650	0.001

注：显著性 P 值通过 t 检验计算得到。

许多碳降解功能基因的相对丰度显著（$P < 0.050$）下降，可能促进了土壤总有机碳含量的上升（图 2-31）。这些下降的碳降解功能基因主要包括：与降解纤维素相关的 cellobiase 基因和 exoglucanase 基因、与降解半纤维素相关的 mannanase 基因、与降解几丁质相关的 acetylglucosaminidase、endochitinase 和 exochitinase 基因。在碳降解的难易程度上，一般认为纤维素和几丁质难降解，半纤维素较难降解；因此，上述结果说明土壤下移模拟增温过程中主要抑制了能够降解惰性碳的基因，而不是抑制了能够降解活跃碳的基因。

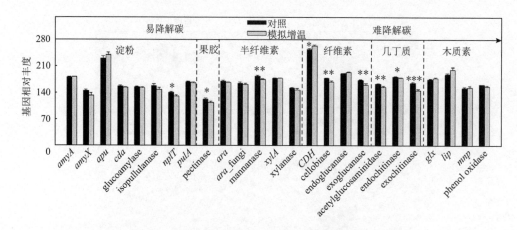

图 2-31　土壤下移模拟增温对碳降解功能基因的影响

***$P < 0.001$，**$P < 0.010$，*$P < 0.050$；其中，显著性 P 值通过 t 检验计算得到，全书同。amyA: alpha-amylase（α- 淀粉酶），amyX: pullulanase（淀粉脱支酶），apu: amylopullulanase（支链淀粉酶），cda: cyclomaltodextrinase（环麦芽糖糊精酶），glucoamylase（糖苷水解酶），isopullulanase（异支链淀粉酶），nplT: Neopullulanase（新支链淀粉酶），pectinase（果胶酶），ara: arabinofuranosidase（阿拉伯呋喃糖酶），ara_fungi: arabinofuranosidase in fungi（真菌阿拉伯呋喃糖酶），mannanase（甘露聚糖酶），xylA: xylose isomerase（木糖异构酶），xylanase（木聚糖酶），CDH: CDP-diacylglycerol pyrophosphatase（CDP 二酰基甘油焦磷酸酶），cellobiase（纤维二糖酶），endoglucanase（内切葡聚糖酶），exoglucanase（外切葡聚糖酶），acetylglucosaminidase（乙酰氨基葡萄糖苷酶），endochitinase（内切几丁质酶），exochitinase（外切几丁质酶），glx: glyoxal oxidase（乙二醛氧化酶），lip: lignin peroxidase（木质素过氧化物酶），mnp: manganese peroxidase（锰过氧化物酶），phenol oxidase（酚氧化酶）

氮循环基因的相对丰度在土壤下移模拟增温后显著（$P < 0.050$）降低，但具体的氮循环基因对模拟增温的响应各不相同。例如，*ureC* 的相对丰度增加而 *gdh* 的相对丰度降低（图 2-32）。因 *ureC* 编码的蛋白能将尿素转化为氨氮，而 *gdh* 编码的蛋白能将 α- 酮戊二酸和氨氮转化为谷氨酸，故这两种基因的改变可能促进土壤中的尿素氨氧化和氮矿化。氮循环中其他大多数功能基因在土壤下移模拟增温后都有所下降，除了 *narG*。因 *narG* 编码的蛋白能将硝酸根离子还原成亚硝酸根离子，因此它的下降可能促进了土壤硝态氮和总氮含量在模拟增温后的增加。相关性分析显示，温室气体 N_2O 的通量与 *ureC* 的相对丰度（$P=0.001$）及 *amoA* 的相对丰度（$P=0.029$）均呈显著正相关，但与 *gdh* 的相对丰度（$P=0.001$）呈显著负相关（图 2-33）。因此，氨氧化及随后的硝化过程可能对温室气体 N_2O 的排放有贡献，最终导致模拟增温后 N_2O 气体通量的显著（$P < 0.040$）增加。

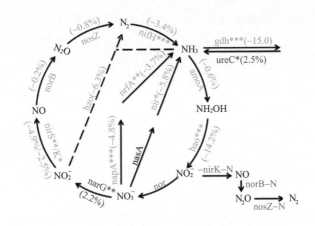

图 2-32　土壤下移模拟增温对氮循环基因的影响

显著性 P 值通过 t 检验计算得到，***$P < 0.001$，**$P < 0.010$，*$P < 0.050$

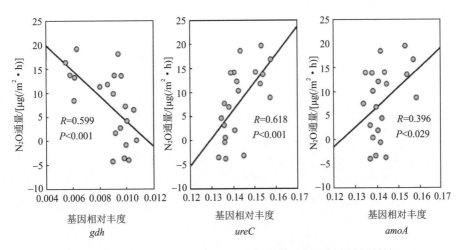

图 2-33　温室气体 N_2O 通量与氮循环基因相对丰度的相关性

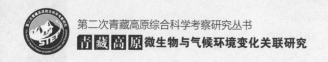
2.8 本章小结

青藏高原土壤微生物多样性高，优势细菌包括 α- 变形菌、β- 变形菌、γ- 变形菌、放线菌门、厚壁菌门等，优势真菌包括子囊菌、担子菌等，优势古菌包括泉古菌、广古菌等，此外还包含许多的 DNA 病毒。青藏高原土壤微生物群落组成主要受低温、地上植被类型等环境因子驱动，适用于寒冷环境下高效功能菌种和蛋白酶的开发利用。在功能层面，青藏高原土壤微生物参与了碳降解、产甲烷、硝化作用、反硝化作用等与温室气体排放相关的功能过程，尤其是在冻土融化条件下对甲烷排放的调节有可能对未来的全球变暖格局产生较大影响。野外增温研究结果表明，青藏高原土壤微生物对全球变暖极为敏感，通常在门水平上就出现显著改变，且全球变暖对细菌群落组成的效应与植被类型、土壤深度等因素有关。总体而言，青藏高原土壤微生物的调查以及对全球变暖的响应研究还处于起步阶段，未来还需要更广泛、深入的研究。

第 3 章

湖泊／河流／湿地微生物与气候环境变化

青藏高原分布着众多的冰川、湖泊，是大江大河的发源地，也是南亚、中亚水资源的重要补给保障，被称为"亚洲水塔"（姚檀栋等，2019）。青藏高原湖泊众多，其中面积大于 $1km^2$ 的湖泊数量 1171 个，总面积约 $46500km^2$，分别占全球湖泊面积的 1.9%，占中国湖泊面积的 57.2%，占青藏高原陆地面积的 1.9%（朱立平等，2019a）。青藏高原也是黄河、长江、澜沧江、怒江、雅鲁藏布江以及印度河等亚洲主要河流的发源地。作为河流源区，青藏高原为下游河流贡献的水量相当可观，三江源区平均每年分别向长江（直门达水文站）、黄河（唐乃亥水文站）和澜沧江（香达水文站）下游供水 $1.26 \times 10^{10} m^3$、$2 \times 10^{10} m^3$ 和 $4.66 \times 10^9 m^3$，分别占各流域径流总量 1.3%、34% 和 6%（汤秋鸿等，2019）。

青藏高原广泛分布的湖泊、河流及周边湿地是地表水汇聚和蒸发过程的重要环节，并且通过水体面积、水量及其理化性质和生态条件呈现对气候变化的敏感响应（朱立平等，2020）。青藏高原地区 98 个气象站点观测数据表明，1982 ～ 2012 年青藏高原平均气温升高幅度达到 $1.9℃$，是全球平均升温幅度的 2 倍。与此同时，青藏高原降水量在 2000 ～ 2018 年呈现出持续增加趋势，水循环总体加剧，但风速呈减弱趋势，潜在蒸发量有所下降。近年来，西风和印度季风作用区出现明显的降水变化，导致不同地区的湖泊变化呈现相应的时空分异，显著改变湖泊与大气间的水分和热量交换，进而影响区域水循环过程。同时，青藏高原地区的湖泊除了受降水影响外，还与流域内的冰川融水、冻土退化等过程存在紧密联系（朱立平等，2019b）。

微生物是青藏高原高海拔水体生态系统中生物群落和食物网结构的重要组成部分，可驱动生态系统中物质循环和能量流动（Wu et al.，2006）。微生物群落及其在生态系统中的功能是实现青藏高原生态系统中各种生态过程和功能的关键。微生物与动植物分工明确，主要扮演"分解者"的角色，参与碳、氮、硫、磷等元素的生物地球化学过程（Liu et al.，2013）。微生物对全球变化有着敏感的响应和反馈作用，在气候变化上起着不可忽视的推手作用（Liu Y Y et al.，2016）。微生物可通过改变生态系统中有机质分解速率和温室气体释放速率等进而直接响应气候变化，也可通过改变生态系统营养物质有效性及其转化等做出间接响应，从而对气候变化形成正向或负向反馈，加强或削弱气候变化对整个生态系统的影响。

由于第一次青藏高原综合科学考察研究中微生物多样性的空白，目前还未形成对青藏高原湖泊/河流/湿地微生物多样性的系统认识，无法明确气候变化驱动下的水循环过程改变如何影响微生物多样性和功能，尚不清楚青藏高原隆升环境演化、西风-季风形成和相互作用对微生物多样性的形成、演化和分布格局产生何种影响。

第二次青藏高原综合科学考察研究主要围绕湖泊/河流/湿地微生物多样性及其介导的碳氮循环过程对人类活动的响应，拟解决的关键科学问题是：①青藏高原及其周边地区湖泊/河流/湿地微生物多样性的本底和现状是什么？②气候变化和人类活动影响下湖泊/河流/湿地微生物多样性是如何变化的？③青藏高原隆升环境演化、西风-季风相互作用如何影响微生物多样性的形成、演化和分布格局？

本章的总体研究思路是：通过面上调查揭示微生物分布规律及其与关键环境因子

的关系，在此基础上开展优势微生物分离与纯培养，并对分离菌株开展生理生化、遗传进化分析和新种鉴定与菌株保藏；然后选择点上湖泊，深入研究湖泊水温增加及人类活动的叠加作为驱动因素如何影响湖泊微生物结构和功能；最后开展生态效应研究和基于湖泊微生物的湖泊生态健康评估和保护对策分析。

3.1　湖泊 / 河流 / 湿地微生物研究方法

3.1.1　微生物样品采集

湖泊水样和沉积物采集：在湖泊的沿岸带、敞水区及湖心，至少设置 3 个采样点，每个位点使用 5L 有机玻璃采水器采集水样，使用彼得森重力沉积物采样器（采泥面积 1/16m²）采集沉积物样品，上述样品冷藏运回驻地尽快处理。根据研究需要，选取不同孔径的滤膜，真空过滤收集水体微生物。滤膜或沉积物放入冻存管中加入 RNAlater™ 液氮速冻后在 –20℃条件下保存，带回实验室保存到 –80℃冰箱。用 YSI 多参数水质分析仪现场测定湖泊的常规水质参数（温度、盐度、电导率、浊度、pH、溶解氧）。采集用于水体与沉积物有机碳含量和组分、营养盐、离子等其他理化因子分析的样品，以及用于微生物丰度测定、分离纯化的样品。

河流样品采集：在青藏高原主要大河布设采样站位，根据河流长度布设 10 ～ 20 个站位 / 条河），采集丰枯水期（选择重点河流采集四季）表层水样。拟采用分级过滤（浮游类群：0.22 ～ 3μm，颗粒附着类群：3 ～ 20μm），并选择部分站位采集沉积物样品（比较河流水体与沉积物微生物多样性）。水体理化参数测定：用 YSI 多参数水质分析仪现场测定河流水体常规水质参数（温度、水色、电导率、透明度、浊度、pH、溶解氧、氧化还原电位）。

湿地土壤样品采集：①根际沉积物 / 土壤。在每个采样点，根系采样器采集包含根系在内的地表以下 1 ～ 10cm 的沉积物 / 土壤，经过进一步处理去除多余土壤装入塑料敞口瓶中。采集的样品冷藏带回实验室后，一部分用于分子生物学实验，在 –80℃条件下保存；一部分用于常规理化指标测定（有机碳含量和组分、营养盐、离子等），在 –20℃条件下保存。②非根际样品。在湿地中植物采集点附近 30cm 以上没有植物生长的区域，采集湿地表层 1 ～ 3cm（用小铲子）土壤 / 沉积物样品。③ RNA 沉积物 / 土壤样品。选取典型湖泊湿地，分别将采集的根际及非根际沉积物 / 土壤样品紧密靠近根的部分取出 5 ～ 10g 放入提前准备好的加有 9mL RNAlater™ 的 15mL 无菌离心管中，室温保存 12 h 后置于 –20℃冷冻保存。④盐度培养样品。采集青海湖、羊湖和茶卡盐湖的湖滨 1 ～ 10 cm 的表层土壤，低温保存带到实验室进行培养实验。

3.1.2　微生物群落结构分析

扩增子测序：样品总 DNA 利用 FastDNA® Spin Kit for Soil 核酸试剂盒配合

FastPrep® 均质仪器提取，提取步骤根据试剂盒说明书执行。DNA 浓度通过 Qubit 3.0（美国，Thermo Fisher）进行测定。细菌主要针对 16S rRNA 基因的 V4 ~ V5 区（Bac515F/Bac907）、古菌主要针对 16S rRNA 基因的 V4 ~ V5 区（Arch519F/Arch915R）、微型真核微生物主要针对 18S rRNA 基因的 V4 区（Euk528F/Euk706R）进行 PCR 扩增，之后送测序公司进行文库构建和 Illumina HiSeq 双端测序（Pair-end 250）。原始测序数据下机后，经过拼接、质控和去除嵌合体后，采用 Vsearch 和 QIIME2 标准流程进行扩增子序列变体（amplicon sequence variants，ASV）分析、聚类和物种组成与多样性分析，并利用 R 进行相关的统计学分析。

宏基因组测序：将环境总 DNA 片段化后构建文库并进行宏基因组测序。文库构建和测序由测序公司完成。宏基因组下机数据使用 Trimmomatic 进行质控并去除测序接头序列以得到 clean reads，之后使用 MetaWrap 流程进行宏基因组的组装（assembly）和分箱（binning）。使用 CheckM 进行质量评价，并将完整度大于 50%、污染度小于 5% 的 MAGs 作为高质量基因组进行下一步分析。将组装后的宏基因组和高质量 MAGs 使用 PROKKA 进行读码框预测，并使用 bwa 软件计算基因丰度。将预测的基因与 Swiss-Prot 数据库、KEGG（Kyoto Encyclopedia of Genes and Genomes）数据库、CAZy 数据库（Carbohydrate-Active enZYmes Database）进行比对，开展基因预测、基因功能注释和代谢通路分析。

3.1.3　微生物分离培养

据青藏高原湖泊微生物群落结构和多样性的研究结果，按照样品的理化参数数据，对湖泊微生物优势类群或者具有特殊生态功能的类群设计多种方法，如采用稀释分离、改变不同营养成分配比等方法分离纯化菌株，同时采用不同方式进行菌种保藏，获得优势微生物或者是具有特殊生态功能的类群。分析分离菌株的特征，采用多相分类的方法，研究新物种与相近物种的亲缘关系，确定新物种的系统进化地位。

3.1.4　水体温室气体扩散通量

原位采用漂浮箱 - 便携式温室气体分析仪（915-0011-CUSTOM，Los Gatos Research，SF，USA）对湖泊水 - 气界面上 CH_4 和 CO_2 通量进行观测；实验室采用顶空平衡 - 光腔衰荡法（CRDS）（G2201i，Picarro，USA）测定湖泊、河流水中溶解态 CH_4 和 CO_2 浓度。

3.2　青藏高原湖泊微生物多样性及其对气候变化的响应

任务五专题 3 "高原微生物多样性保护及可持续利用" 研究人员开展青藏高原 5 个综合区 19 个关键区的湖泊微生物多样性系统研究（图 3-1）。截至 2021 年底已完成对 100 个湖泊的科学考察，完成了微生物多样性样品收集和环境因子测定；通过富集和分离，获取青藏高原湖泊中耐盐和抗辐射物种、基因和酶资源，了解其适应极端低温、盐碱环境的遗传学机理；通过原位测定湖泊温室气体通量，正在构建青藏高原湖泊微生物功能基因与温室气体释放通量的关联模型。通过对西风、季风及交互作用区湖泊沉积物柱芯中微生物多样性及有机碳的研究，揭示沉积物中微生物多样性在气候变化条件下的响应及其对湖泊碳储的影响；通过对不同人类活动影响下典型湖泊中微生物宏基因组的调查，揭示新兴污染物、抗生素等对微生物碳氮循环功能基因、抗性基因等的影响机制，评估人类活动对湖泊微生物群落的潜在影响。

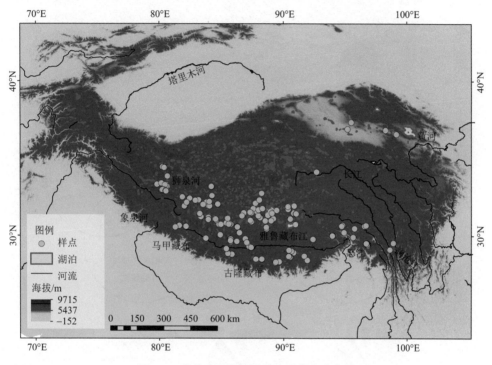

图 3-1　青藏高原湖泊微生物采样点分布图

3.2.1　青藏高原与南北极湖泊微生物群落组成比较研究

青藏高原和南北极湖泊中微生物是气候变化的敏感指示，但目前对三极地区湖泊微生物群落特征、分布模式和影响因素的了解非常有限，限制了对三极地区湖泊微生物如何响应气候变化的认识。Liu F 等（2021）基于对青藏高原湖泊微生物的分析，又通过公共数据库收集了已发表的青藏高原以及南北极湖泊微生物数据，开展了三极地区湖泊微生物群落空间分布格局特征及其与气候环境因素的关系对比研究（图 3-2）。结果显示，属于 β- 变形杆菌（33%）、放线杆菌（21%）和拟杆菌（14%）的序列主导了这三个区域的共享可分类操作单位（OTUs）。拟杆菌门的序列在南极（24%）和青藏高原（21%）湖泊中占优势。在目水平上，在所有三个区域中，β- 拟杆菌纲的 Burkholderiales（29%）和放线菌门的 Actinomycetales（20%）是两个最丰富的细菌目；不过 Burkholderiales 主要发现于北极湖泊，而 Actinomycetales 主要发现于西藏湖泊。

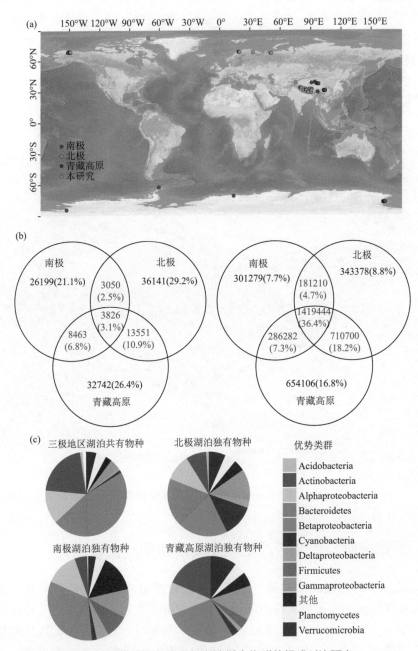

图 3-2　青藏高原与南北极湖泊微生物群落组成对比研究

　　进一步分析发现，首先，三极地区湖泊中细菌群落组成存在显著差异，共有的 OTUs 只占总数据库的 2.3%，而随着地理距离的增加，极地两两之间共有 OTUs 的比例逐渐下降，说明地理隔离限制了极地湖泊之间的物种交换。其次，三极地区湖泊中细菌多样性及影响因子显著不同，北极湖泊中细菌多样性最高，青藏高原次之，南极最低。北极湖泊细菌多样性主要受降水的影响，指示随温度和降水的增加，多年冻土快速消融，更多的微生物和养分输入湖泊，从而导致北极湖泊中微生物多样性最高。青藏高原湖泊细菌多样性主要受气温、蒸发和降水的影响，温度和降水的升高以及蒸发的降低，使得青藏高原冰川融水增加、湖泊扩张、湖泊水量增加、湖泊盐度下降，继而增加了细菌多样性。南极湖泊细菌多样性主要受气温和太阳辐射的影响，夏季较高的气温和太阳辐射使得湖泊水温增加，从而可以在一定程度上提高湖泊的初级生产，但南极湖泊常年被冰雪覆盖，湖泊细菌多样性相对较低。最后，我们发现气候驱动的环境选择和扩散限制对调控极地间湖泊细菌群落的空间分布具有重要意义。在极地内，青藏高原和南极地区湖泊中的细菌群落空间分布主要取决于地理距离，而气候因素则主导了北极湖泊中细菌群落的空间分布。这项工作扩大了我们对极地湖区细菌群落多样性和生物地理学分布特征及其影响因素的理解，也为全球持续增温背景下，研究湖泊微生物对气候变化的响应奠定了基础。

位于北极地区的格陵兰与世界第三极的青藏高原都属于冰冻圈，都面临全球暖化的威胁。现有冰川加速融化，导致格陵兰在过去 50 年产生了大量的新生湖泊。青藏高原从晚全新世以来湖泊格局大体形成，大部分内陆湖泊已经脱离了直接的冰雪融水补给方式。两个区域湖泊处在不同的发育阶段，为开展微生物群落形成及演化研究提供了天然的实验场所。Xing 等（2020）利用在格陵兰西部冰川退缩区域采集的 20 个淡水湖泊以及在青藏高原采集的 13 个淡水湖泊开展对比研究，结果显示，格陵兰新生湖泊的微生物，不论是宏多样性（macrodiversity）还是微多样性（microdiversity）均显著高于青藏高原湖泊。两个区域沉积物中微生物多样性显著高于水体。随机的群落构建过程是敞水区微生物多样性维持的主要机制，而沉积物中的微生物更多地受到确定性过程的影响（图 3-3）。伴随湖泊发育，微生物将从单一的 N 或者 P 限制逐渐过渡到 N-P 的共同限制（Xing et al.，2020）。上述研究结果有助于开展气候变化情景下极地湖泊生态系统演化路径预测。

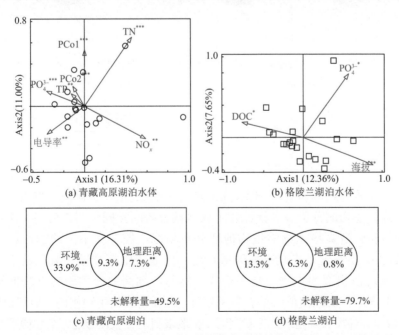

图 3-3   格陵兰与青藏高原湖泊影响微生物群落结构变化的主要环境因子

3.2.2 青藏高原湖泊微生物群落构建机制研究

　　湖泊中自由生活（free-living，FL）和颗粒附着（particle-attached，PA）细菌在水生生态系统中具有不同的扩散潜力和生态作用。为明确青藏高原湖泊中 FL 和 PA 细菌群落的多样性和地理格局，量化环境过滤和扩散限制对形成 FL 和 PA 细菌群落的相对影响，Liu 等（2019a）选取距离超过 1000km 的 26 个湖泊作为研究对象。FL 细菌中的绝大多数序列是放线菌门（Actinobacteria）（29.4%）、变形菌门（Proteobacteria）（27.7%）和拟杆菌门（Bacteroidetes）（21.6%），而 PA 细菌中的绝大多数序列是变形菌门（Proteobacteria）（57.9%）。FL 细菌的 α 多样性指数，包括 Shannon-Wiener 物种多样性指数和 Pielou 均匀度指数，显著低于 PA 细菌。湖泊周围土壤作为重要水体细菌的潜在来源，对 PA 细菌群落的贡献大于 FL 细菌。进一步分析发现，FL 细菌比 PA 细菌对空间相关环境因素的变化更为敏感，换句话说，环境过滤对 FL 细菌群落的影响大于对 PA 细菌群落的影响（图3-4）。一种可能的解释是，水体颗粒物可以作为营养丰富的适宜微生境，保护 PA 细菌免受环境变化的影响，如提供有机物和避免极端温度的影响，而 FL 细菌则直接暴露于电导率和盐度等环境因素的影响下。该研究提供了青藏高原湖泊 FL 和 PA 细菌群落的区域规模分布模式更多地受环境过滤（环境条件）影响，而不是受扩散限制（空间因素）影响的证据。西藏湖泊中 FL 细菌群落的环境过滤 / 扩散限制效应更为显著，具有更高扩散能力的 FL 细菌比 PA 细菌对环境影响更敏感（Liu et al.，2019b）。

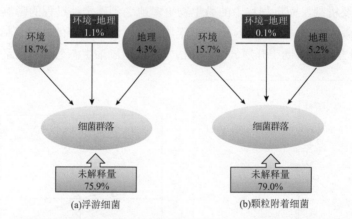

图 3-4　环境过滤和扩散限制对青藏高原湖泊浮游和颗粒附着细菌的空间分布影响

　　在细菌群落构建机制研究基础上，Liu K 等（2020）进一步比较了青藏高原湖泊中细菌和微型真核生物的分类、多样性和生物地理分布的异同（图3-5）。结果显示，西藏湖泊中细菌和微型真核生物的生物地理分布相似，但存在不同的群落组装机制。Liu Y 等（2020）还发现了青藏高原区域尺度上的显著距离衰减关系，其中细菌和微型真核生物表现出相似的生物地理学模式。然而，细菌的地理距离衰减的转换率低于微型真核生物，表明细菌群落的扩散率较高。与微型真核生物相比，地理距离对细菌结构的影响较小。环境（环境过滤）和空间（扩散限制）变量在塑造细菌和微型真核生物

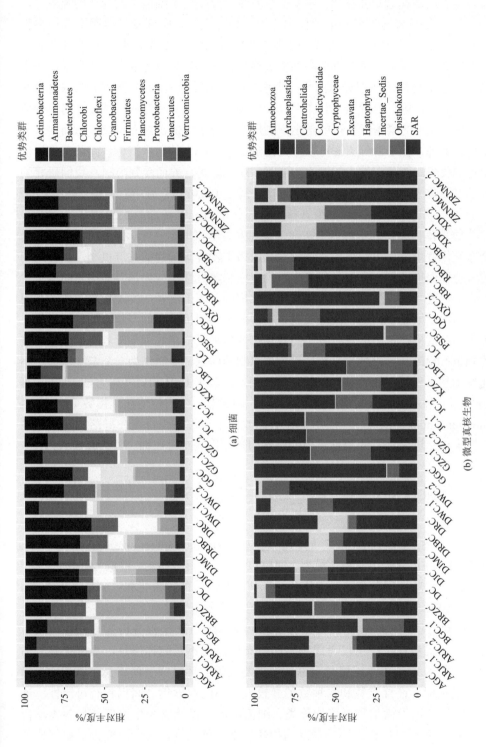

图 3-5　青藏高原湖泊中主要的细菌和微型真核生物类群

AGC: 昂古错; ARJC: 昂仁金错; BGC: 班公错; BRZC: 别若则错; DC: 洞错; DJC: 打加错; DJMC: 打加芒错; DRBC: 达热布错; DRC: 达瓦错; DWC: 达如错; GGC: 果根错; GZC: 公珠错; JC: 江错; KZC: 昆仲错; LBC: 卢布错; LC: 朗错; PSEC: 瀑赛尔错; QGC: 齐格错; QXC: 其香错; RBC: 热邦错; SBC: 赛布错; XDC: 夏达错; ZRNMC: 扎日南木错

的生物地理学方面都起着重要作用。环境变量的纯效应超过了细菌空间变量的纯效应，表明生态位过程在细菌群落组装中的作用更大。相比之下，空间变量对微型真核生物变异的解释力高于环境因素，表明微型真核生物群落聚集中扩散限制的重要性更大。盐度（与电导率呈正相关）是对细菌和微型真核生物施加环境过滤的最重要变量。决定细菌和微型真核生物群落地理分布的另一个重要因素是叶绿素 a。叶绿素 a 的浓度与光合藻类的丰度有关，因此叶绿素 a 与微型真核生物之间的关系相呼应。然而，对于细菌来说，其与叶绿素 a 的紧密联系可能是由于利用了藻类衍生的溶解有机物，从而促进了它们的生长。另外，由于叶绿素 a 可以作为湖泊初级生产力的衡量指标，因此其作为水体营养状态的代表。西藏湖泊中的微生物群落可能因缺乏营养而受到限制，我们研究的湖泊营养梯度变化大，涵盖从超贫营养型（叶绿素 a：0.03μg/L）到中营养型（叶绿素 a：7.38μg/L），这显著影响了细菌和微型真核生物的分布（Liu Y et al.，2020）。

了解生物群落构建机制是群落生态学、宏观生态学和生物地理学研究的主要目标之一。在全球变化背景下，迫切需要认识青藏高原微生物群落构建的关键机制，以帮助制定适当的管理和保护计划。生态学研究中，确定性和随机性被认为是群落构建的两个主要力量：确定性范式假设生物群落由生态位属性构成，源于物种的生理反应、资源利用和生物相互作用，如竞争；随机性范式将生物群落视为随机过程的产物，如扩散作用。量化各种生物群落构建机制以及整合不同数据集挖掘主要构建过程十分具有挑战性。最新提出的 PER-SIMPER 方法解决了跨区域构建机制的问题，但是作为一个定性指标，不如定量化指标易于理解和比较。为了解决这一问题，基于 PER-SIMPER 方法，Vilmi 等（2021）开发了一种新的群落构建过程定量指标，即扩散－生态位连续体指数（dispersal-niche continuum index，DNCI），以用于评估扩散作用和生态位分化在群落构建过程中的相对贡献大小，进而使不同数据集中的群落构建过程具有可比性。其计算公式为

$$\mathrm{DNCI} = \mathrm{SES}_d - \mathrm{SES}_n = \frac{1}{n}\sum_{i=1}^{N}\left(\frac{E_{d(i)} - \overline{E_{dn}}}{\sigma(E_{dn})}\right) - \frac{1}{n}\sum_{i=1}^{N}\left(\frac{E_{n(i)} - \overline{E_{dn}}}{\sigma(E_{dn})}\right)$$

式中，SES_d 和 SES_n 分别为 E_d 和 E_n 的标准效应值（standard effect size）；E_d、E_n 和 E_{dn} 分别为 PER-SIMPER 分析中三种零模型（即模拟"扩散作用"驱动、模拟"生态位分化"驱动以及模拟"扩散作用"和"生态位分化"共同驱动）的评价指标；$\sigma(E_{dn})$ 为 E_{dn} 的标准差；N 为 PER-SIMPER 分析中零模型置换的次数（图 3-6）。

DNCI 指数与早期的零模型、方差分解和 PER-SIMPER 定性分析等方法相比具有明显的优势。其优势在于：①仅考虑物种的分布信息而不是统计信息，具有更好评估群落构建过程的潜力；②计算相对简单，不需要大量的环境或空间信息；③ DNCI 指数是一种定量指标，在样点数和物种数差异较大的不同数据集之间仍具有可比性。该方法可以广泛地应用于微生物群落如藻类、细菌群落，以及宏观生物群落如各类动植物等的研究中；并且可以比较不同群落的构建机制贡献差异，帮助研究人员更好地理解不同生物类群存在空间格局差异的原因。DNCI 指数计算方法简单、可量化且易于跨数据集、跨类群进行比较，将是生物地理学家、生态学家和古生物学家研究手

段的重要补充。DNCI 指数的开发有助于第二次青藏高原综合科学考察研究，充分挖掘微生物群落、微生物与其他生物群落构建机制的异同，阐明区域环境变化对生态系统影响的内在机制（Vilmi et al.，2021）。

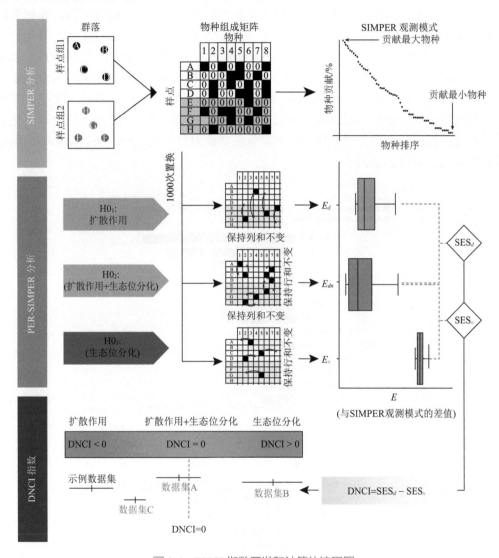

图 3-6　DNCI 指数开发和计算的流程图

3.2.3　青藏高原湖泊微生物对气候变化的响应与反馈

在过去的几十年里，由于区域和全球化进程的影响，青藏高原正面临着快速的环境变化（冰川退缩、冻土退化和湖泊水位上升）和日益增加的人为活动干扰。微生物作为湖泊生物地球化学过程的驱动者，在有机物分解与合成、生源要素循环和污染物净化等方面发挥着关键驱动作用。在此背景下，湖泊微生物群落的现代过程受到普遍关注，但是人们对于湖泊微生物群落的时间变化特征及其与过去气候环境变化的关系知之甚少。Liu 等（2021a）通过钻取青藏高原中部达则错的沉积物岩心，应用沉积物岩心中的古 DNA，重建了达则错过去 600 年来的原核生物和真核生物群落，以追溯古气候环境条件的变迁及其影响下的生态系统演变（图 3-7）。研究发现，厚壁菌门（Firmicutes）是原核生物中最主要的类群，在真核生物中轮虫（Rotifera）占主导地位；原核和真核生物中指示类群有明显的时间分布规律，主要受年平均温度（MAT）、总磷（TP）和氮磷比（N ：P）的影响；原核生物和真核生物均表现出显著的时间衰减关系，且真核生物时间衰减的周转率（0.119）显著高于原核生物（0.092）。该项研究探讨了青藏高原湖泊古微生物群落对区域气候以及人类活动的响应模式，对于预测全球变化背景下青藏高原湖泊未来生物多样性、生态系统功能对气候变化和人类活动影响的响应至关重要（Liu et al.，2021a）。

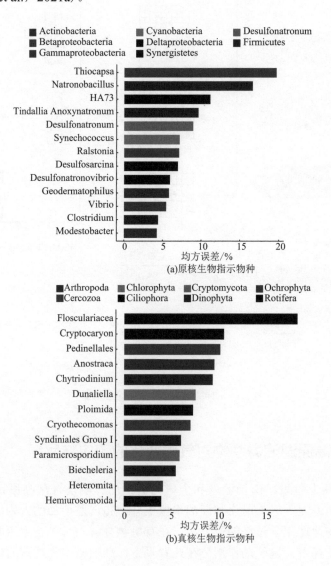

(a)原核生物指示物种

(b)真核生物指示物种

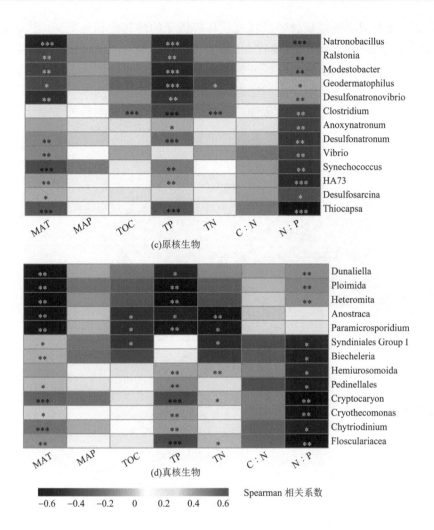

图 3-7　青藏高原湖泊沉积物中原核生物和真核生物指示物种及其与环境因子的相关关系

探索历史植被与细菌之间的关系对于了解微生物群落的时空变化至关重要。Yuan 等（2021b）以青藏高原地区的库赛湖（干燥、寒冷）与泸沽湖（潮湿、温暖）为研究对象，通过生物标志物正构烷烃对其历史植被进行重建，进而探究不同气候下历史植被对沉积岩心中细菌群落演替的影响（图 3-8）。研究发现，这两个湖泊中细菌和正构烷烃的 Shannon-Wiener 物种多样性均沿沉积物深度方向呈下降趋势，其 β 多样性随着沉积物深度变化而增加。此外，细菌和正构烷烃代表的历史植被之间存在强烈的同步性，这可能由它们相似的生态过程所支持。然而，相比于泸沽湖，库赛湖中细菌或正构烷烃的 Shannon-Wiener 物种多样性和群落组成随沉积物深度变化得更快，这种差异主要受到沉积物中 Na^+ 和有机物含量等非生物因素的影响。研究表明，细菌多样性和群落组成不仅受到非生物变量的影响，还受到湖泊中 C27/C31[指示植被（森林 / 草地）变化]、碳偏好指数、Shannon-Wiener 物种多样性和组成等正构烷烃属性的作用。特别是，正构烷烃属性对于细菌群落演替的解释度比环境因子的解释度相对更高。过去研究表明，微生物能敏感地响应全球气候变化，而历史植被同样是响应气候变化的结果。因此，细菌与历史植被之间的同步性与气候变化是密切相关的。总体而言，我们的研究提供了一个崭新的视角，首次证明了湖泊生态系统中历史植被可以从本质上解释沉积物细菌群落在时间和空间尺度上的变化规律，为探究不同生物类群响应气候变化提供理论依据（Yuan et al.，2021b）。

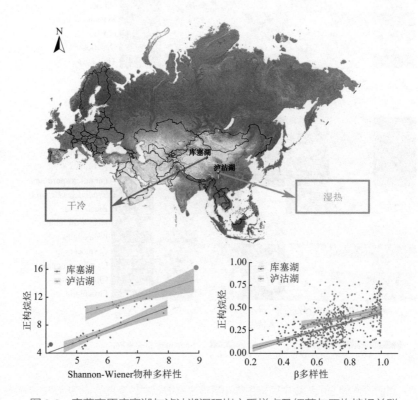

图 3-8　青藏高原库赛湖与泸沽湖沉积岩心采样点及细菌与正构烷烃关联

湖泊温室气体通量是微生物参与湖泊碳循环过程的直接指示，也是气候变化背景下湖泊－流域相互作用的集中体现。目前，青藏高原湖泊的温室气体通量估算存在相当大的不确定性（Yan et al.，2018），主要原因是缺乏现场的观测数据和可靠的预测分析，积累的数据还无法支撑气候变化情景下青藏高原多圈层碳输移转化模型研究。任务五专题 3 "高原微生物多样性保护及可持续利用" 研究人员在青藏高原日喀则地区的 16 个湖泊开展温室气体 CO_2、CH_4 溶存浓度和释放通量观测，并针对湖泊从岸带到敞水区的空间异质性精细化测定温室气体通量的变化（图 3-9）。结果显示，水－气界面处的 FCH_4 在淡水湖泊 $[45.14\pm58.86\mu mol/(m^2 \cdot s)]$ 比在半咸水湖泊 $[2.92\pm3.85\mu mol/(m^2 \cdot s)]$ 高 15 倍。这些湖泊从岸带到敞水区的 FCH_4 显著下降，沉积物有机质含量以及水体深度对 FCH_4 存在显著影响。淡水湖泊中的 $FCO_2[-0.18\pm0.39\mu mol/(m^2 \cdot s)]$ 显著低于半咸水湖泊 $[0.38\pm0.22\mu mol/(m^2 \cdot s)]$。因此，淡水湖泊被认为是 CO_2 汇，而咸水湖泊

是 CO_2 源。根据 CO_2 当量 [FCO_2eq，$0.66\pm0.97\mu mol/(m^2\cdot s)$]，16 个湖泊在采样期间是大气的碳源。随着湖泊盐度增加，水 – 空气界面 FCO_2 的增加量可以被 FCH_4 的减少所抵消。在西藏南部地区气候变暖和干旱的情况下，预计该地区的 FCO_2eq 有下降趋势（Xun et al.，2022）。

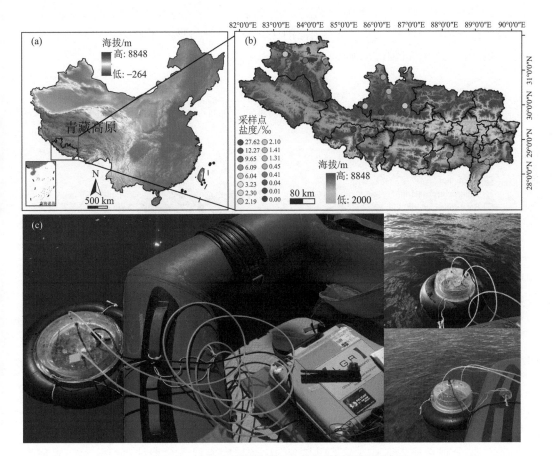

图 3-9　青藏高原湖泊温室气体扩散通量原位测定

3.2.4　青藏高原湖泊可培养微生物多样性研究

任务五专题 3 "高原微生物多样性保护及可持续利用"研究人员建立了有效的淡水湖泊、寡盐湖泊、盐湖微生物分离方法，使用的培养基包括：CM 培养基、0211 嗜盐碱培养基、HM 培养基和 M9 培养基。培养条件设置：培养基 pH 范围 7.0 ～ 10.0；培养基盐度梯度：NaCl 3.6%、10% 和 20%[w/v（质量体积比）]；培养温度：4℃、20℃、28℃ 和 37℃。在平板划线的基础上，引入流式细胞分选，结合高通量培养的方式对嗜盐细菌和古菌进行分选和后续培养，大大提高了培养效率。

通过可培养的方法，共获得 1583 个微生物菌株（全部完成 16S rRNA 基因测序），它们分属于 4 个细菌门和 1 个古菌门：变形菌门（Proteobacteria）、拟杆菌门（Bacteroidetes）、厚壁菌门（Firmicutes）、放线菌门（Actinobacteria）和广古菌门（Euryarchaeota），其中变形菌门中包含 alphaproteobacteria、betaproteobacteria 和 gammaproteobacteria 纲。分离获得的菌株以相似度 cutoff[①] 98.6% 作为标准，可以聚类为 392 个物种，覆盖了 124 个不同的属、53 个不同的科、26 个不同的目的和 11 个不同的纲（图 3-10）。分离菌株中变形菌门的比率最高，为 56%，其次为厚壁菌门和放线菌门，拟杆菌门和广古菌门比率低于 5%。

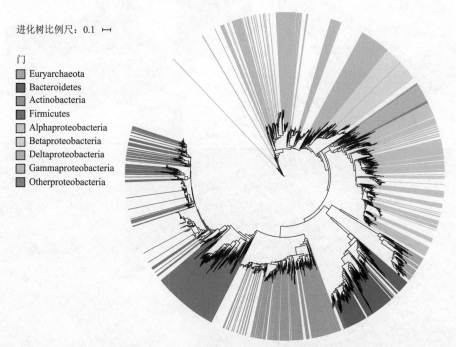

进化树比例尺：0.1

门
- Euryarchaeota
- Bacteroidetes
- Actinobacteria
- Firmicutes
- Alphaproteobacteria
- Betaproteobacteria
- Deltaproteobacteria
- Gammaproteobacteria
- Otherproteobacteria

图 3-10　青藏高原湖泊分离培养的微生物菌株构建的系统发育树

通过将分离菌株 16S rRNA 基因与 NCBI 数据库中已分离菌株进行比对，发现有 237 个菌株与已知物种 16S rRNA 基因相似度低于 98.6%，可能的潜在新种有 182 个，其中放线菌门 28 个、拟杆菌门 29 个、广古菌门 6 个、厚壁菌门 38 个、变形菌门 81 个；可能的新属有 6 个，其中变形菌门 3 个、拟杆菌门 2 个和广古菌门 1 个；可能的新科有 2 个，分别归属于 γ- 变形菌纲和拟杆菌门（图 3-11）。

通过微生物多项分类学鉴定，已经完成多个新种的生理生化实验，陆续获得命名的细菌新种有：拟杆菌门 *Flavobacterium tibetense* YH5[T]、*Salegentibacter lacus* LM13S[T] 和 *Salegentibacter tibetensis* JZCK2[T]（Lu et al.，2022），变形菌门 Gammaproteobacteria 纲 *Halomonas tibetensis* pyc13[T]、*H. montanilacus* pyc7w[T]、*H. rituensis* TQ8S[T]、*H. zhuhanensis* ZH2S[T]（Gao et al.，2020）和 *Nitrincola tibetensis* xg18[T]，变形菌门 Alphaproteobacteria 纲 *Tabrizicola alkalilacus* DJC[T]、*Roseovarius tibetensis* LM2[T] 和 LM4

① cutoff 为系统发育树产生分支的菌株序列相似度阈值，当小于这个阈值时产生新的分支。

及 *Pelagibacterium montanilacus* CCL18^T 等，部分菌株的电镜照片如图 3-12 所示。

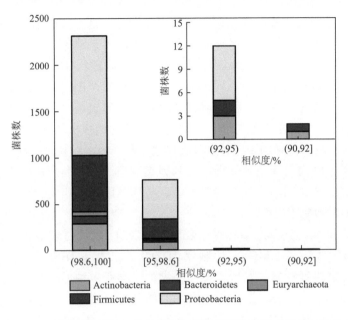

图 3-11　青藏高原湖泊可培养菌株与已知菌株的相似度数值区间分布

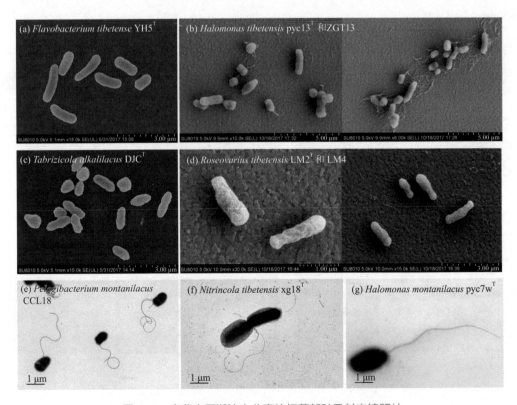

图 3-12　青藏高原湖泊中分离的细菌新种及其电镜照片

3.2.5 青藏高原湖泊病毒研究

病毒在地球不同生态系统中发挥重要的生态功能，是影响微生物多样性的关键因素，也是全球生物地球化学养分循环的主要驱动力，还是地球上最大的基因库和基因水平转移的媒介。因此，对青藏高原湖泊病毒多样性的研究具有非常重要的生态学意义。青藏高原湖泊的成因和演化历史不同，覆盖的盐度梯度范围巨大，从小于1‰的淡水到400‰超盐湖，是研究微生物种群适应盐度机制的理想场所。我们推测水体盐度对微生物的影响并不是简单的线性影响，而是存在复杂的调控机制。任务五专题3"高原微生物多样性保护及可持续利用"研究人员已建立基于病毒颗粒显微观察、丰度测定、生产力测定、保守序列亲缘关系分析、宏基因组测序等一系列病毒分析流程，在此基础上正在解析青藏高原湖泊病毒的主要类型、与环境因子的相关关系，以及其在青藏高原湖泊中的生态功能等问题。

青藏高原湖泊病毒的形态多样性：Zang等（2021）利用透射电子显微镜对公珠错（GZC）、扎日南木错（ZRNMC）、达则错（DZC）、巴木错（BMC）和江错（JC）的病毒类似颗粒的形态进行观察，发现青藏高原湖泊中含有多种形态的病毒类似颗粒，如二十面体、六面体、五面体、圆形、椭圆形、纺锤形、蝌蚪状、漏斗形、正方形、长方形、不规则形、星形、丝状和杆状等（图3-13）。虽然大多数病毒类似颗粒的直径小于90nm，但在四个湖中均观察到直径约为300nm的大病毒类似颗粒，最大的直径＞500nm（图3-14）。

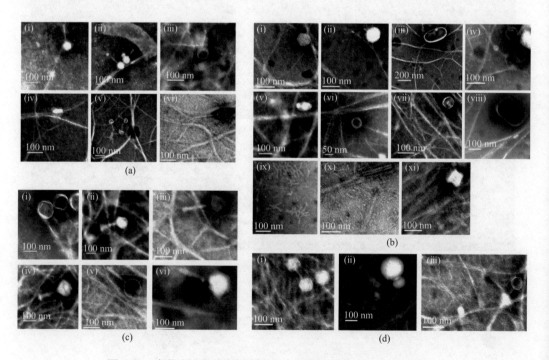

图 3-13　青藏高原湖泊水样中病毒类似颗粒的透射电子显微照片
(a) 长尾病毒；(b) 无尾病毒；(c) 肌尾病毒；(d) 短尾病毒

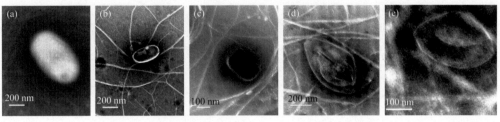

图 3-14　青藏高原湖泊直径大于 300nm 的类似大病毒颗粒

青藏高原湖泊病毒丰度：对青藏高原地区的其香错（QXC）、瀑赛尔错（PSEC）、兹格塘错（ZGTC）、达则错（DZC）、色林错（SLC）、达如错（DRC）、江错（JC）、巴木错（BMC）、扎日南木错（ZRNMC）及纳木错（NMC）10 个湖泊的共 14 个样品（纳木错、达则错、其香错、色林错的样品为湖水表层和底层样品，其他湖泊的样品为表层样品）的理化参数、细菌和病毒丰度、原核异养生产力、病毒生产力和降解率进行了采样和测定（图 3-15）。通过分析不同湖泊的微生物丰度，发现青藏高原湖泊原核生物丰度在 $1\times10^5 \sim 1\times10^7$ cells/mL，其中达如错表层湖水中原核生物丰度最高，为 1.02×10^7 cells/mL，达则错底层（7.08×10^6 cells/mL）和江错表层（6.88×10^6 cells/mL）湖水次之，纳木错底层丰度最低（8.9×10^7 cells/mL）。病毒丰度在 $1\times10^6 \sim 1\times10^7$ VLP/mL，其香错底层病毒丰度最高，为 4.13×10^7 VLP/mL，达如错表层湖水次之（3.15×10^7 VLP/mL），纳木错表层湖水病毒丰度最低，为 2.0×10^6 VLP/mL（图 3-16）。而病毒与原核生物比率（VPR）在 $1.28 \sim 27.96$，其香错底层湖水的 VPR 最高，说明其病毒对原核生物的控制作用相对较强。

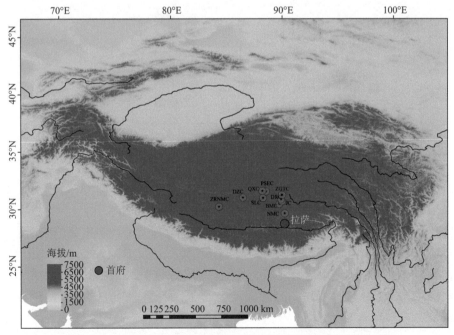

图 3-15　开展病毒生产力和降解率研究的青藏高原湖泊采样点

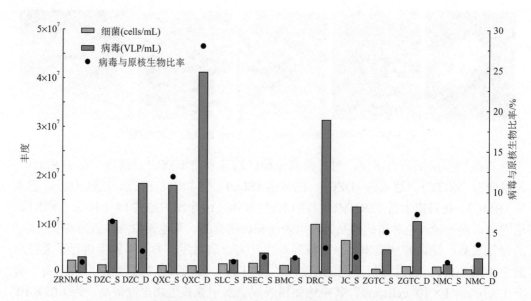

图 3-16　青藏高原湖泊原核生物、病毒丰度及病毒与原核生物比率

S 表示表层；D 表示底层

　　将表层湖水的病毒丰度与底层湖水进行显著性差异比较，结果表明，底层湖水的病毒丰度要高于表层湖水，但是差异不显著（图 3-17）。

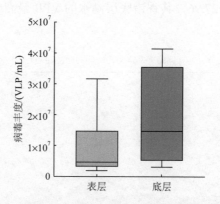

图 3-17　青藏高原湖泊表层湖水和底层湖水病毒丰度的差异比较

　　通过将湖泊的病毒丰度与湖泊水质因子和理化参数进行线性拟合后发现，病毒丰度与湖水电导率、盐度、总氮以及纬度呈显著正相关关系（图 3-18）。

　　青藏高原湖泊 T4 肌尾病毒群落组成及影响因素：于青藏高原东西横断面上的夏达错（XDC）、热邦错（RBC）、公珠错（GZC）、洞错（DC）、达瓦错（DWC）、齐格错（QGC）、扎日南木错（ZRNMC）、达则错（DZC）、其香错（QXC）、巴木错（BMC）、达如错（DRC）、兹格塘错（ZGTC）、江错（JC）的表层湖水对 T4 肌尾病毒遗传多样性进行了调查（图 3-19）。

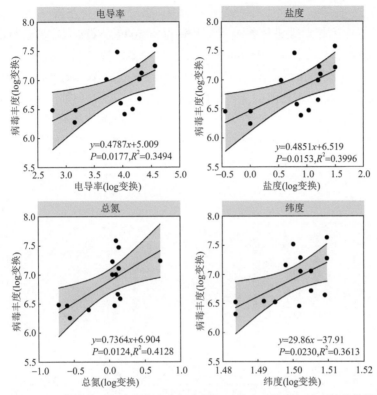

图 3-18 青藏高原湖泊病毒丰度与电导率、盐度、总氮和纬度的线性拟合

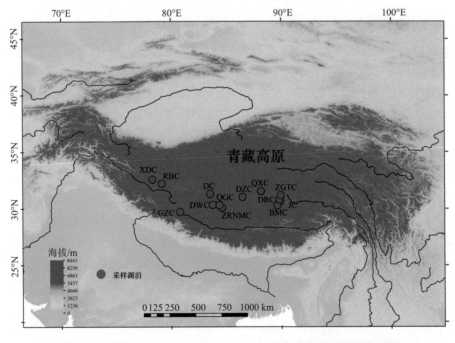

图 3-19 开展 T4 肌尾病毒遗传多样性研究的青藏高原湖泊采样点

通过扩增 T4 肌尾病毒的主要衣壳蛋白基因 *g23*，我们共获得了 26645 条高质量序列，以 97% 的序列相似性进行聚类后，共获得了 2049 个 OTUs，基于 OTUs 丰度计算出各个样品的 α 多样性指数（Shannon-Wiener 物种多样性指数、Evenness 指数）（图 3-20），从中可以看出，扎日南木错（ZRNMC）的 Shannon-Wiener 物种多样性指数与 Chao1 指数均最高，说明该湖泊中 T4 肌尾噬菌体丰富度和多样性均最高。此外，公珠错（GZC）、热邦错（RBC）、达如错（DRC）的 T4 肌尾噬菌体多样性同样比较高。T4 肌尾噬菌体均匀度比较高的湖泊为达瓦错（DWC）、公珠错（GZC）和洞错（DC）。

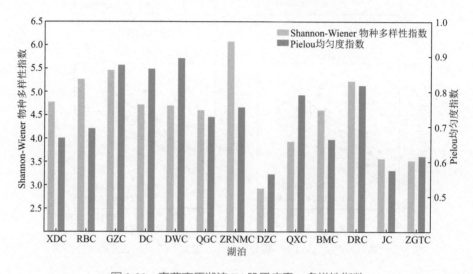

图 3-20　青藏高原湖泊 T4 肌尾病毒 α 多样性指数

通过对 13 个湖泊全部 T4 肌尾病毒 OTUs 构建韦恩图（图 3-21），可以看出，扎日南木错（ZRNMC）与热邦错（RBC）含有的 T4 肌尾病毒 OTUs 数目最多，且这两个湖泊特有的 T4 肌尾病毒 OTUs 数目也是最多的。夏达错（XDC）与热邦错（RBC）二者共有 T4 肌尾病毒 OTUs 的数量同样比较多，占所有 OTUs 数目的 7.4%，其次为江错（JC）和巴木错（BMC），占 5.8%。不存在 13 个湖泊共有的 T4 肌尾病毒 OTUs。从韦恩图中可以看出，青藏高原不同湖泊的病毒群落具有极大的独特性，湖泊之间病毒群落的相似性比较小。

挑选出每个样品中相对丰度大于 1% 的主要 T4 肌尾病毒 OTUs 的氨基酸序列，同已经公开发表的海洋、湖泊、南北极冰川、稻田土壤以及分离的噬菌体的 *g23* 序列构建发育树，进行系统发育分析（图 3-22）。结果显示，青藏高原湖泊的 *g23* 基因序列可以划分为四大类群：湖泊类群、海洋类群、FarT4 类群和青藏高原湖泊类群，没有稻田土壤类群和极地冰川类群。35% 的 OTUs（26% 的 *g23* 序列）属于湖泊类群，进一步划分为三个亚类群（Lake Groups I-III）。12% 的 OTUs 属于海洋类群，占序列的 48%，其中有 3 个 OTUs 划分为海洋类群 Ⅱ，且和太平洋、大西洋以及北冰洋的 *g23* 序列相似，另有 5 个 OTUs 和海洋蓝细菌噬菌体类群（Exo T-evens Group）聚在一起，这一类群在齐格错、巴木错、达如错和江错中存在，其中巴木错和江错以 Exo T-evens 为主，另外有 6 个 OTUs 属于 Far T4 类群（图 3-23）。

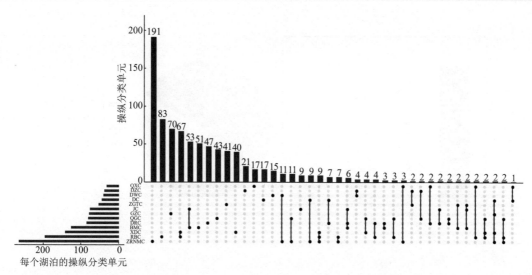

图 3-21　青藏高原湖泊 T4 肌尾病毒共有和特有 OTUs 数量的韦恩图

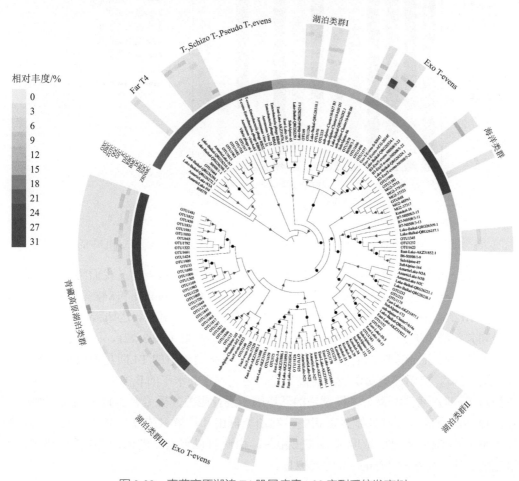

图 3-22　青藏高原湖泊 T4 肌尾病毒 *g23* 序列系统发育树

T-even phage：T-偶数噬菌体；Pseudo T-even phage：伪 T-偶数噬菌体；Schizo T-even phage：分裂 T-偶数噬菌体

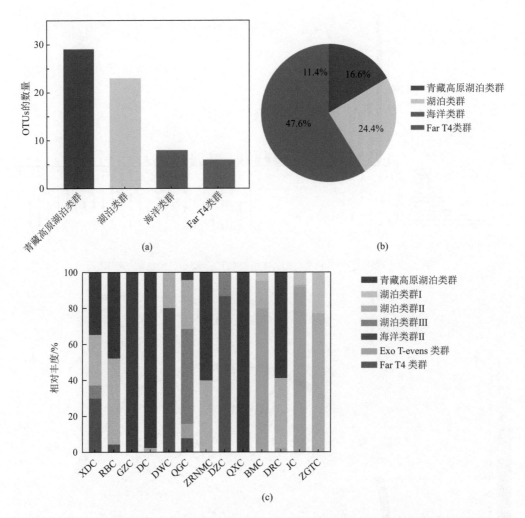

图 3-23　湖泊 T4 肌尾病毒四大类群的多样性（a）、丰富度（b）及在青藏高原湖泊中的相对丰度（c）

很大一部分的 OTUs 未能和已公开发表的 *g23* 序列聚到一起，我们将其归类为青藏高原湖泊类群（TP Lake Group），这一类群包括 29 个 OTUs（44%）和 848 条序列（17%），并且在 10 个湖泊中存在（除达瓦错、达则错和兹格塘错）。其中，达如错、扎日南木错、洞错和其香错中绝大多数 *g23* 序列属于青藏高原湖泊类群（图 3-22）。

基于 Bray-Curtis 距离的 NMDS 分析显示，不同湖泊中的 T4 肌尾病毒群落明显分离（图 3-24），表明该类病毒在青藏高原湖泊之间存在高水平的 β 多样性。正态变换后，我们对 T4 肌尾病毒类群与采样湖泊的环境因子进行相关分析（表 3-1），结果表明，青藏高原湖泊类群与盐度呈显著正相关，湖泊类群Ⅲ和溶解氧浓度呈显著正相关，而海洋类群Ⅱ和 DOC 及 TN 浓度呈显著正相关。由此可以得出，湖泊的环境因子影响 T4 肌尾病毒的群落结构（Zang et al., 2021）。

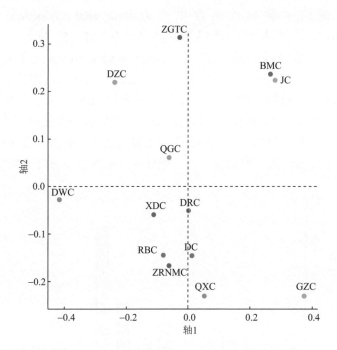

图 3-24　青藏高原湖泊 T4 肌尾病毒基于 Bray-Curtis 相似矩阵的 NMDS 分析

表 3-1　T4 肌尾病毒类群与采样湖泊环境因子的相关性分析

环境因子	青藏高原湖泊类群	湖泊类群 I	湖泊类群 II	湖泊类群 III	海洋类群 II	Exo T-evens 类群	Far T4 类群
温度	0.033	−0.232	0.024	−0.386	−0.088	−0.196	0.453
盐度	0.576*	−0.054	0.037	−0.356	−0.191	−0.194	−0.190
pH	0.009	0.343	0.155	0.036	0.082	−0.198	−0.085
浊度	0.297	−0.301	−0.190	0.436	0.071	−0.275	−0.143
DO	−0.129	−0.119	0.049	**0.820****	−0.251	0.232	−0.260
叶绿素	−0.201	−0.224	−0.235	0.073	0.379	0.381	−0.291
POC	0.315	−0.087	−0.130	−0.059	−0.200	0.166	−0.241
DOC	−0.094	−0.099	−0.102	−0.245	**0.779****	−0.036	−0.321
TN	−0.062	−0.114	−0.110	−0.252	**0.696****	−0.140	−0.167

* 表示显著性水平 $p < 0.05$，** 表示显著性水平 $p < 0.01$，全书同。

青藏高原湖泊原核异养生产力（prokaryotic heterotrophic production，PHP）、病毒生产力（viral production，VP）和病毒降解率：分析青藏高原湖泊的异养原核生产力，得出江错表层湖水（JC_S）PHP 最高，为 32.76μg C/（L·d），通过单细胞生物量转化参数（20 fg/cell）转换为单位时间和单位体积生产的细胞数为 68241.26cells/（mL·h），其次是达如错表层湖水（DRC_S），PHP 为 13.06μg C/（L·d）[27214.58cells/（mL·h）]，色林错表层湖水（SLC_S）最低，PHP 为 0.46μg C/（L·d）[967.60cells/（mL·h）]（图 3-25）。

青藏高原湖泊中裂解性病毒生产力（lytic viral production）在 $3.2\times10^4 \sim 4.271\times10^6(mL\cdot h)^{-1}$，其中扎日南木错表层湖水（ZRNMC_S）最低，达如错表层湖水（DRC_S）最高，溶原性病毒生产力（lysogenic viral production）介于 $2.9\times10^4 \sim 8.161\times10^6(mL\cdot h)^{-1}$，其香错底层湖水（QXC_D）最高，其次为达则错表层（DZC_S），纳木错底层（NMC_D）最低（图 3-26）。除巴木错表层（BMC_S）、达如错表层（DRC_S）和纳木错底层（NMC_D）湖水外，其他样品均是溶原性病毒生产力大于裂解性病毒生产力，总体而言，采样湖泊的溶原性病毒生产力显著高于裂解性病毒生产力（图 3-27）。这与之前寡营养表层海洋的研究结果一致，即低养分浓度会促进溶原性发生。

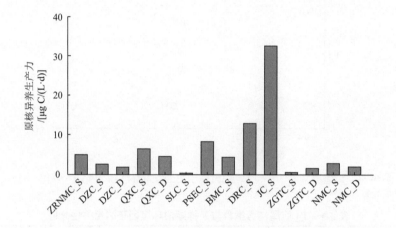

图 3-25　青藏高原湖泊原核异养生产力

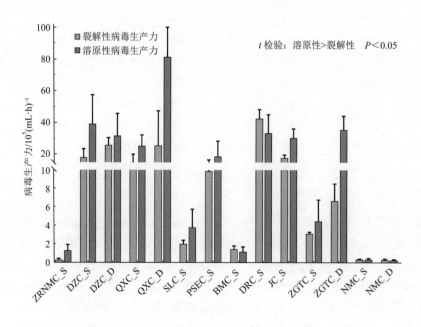

图 3-26　青藏高原湖泊病毒生产力

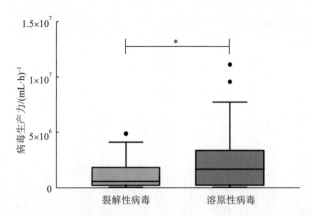

图 3-27　青藏高原湖泊裂解性病毒生产力和溶原性病毒生产力差异比较

病毒与原核生物接触率（contact rate，CR）用来表示海洋中病毒类群与原核生物类群接触的概率，在达如错表层（DRC_S）湖水中，病毒与原核生物接触率最高，为 3838.8（mL·s）$^{-1}$，纳木错（NMC）湖水中的病毒与原核生物接触率最低 [表层为 34.3（mL·s）$^{-1}$，底层为 34.0（mL·s）$^{-1}$]（图 3-28），所有采样湖泊平均病毒与原核生物接触率为 605.1（mL·s）$^{-1}$。

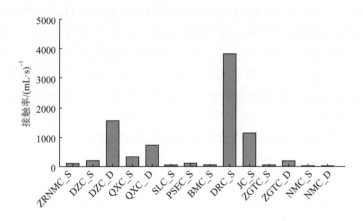

图 3-28　青藏高原湖泊病毒与原核生物接触率

通过 PHP 和 VP 计算出湖泊中的原核生物周转率（prokaryotic turnover rate，PTR）和病毒周转率（viral turnover rate，VTR）。结果显示，平均原核生物周转率为 0.11d^{-1}，最小为 0.011d^{-1}[色林错表层（SLC_S）]，最大为 0.238d^{-1}[江错表层（JC_S）]。平均病毒周转率为 2.124d^{-1}，最小为 0.231d^{-1}[扎日南木错（ZRNMC_S）]，最大为 5.653d^{-1}（瀑赛尔错表层 PSEC_S）（图 3-29）。所研究湖泊原核生物的周转时间大约为 9.1 天（4.2～90.9 天），病毒周转时间大约为 0.5 天（0.2～4.3 天）。青藏高原湖泊中的平均病毒周转率高于地表水或深海沉积物中的病毒周转率（1.7±0.1d^{-1}），这表明青藏高原湖泊中的病毒是高度动态的，其更新速度很快。

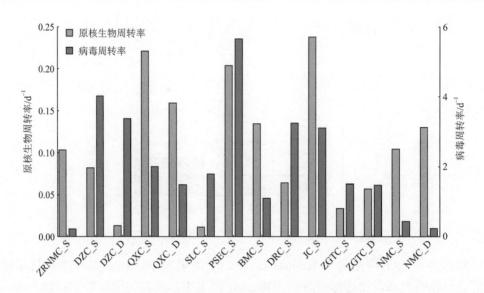

图 3-29　青藏高原湖泊原核生物周转率和病毒周转率

　　在青藏高原湖泊中，病毒介导的死亡率（viral mediated mortality，VMM）平均为 121042.1cells/（mL·h），最高为达如错表层 [DRC_S，427082.9cells/（mL·h）]，其次为达则错底层 [DZC_D，259593.6cells/（mLh）] 和其香错底层 [QXC_D，255984.0cells/（mLh）]，最低为扎日南木错表层 [ZRNMC_S，3168.2cells/（mL·h）][图 3-30（a）]。原核异养生产力的病毒裂解比例（percentage of prokaryotic heterotrophic production lysed，PHP lysed）是指新生产的细菌中，被病毒裂解而死亡所占的比例，这一值在青藏高原湖泊中介于 28.62%/h[扎日南木错表层（ZRNMC_S）] ～ 6536.47%/h[达则错底层（DZC_D）]，平均为 1589.69%/h[图 3-30（b）]，这里计算的高值意味着病毒对细菌的裂解作用对青藏高原湖泊碳循环有重要影响。因此，病毒可能会强烈影响高原湖泊生态系统中碳和营养物质的转化。病毒降解率（viral decayrate）在所有湖泊中介于 0.34%/h ～ 3.28%/h，平均为 1.74%/h，江错表层湖水（JC_S）最低，兹格塘错表层（ZGTC_S）湖水最高 [图 3-30（c）]。原核生物的病毒裂解比例（percentage of prokaryotic cells lysed，Cell lysed）表示总原核生物中被病毒裂解而死亡所占的比例，这一值在青藏高原湖泊中为 0.12[扎日南木错表层（ZRNMC_S）] ～ 17.33%/h(其香错底层 QXC_D)，平均为 4.53%/h[图 3-30（d）]，即每小时约有 4.53% 的宿主因病毒裂解而死亡。

　　青藏高原湖泊原核异养生产力、病毒生产力和病毒降解率的影响因素：Spearman 相关性分析结果显示，青藏高原湖泊中裂解性病毒生产力与病毒丰度、病毒与原核生物接触率、浊度、叶绿素 a、总氮以及纬度呈显著正相关（$P < 0.05$）；溶原性病毒生产力与病毒丰度、病毒与原核生物比率、病毒与原核生物接触率、电导率、pH、总氮、纬度呈显著正相关（$P < 0.05$）；病毒和原核生物接触率与电导率、TDS、盐度、浊度、叶绿素 a、总氮和纬度呈显著正相关（$P < 0.05$）；原核生物周转率与原核异养生产力和海拔呈显著正相关（$P < 0.05$）；病毒周转率与原核生物丰度、病毒介导的死亡率、原核生物裂解比例、叶绿素 a 和总氮呈显著正相关（$P < 0.05$）；病毒介导的死亡率与溶

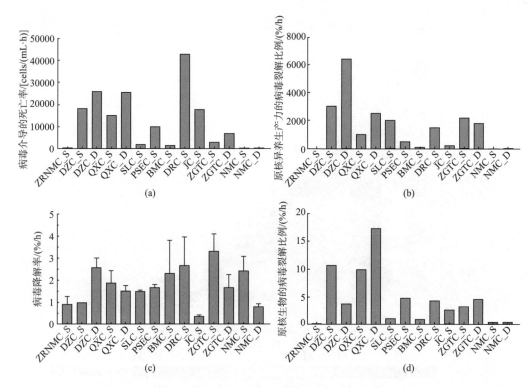

图 3-30　青藏高原湖泊病毒介导的死亡率（a）；原核异养生产力的病毒裂解比例（b）；病毒降解率（c）
和原核生物的病毒裂解比例（d）

原性和裂解性病毒生产力、病毒丰度、病毒和原核生物接触率、浊度、叶绿素 a、总氮、纬度呈显著正相关（$P < 0.05$）；原核异养生产力的病毒裂解比例与溶原性和裂解性病毒生产力、病毒丰度、病毒与原核生物比率、病毒介导的死亡率、原核生物的病毒裂解比例以及 pH、浊度、纬度呈显著正相关（$P < 0.05$），与海拔呈显著负相关（$P < 0.05$）；原核生物的病毒裂解比例与溶原性和裂解性病毒生产力、病毒丰度、病毒与原核生物比率、病毒与原核生物接触率、病毒周转率、病毒介导的死亡率等生物因素呈显著正相关（$P < 0.05$），同时也与 pH、纬度等非生物因素呈显著正相关（$P < 0.05$）（图 3-31）。

　　青藏高原湖泊中病毒和原核生物介导的碳量：利用原核生物丰度、原核异养生产力以及病毒介导的死亡率乘以平均细菌含碳量 20fg/cell 可以得到现存原核生物的碳量（carbon in prokaryotic standing stock）、原核异养生物新生产的碳量（prokaryotic carbon produced）以及病毒裂解所释放的碳量（carbon released by viral lysis）。通过计算可以得出，青藏高原湖泊现存原核生物平均碳量为 59.91μg/(L·d)，达如错表层（DRC_S）现存原核生物碳量最多 [203.16μg/(L·d)]，其次为江错表层（JC_S）以及达则错底层（DZC_D），兹格塘错表层（ZGTC_S）最少，为 19.52μg/(L·d)。而原核异养生物新生产的碳量平均值为 6.32μg/(L·d)，江错表层（JC_S）湖水最高 [32.76μg/(L·d)]，色林错表层（SLC_S）最低 [0.46μg/(L·d)]。病毒裂解所释放的碳量在达如错表层（DRC_S）中最高，为 205.00μg/(L·d)，扎日南木错表层（ZRNMC_S）最低，为 1.52μg/(L·d)，所有湖泊平均值为 58.10μg/(L·d)（图 3-32）。

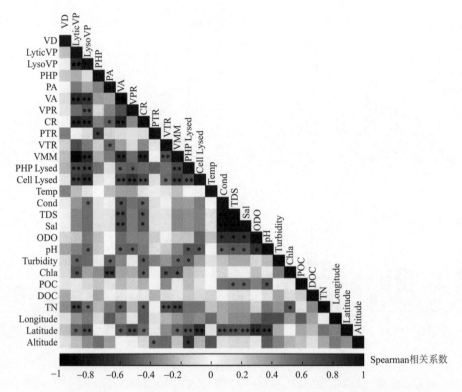

图 3-31　青藏高原湖泊原核异养生产力、病毒生产力和病毒降解率与环境因子的相关性分析

VD：病毒降解率（viral decayrate）；LyticVP：裂解性病毒生产力（lytic viral production）；LysoVP：溶原性病毒生产力（lysogenic viral production）；PHP：原核异养生产力（prokaryotic heterotrophic production）；PA：原核生物丰度（prokaryotic abundance）；VA：病毒丰度（viral abundance）；VPR：病毒与原核生物比率（virus prokaryotes ratio）；CR：病毒与原核生物接触率（contact rate，CR）；PTR：原核生物周转率（prokaryotic turnover rate）；VTR：病毒周转率（viral turnover rate）；VMM：病毒介导的死亡率（viral mediated mortality）；PHP Lysed：原核异养生产力的病毒裂解比例（percentage of prokaryotic heterotrophic production lysed）；Cell Lysed：原核生物的病毒裂解比例（percentage of prokaryotic cells lysed；Cell lysed）；Temp：水温；Cond：电导率；TDS：总溶解性固体；Sal：盐度；ODO：溶解氧；Turbidity：浊度；Chla：叶绿素a；POC：颗粒有机碳；DOC：溶解有机碳；TN：总氮；Longitude：经度；Latitude：纬度；Altitude：海拔

　　病毒降解所释放的碳量（carbon released by viral decay）通过病毒降解率乘以平均病毒颗粒含碳量 0.2fg 获得，在所有湖泊中，其香错底层（QXC_D）病毒降解所释放的碳量最高 [15.18μg/（L·d）]，纳木错底层（NMC_D）最低 [0.08μg/（L·d）]，平均值为 2.84μg/（L·d）（图 3-32）。

　　根据上述计算得到的我们采样湖泊病毒和原核生物介导的碳量的平均值，外推到整个青藏高原，根据对面积超过 50km^2 湖泊的实测结果，估算青藏高原湖泊储水量约为 8.15×10^{11} m^3。因此估算得知，青藏高原湖泊原核生物储存碳量大约为 1.78×10^7t，异养原核生物新生产的碳量大约为 1.88×10^6t，病毒降解所释放的碳量大约为 8.46×10^5t，而病毒裂解所释放的碳量估算为 1.73×10^7t，大致和原核生物储存碳量相当。病毒裂解所释放的碳代表了从颗粒到溶解有机物的转移，这很可能促进原核生物的大量循环利用，原核生物会吸收释放出的产物，从而支持原核生物的再生产。综上所述，病毒在青藏高原湖泊碳循环过程中起着至关重要的作用。

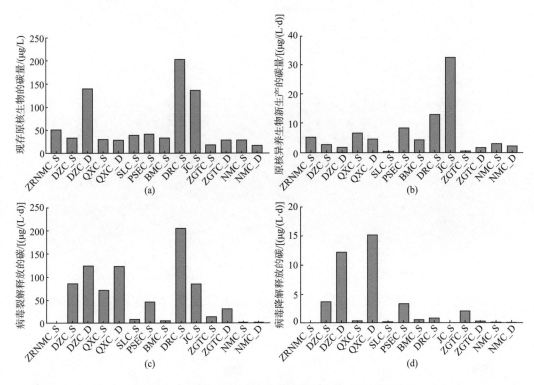

图 3-32　青藏高原湖泊中病毒和原核生物介导的碳量

3.3　青藏高原河流微生物多样性及其对气候变化的响应

任务五专题 3 "高原微生物多样性保护及可持续利用"研究人员于 2019 年 10 月和 2020 年 7 月在怒江、雅鲁藏布江、狮泉河、象泉河、吉隆藏布和马甲藏布设立了超过 95 个观测断面，采集了河水颗粒附着态（3～20μm）、浮游态微生物（0.22～3μm）以及河岸淹水沉积物样品（图 3-33），并同步测定了水质理化参数和营养盐。选用 16S rRNA 基因 V4 高变区通用引物 515F（5'-GTG YCA GCM GCC GCG GTA-3'）和 907R（5'-CCG YCA ATT YMT TTR AGT TT-3'）开展原核生物 16S rRNA 基因扩增子高通量测序分析（Illumina HiSeq）。分析结果表明，怒江、雅鲁藏布江、狮泉河、象泉河、吉隆藏布和马甲藏布的溶解有机碳（DOC）和总氮（TN）浓度呈现为由南到北增加的趋势，它们与纬度呈显著正相关，而 NO_3^- 和 SO_4^{2-} 浓度呈现自西向东增加的趋势，与经度呈显著正相关（图 3-34）。相关性分析表明，SO_4^{2-} 与 NO_3^-、TN 呈现显著正相关（$R > 0.6$，$P < 0.001$），而温度和 pH 则呈现显著负相关（$R=-0.53$，$P < 0.001$）。此外，DOC 和 TN 也有着显著正相关关系（$R=0.56$，$P < 0.001$）。

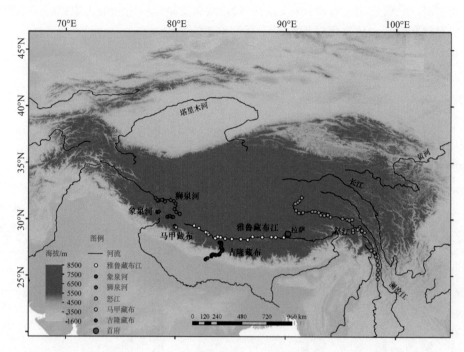

图 3-33　怒江（NJ）、雅鲁藏布江（YL）、狮泉河（SQ）、象泉河（XQ）、吉隆藏布（JL）、马甲藏布（MJ）
采样站位图

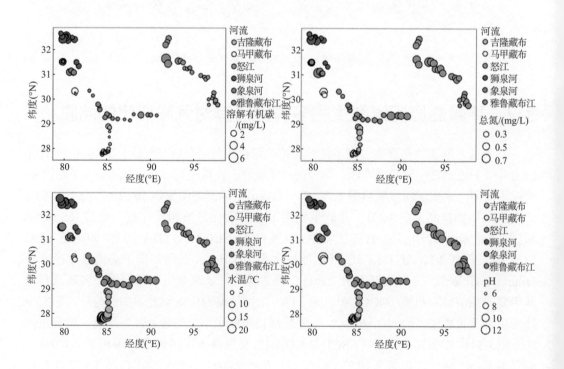

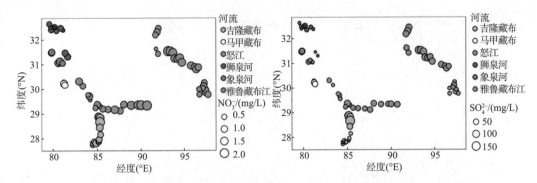

图 3-34 怒江、雅鲁藏布江、狮泉河、象泉河、吉隆藏布和马甲藏布观测断面主要环境参数的地理分布格局

3.3.1 青藏高原河流微生物多样性研究

RDP 分类分析表明，怒江（NJ）和雅鲁藏布江（YL）水体中优势微生物类群为 Bacteroidetes 和 Betaproteobacteria，而 Alphaproteobacteria 和 Gammaproteobacteria 是吉隆藏布（JL）的主要优势类群 [图 3-35（a）]。而沉积物优势类群 Acidobacteria、Bacteroidetes、Alphaproteobacteria、Betaproteobacteria 和 Gammaproteobacteria 的相对丰度与对应河流水体微生物组成存在一定差别 [图 3-35（b）]。随机森林分析表明，地理要素（经纬度）、水体离子（Na^+、K^+、Ca^{2+}、Mg^{2+}、Cl^-、F^-、NO_3^-、SO_4^{2-}）、水体理化（pH、温度和电导率）以及营养盐（DOC、TN）能较好地解释河水浮游态和颗粒态微生物优势类群（浮游态：Planctomycetes、Chloroflexi、Cyanobacteria、Deltaproteobacteria 除外；颗粒态：Betaproteobacteria、Deltaproteobacteria 和 Gammaproteobacteria 除外）的空间分布格局（$R^2 > 0.4$）[图 3-36（a）、图 3-36（b）]。而在河流沉积物中，空间要素和水体理化参数仅较好地解释了 Acidobacteria、Gammaproteobacteria、Planctomycetes 的空间分布特征（$R^2 > 0.25$）[图 3-36（c）]，说明其他未测定指标（沉积物性质）以及随机过程可能主导了青藏高原河流沉积物微生物的分布格局。

α 多样性分析表明，总体上，沉积物微生物群落丰富度要显著高于水体微生物群落，而颗粒态微生物群落丰富度也要显著高于浮游态微生物群落（Kruskal-Wallis 检验，$P < 0.05$）[图 3-37（a）]。线性拟合分析表明，河水和沉积物微生物群落丰富度均与经度呈显著正相关关系（$P < 0.001$）[图 3-37（b）]，说明高原河流微生物多样性有着由上游至下游（由西到东）逐渐增大的趋势。

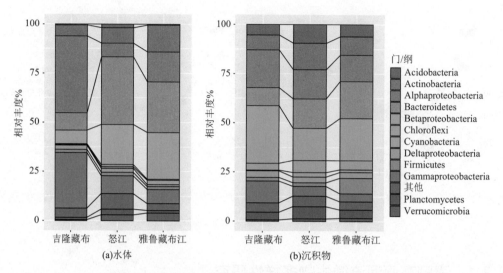

图 3-35 吉隆藏布、怒江和雅鲁藏布江水体 (a) 和沉积物 (b) 微生物群落组成

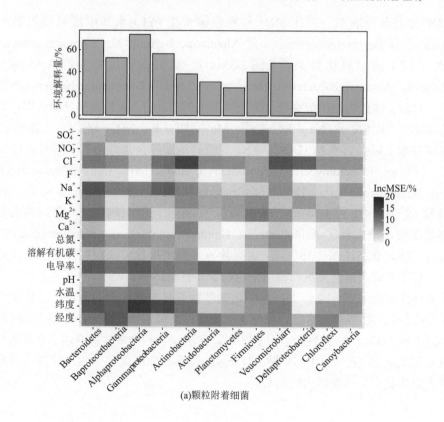

(a) 颗粒附着细菌

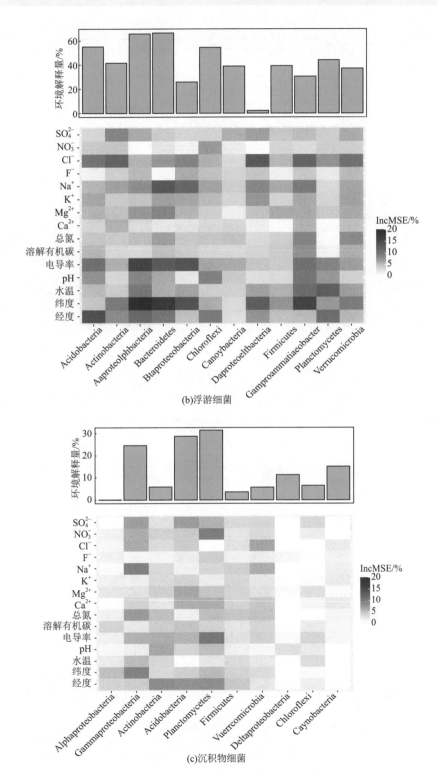

(b)浮游细菌

(c)沉积物细菌

图 3-36　随机森林分析空间要素、水体理化性质与青藏高原河流水体、沉积物主要优势类群之间的耦合关系

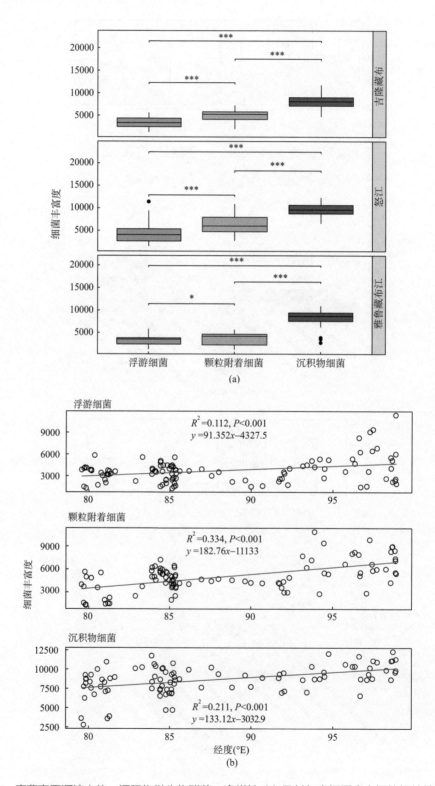

图 3-37 青藏高原河流水体、沉积物微生物群落 α 多样性（a）及其与空间要素之间的相关关系（b）

3.3.2　青藏高原河流微生物群落构建机制研究

NMDS 排序多样性分析表明, ①河流微生物群落呈现明显的生境差异（即河水 vs. 沉积物）; ②不同河流 [怒江（NJ）、雅鲁藏布江（YL）和吉隆藏布（JL）] 的水体样品有呈现随河流聚类的趋势, 但同一河流的浮游态和颗粒态样品有相互离散的趋势; ③沉积物样品随河流来源聚类的趋势不明显 [图 3-38（a）]。距离衰减分析表明, 河水浮游态、颗粒态和沉积物微生物群落均表现出显著的距离衰减规律, 即随距离增加, 微生物群落相似性降低的规律。值得注意的是, 沉积物微生物群落的相似性下降幅度要高于水体微生物群落 [图 3-38（b）～图 3-38（d）]。增强回归树（boosted regression tree）

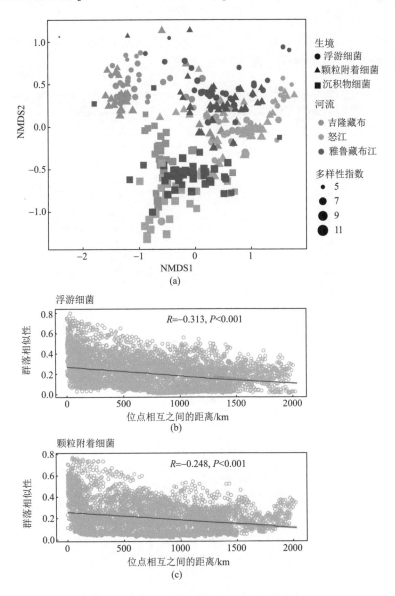

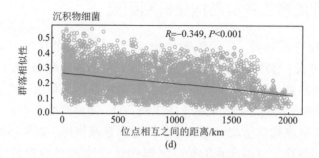

图 3-38　NMDS 排序分析青藏高原河流微生物群落结构特征（a），以及河流微生物群落 β 多样性的距离衰减特征 [（b）～（d）]

模型分析表明，空间要素（经纬度）和水温是影响青藏高原河水和沉积物微生物群落结构空间分布格局的主要因子（图 3-39）。

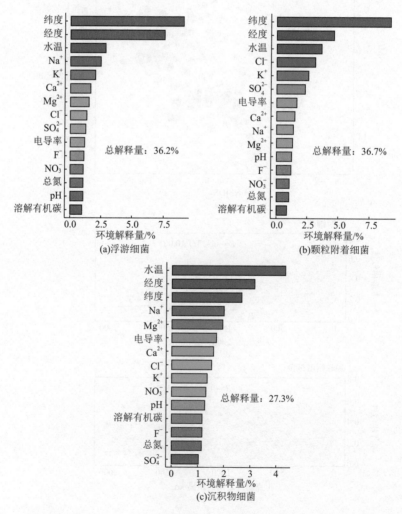

图 3-39　增强回归树模型分析空间要素、水体理化参数与青藏高原河流微生物群落结构之间的耦合关系

中性模型（neutral model）分析表明：①青藏高原河流河水和沉积物微生物群落构建主要由随机过程主导（$R^2 > 0.7$）；②沉积物微生物群落的迁移速率（m）最高，其次为颗粒态微生物，而浮游态微生物群落的迁移速率最低，这暗示河水流动携带的颗粒物运动可能极大地影响了青藏高原河流微生物群落的构建过程（图 3-40）。

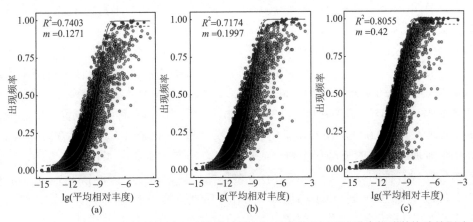

图 3-40　中性模型分析随机过程（扩散与漂变）对青藏高原河流微生物群落构建的影响

(a) ～ (c) 分别代表浮游态（FL）、颗粒态（PA）和沉积物微生物群落

3.3.3　青藏高原河流沉积物微生物群落空间分布格局

科考队采用 16S rRNA 扩增子测序技术分析了雅鲁藏布江（以下简称雅江）干流及主要支流沉积物微生物丰富种与稀有种的空间分布格局及其群落构建机制。分析结果表明，雅江沉积物微生物群落（丰富种与稀有种）呈现出明显的 lg 序列数 - 占比率关系，丰富种（R^2=0.097，$P < 0.001$）比稀有种（R^2=0.617，$P < 0.001$）分布更为广泛 [图 3-41 (a)]。物种分类分析表明，变形菌（39%）、拟杆菌（19%）、厚壁菌（17%）和放线菌（14%）是雅

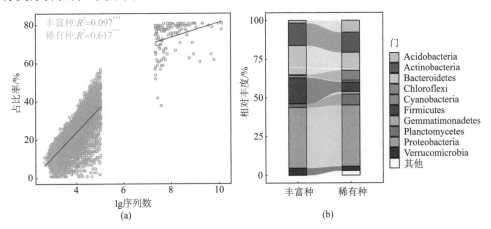

图 3-41　雅江沉积物微生物丰富种与稀有种的 lg 序列数 - 占比率关系（a）及其物种分类组成（b）

*** 表示显著性 $P < 0.001$，全书同

江沉积物微生物丰富种的主要组成，而稀有种以变形菌（40%）为主，其次是放线菌（13%）和拟杆菌（12%）[图 3-41（b）]。α 多样性分析表明，稀有种的多样性与均匀度（即 Shannon-Wiener 物种多样性指数、Pielou 均匀度指数和系统发育多样性）显著高于丰富种 [Wilcoxon 秩和检验，$P < 0.001$，图 3-42（a）～图 3-42（c）]。然而，丰富种的种间平均进化距离显著高于稀有种 [Wilcoxon 秩和检验，$P < 0.001$，图 3-42（d）]，表明与丰富种相比，稀有种之间的系统发育关系更为紧密。

地理距离 - 衰减（distance-decay）模型分析表明，雅江沉积物微生物丰富种和稀有种的分类学 β 相似性（使用 Bray-Curtis 相似性）、系统发育 β 相似性（使用平均最近分类距离，即 mean-nearest-taxon-distance，缩写为 MNTD）与地理距离之间均存在显著负相关 [$P < 0.05$，图 3-43（a）和 3-43（b）]。然而，与稀有种细菌亚群（分类学，0.0038；系统发育，0.0003）相比，丰富种的（分类学，-0.0084；系统发育，-0.0013）β 相似性在地理距离上的衰减率更快，表现为拟合斜率更陡峭。对比分析表明，雅江沉积物微生物稀有种的分类学和系统发育 β 多样性均显著高于丰富种 [Wilcoxon 秩和检验，$P < 0.001$，图 3-43（c）和 3-43（d）]。此外，虽然丰富种和稀有种的系统发育与分类学 β 多样性均呈现显著相关，但稀有种的系统发育与分类学 β 多样性之间的相关强度（R^2=0.829）要高于丰富种（R^2=0.149）（图 3-44）。

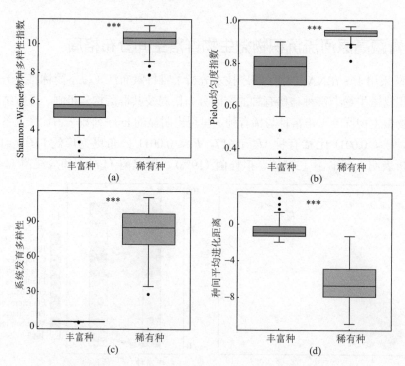

图 3-42　雅江沉积物丰富种和稀有种的 Shannon-Wiener 物种多样性指数（a）、Pielou 均匀度指数（b）、系统发育多样性（c）和种间平均进化距离（d）的差异

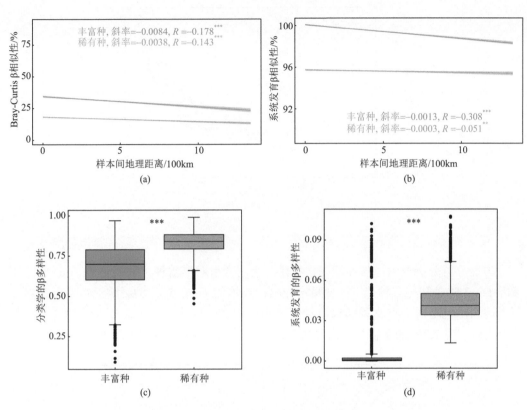

图 3-43　雅江沉积物微生物丰富种和稀有种地理距离 – 衰减模式
[（a）和（b）] 以及 β 多样性差异 [（c）和（d）]

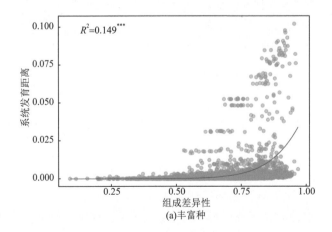

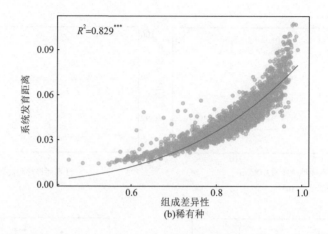

图 3-44 雅江沉积物微生物丰富种和稀有种系统发育与分类学 β 多样性之间的相关关系

方差分解分析表明，与环境因素相比，空间变量对丰富种（空间变量：16.9%；环境因子：3.5%）和稀有种（空间变量：7.9%；环境因子：1.5%）的影响更强（图 3-45），而土地利用类型对于丰富种和稀有种群落组成的影响较小。然而，值得注意的是，森林占比可解释 7.7% 的丰富种群落组成变异特征，远远超过其他的单独环境因子。

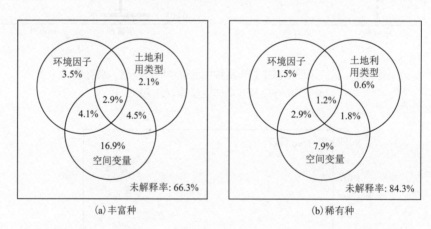

图 3-45 方差分解分析显示环境因子、土地利用类型和空间变量对雅江沉积物微生物丰富种和稀有种群落组成的影响

环境阈值分析表明，与稀有种相比，丰富种有着更为宽泛的环境阈值区间 [图 3-46（a）]，说明丰富种比稀有种的环境适应能力更强。此外，布隆伯格 K 统计分析表明，与稀有种相比，丰富种对大部分环境变量表现出更强的系统发育信号 [图 3-46（b）]。科考队进一步分析了 30 个丰度最高的丰富种和稀有种 OTUs 的潜在生态偏好，发现丰富种 OTUs 的相对丰度与环境变量的相关性更强 [图 3-46（c）]。

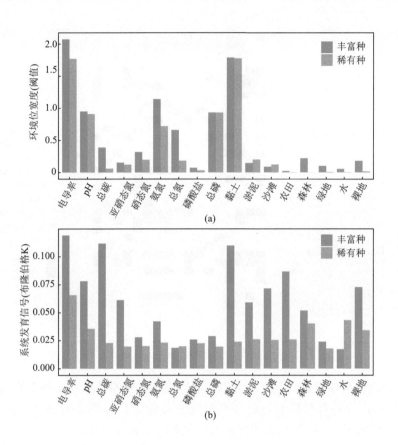

(a)

(b)

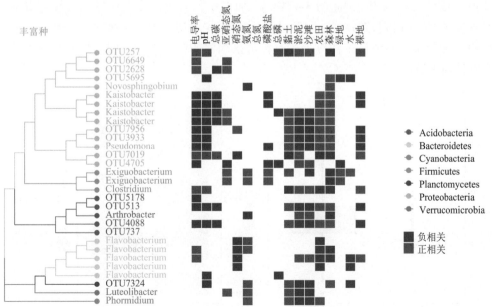

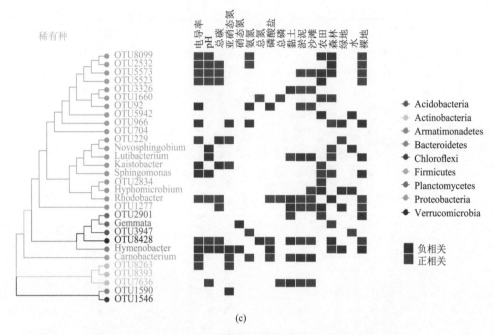

图 3-46　雅江沉积物微生物丰富种和稀有种的环境适应性

群落构建模型分析表明，雅江沉积物微生物丰富种的 β 相近分类指数（βNTI）多分布于 –2 ～ +2，而稀有种的 β 相近分类指数值大多大于 2[图 3-47（a）]。进一步区分不同群落构建机制表明，扩散限制和异质选择是影响丰富种群落构建的主要生态学机制，分别占总过程的 84% 和 15%[图 3-47（b）]。而对于稀有种，异质选择是主导其群落构建的主要生态学机制 [77%，图 3-47（b）]。这些结果表明，与丰富种相比，河流沉积物具有的较为异质性的环境条件对于稀有种群落构建的影响更大，但其更容易在河流沉积物中传播扩散。

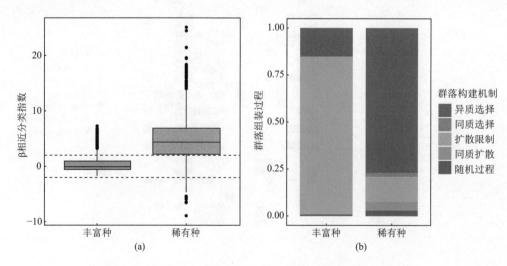

图 3-47　雅江沉积物微生物丰富种和稀有种群落构建机制分析

为了识别影响雅江沉积物微生物丰富种和稀有种群落构建过程的主要因子，科考队采用 Mantel 检验分析了环境因子与微生物 β 相近分类指数之间的相关关系。分析结果表明，样点周边森林占比和沉积物总氮分别是影响丰富种（R=0.116，P=0.005）和稀有种（R=0.171，P < 0.001）群落构建过程的主要因子（表 3-2）。此外，森林占比和沉积物总氮的变化趋势分别与丰富种 [（R^2=0.029，P < 0.001，图 3-48（a）] 和稀有种 [R^2=0.041，P < 0.001，图 3-48（c）] 的 β 相近分类指数有着显著相关性。值得注意的是，虽然丰富种的 β 相近分类指数值与森林占比的变化趋势呈显著相关性，但其 β 相近分类指数值主要分布于群落构建的随机过程区（–2 < 丰富种 β 相近分类指数 < +2）；而稀有种的 β 相近分类指数值与沉积物总氮含量变化趋势的拟合主要处在群落构建过程的异质选择区（稀有种 β 相近分类指数 > +2）。

表 3-2　曼特尔分析环境因子与雅江沉积物微生物丰富种和稀有种的 β 相近分类指数之间的相关关系

变量	丰富种		稀有种	
	R	P	R	P
电导率	−0.024	0.720	0.104	0.019
pH	−0.061	0.975	0.123	0.002
总碳	0.002	0.468	−0.094	0.959
亚硝态氮	−0.024	0.702	0.120	0.015
硝态氮	0.112	0.008	0.005	0.456
氨氮	0.107	0.014	0.045	0.202
总氮	−0.053	0.862	0.171	< 0.001
磷酸盐	0.010	0.405	0.058	0.140
总磷	−0.011	0.588	0.011	0.401
黏土	−0.016	0.663	0.119	0.004
淤泥	−0.050	0.854	0.117	0.022
砂质	−0.025	0.695	0.073	0.085
农田占比	−0.024	0.781	0.076	0.024
森林占比	0.116	0.005	0.066	0.091
绿地占比	−0.071	0.971	0.019	0.322
水域占比	−0.007	0.547	0.044	0.170
裸地占比	−0.088	0.989	0.034	0.224

共现网络分析表明，雅江沉积物微生物的共现网络由 1100 个节点（OTUs）和 3705 条连线（边）组成（图 3-49）。共现网络呈现出较好的幂律分布特征（R^2=0.994）和模块化特征（0.759），说明雅江沉积物微生物共现网络是非随机构建的，具有模块化结构。此外，共现网络的"小世界"系数（46.136±6.809）远大于 1，证明了雅江沉积物微生物共现网络具有"小世界"属性。在共现网络中，分别鉴定出 108 个丰富种 OTUs、616 个

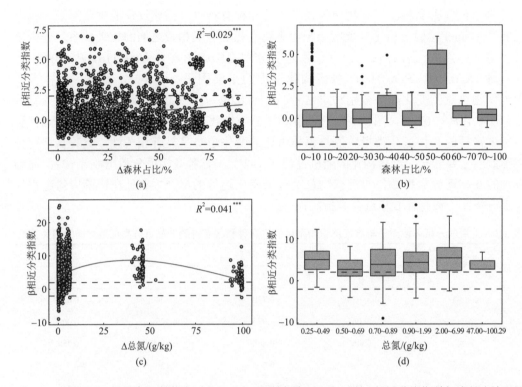

图 3-48　雅江沉积物微生物丰富种 [（a）和（b）] 和稀有种 [（c）和（d）]β 相近分类指数与森林占比和沉
积物总氮变化趋势之间的相关关系

其他种 OTUs 和 376 个稀有种 OTUs[图 3-49（a）]，其中丰富种与其他种之间存在 660
条边，稀有种与其他种之间有 674 条边，但丰富种与稀有种之间仅有 133 条边。这暗
示了稀有种与其他种的种内、种间互作关系要多于与丰富种之间的互作作用。值得注
意的是，在这三个类群中，丰富种节点的度与介数中心性值最高 [图 3-49（b）]。

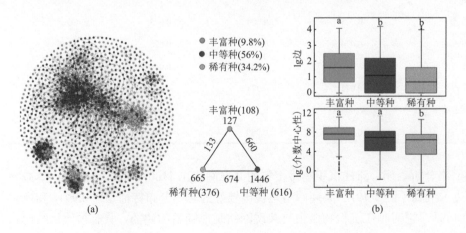

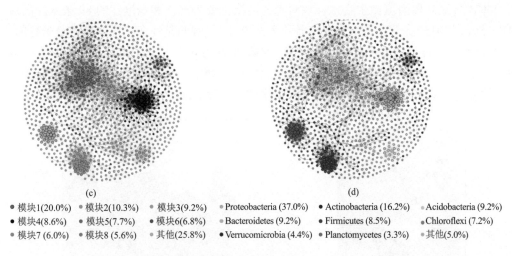

- 模块1(20.0%)　- 模块2(10.3%)　- 模块3(9.2%)　- Proteobacteria (37.0%)　- Actinobacteria (16.2%)　- Acidobacteria (9.2%)
- 模块4(8.6%)　- 模块5(7.7%)　- 模块6(6.8%)　- Bacteroidetes (9.2%)　- Firmicutes (8.5%)　- Chloroflexi (7.2%)
- 模块7(6.0%)　- 模块8 (5.6%)　- 其他(25.8%)　- Verrucomicrobia (4.4%)　- Planctomycetes (3.3%)　- 其他(5.0%)

图 3-49　雅江沉积物微生物物种（OTUs）之间的共现模式

模块化分析表明，雅江沉积物微生物共现网络可被分为 8 个主要模块 [图 3-49（c）]。大多数模块主要由分类学关系相近的 OTUs 组成。例如，模块 2 和模块 8 分别由厚壁菌和放线菌的 OTUs 所主导。此外，OTUs 共现模式统计分析表明，同一门类的OTUs，包括疣微菌门、厚壁菌门、绿弯菌门、拟杆菌门、放线菌门和酸杆菌门，多呈现出非随机的共现模式（O/R[①] > 2.0）。换句话说，分类学关系相近的雅江沉积物微生物 OTUs 之间有着更为确定的互作关系。共现网络的关键种分析共鉴定出 28 个网络模块关键种（其中 9 个和 4 个分别属于丰富种和稀有种）。这些关键种主要隶属于酸杆菌门、拟杆菌门、绿弯菌门、变形菌门和疣微菌门。由于关键种对于维持微生物网络的稳定性和功能性尤为重要，因此后续研究可进一步关注这些关键种的分布与潜在功能。

3.3.4　青藏高原河流微生物对气候变化的响应

科学界一致认为，由于持续的气候变化，全球温度将持续上升，一些地区降水增加，而其他地区则处于较干燥的条件下（Hoegh-Guldberg et al., 2018）。因此，在相反的气候条件下，研究气候和局部理化变量与生物多样性模式的相关程度具有重要的现实意义。任务五专题 3 "高原微生物多样性保护及可持续利用"研究人员在横断山脉中怒江（温暖湿润）和澜沧江（寒冷干燥）相反的气候条件下，比较微观和宏观河流生物之间的生物多样性模式和群落聚集机制，试图回答以下科学问题：①较干燥和较湿润的流域之间的群落结构和多样性是否不同？②在两个流域，海拔和生物群之间，气候和局部变量的解释力是否存在一定差异？

---

① O 的计算方法是在共现网络中，两个分类群之间存在的边数（E_o）除以总边数（E）；R 的理论计算方法是考虑两个分类群的频率 [$n(N1)$ 和 $n(N2)$] 以及随机关联度。O、R 代表比较复杂的含义。

　　本次青藏高原河流微生物多样性科考的河流主要为怒江和澜沧江的 89 条入江溪流（图3-50），其中52条流入怒江，而37条流入澜沧江。尽管两条江在采样区域中是平行的，但是该区域具有显著的气候差异：怒江的降水量为 632 ～ 1021mm，年平均温度为 14.2 ～ 22.2℃，气候整体上表现为湿润和温暖；而澜沧江的降水量为 420 ～ 718mm，年平均温度为11.2 ～ 17.6℃，气候较为干燥和寒冷。为了便于描述，怒江流域被称为"湿"

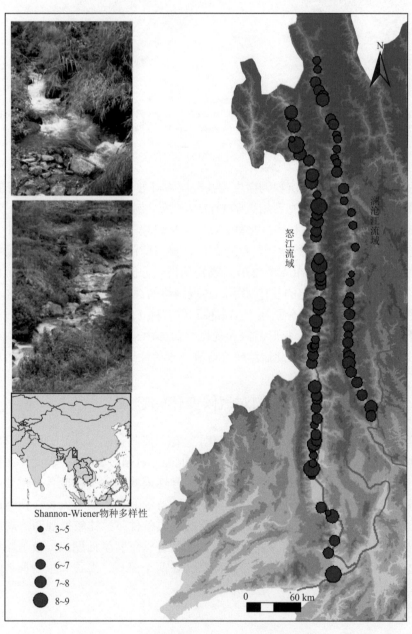

图 3-50　横断山脉怒江和澜沧江采样点分布图

流域，澜沧江流域被称为"干"流域，贯穿本节的其余部分。每个采样点根据溪流的宽度分为 5 个或 10 个横截面，从每个横断面的浅滩随机收集 20 块石头，使用无菌海绵将石头表面的生物膜刮下后收集到采样瓶中，然后立即将样品在 –18℃冷冻。另外，从浅滩中随机采集了四个大型无脊椎动物的踢网样本，混合后立即将样品储存在 70% 的乙醇中（Wang et al.，2011）。

使用 GPS 设备记录每个样点的经度、纬度和海拔。现场收集河流的宽度、深度、郁闭度、当前流速等数据，同时测定了水温、pH 和电导率。在每个采样点采集原位水样并保存在 –18℃中，在实验室内测定水体物理化学参数，如基质粒径大小及金属离子含量。在下文中，这些理化因子作为环境因素。每个样点的气候因子的信息是从 CHELSA Bioclim（www.chelsa-climate.org）收集的，在统计分析中，年平均温度、年温度范围、年降水量和降水季节变化被用作气候解释因素。

研究人员首先对采集到的细菌和大型无脊椎动物群落进行分析。在怒江和澜沧江流域的所有样品中，细菌群落的优势菌群均是变形菌门、蓝藻门、厚壁菌门、放线菌门、拟杆菌门、疣微菌门、浮霉菌门、酸杆菌门、栖热菌门、绿弯菌门（图 3-51），占据了细菌序列的 90% 以上。

使用 NMDS 分析表明，干流域和湿流域的细菌和大型无脊椎动物的群落结构均不同 [图 3-52（a）、图 3-52（b）、图 3-53（a）、图 3-53（b）]，置换多元方差（PERMANOVA）分析也进一步证实了这一点（两个流域中，$P=0.001$）。在两个流域中，细菌和大型无脊椎动物的群落差异均显示出随着海拔差异的增大而增加的趋势 [图 3-53（c）、图 3-53（d）]。Mantel 检验表明，两种生物群落差异与海拔的距离衰减关系为正值，

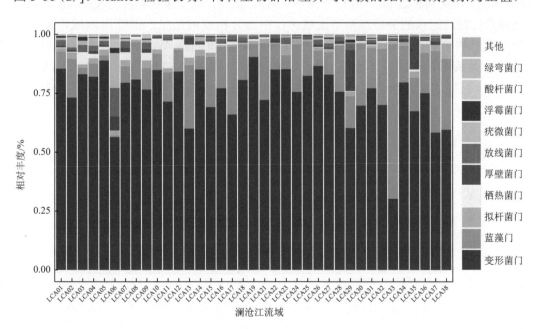

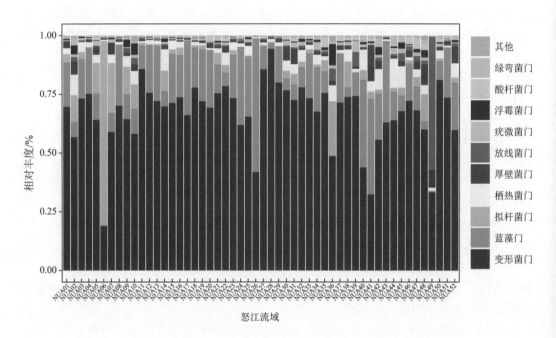

图 3-51　怒江和澜沧江流域支流细菌门的分类组成及其在采样点上的变化

且具有统计学意义，其中，湿和干流域中细菌的检验结果为 Mantel rho = 0.419、P = 0.001
以及 Mantel rho = 0.424、P = 0.001；大型无脊椎动物的检验结果为 Mantel rho = 0.387、
P = 0.001 以及 Mantel rho = 0.137、P = 0.019。此外，两个生物类群的 Shannon-Wiener
物种多样性与海拔的关系在两个流域中存在部分相反的结果。但除湿流域中的大型
无脊椎动物多样性和海拔有显著相关性外，其他 Shannon-Wiener 物种多样性与海拔
之间的关系不存在统计学意义 [R^2=0.060，P=0.044；图 3-53（e）、图 3-53（f）]。Mann-
Whitney 试验表明，两个流域之间的细菌 Shannon-Wiener 物种多样性存在显著差异
（P < 0.001），但大型无脊椎动物的多样性却并非如此（P=0.819）。

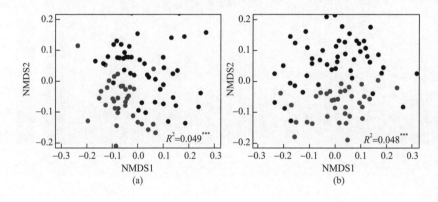

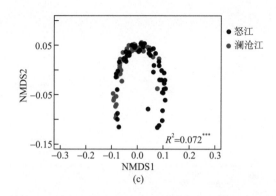

(c)

图 3-52　怒江和澜沧江流域支流细菌群落结构 NMDS 分析

根据两个流域（干、湿）和不同海拔分区，将响应和解释性变量矩阵与细菌和大型无脊椎动物群落分为 9 个不同的组：湿流域、干流域、湿流域 – 低海拔、湿流域 – 高海拔、干流域 – 低海拔、干流域 – 高海拔、两个流域、两个流域 – 低海拔及两个流域 – 高海拔。在分别考虑两个流域的模型中，将气候变量和局部环境变量用作两个独立的解释变量组分，并将两个流域的 ID 作为第三个解释变量组分。在研究中添加流域 ID 变量提供了一种探究大规模空间格局的方法，也说明流域特定过程的差异或跨流域的分散区域。

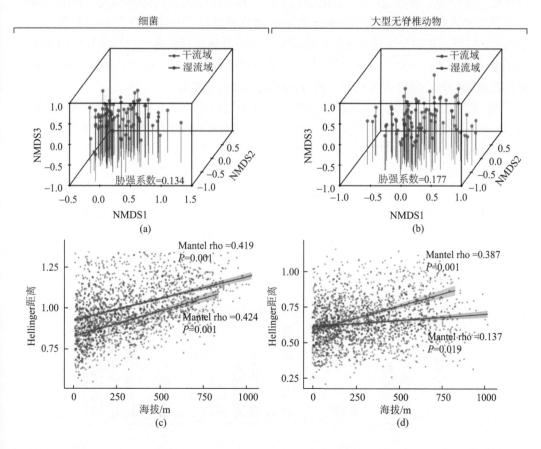

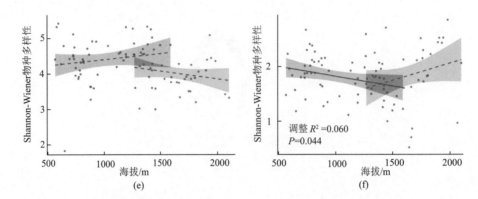

图 3-53　怒江湿流域和澜沧江干流域中细菌（a）和大型无脊椎动物（b）群落的差异。细菌（c）和大型
无脊椎动物（d）群落（Hellinger 距离）随海拔的变化。细菌（e）和大型无脊椎动物
（f）群落 Shannon-Wiener 物种多样性随海拔的变化

　　方差分解分析表明，解释变量分别可以解释 Shannon-Wiener 物种多样性和群落结构变异的 0% ～ 61% 和 3% ～ 26%（图 3-54）。大部分解释量与当地和气候变量的单独解释及其共同解释有关。气候和局部环境因子对大型无脊椎动物群落结构和多样性的解释度高于细菌。流域 ID 与两组生物的多样性和群落结构模式均不相关，但是与高海拔分区中的大型无脊椎动物 Shannon-Wiener 多样性之间存在流域相关的显著模式。一般而言，较高海拔的分区可以比较低海拔的分区更好地解释群落结构和多样性的变化。当单独考虑每个流域时，响应变量在干流域中被解释得更多。因此，响应变量的解释量存在区域差异，同时在流域和高程分区中也存在一定差异。

　　与细菌相比，大型无脊椎动物多样性和群落结构变异能够被气候、当地环境和流域 ID 解释得更多。大型无脊椎动物和细菌的群落结构解释比例之和分别为 147.2 和 94.3，Shannon-Wiener 多样性的解释比例分别为 249.2 和 156.6。因此，相比细菌而言，大型无脊椎动物与气候、局部环境变量和流域 ID 的联系更紧密。仅考虑气候和局部环境变量的影响时，Shannon-Wiener 多样性对局部环境变量 [Spearman rho=0.304，P=0.124；图 3-55（a）] 的响应和群落结构对气候变量 [Spearman rho=0.584，P=0.017；图 3-55（b）] 的响应是相似的。总解释度与细菌和大型无脊椎动物呈正相关，与 Shannon-Wiener 物种多样性（Spearman rho=0.05，P=0.552）相比，其群落结构的相关性更强（Spearman rho=0.734，P=0.003）。

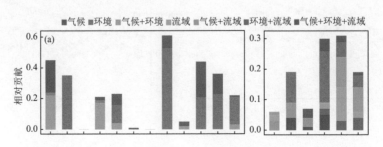

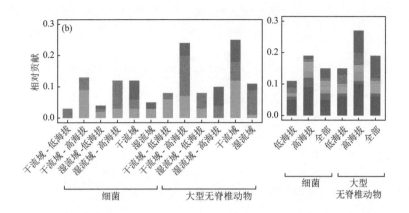

图 3-54　不同数据子集的 Shannon-Wiener 多样性（a）和群落结构（b）的变异划分结果

左图代表只包括气候和局部变量的情况，而右图代表集水区 ID 作为第三个解释变量组的情况。相对贡献说明了响应变量的变化比例，这些变量可以由解释变量组解释，相对贡献由调整后的 R^2 值获得。全部代表流域和高海拔的共同分区

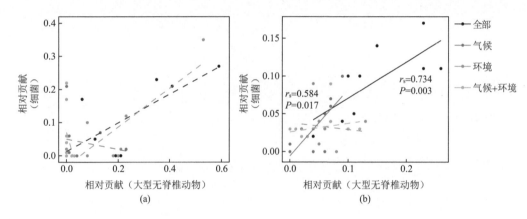

图 3-55　细菌和大型无脊椎动物的 Shannon-Wiener 多样性（a）和群落结构（b）被气候和局部变量所解释的比例变化

实线表示基于 Spearman 相关系数（r_s）的显著关系。虚线表示不显著的关系

在干流域中大型无脊椎动物和细菌的 Shannon-Wiener 多样性呈正相关（Spearman rho=0.150，P=0.010），但在湿流域中两个生物体之间的 Shannon-Wiener 多样性之间没有显著的关系 [图 3-56（a）]。根据 Mantel 试验，在干流域中细菌和大型无脊椎动物的群落差异呈正相关（Mantel rho=0.178，P=0.001），而在湿流域中显著性降低 [Mantel rho=0.027，P=0.028；图 3-56（b）]。

与较湿润和温暖的地区相比，青藏高原亚热带地区的生物多样性在气候条件较恶劣（即干燥和寒冷）的地区更容易受到气候和气候驱动的环境变化的影响。与微生物相比，大型无脊椎动物群落在山区河流生态系统中表现出对气候变化更强烈的响应，这可能引起食物网的动态变化（Frauendorf et al.，2019）。此外，细菌和大型无脊椎动物的多样性在较干燥和寒冷的流域呈正相关关系，这意味着不同的生物类群可能受到类似气候条件的驱动。总体而言，山区未来的生物多样性将取决于物种形成和扩

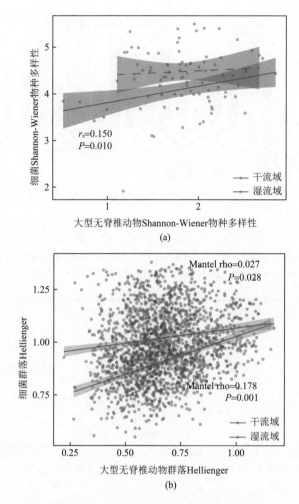

图 3-56　干、湿流域中细菌和大型无脊椎动物 Shannon-Wiener 物种多样性
(a) 与群落结构 (b) 之间的关系

Spearman 相关检验 (r_s) 和基于 Spearman 方法的 Mantel 检验 (rho) 结果显示：实线代表显著的关系，
虚线表示不显著的关系

散对气候变化的响应，以及人类活动和气候条件之间的相互作用如何塑造生态系统
(Vilmi et al.，2021)。在对细菌和大型无脊椎动物群落 α 多样性及其影响因素分析的基
础上，研究人员进一步比较了怒江和澜沧江流域中细菌群落 β 多样性的差异。对于细
菌 β 多样性的分解组分，两个流域的细菌群落总 β 多样性和周转组分随海拔的增加呈
增加的趋势 [图 3-57 (a)、图 3-57 (b)]。怒江流域的细菌 β 多样性大于澜沧江，总 β 多
样性的均值分别为 0.735 和 0.689，周转组分的均值分别为 0.685 和 0.652。另外，澜沧
江流域细菌总 β 多样性沿海拔梯度的变化最快，斜率为 0.14km^{-1}，怒江流域为 0.12km^{-1}。
对于周转组分，澜沧江流域的斜率为 0.14km^{-1}，怒江流域为 0.13km^{-1}。但嵌套组分在两
个流域均不存在随海拔显著变化的趋势 [图 3-57 (c)]。以上研究结果表明，细菌在相对

恶劣（干冷）的环境中具有更高的 β 多样性以及周转速率。在距离衰减模型中，更高的斜率代表着群落的物种组成是更强烈的环境选择的结果（Hanson et al., 2012）。这表明，尽管距离衰减是一个普遍现象，但其强度可能因气候而异。

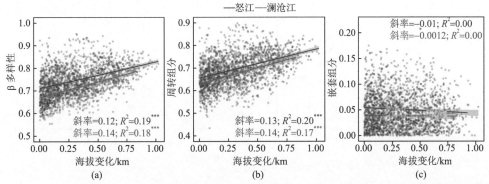

图 3-57　怒江和澜沧江流域细菌总 β 多样性（a）、周转组分（b）和嵌套组分（c）与海拔变化的关系

其显著性水平分别为：*** 代表 $P < 0.001$

　　基于矩阵分析的多元回归（multiple regression on distance matrices，MRM）分析表明，气候和环境因素是澜沧江和怒江两个流域中细菌总 β 多样性及周转过程的重要预测因素（图 3-58，$P < 0.05$）。对于两个流域的细菌总 β 多样性和周转组分，所有的显著因子均呈正相关，其中环境因子中相关性最高的为海拔（表 3-3，R^2=0.408，$P < 0.001$），表明海拔是影响细菌群落物种组成的主要因素。通常认为，海拔对于细菌 β 多样性分布的影响为间接影响，主要通过对气候和环境等因素的作用间接对群落产生影响。例如，气温随海拔的升高逐渐下降，气候因子中年平均温度与 β 多样性相关性最高（表 3-3，R^2=0.417，$P < 0.001$）。对于两个流域的细菌 β 多样性和周转组分，因子相似且均呈正相关关系。但对于嵌套组分，其与气候和环境因子均表现出较低的相关性，其中澜沧江流域中无显著因子，怒江流域中虽然有显著因子，但相关性都较弱，如温度范围和降水季节变化的相关性分别为 –0.150 和 –0.112。此外，其他环境因子和气候因子对于细菌 β 多样性和其周转过程也有较强的相关性。

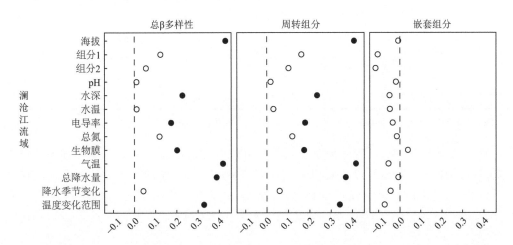

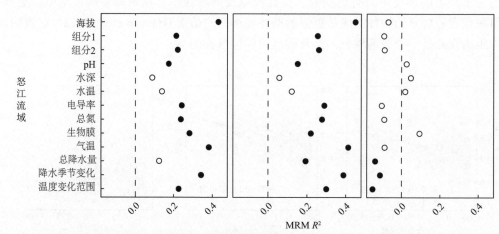

图 3-58 环境和气候因子对怒江和澜沧江两个流域的细菌总 β 多样性、周转组分和嵌套组分影响的多
元回归分析

其中实心和空心的点分别代表显著相关 ($P < 0.05$) 和相关性不显著 ($P > 0.05$)

表 3-3 环境和气候因子与最终模型的偏回归系数 (R^2) 解释怒江和澜沧江支流细菌总 β 多样性、周转
组分和嵌套组分

		澜沧江流域		怒江流域		
		总 β 多样性 $R^2=0.45^{***}$	周转组分 $R^2=0.45^{***}$	总 β 多样性 $R^2=0.46^{***}$	周转组分 $R^2=0.48^{***}$	嵌套组分 $R^2=-0.08$
环境因子	海拔	0.43^{***}	0.41^{***}	0.43^{***}	0.45^{***}	—
	组分 1	—	—	0.21^{***}	0.25^{*}	—
	组分 2	—	—	0.22^{*}	0.26^{*}	—
	pH	—	—	0.17^{*}	0.15^{*}	—
	水深	0.23^{**}	0.23^{***}	—	—	—
	水温	—	—	—	—	—
	电导率	0.17^{*}	0.18^{*}	0.24^{**}	0.29^{**}	—
	总氮	—	—	0.24^{**}	0.28^{***}	—
	生物膜	0.20^{*}	0.17^{*}	0.28^{**}	0.22^{**}	—
	气温	0.42^{***}	0.42^{***}	0.38^{***}	0.41^{***}	—
气候因子	总降水量	0.39^{***}	0.37^{***}	—	0.19^{*}	-0.14^{*}
	降水季节变化	—	—	0.34^{***}	0.39^{***}	-0.11^{*}
	温度变化范围	0.33^{*}	0.34^{**}	0.23^{**}	0.30^{***}	-0.15^{**}

注：其显著性水平 *** 代表 $P \leqslant 0.001$、** 代表 $P \leqslant 0.01$、* 代表 $P \leqslant 0.05$。

通过方差分解方法，定量分析环境、气候以及空间因素对两个流域中细菌 β 多样性变异的解释度。从图 3-59 中可以看到，这三种因子共同解释了怒江和澜沧江流域中细菌总 β 多样性 40% 和 36% 的变化，对周转组分的解释量为 45%（怒江）和 38%（澜沧江），对嵌套组分的解释量为 33%（怒江）和 33%（澜沧江）。这一结果暗示着可能还有其他重要因素影响着横断山脉细菌 β 多样性格局。对于澜沧江流域，细菌的总 β 多样性和周转组分主要被环境因子解释，解释度分别为 11% 和 13%。环境、气候以及空间三种因素的共同解释度也较大，分别为 10% 和 12%。嵌套组分主要受到空间因子的影响，解释度为 18%。对于怒江流域，细菌的总 β 多样性和周转组分同样主要受到环境因子的影响以及三种因子的共同影响，其中，三种因子共同解释了其变化的 16% 和 19%。嵌套过程同样主要受到空间因子的影响（20%）。

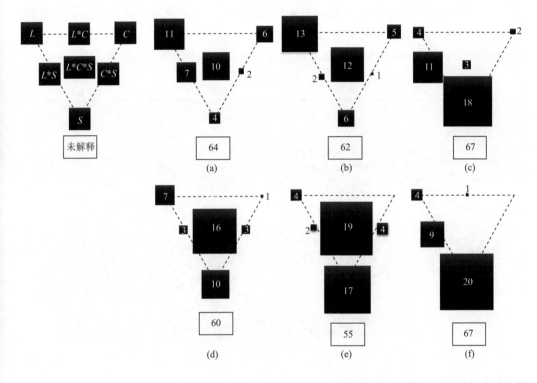

图 3-59　怒江和澜沧江支流环境因子（L）、气候因子（C）和空间因子（S）对怒江和澜沧江支流细菌 β 多样性、周转组分和嵌套组分的解释比例（< 0 的值未显示）

左上方的面板是一般示意图。每个因子的单独解释由三角形角上的圆形表示。三角形的边和中间的正方形分别表示由两个或三个因素共同解释的变异百分比。（a）～（c）分别为澜沧江流域的细菌总 β 多样性、周转组分和嵌套组分；（d）～（f）分别为怒江流域的细菌总 β 多样性、周转组分和嵌套组分

综上所述，怒江和澜沧江流域中细菌群落结构显著不同。随着海拔变化的增加，细菌的总 β 多样性和周转组分也随之增加，周转组分占总 β 多样性的比例比较大。细菌的总 β 多样性和周转组分主要受到环境过滤的影响，但嵌套组分主要受到扩散限制的影响。总体而言，恶劣环境会增加细菌的 β 多样性和周转速率，并且会导致更强的环境选择去影响细菌群落的物种组成。微生物 β 多样性分解的研究对生物多样性的保护具有一定指导意义，细菌的高周转率可能意味着生物多样性保护必须针对多个地点。到目前为止，对溪流中微生物 β 多样性分解的研究较少，我们的研究为气候变化下细菌群落的生物地理分布格局以及群落组成提供了新的见解，并且详细地揭示了在更广

泛的环境梯度中细菌的 β 多样性受何种生态过程的驱动，进一步证明了 β 多样性分解的方法在研究生物多样性分布以及形成过程中的重要性（李明家等，2020）。

3.4 青藏高原湖泊河流湿地微生物群落多样性及其构建机制

青藏高原湖滨湿地及河流湿地采样位点分布如图 3-60 所示。选择了 27 个典型湖泊，采集湖滨湿地植物根际土壤、非根际土壤和沉积物，共获得 224 个样品。选择雅鲁藏布江为代表性河流，从雅鲁藏布江上游沿江布设 15 个河滨湿地采样位点，每个位点采集湿地植物根际土壤、非根际土壤以及河流沉积物 3 ～ 5 个平行，共获得 162 个样品。

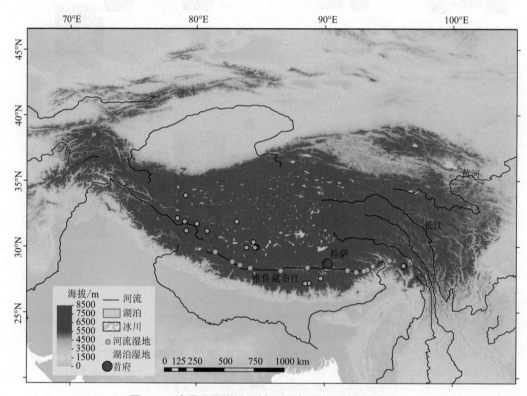

图 3-60 青藏高原湖滨湿地和河流湿地采样点分布图

3.4.1 青藏高原湖滨湿地细菌群落多样性及构建机制

微生物多样性是生态系统功能的基础，已有研究证明，不同生境的细菌群落多样性分布模式不同（Thompson et al.，2017）。湖滨湿地生态系统有三种典型的栖息地：①沉积物；②根际土壤（与植物根系相邻的土壤）；③非根际土壤（未受植物影响的土壤）。尽管之前在平原地区对这三个栖息地的细菌群落多样性和组成的研究已有报道（Hermans et al.，2020），但在青藏高原探究三种不同生境细菌群落的多样性和相互关系方面仍然存在研究空白（Tang et al.，2019）。鉴于湖滨湿地在环境特征上的显著差异，我们假设青藏高原不同生境的细菌群落多样性以及不同生境细菌群落之间的相互关系会有所不同。

对青藏高原湖滨湿地根际、非根际和沉积物样品细菌群落进行分析，研究结果显示（图 3-61），根际细菌群落 OUTs 丰富度显著高于非根际和沉积物细菌群落（$P < 0.05$）；Faith's 系统发育多样性呈现根际＞沉积物＞非根际的模式且差异显著（$P < 0.05$）。根际微生境具有较高的营养水平和适宜的水分含量，可能是根际细菌群落 α 多样性较高的原因。

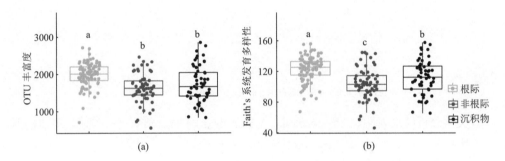

图 3-61　青藏高原湖滨湿地根际土壤、非根际土壤和沉积物三个生态位细菌群落 α 多样性差异
(a) OUTs 丰富度；(b) Faith's 系统发育多样性。箱线图上方不同字母表示差异显著（$P < 0.05$）

青藏高原湖滨湿地细菌群落 α 多样性主要与海拔、pH、总氮（TN）、总磷（TP）、亚硝态氮（NO_2^--N）、硝态氮（NO_3^--N）显著相关（表 3-4）。其中，根际细菌群落 α 多样性主要与土壤含水率（SMC）、总有机碳（TOC）显著相关。非根际细菌群落 α 多样性主要与 TOC、NO_2^--N、NO_3^--N 显著相关。沉积物细菌群落 α 多样性主要与 pH、NO_2^--N、NO_3^--N 等多个因子显著相关。pH 是影响细菌群落多样性的主导因子，如图 3-62 所示，随着 pH 升高，总体细菌群落 α 多样性呈现降低趋势。

表 3-4　青藏高原湖滨湿地根际土壤、非根际土壤和沉积物三个生境细菌群落 α 多样性与环境因子
Spearman 显著相关统计

Spearman 显著相关	总体	根际	非根际	沉积物
海拔	√			
SMC/%		√		
TOC/(g/kg)		√	√	
pH	√			√
TN/(g/kg)	√			
TP/(g/kg)	√			
NO_3^--N/(mg/kg)	√		√	√
NO_2^--N/(mg/kg)	√		√	√

注：√ 表示 α 多样性分类学（OUTs 丰富度、Chao1 指数、Shannon-Wiener 物种多样性指数）和系统发育多样性（Faith's PD）都存在至少一个指标显著相关。

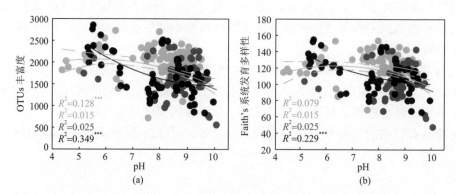

图 3-62　青藏高原湖滨湿地根际土壤、非根际土壤和沉积物三个生态位细菌群落 α 多样性与 pH 的相关关系

（a）OTUs 丰富度；（b）Faith's 系统发育多样性。绿色、红色和黑色分别代表根际（R）、非根际（B）和沉积物（S）细菌群落，灰色表示所有生境细菌群落拟合曲线（*$P < 0.05$；***$P < 0.001$）

分类学分析结果表明，Acidobacteria、Chloroflexi、Planctomycetes 在湖滨湿地根际土壤中占比稍高；Bacteroidetes、Betaproteobacteria 在沉积物中占比稍高；Actinobacteria 在非根际土壤中占比稍高（图 3-63）。

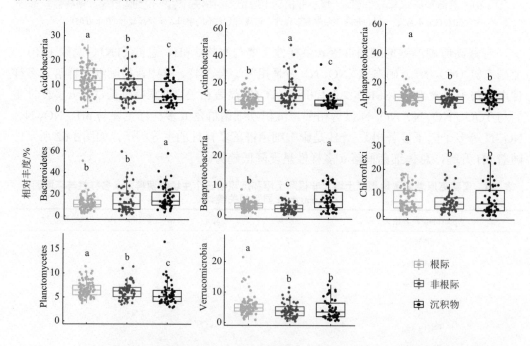

图 3-63　青藏高原湖滨湿地根际土壤、非根际土壤和沉积物三个生态位主要细菌菌门相对丰度

箱线图上方不同字母表示差异显著（$P < 0.05$）

环境因子中含水率和 pH 是主导湖滨湿地细菌群落门水平差异的主要因素。其中，土壤含水率与 Actinobacteria、Planctomycetes、Gemmatimonadetes 相对丰度呈现显著负

相关关系，与 Betaproteobacteria 和 Deltaproteobacteria 相对丰度呈现显著正相关关系；pH 与 Bacteroidetes、Firmicutes 和 Gammaproteobacteria 相对丰度呈现显著正相关关系，与 Betaproteobacteria 和 Deltaproteobacteria 相对丰度呈现显著负相关关系（$P < 0.05$）。湿地 TOC、NO_2^--N 和 NO_3^--N 与湿地多种菌门相对丰度有显著的相关关系：Nitrospirae 相对丰度与 TOC 和 NO_2^--N 含量呈现显著负相关关系；Verrucomicrobia 相对丰度与 NO_2^--N 和 NO_3^--N 含量呈现显著负相关关系；Actinobacteria 相对丰度与湿地 NO_3^--N 含量呈现显著正相关关系（$P < 0.05$）（图 3-64）。

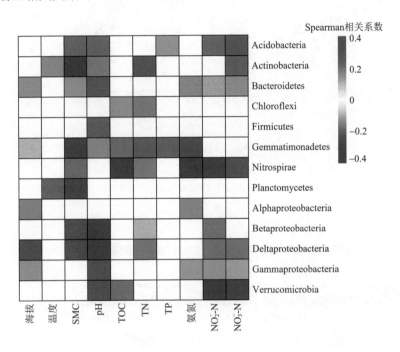

图 3-64　青藏高原湖滨湿地细菌群落主要细菌门与环境因子 Spearman 相关分析

　　基于 Bray-Curtis 矩阵和 Unweighted-UniFrac 系统发育差异矩阵的 NMDS 分析结果如图 3-65 所示，青藏高原湖泊湿地根际、非根际、湖滨沉积物三个生态位的细菌群落具有较好的聚类规律。总体上，根际细菌群落组成相似性更高，而沉积物细菌群落相似性较低，这表明湿地植物根际对细菌群落具有筛选富集作用，从而使得更多结构和组成相似的细菌群落在湿地植物根际聚集。

　　偏 Mantel 分析结果表明，对于总体细菌以及不同生态位细菌群落，地理因子是影响细菌群落分布的主导因子，此外 SMC、pH、NO_2^--N 和 NO_3^--N 等因子的影响也比较显著。对于不同生态位细菌群落，pH 和 SMC 为根际细菌群落组成影响最大的两个要素；SMC、pH、NO_2^--N 和 NO_3^--N 为非根际细菌群落影响最大的环境因子；pH 与沉积物细菌群落组成显著相关，但解释率较低（图 3-66，$P < 0.05$）。

胁强系数=0.1868
PERMANAVA 检验
生境要素：R²=0.1078***
当地环境：R²=0.3698***
气候区要素：R²=0.0443***
NMDS2
NMDS1
(a)
胁强系数=0.1814
PERMANAVA 检验
生境要素：R²=0.0864***
当地环境：R²=0.337***
气候区要素：R²=0.0414***
根际
非根际
沉积物
NMDS2
NMDS1
(b)

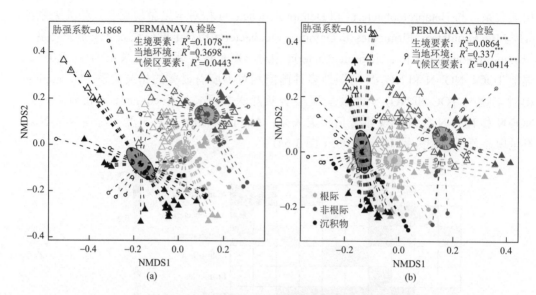

图 3-65 青藏高原湖滨湿地细菌群落结构 NMDS 图

(a) 基于 Bray-Curtis 距离；(b) 基于 Unweighted-UniFrac 距离

绿色：根际细菌，红色：非根际细菌，黑色：沉积物细菌；实心填充：样品取自河流湿地，空心不填充：样品取自湖泊湿地；圆形：日喀则市和阿里地区采样点，三角形：山南、拉萨和林芝市采样点

生境
环境因子 NS NS NS NS 0.114*** 0.097* 0.112* 0.131*
地理因子 0.570*** 0.643*** 0.538*** 0.493*** 0.562*** 0.625*** 0.471*** 0.513***
海拔 0.158* NS NS NS 0.142*** 0.180*** 0.158* 0.182**
SMC 0.388*** 0.268*** 0.380*** 0.142* 0.268*** 0.276*** 0.388*** 0.103*
温度 NS NS NS NS NS NS NS NS
pH 0.252*** 0.363*** 0.284*** 0.180*** 0.221*** 0.336*** 0.252*** 0.213***
TOC 0.146* NS NS 0.127* NS NS 0.146* NS
TN NS NS NS NS NS NS NS NS
TP NS NS NS NS NS NS NS NS
氨氮 0.210** NS NS NS NS NS 0.210** NS
NO3⁻-N 0.430*** 0.094* 0.378*** NS 0.249*** 0.135* 0.430*** 0.150*
NO2⁻-N 0.313*** 0.139** 0.293*** NS 0.259*** 0.165*** 0.313*** NS
偏Mantel
相关性分析r
0.4
0.3
0.2
0.1
0
−0.1
生境
总体
非根际
根际
沉积物
(a)
(b)

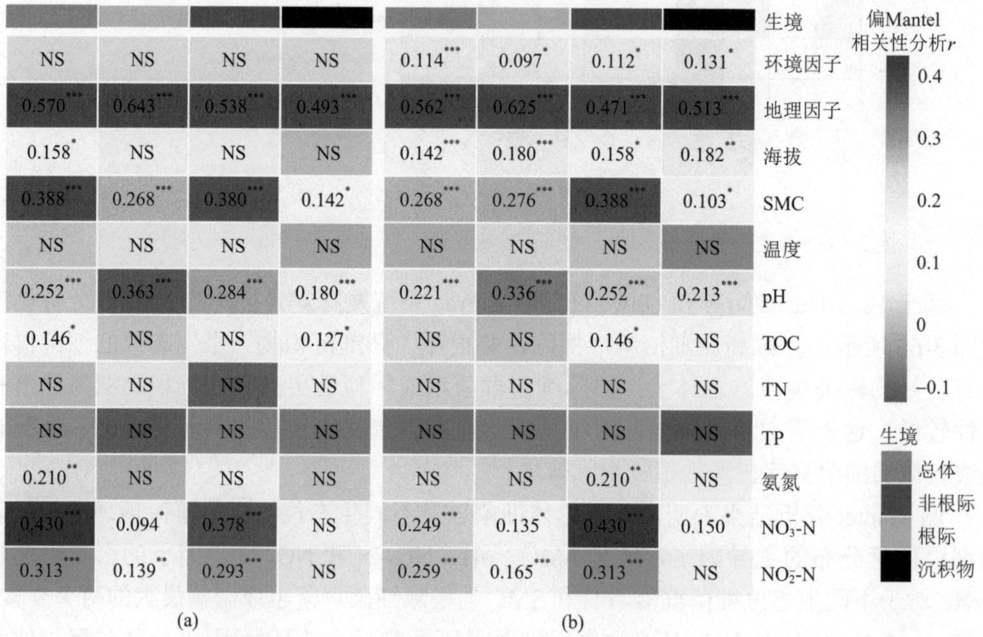

图 3-66 青藏高原湖滨湿地细菌群落 β 多样性与环境因子的偏 Mantel 相关性分析

(a) 基于 Bray-Curtis 距离；(b) 基于 Unweighted-UniFrac 距离

我们的研究发现，青藏高原典型湖滨湿地根际细菌群落 α 多样性高于沉积物和非

根际细菌群落。根际细菌群落的 α 多样性模式与之前在淹水条件下的研究一致 (He et al.，2020)，但不同于针对平原地区陆生植物的研究 (Peiffer et al.，2013)。沉积物通常在表面以下几毫米处是厌氧的，缺氧是微生物多样性的限制因素。植物根系通过通气组织向根际释放氧气，这一过程被称为根部径向氧气损失 (ROL)(Armstrong，1964)。因此，在我们的研究中，氧含量的增加可能是根际细菌 α 多样性高于沉积物的主要原因。由于人类的影响和农业管理的加强，对平原陆地生态系统的大多数研究都是在土壤肥沃的农业生态系统中进行的 (Peiffer et al.，2013；Turner et al.，2013)。然而，青藏高原的土壤养分相对贫乏 (Luo et al.，2019)。植物通过根系分泌物提供养分来改善高山土壤，从而增强微生物的定殖 (Toyama et al.，2011)，在我们的研究中，这增加了根际土壤相对于非根际土壤的 α 多样性。相反，湖滨湿地根际细菌群落的 β 多样性低于沉积物和土壤中细菌群落 β 多样性。在水生生态系统 (He et al.，2020) 和陆地生态系统 (Hardoim et al.，2008) 中都观察到了根际土壤中较低的 β 多样性或细菌群落变异性，这也验证了根 - 土壤界面存在过滤效应 (Edwards et al.，2015)。

3.4.2　青藏高原湖滨湿地水分变化驱动根际和非根际细菌群落构建

高寒草甸 (以土壤含水量高、养分丰富、土壤 pH 低为特征) 和高寒草原 (以土壤含水量低、养分贫乏、土壤 pH 高为特征) 广泛分布于青藏高原湖滨带，是不同水分条件下湖滨湿地的两种常见类型 (Zhang et al.，1988)。不同水分条件下，湿地植物群落的多样性和组成发生变化。细菌群落对环境变化响应迅速，在不同水分条件下湿地细菌群落的变化对碳氮循环、能量流动和物质转化可能会产生影响，但是相关影响机制尚未得到很好的阐明。

为研究水分含量变化对青藏高原湖滨湿地微生物多样性分布及群落构建的影响，我们选择不同水分含量的湖滨湿地开展了样品采集及对比分析。研究结果显示，湖滨草甸 (meadow) 和湖滨草原 (steppe) 根际土壤中测得的大多数环境因子存在显著差异 (Mann-Whitney U 检验，$P < 0.05$)。其中，湖滨草甸根际土壤的 SWC、TOC、TN 和 NO_2^--N 值大于湖滨草原。

在水分含量较高的湖滨草甸，根际土壤中细菌群落的 α 多样性显著高于非根际土壤和沉积物细菌群落 (Kruskal-Wallis H 检验，$P < 0.05$)。而在水分含量较低的湖滨草原，细菌群落的 α 多样性根际土壤、非根际土壤和沉积物各组之间差异不显著 (Kruskal-Wallis H 检验，$P > 0.05$)。此外，在湖滨草甸和湖滨草原，根际土壤的细菌群落差异性都显著低于非根际土壤和沉积物 (Kruskal-Wallis H 试验，$P < 0.05$)。与湖滨草原相比，湖滨草甸的根际细菌群落表现出更高的 α 多样性和更低的 β 多样性 ($P < 0.05$)(图 3-67)。

溯源分析结果表明，在湖滨草甸和湖滨草原，沉积物生境中细菌群落超过 50% 来源不确定 (图 3-68)。非根际土壤细菌群落对根际土壤细菌群落的贡献较大，湖滨草甸和湖滨草原根际细菌群落的 34.03% 和 54.56% 来自非根际细菌群落。湖滨草原根际细菌群落来源于沉积物生境的占比较低 (平均 9.09%)，而湖滨草甸根际细菌群落来源于沉积物生境的占比较高（平均 28.97%）。湖滨草原中非根际土壤细菌组成来源于沉积物的占比（平均 10.28%）低于湖滨草甸（平均 15.66%）。

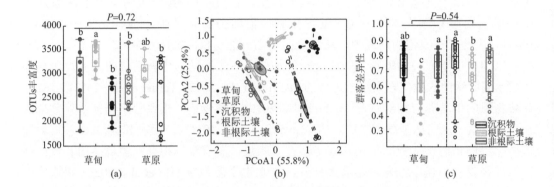

图 3-67　青藏高原湖滨草甸和湖滨草原细菌群落的多样性模式

(a) 基于 OTUs 丰富度的 α 多样性；(b) 基于 Bray-Curtis 距离群落结构 NMDS 图；(c) 基于 Bray-Curtis 距离的 β 多样性。

箱线图上方不同字母表示差异显著（$P < 0.05$）

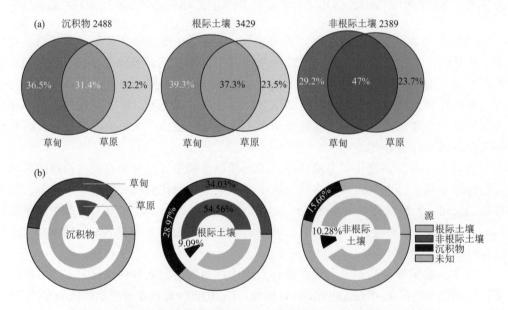

图 3-68　青藏高原湖滨草甸和湖滨草原生境中 OTUs 差异和溯源分析

(a) 韦恩图显示独有和共有 OTUs 相对比例；(b) SourceTracker 预测细菌群落来源比例。

因数值修约图中个别数据略有误差

　　基于零模型的群落构建分析结果表明，湖滨草甸和湖滨草原之间的细菌群落构建存在显著差异（图 3-69）。在沉积物和非根际土壤生境中，湖滨草甸细菌群落的 βNTI 显著高于湖滨草原，而根际土壤的 βNTI 在两种湖滨系统中没有显著差异。总的来说，异质性选择和扩散限制对高原湖滨草原生态系统中细菌群落构建过程起到重要作用。与湖滨草原相比，环境选择过程 [包括异质性选择过程（βNTI ＞ +2）和同源选择过程

（βNTI ＜ −2）]对湖滨草甸细菌群落构建的贡献更大。此外，细菌群落生态位宽度（Bcom）揭示了环境决策对微生物群落构建的贡献，湖滨草甸群落的平均 Bcom 值低于湖滨草原群落。Bcom 值与环境选择比例呈显著的线性负相关。此外，扩散限制过程从湖滨草甸到湖滨草原的占比增加，在三种典型生境中，根际细菌群落扩散限制最小。中性群落模型描述了 OTUs 的出现频率与其丰度相对变化之间的关系，同时验证了以上两点。在根际土壤中，细菌群落的迁移率（m）高于非根际土壤和沉积物。同一栖息地比较，来自湖滨草甸细菌群落的迁移率（m）高于湖滨草原。m 值可以反映群落的扩散能力，与扩散限制的比例呈显著的线性负相关（R^2=0.967，P ＜ 0.001）。

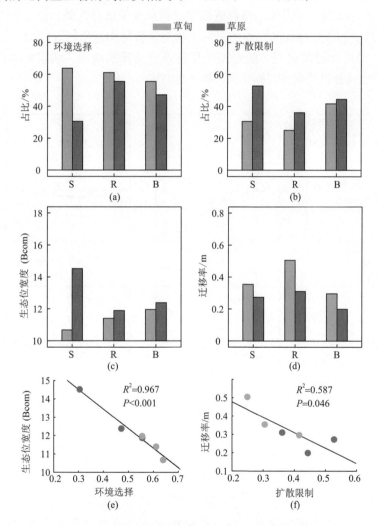

图 3-69　青藏高原湖滨草甸和湖滨草原细菌群落构建过程

基于零模型的环境选择（a）和扩散限制（b）的比例；（c）平均群落水平栖息地生态位宽度（Bcom）；（d）基于中性模型拟合的估计迁移率。线性回归模型显示了生境生态位宽度与环境选择（e）、迁移率与扩散限制（f）之间的关系。S：沉积物；R：根际土壤；B：非根际土壤

线性拟合模型显示了 βNTI 与主要环境变量 SWC、pH 和营养水平之间的关系,由此推断环境梯度下的确定性和随机性构建过程的相互作用,从而确定群落周转过程中的主要驱动因素(图 3-70)。总体而言,更多的环境因子对湖滨草原群落构建过程影响显著(P < 0.05)。具体来说,pH 是三种栖息地中湖滨草原细菌群落构建过程的最佳预测因子(沉积物,R=0.52;根际土壤,R=0.49;非根际土壤,R=0.56;P < 0.001)。然而,湖滨草甸细菌群落构建的驱动因子因生境而异。在湖滨草甸中,pH 是沉积物细菌群落构建过程中的主要驱动因素,尽管拟合结果并不显著(R=0.21,P=0.074)。SWC和营养水平分别是湖滨草甸非根际土壤和根际土壤细菌群落构建过程的内在驱动力,随着 SWC 差异的增加,非根际土壤群落构建过程从变量选择向随机性(即弱选择)转变(R=-0.25,P < 0.05)。在湖滨草甸的根际土壤细菌群落构建周转过程中,从 |βNTI| < 2到 βNTI > +2 的连续过渡表明,随着湖滨草甸养分差异的增加,细菌群落构建过程从随机性向异质性选择过程转变(R=0.24,P < 0.05)。

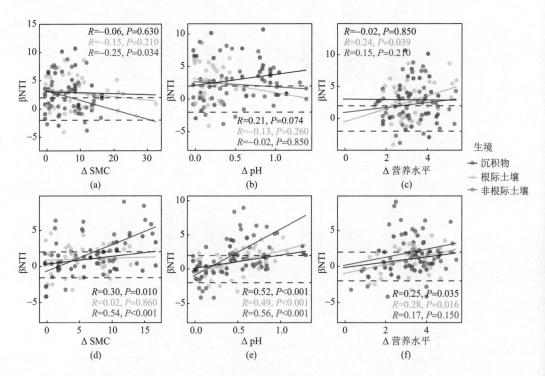

图 3-70　青藏高原湖滨草甸 [(a) ~ (c)] 和湖滨草原 [(d) ~ (f)] 中,细菌 βNTI 与 SMC、pH 和营养水平之间的线性回归关系

我们发现,水分含量高的湖滨草甸根际细菌 α 多样性显著高于水分含量较低的湖滨草原(P < 0.05)。由于气候变化,高原湖岸土壤经历了年际水位变化和冻融(Zhang G Q et al., 2017),从而形成了一个动态开放的根际微生物物种库。其中,草甸日常经历干湿交替。在这项研究中,湖滨草甸的根际土壤从沉积物和非根际土壤中双向获取细菌物种,而湖滨草原的根际土壤仅从非根际土壤中获取细菌物种(溯源分析)。与

湖滨草原相比，湖滨草甸中的根际土壤含水量更高，流动性更高，与沉积物栖息地密切相关，导致水分含量高的湖滨草甸根际细菌群落的"候选者"更多（Schreiter et al.，2014），这可能是湖滨草甸根际土壤比湖滨草原维持更多样化细菌群落的原因。已经证实，在青藏高原气候变暖的情况下，更高的地下生物多样性对于高山生态系统稳定性的维持具有积极意义（Garcia-Garcia et al.，2019）。因此，具有较高地下细菌种类的植被覆盖生境（根际生境）对高原湖滨生态系统更为重要。而湖滨湿地水分含量变低，可能会降低青藏高原湖滨草原系统的稳定性。

低水分含量的湖滨草原根际显著富集的 OTUs 较少，而高水分含量的湖滨草甸根际生境中富集的 OTUs 相对较多。湖滨草甸中较高的植被覆盖率提供了较高的养分含量，这可能会产生明显过滤和补充根际微生物群落的"根际效应"（Bulgarelli et al.，2013）。同时，根际的选择作用也导致草甸根际 β 多样性降低。众所周知，微生物群落对环境变化反应迅速（Talbot et al.，2014）。与其他生境相比，根际土壤中的环境距离衰减关系更加平坦，尤其是在草甸。在草甸中，群落组成被均质化以达到内环境平衡（Liu Y et al.，2020）。与其他生境相比，根际细菌群落变化相对较小，可能是在植物的影响下存在遗留效应（群落更替滞后于环境变化）（Cuddington，2011），这个遗留效应在植物密度较高的草甸中更加明显。

3.4.3　青藏高原湖滨湿地沉积物细菌和真菌群落构建机制

湖泊沉积物中普遍存在的微生物（如细菌和真菌）驱动着元素生物地球化学循环，影响生态系统的功能（Falkowski et al.，2008）。细菌和真菌在形态特征、生长速率、传播能力等方面存在很大差异（Zeng et al.，2016；Hannula et al.，2017），同时它们都非常容易受到环境变化的影响（Porter et al.，2013；Cavicchioli et al.，2019）。尽管人们对真菌群落的生物多样性和生态重要性有所了解，但与细菌群落相比，当前对真菌群落的研究还较少（Pautasso，2013）。

在青藏高原 1100 多 km 范围内对 11 个湖泊进行沉积物样本采集，采用 ITS 和 16S rRNA 基因高通量测序分析底栖真菌和细菌群落，揭示底栖细菌和真菌群落生物地理格局及其构建机制。

研究结果表明，细菌的 α 多样性（OUTs 丰富度、Chao1 指数、Shannon-Wiener 指数和 Faith's 系统发育）显著高于真菌（Wilcoxon 秩和检验，$P < 0.0001$；图 3-71）。分类学分析表明，拟杆菌门（Bacteroidetes）、变形菌门（Alphaproteobacteria）和绿弯菌门（Chloroflexi）是湖泊中细菌数量最多的 3 个门。子囊菌门（Ascomycota）、担子菌门（Basidiomycota）和壶菌门（Chytridiomycota）为相对丰度前 3 的真菌门（图 3-72）。优势菌门与环境因子之间的相关性在细菌和真菌群落之间存在差异，如酸杆菌门、γ- 变形菌门、绿弯菌门和蓝藻门与 NH_3-N、海拔和 NO_2^--N 均显著相关（Spearman's rho 检验，$P < 0.05$），而真菌中的子囊菌门、担子菌门、壶菌门与 SMC、OC、NO_3^--N 和 pH 均显著相关。

底栖细菌群落比真菌群落表现出更高的 α 多样性，这与之前针对其他生态系统的研究一致（Chen J et al.，2020）。细菌群落 β 多样性低于真菌群落，这与此前对欧洲南北样带（Habiyaremye et al.，2021）和岛屿土壤（Li G et al.，2020）的研究一致。分类学分析结果表明，拟杆菌门（Bacteroidetes）、α- 变形菌门（Alphaproteobacteria）和绿弯菌门（Chloroflexi）在调查湖泊的细菌群落中占主导地位，而真菌中 Ascomycota 的相对丰度较高。

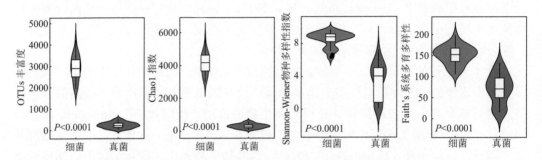

图 3-71　青藏高原湖滨湿地沉积物细菌和真菌群落 α 多样性的差异

组间比较的统计检验为 Wilcoxon 秩和检验

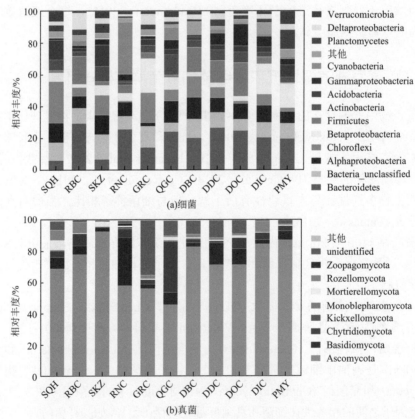

图 3-72　青藏高原湖滨湿地沉积物细菌和真菌群落门水平的分类学组成

只显示优势细菌门和真菌门（平均相对丰度 ≥ 1%）。相对丰度低（＜ 1%）的门被划分为"其他"。SQH：狮泉河，RBC：热邦错，SKZ：色卡执，RNC：热那错，GRC：格仁错，QGC：齐格错，DBC：达闭错，DDC：达多错，DOC：多穷错，DIC：多庆错，PMY：普莫雍错细菌群落距离衰减关系显著（R^2=0.09，$P < 0.001$），真菌群落距离衰减关系不显著（图 3-73）。之前对竹林土壤中细菌和真菌距离衰减关系的研究也得到了的类似结果（Xiao et al.，2017）。然而，针对青藏高原其他水生生态系统的一些研究表明，湖泊中浮游细菌和真菌群落均表现出显著的距离衰减关系，且真菌群落的距离衰减关系比细菌群落更显著（Wang Y M et al.，2015；Liu K et al.，2020），这可能是生境差异导致真菌群落距离衰减关系不一致。

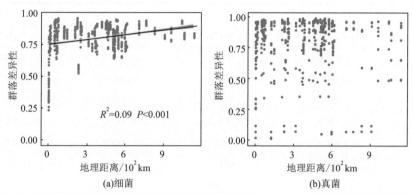

图 3-73 青藏高原湖滨湿地沉积物细菌和真菌群落的 Bray-Curtis 差异与地理距离的关系

VPA 分析结果表明，环境变量分别解释了细菌和真菌群落变异的 42% 和 20.4%，明显高于空间变量（细菌为 11.5%，真菌为 7.6%）［图 3-74（a）］。细菌和真菌的未解释部分分别为 41.9% 和 72.4%。偏 Mantel 检验显示，在所有测量的环境变量中，沉积物 pH 与细菌（偏 Mantel's r=0.199，$P < 0.001$）和真菌（偏 Mantel's r=0.130，$P < 0.05$）群落变化的相关性最显著（表 3-5），这与其他研究中沉积物 pH 对微生物群落结构和多样性的影响结论一致（Glassman et al.，2017；Hou et al.，2020）。

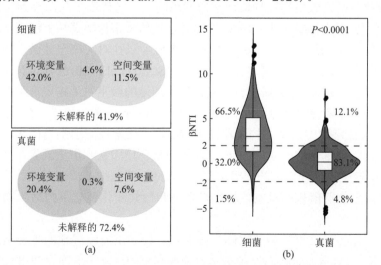

图 3-74 环境和空间变量对青藏高原湖滨湿地沉积物细菌和真菌群落的贡献（a）及细菌和真菌群落
βNTI 分析（b）
环境变量包括测量的理化指标；空间变量为 PCNM 变量；图中个别数据因数值修约略有误差

基于零模型分析了确定性和随机过程对细菌和真菌群落组装的影响，结果显示，细菌的平均 βNTI 值和 66.5% 的 βNTI 值大于 2 ［图 3-74（b）］，表明在细菌群落构建过程中确定性过程比随机性过程更重要。相比之下，83.1% 真菌的 βNTI 值在 −2 ～ +2［图 3-74（b）］，表明真菌群落构建过程以随机性过程为主。偏 Mantel 检验结果表明，pH 和 OC 分别是细菌和真菌群落中对 βNTI 影响最显著的变量（表 3-5）。

表 3-5　青藏高原湖滨湿地沉积物细菌和真菌群落矩阵与环境变量矩阵之间的 Spearman 相关分析

环境变量	细菌		真菌	
	Bray-Curtis 差异性	βNTI	Bray-Curtis 差异性	βNTI
海拔	**0.191**[*]	**0.160**[*]	0.063	0.022
氨氮	−0.018	0.121	0.023	0.075
NO_2^--N	0.008	**0.196**[*]	−0.097	0.054
NO_3^--N	0.055	−0.053	0.055	0.034
OC	0.088	0.041	0.009	**0.163**[*]
pH	**0.199**[***]	**0.217**[***]	**0.130**[*]	0.018
SMC	0.003	−0.002	−0.056	0.049
TN	0.049	**0.185**[*]	−0.137	0.020
TP	−0.045	−0.032	−0.170	−0.054

*$P < 0.05$；***$P < 0.001$。

3.4.4　青藏高原河流湿地细菌群落多样性及构建机制

河流湿地是研究微生物生物地理学的理想区域，它代表了从源头至河口过渡的空间和时间连续体（Vannote et al.，1980），这种连续体常常伴随着从上游至下游的气候、土壤理化及微生物群落的变化（Read et al.，2015）。以往对河流湿地微生物生物地理学的研究主要集中在受人为干扰较大的平原地区（Savio et al.，2015；Liu F et al.，2018；Chen L X et al.，2020），鲜有研究调查高原河流湿地的微生物生物地理学模式。高原是脆弱地区之一，容易受到全球气候变化的影响（Milner et al.，2017；Zhang H J et al.，2021）。大型河流湿地中，微生物地理格局的沿程变化常被归因于当代环境因素和历史事件遗留的影响（Martiny et al.，2006）。探究当代环境因素和历史因素在大尺度高原河流湿地中影响微生物地理格局的相对重要性，有助于明确细菌群落多样性的形成机制，为深入理解微生物群落构建机制，特别是环境和气候变化背景下的微生物群落构建机制提供参考。

河滨带土壤（包括根际和非根际土壤）和沉积物是河流湿地的重要组成部分，但它们在含水量、含氧量、水位波动、植被覆盖情况和水的流动等方面存在很大差异（Zhang L Y et al.，2021）。已有研究表明，生境的不同特性会对细菌群落的空间分布规律造成不同影响（Staley et al.，2016；Hermans et al.，2020）。例如，根际土壤可以从非根际土壤中招募不同的微生物群落，特定植物的根际环境可能有利于特定的细菌类群富集（Philippot et al.，2013；Wang et al.，2021）。此外，随着当地气候的变化，高原河流湿地的物候植物种类和生物量也会发生变化（Peng et al.，2020），因此，根际土壤细菌群落空间格局可能受植被分布的影响。在沉积物中，上游区域可以作为物种池，为河流的下游提供细菌物种，因此沿河流湿地的沉积物细菌群落组成可能较为均匀。淹水情况（永久或偶尔淹没）可能是河滨带土壤（根际土壤和块状土壤）和河流沉积物细菌群落存在差异的一个关键因素（Foulquier et al.，2013；Ligi et al.，2014）。因此，我们假设，在大尺度高原河流湿地中，根际土壤、非根际土壤和沉积物细菌群落的地理格局和影响因子不同。

　　本节研究以雅鲁藏布江河流湿地为研究区域，沿江采集根际土壤、非根际土壤以及沉积物样品，利用 16S rRNA 高通量测序技术探究 3 种生境细菌群落的空间分布模式和影响因素。结果显示（图 3-75），3 种生境细菌群落的 α 多样性呈现沉积物＞根际土壤＞非根际土壤的趋势（$P < 0.05$）。从上游到中下游，三个生境的细菌群落 α 多样性均沿程显著上升，其中沉积物的上升速率最高，非根际土壤的上升速率最低（$P < 0.05$）。

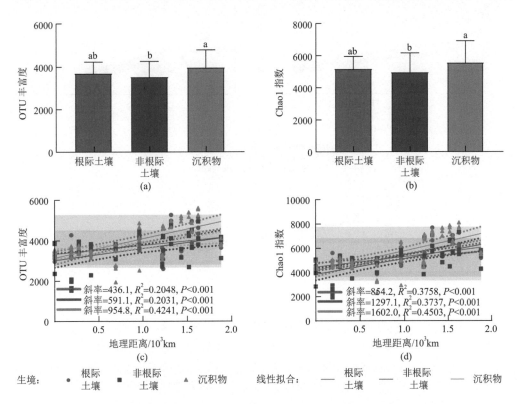

图 3-75　雅鲁藏布江河流湿地根际土壤、非根际土壤和沉积物细菌群落多样性
［（a）、（b）］及变化趋势［（c）、（d）］
柱状图上方不同字母表示差异显著（$P < 0.05$）

　　群落结构分析结果显示，根际土壤、非根际土壤和沉积物细菌群落均呈现两两间

的显著差异（ANOSIM，$P < 0.001$，表 3-6）。3 种生境细菌群落相似性随着地理距离、土壤理化异质性和气候异质性的增加均显著降低（$P < 0.05$）（图 3-76）。其中，气候因子与距离衰减模型的拟合度更好，这说明当代因素（土壤理化因素）和历史因素（地理距离 & 气候因子）均对河流湿地细菌群落结构产生影响，但气候因子的影响大于土壤理化性质和地理距离的影响。

表 3-6　基于 Bray-Curtis 差异的 3 种生境细菌群落 ANOSIM 组间差异分析

生境 1	生境 2	R-value	P-value
根际土壤	非根际土壤	0.1509	0.001
根际土壤	沉积物	0.4121	0.001
非根际土壤	沉积物	0.4328	0.001

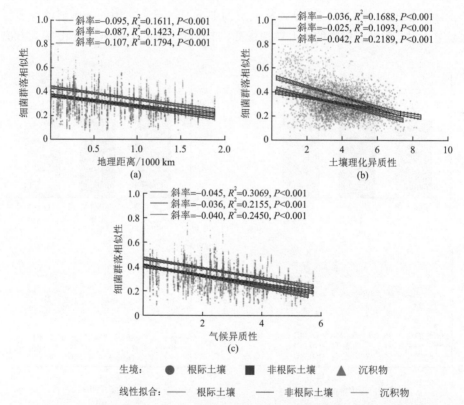

图 3-76　雅鲁藏布江河流湿地根际土壤、非根际土壤和沉积物细菌群落相似度随地理距离（a）、土壤理化异质性（b）和气候异质性（c）的变化

先前的研究已经证明，由于地理、气候和土壤理化因子的不同，大尺度河流湿地的细菌多样性发生了显著变化。然而，大多数研究都集中在平原河流上（Velimirov et al.，2011；Tian et al.，2018）。在本节研究中，雅鲁藏布江从上游至下游根际土壤、非根际土壤和沉积物的细菌多样性均显著增加。这可能是由于雅鲁藏布江上游极端的气候条

件并不适宜细菌生存。但随着海拔的降低,温度和降水从雅鲁藏布江上游到下游逐渐增加,较高的温度和较好的气候条件,更有利于细菌的生长发育 (Chen et al., 2017)。Spearman 相关分析结果进一步显著证实,3 个生境的细菌群落多样性与温度和降水呈显著正相关,与海拔呈显著负相关 ($P < 0.05$)。另一个重要发现是河流沉积物细菌群落多样性变化斜率比根际和非根际土壤高,一个可能的原因是沉积物可能从地表径流和周围河岸土壤中吸收细菌,从而导致更高的细菌多样性 (Keshri et al., 2018; Chen Y et al., 2021)。

从上游至下游,根际土壤、非根际土壤和沉积物三个生境的细菌群落优势菌门相对丰度变化趋势见图 3-77。Actinobacteria 是根际土壤 (平均相对丰度的 12.50%) 和非根际土壤 (16.72%) 中平均相对丰度最高的细菌门,Bacteroidetes 是沉积物中平均相对丰度 (16.75%) 最高的细菌门。

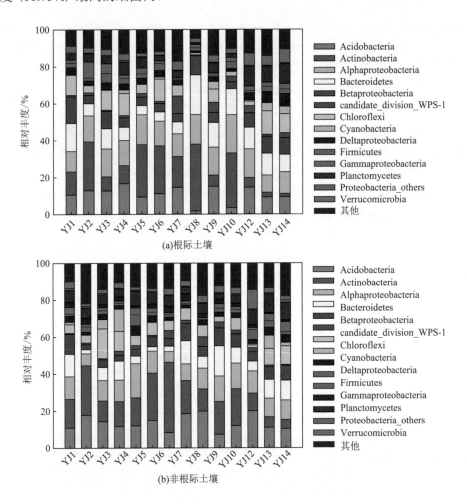

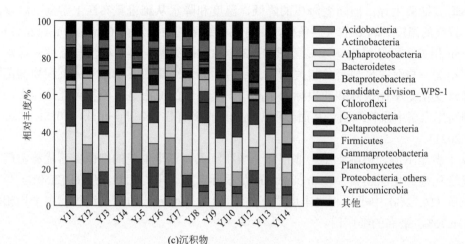

(c)沉积物

图 3-77 雅鲁藏布江河流湿地根际土壤（a）、非根际土壤（b）和沉积物（c）优势细菌门（平均相对丰度 ≥ 1.0%）相对丰度

YJ1 ～ YJ14 为雅鲁藏布江河流湿地 14 个采样

细菌群落共生网络分析（co-occurrence network analysis）的结果表明，从上游至下游，点的数量、平均路径长度、网络直径和模块性均沿程显著（P < 0.05）上升，而边的数量、平均度、图密度和聚类系数均沿程显著（P < 0.05）下降（图 3-78）。这表明，虽然参与共生网络的物种数增加，但共生网络的复杂度沿程降低。而更复杂的细菌群落共生网络往往代表着更强的潜在相互作用（Berry and Widder，2014）和效率更高的资源转换（Morrien et al.，2017）。因此，细菌群落潜在相互作用的强度可能沿雅鲁藏布江河流湿地从上游到下游逐渐降低。

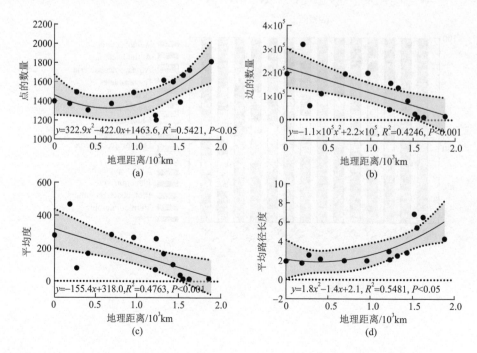

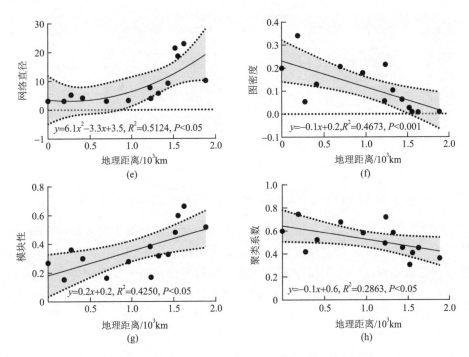

图 3-78　雅鲁藏布江河流湿地细菌共生网络拓扑特征的沿程变化趋势

Spearman 相关分析的结果表明,点的数量、平均路径长度、网络直径和模块性均与温度和降水呈显著($P < 0.05$)正相关,边的数量、平均度、图密度和聚类系数均与温度和降水呈显著($P < 0.05$)负相关(图 3-79)。这表明从雅鲁藏布江上游至下游,随着温度和降水的逐渐上升,细菌群落的潜在相互作用逐渐降低。这种模式表明,物种对高海拔及其相关环境因素的适应需要加强微生物之间的相互作用,以帮助微生物在更恶劣的环境条件下生存(Ren et al.,2018;Dong et al.,2020)。雅鲁藏布江上游地区的极端气候(高海拔、低温、低降水)不适宜细菌群落生存,这可能导致细菌群落发展了更强的相互作用和高效的资源利用方式,以在这种极端环境中生存(Kuang et al.,2016;Li H B et al.,2020)。而随着温度上升和降水的逐渐增加,雅鲁藏布江河流湿地中下游地区的气候条件逐渐变得适宜细菌的生长繁殖,细菌群落不再需要极强的相互作用来获取资源,从而导致潜在相互作用的沿程降低。尽管这些结果为细菌群落相互作用的地理模式提供了新的见解,但共生网络分析是基于相关性分析的统计学方法,并不能代表真正的相互作用(Ma et al.,2016;Faust,2021)。在今后的研究中,我们将利用文献分析和实验验证等方法继续探索细菌群落物种间潜在的相互作用。

总结青藏高原湖泊河流湿地微生物多样性及其群落构建机制研究如下:

(1)青藏高原湖滨湿地面上调查结果显示,湿地植物根际细菌群落 α 多样性较高、β 多样性较低。根际微生境具有较高的营养物含量和适宜的水分含量,这可能是根际细菌群落 α 多样性较高的原因。根际细菌群落相似性较高,表明湿地植物根际对细菌群落具有筛选富集作用。pH 和含水率是影响湖滨湿地根际细菌群落 α 多样性及结构的主要因子。

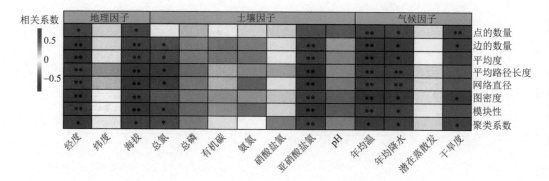

图 3-79　雅鲁藏布江河流湿地细菌共现网络拓扑特征和影响因素的 Spearman 相关分析

　　(2) 通过进一步研究水分含量变化对青藏高原湖滨湿地微生物多样性分布及群落构建的影响，结果表明，湖滨带沉积物、根际土壤和非根际土壤不同生境中细菌群落的多样性和组成不同，三个生境的差异在湖滨草甸中比在湖滨草原中更为显著。与湖滨草原相比，湖滨草甸水分含量更高，根际细菌群落表现出更高的 α 多样性和更低的 β 多样性。从草甸到草原，三个生境间细菌群落组成的相似度减小。与干草地相比，湿草甸的细菌群落构建过程环境选择贡献更大，较弱的环境选择和较强的扩散限制促成了从湖滨草甸向湖滨草原的细菌群落构建过程的转变。pH 主导驱动了干草地所有生境的细菌群落构建，而湿草甸驱动不同生境细菌群落构建的主导因子不同。研究结果对于揭示全球变暖背景下水分驱动高寒湿地结构与功能变化具有重要意义。

　　(3) 河流湿地研究结果显示，从上游到中下游，根际土壤、非根际土壤和沉积物 3 个生境的细菌群落 α 多样性均沿程显著上升，其中沉积物的上升速率最高，非根际土壤的上升速率最低。气候环境变化可能是 α 多样性沿程显著上升的主要原因。从上游到中下游，参与共生网络的物种数量增加，但潜在相互作用沿程逐渐降低，表明物种对高海拔及其相关环境因素的适应需要加强微生物之间的相互作用，以帮助微生物在更恶劣的环境条件下生存。研究为高原河流湿地不同生境细菌群落的空间分布规律和潜在维持机制提供了新的数据。

3.5　本章小结

　　青藏高原脆弱的高海拔生态系统是全球变化敏感的指示器，同时也是我国生态文明建设和生态安全屏障建设的重点区。任务五专题 3 "高原微生物多样性保护及可持续利用"研究人员通过两年多的不懈努力，基本阐明以湖泊、河流和湿地为主体的青藏高原水体生态系统的微生物多样性，定量刻画了不同微生物类群的群落构建机制。通过南北极和青藏高原湖泊微生物的比较，明确了青藏高原湖泊微生物群落组成的特异性。青藏高原是受全球气候变化影响最为强烈的区域，微生物及其介导的元素循环过程对全球变化有着敏感的响应和反馈作用。在接下来的研究中，需要全面聚焦微生物参与的碳、氮、硫等元素的生物地球化学过程，将微生物群落及其在态系统中的功能作为主要抓手，阐明其在区域乃至全球气候变化中的作用；重视极端环境微生物的资源属性，挖掘其代谢多样性和基因资源，让极端环境微生物成为生物技术创新的源头和人类福祉可持续发展的保障。查清该地区典型生境中微生物资源和多样性的"家底"，是高寒生态和生物多样性研究的重要部分；认识它们的生态功能，是利用它们维护青藏高原高寒生态系统安全的前提，其将为青藏高原高寒生态系统可持续发展、生态安全屏障建设及其对全球变化的响应及评估提供理论依据，为国土整治和重大工程等规划提供有力的科技支撑。

第 4 章

高原动物微生物与生态环境

2021 年 3 月 12 日，《中华人民共和国国民经济和社会发展第十四个五年规划和 2035 年远景目标纲要》明确将"微生物组"作为"临床医学与健康"科技前沿领域攻关中的前沿技术研发之一。2021 年 4 月 10 日，上海交通大学携手 *Science* 杂志发布了"新 125 个科学问题"——《125 个科学问题：探索与发现》，与 *Science* 杂志 2005 年提出了 125 个"天问"相比，其首次纳入微生物组研究，把"微生物组在健康和疾病中扮演什么角色"这个科学问题上升到国际前沿科学问题。由此可见，微生物组与人类及动物的健康和疾病关系研究备受国内外重视。人类微生物组大数据以及模式动物菌群实验已经初步证实，肠道微生物组显著影响哺乳动物复杂性状的形成和演化，包括生长、发育、免疫、营养利用以及对环境胁迫的响应等（Kau et al.，2011；Sivan et al.，2015；Guo J et al.，2021；Derosa et al.，2022）。然而，除了人和模式动物以外的其他非模式哺乳动物，我们对于肠道菌群结构和功能的多样性、动物宿主和肠道共生菌如何协同演化等知之甚少。如此系列科学问题的深入探讨，特别是肠道微生物物种基因组水平的规模化解析，将有助于我们从多维度提升对肠道微生物组重要生物学功能的认知。

青藏高原及周边地区是生物多样性的发源地之一，也是研究动物适应生态环境的天然实验室。在 5500 万年前，印度板块和欧亚板块发生碰撞运动，挤压形成了青藏高原（Patriat and Achache，1984）。从 300 万年前开始，青藏高原地区的地壳开始加速隆起，随着海拔的抬升，青藏高原的气候变得更加恶劣，逐渐形成了现在的地球"第三极"（Qiu，2008）。随着地理环境和气候的急剧变化，青藏高原在原有的古生物区系的基础上，逐渐形成了现代生物区系，产生了丰富的动物多样性、植物多样性和鲜为人知的微生物多样性。那么在高原极端环境的长期胁迫下，如低氧、高寒、强紫外和食物匮乏等，动物如何适应高海拔极端环境和快速响应生态环境变化是当前重大的前沿科学问题。

过去几十年来，动物自身基因组的解析已经初步阐明了高原鱼类——裂腹鱼（Yang et al.，2015）、高原鸟类——地山雀（Hao et al.，2019）、两栖类——高山倭蛙（Sun et al.，2015）、爬行类——西藏温泉蛇（Li et al.，2018）、非人灵长类——滇金丝猴（Yu et al.，2016a）、牦牛（Qiu et al.，2012）、藏羚羊（Ge et al.，2013）、藏绵羊（Hu et al.，2019）、藏猪（Zhang B et al.，2017）、高原鼠兔（Speakman et al.，2021）和藏族人群（Ouzhuluobu et al.，2020）等多种多样动物类群适应高原极端环境的遗传学和基因组学机制，涉及的分子机制包括能量代谢、低氧适应相关基因的适应性改变和扩张等。由此可见，动物自身基因组能够响应生态环境变化，适应高海拔极端环境。与动物宿主自身基因组的遗传变异相比，其肠道微生物组的遗传多样性更丰富，可塑性更强，对短期生态环境变化快速响应更为敏感，如食物快速变化等（Moeller et al.，2014；Dey et al.，2015）。然而，针对高原动物肠道微生物组结构和功能的研究鲜有报道。

本章围绕前沿科学问题和国家与地方的双重需求，以青藏高原动物肠道微生物组为切入点，以第二次青藏高原综合科学考察研究为契机，开展了两个方面的系统性研究：①利用深度的宏基因组测序对青藏高原动物肠道微生物组结构多样性和功能多样性进行大尺度、大规模深度解析，发现了高原动物肠道微生物前所未有的物种多样性，揭示了青藏高原动物肠道微生物独特的进化地位；②应用比较基因组学、进化基因组学、系统发育组学等多学科交叉策略，首次阐明动物宿主与肠道共生微生物协同进化新机制，初步理解和认知了动物高海拔适应肠道微生物组学机制。相关研究成果不仅在解析动物肠道微生物如何适应生态环境变化等系列前沿科学问题方面有所突破，同时也为今后青藏高原动物肠道微生物资源的可持续挖掘和利用奠定了坚实的资源基础和理论基础。

4.1　高原动物微生物的研究方法

4.1.1　高原动物微生物数据获取和分析

我们在青藏高原地区采集新鲜动物粪便样品，其中包括藏羚羊、藏绵羊、牦牛、藏黄牛、藏野驴和藏马等动物，共收集超过 1400 份粪便样品。所有的样品均使用同批次的 MGIEasy 粪便样本收集试剂盒（Cat. 10000035265，BGI，China），使用无菌铲采集新鲜粪便样品的内部，然后保存在无菌采样管中，同时确保采样过程不会干扰动物在自然栖息地的自由生活。我们实时记录采样时间、动物物种信息、样本数量和地理位置信息。所有采集的粪便样本均储存在 –80℃冰箱中，然后使用快递运输的方式（干冰保存），直接送至中国国家基因库（CNGB）进行测序分析。

根据试剂盒的标准方案，使用 MagPure Stool DNA KF Kit（Cat. MD5115，Magen）进行 DNA 提取。使用 MGIEasy Universal DNA Library Prep Set（Cat. 1000006986）构建 DNA 测序文库，然后在 DNBSEQ-T1 机器上进行 2×150bp 双端测序。我们通过 fastp v0.20.1（Gu et al.，2021）对产生的数据进行质量控制，然后使用动物的基因组构建宿主基因组索引，并通过 Bowtie2 v2.3.5（Langmead and Salzberg，2012）去除宿主基因组污染。

使用 MEGAHIT v1.2.9 对每个样本中的序列进行宏基因组组装，使用 MetaBAT2 v2.15 参数：'-min Contig1500' 对组装产生的 Contig 进行分箱，使用 CheckM v1.1.2（Parks et al.，2015）的'lineage_wf'来评估基因组的完整度和污染率。基于以上分析获得的微生物基因组，我们首先使用 dRepV2.6.2 将微生物基因组聚类为菌株水平基因组（ANI ≥ 99%），参数为：'--MASH_sketch 10000 --S_algorithm ANImf --P_ANI 0.95 --S_ANI 0.99 --cov_thresh 0.3'。选择质量分数（完整度 –5× 污染率 +0.5lgN50）最高的基因组作为代表性基因组，进一步将代表性基因组聚类为物种水平基因组（SGB）（ANI ≥ 95%），参数为：'--MASH_sketch 10000 --S_algorithm ANImf --P_ANI 0.90 --S_ANI 0.95 --cov_thresh 0.3'。然后通过 dRepV2.6.2 对每个物种中的代表性 SGB 进行合并和去重复，参数：'--MASH_sketch 10000 --S_algorithm ANImf --P_ANI 0.90 --S_ANI 0.95 --cov_thresh 0.3'。

4.1.2　高原动物微生物多样性分析

我们通过 GTDB Tk v1.4.1（Chaumeil et al.，2019）对物种水平代表基因组进行物种注释，并根据 GTDB r95 数据库（Parks et al.，2022）的物种信息进行分类。然后，我们使用 PhyloPhlAn v3.0.58 进行系统发育分析（Segata et al.，2013），生成的微生物系统发育树，使用 GraPhlAn（Asnicar et al.，2015）进行可视化。

我们使用 Qin 等（2012）描述的策略确定 SGB 是否存在，然后计算 SGB 在每个样本中的相对丰度。基于每个样本中 SGB 的相对丰度，使用 R vegan 软件包计算 α 多样性（丰富度和 Shannon-Wiener 指数），评估宿主肠道微生物的多样性，通过 Wilcoxon 秩和检验计算宿主微生物群落 α 多样性的差异。使用 R vegan 软件包 vegdist（method="Bray"），计算样本之间的 β 多样性（基于 Bray-Curtis 距离）。使用 R 中的 ade4 软件包进行主坐标分析（PCoA）。最后基于 Bray-Curtis 距离构建肠道微生物群落树，并与宿主系统发育树进行比较。

使用 QIIME1（Caporaso et al.，2010a）中的 'compute_core_microbiome.py' 脚本进行核心微生物的统计，每类动物宿主至少 50% 的样本中存在的 SGB 被定义为核心微生物。为了评估宿主肠道微生物形成的动力学，使用 Count（Csürös，2010）v.10.04 软件的 asymmetrical Wagner parsimony 方法（参数：'gain penalty of 1.0'），对宿主祖先微生物进行重建，根据宿主系统发育关系和 SGB 在宿主进化过程中是否存在，绘制了核心微生物组中 SGB 的存在/缺失的结果。已发表的肠道微生物相关研究证实了祖先微生物重建的可靠性（Kwong et al.，2017）。

以往的研究主要依赖 16S rRNA 基因或单个 marker 基因进行细菌系统发育关系的推断，无法克服频繁发生的水平基因转移对准确判断细菌系统发育关系的影响。对物种水平的全基因组进行构树可以很好地避免水平基因转移影响系统发育推断的问题。随后我们选择了在不同宿主中存在的微生物进行"协同成种"分析，采用 FastTree（Price et al.，2010）基于最大似然法，利用全基因组范围的 120 个 marker 基因进行 1000 次的重抽样，构建细菌系统发育树；使用 iTol v6.4.3（Letunic and Bork，2021）进行可视化；使用 R "circlize" 软件包，绘制了跨越宿主系统发育关系进行交换的弦状图。

4.1.3　高原动物微生物功能注释分析

我们使用 Prodigal（Hyatt et al.，2010）（参数：'-c -m -p single'）预测微生物基因组的蛋白质编码序列（CDS）。随后分别构建了每个宿主微生物的基因集，利用碳水化合物活性酶（CAZy）数据库和京都基因与基因组百科全书（KEGG）数据库对基因的功能进行注释。使用 DIAMOND（Buchfink et al.，2015）（v2.0.8.146）软件中的 blastp 命令，选择 KEGG（V96）和 NR（updated 2020_12_30）数据库对蛋白质序列进行比对。使用 dbCAN2（Zhang et al.，2018）中的 'run_dbcan.py' 脚本（参数：'--tools all'）完成 CAZy 数据库注释。

根据 KEGG 和 CAZy 数据库的注释结果，我们对微生物的常见功能特征，包括碳水化合物利用、产生能量物质及其关键前体、氨基酸生物合成和维生素生物合成过程进行分析，根据注释结果确定微生物是否具有产生 / 利用特定物质的能力。

为了进行 KO（KEGG ontology，KEGG 直系同源集）富集分析，我们首先采用了 R 语言中的超几何分布（Huang da et al.，2009）来检测特定宿主物种中非随机出现的 KO。该公式被描述为 $dhyper(X, m, n, k)$。对于宿主物种 A 和 B 的成对比较，X=A 或 B 中给定 KO 的基因数；m=A 和 B 中给定 KO 的基因总数；n=A 和 B 的基因总数；k=A 或 B 基因库。使用 R 的 p.adjust 软件包中的 Bonferroni 方法对 P 值进行多重检验校正，最终校正后的 $P < 0.05$ 被认为具有统计学意义。

我们使用 Fisher 检验统计不同宿主肠道微生物功能的富集情况，使用 Wilcoxon 秩和检验统计不同宿主肠道微生物多样性的显著差异，并使用错误发现率（FDR）进行假设检验校正，校正后的 P 值低于 0.05 认为在统计上存在显著差异。

4.1.4 高原植物 DNA 数据库构建

我们在高山草原、永丰滩和乌鞘岭地区收集了广泛分布的 212 个植物物种。随机选取三个 100m×100m 的样方，每个样方内选取 5 个 50cm×50cm 的样点，收集地上生物量（AGB），在 65℃烘干至恒重，研磨过 1mm 筛，用于后续化学分析。通过 105℃烘干测定干物质重（DM），通过乙醚提取 EE，凯式氮法测定 N 含量，根据 Van Soest 等的研究测定 NDF 和 ADF。采用引物对 trnL（UAA）c：CGAAATCGGTAGACGCTACG 和 trnL（UAA）d：GGGGATAGAGGGACTTGAAC 扩增检测叶绿体 trnL（UAA）区的 P6 环。PCR 反应体系和反应条件如表 4-1 和表 4-2 所示，同时做阴性对照。使用 2% 琼脂糖凝胶电泳检测 PCR 产物完整性，并纯化和回收 PCR 产物，随后进行 Sanger 测序，然后将所测得数据进行建库。

表 4-1 植物 DNA 参考序列 trnL P6 环 PCR 反应体系组成

试剂名称	用量 /μL
c 引物	0.5
d 引物	0.5
MgCl₂	2.5
dNTP	4.25
DNA 模板	0.5
2×GC Buffer I	12.5
TaKaRa LA Taq®	0.25
总反应体系	25

表 4-2 植物 DNA 参考序列 *trn*L P6 环 PCR 反应条件与循环次数

反应条件	循环次数
94℃ 1min	1
94℃ 30s、56 ℃ 30s、72 ℃ 1min	35
72℃ 5min	1

4.1.5 高原动物粪便样本中植物类别鉴定

我们收集两个放牧区域草原新鲜的牦牛粪便，在未使用的冷冻管中充分混合，立即放入液氮容器中保存，并运输到兰州大学进行进一步处理。使用 QIAamp 快速 DNA 粪便提取试剂盒（50，QIAgen GmbH）对 0.2g 新鲜粪便进行 DNA 提取，并设空白对照以监测交叉污染。使用 NanoDrop-2000 紫外可见分光光度计（Thermo Scientific，Wilmingtoo，DE，USA）对 DNA 进行定量。DNA 样本采用引物对 *trn*L（UAA）g：GGGCAATCCTGAGCCAA 和 *trn*L（UAA）h：CCATTGAGTCTCTGCACCTATC 扩增检测叶绿体 *trn*L（UAA）区的 P6 环。PCR 反应体系、反应条件和循环次数如表 4-3 和表 4-4 所示，同时做阴性对照和阳性对照（包括从本地植物 DNA 参考数据库选取的植物 DNA）。使用 1.8% 琼脂糖凝胶电泳检测 PCR 产物完整性，并纯化和回收 PCR 产物，检测合格后上机测序（Illumina HiSeq 2500）。将所测得序列与建好的植物 DNA 数据库中的物种进行比对来鉴定植物类型。

表 4-3 DNA 宏条形码 *trn*L P6 环 PCR 反应体系组成

试剂名称	用量
引物 g	0.3μL
引物 h	0.3μL
KOD 酶	0.2μL
dNTP	2μL
DNA 模板	50ng
KOD 酶缓冲液	5μL
总反应体系	10μL

表 4-4 DNA 宏条形码 *trn*L P6 环 PCR 反应条件与循环次数

反应条件	循环次数
95℃ 4 min	1
94℃ 30 s、50 ℃ 30 s、72 ℃ 1 min	35
72℃ 5min	1

4.1.6 肠道微生物 16S rRNA 测序数据处理分析

首先使用 Fastqc 软件，对采样测序所得到的凸颅鼢鼠属六个物种及从已公布数据集获得的外群动物的 16S rRNA 原始测序数据的质量分布、N 碱基含量和 reads 长度等参数进行评估。针对采样测序得到的数据，使用 Usearch 11（Edgar，2013）软件去除 barcodes 及引物序列，以 Q20 作为标准过滤掉低质量 reads。质控得到高质量 reads 后，将双端测序得到的两条 reads 合并成一条完整的 V3 ～ V4 区序列。由于不同来源的数据 16S rRNA 测序区域不同，为了便于后续的整合分析，尽可能确保分析的准确性，需要将所有的测序数据切割成统一的 V4 区。

使用 Mothur（Schloss，2009）软件将所有序列和数据库比对后，选取比对后序列的 V4 区（碱基位点：515 ～ 806）进行序列切割，切割序列使用 Usearch 11 软件。得到的统一 V4 区的序列利用 Qiime Ⅱ（Kuczynski et al.，2012b）软件中的 debulr 流程对序列进行质控、去重复、去除嵌合体，并利用整体序列的分布模式对可能的测序错误进行矫正，最后得到类似于 OTUs 的单碱基水平扩增子序列变体丰度表。为了消除不同批次样品因测序深度不同而引起的差异，根据稀释曲线将所有样本所有序列数抽平至 2000，基于 Ribosomal Database project（RDP）16S rRNA training set（v16）数据库（Cole et al.，2011），采用 RDP Naive Bayesian Classifier algorithm（Cole et al.，2011）对代表性序列进行 OTUs 的物种注释和分类，根据 OTUs 的物种分类信息，过滤掉 OTUs 中的线粒体、叶绿体及古菌，整理得到 OTUs 表，以用于后续分析。

4.2 高原动物微生物结构特征与独特进化地位

2019 年 7 月～ 2021 年 6 月，我们从 6 个青藏高原大型食草哺乳动物系统地收集了 1412 个个体的新鲜粪便样本（样品采集分布如图 4-1 所示），通过宏基因组测序、调查，6 个青藏高原大型食草哺乳动物的肠道微生物组特征，累计获得了超过 33Tb 的双端测序数据，平均每个样本 23.74±7.22Gb（平均数 ± 标准差）。六个动物宿主包括藏羚羊（Tibetan Antelope）、牦牛（Yak）、藏野驴（Tibetan Ass）、藏绵羊（Tibetan Sheep）、藏黄牛（Tibetan Cattle）和藏马（Tibetan Horse），其系统发育关系参见 3 个权威报道（Jiang et al.，2014；Jonsson et al.，2014；Chen et al.，2019）。

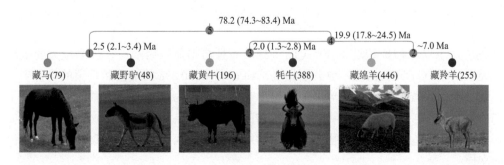

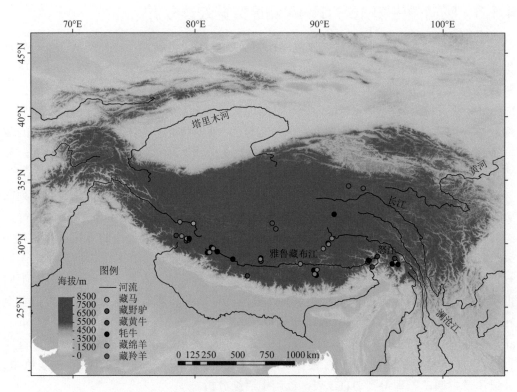

图 4-1 青藏高原哺乳动物采样分布图

通过宏基因组组装和分箱分析，共计从 6 种动物中获得了 119568 个有效的微生物参考基因组［完整度＞50，污染率＜10，质量分数（QS）=（完整度 -5× 污染率）＞50］，通过平均核苷酸一致性（average nucleotide identity，ANI）≥95% 聚类，最终得到了 19251 个代表物种水平的肠道微生物参考基因组。

为了对该研究获得的数据库进行评估，我们将数据映射到三个已经公布的数据库，平均映射率仅为 15.80%［瘤胃未培养基因组（rumen-uncultured genomes，RUG）］、30.23%［基因组分类数据库（genome taxonomy database，GTDB）］和 36.44%（Earth）［图 4-2（a）］。通过以上结果和 Mash 距离分析表明［图 4-2（b）］，我们研究的高原哺乳动物的肠道微生物含有大量未知的物种。相比之下，该研究构建的数据库平均映射率增加了近 2 倍，达到 76.58%，这表明我们样品的测序深度可以覆盖样品中大部分的微生物。

其中，不仅新物种超过了 99%（图 4-3），而且与当前应用最广、影响最大的基因组分类数据库（GTDB）相比，也分别拓展了约 63% 和 10.3% 的细菌和古菌的物种多样性。该发现不仅首次揭示了地球"第三极"哺乳动物鲜为人知的肠道微生物，也提示过去的研究低估了非人哺乳动物肠道微生物的多样性，甚至地球微生物多样性也是如此。该研究成果为理解哺乳动物肠道微生物组的形成和演化提供了扎实的参考基因组数据支撑。

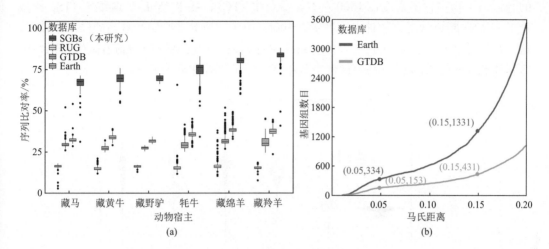

图 4-2　19251 个 SGBs 与已公布数据库进行比较分析

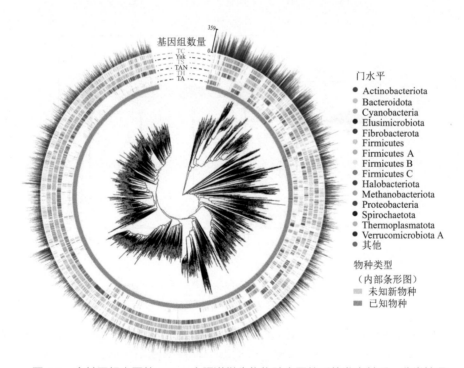

图 4-3　全基因组水平的 19251 个肠道微生物物种水平的系统发育关系、分类情况

TC，Tibetan Cattle（藏黄牛）；TS，Tibetan Sheep（藏绵羊）；TAN，Tibetan Antelope（藏羚羊）；TH，Tibetan Horse（藏马）；

TA，Tibetan Ass（藏野驴）；Yak（牦牛）。下同

　　为了解高原动物肠道微生物的群落结构特征，该研究对六种哺乳动物的肠道微生物进行 α 多样性和 β 多样性进行分析。基于不同动物肠道微生物的物种丰富度和 Shannon-Wiener 物种多样性指数结果（图 4-4），研究人员发现藏野驴（TA）和藏马（TH）

的肠道微生物物种丰富度在 1500 左右，藏黄牛（TC）、牦牛（Yak）、藏绵羊（TS）和藏羚羊（TAN）肠道微生物物种丰富度接近 3000，由于该研究藏野驴和藏马的样本量较少，这个结果需要更多的研究验证。尽管系统发育关系相近的高原动物肠道微生物物种丰富度和 Shannon-Wiener 物种多样性指数相近，但是仍存在显著差异。

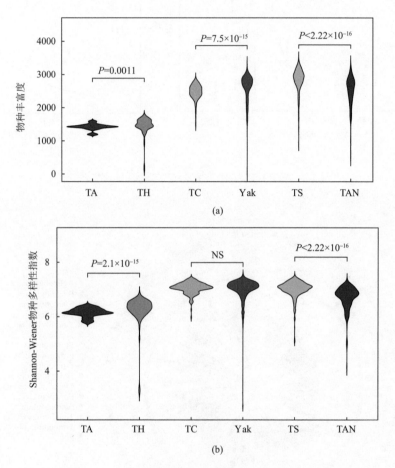

图 4-4　六种高原动物肠道微生物 α 多样性分析
NS 表示统计学差异不显著

主坐标分析发现，藏羚羊与藏绵羊肠道微生物群落结构相似，牦牛和藏黄牛肠道微生物群落结构相似，藏野驴和藏马肠道微生物群落结构相似，这个结果与宿主的系统发育关系类似（图 4-5），表明宿主系统发育与肠道微生物群落结构的分化是平行的。为了进一步解析肠道微生物与宿主之间的关系，我们构建了肠道微生物群落结构树和宿主系统发育树，发现肠道微生物群落结构可以重现宿主系统发育关系（图 4-6），该发现符合早期研究提出的"系统发育共生"（phylosymbiosis）假说（Brucker and Bordenstein，2012）。

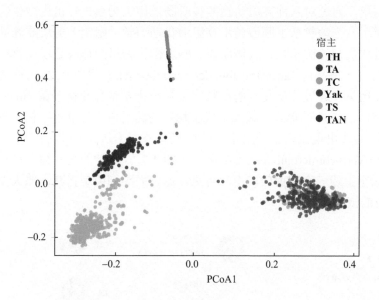

图 4-5　六种高原动物肠道微生物主坐标分析（基于 Bray-Curtis 距离）

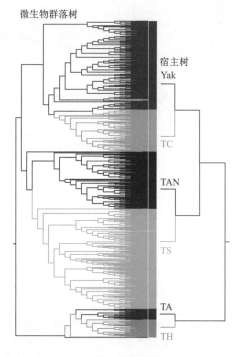

图 4-6　六种高原动物肠道微生物群落树（基于 Bray-Curtis 距离）与宿主系统发育树

为了进一步探究肠道微生物组与动物宿主协同进化的规律，我们基于上述肠道微生物组数据集，通过对六种高原动物的核心肠道微生物组进行祖先微生物重建，首次成功地破译了六个动物宿主肠道微生物组演化动力学，阐明了形成哺乳动物肠道微生物组新的进化机制（图 4-7）。具体而言，肠道微生物组的形成是以动物宿主最近共同祖先发现的古老奠基菌（ancestral founder bacteria，AFB）为核心结构框架，在长期特定生境的作用下，通过反反复复的动物宿主系统谱系特异获得肠菌（lineage-specific gained bacteria，LSGB）的形式，最终形成了稳定的肠道微生物群落结构（图 4-7）。当前预测的 6 个 AFB 出现在六个动物宿主共同祖先节点（N5），分别属于 Firmicute A、Bacteroidota 和 Verrucomicrobiota 三类细菌门（图 4-7）。有趣的是，宿主特异性获得的 SGB 也主要属于上述三个细菌门，由此可见，这三大类细菌是青藏高原大型食草动物肠道微生物组的核心类群。

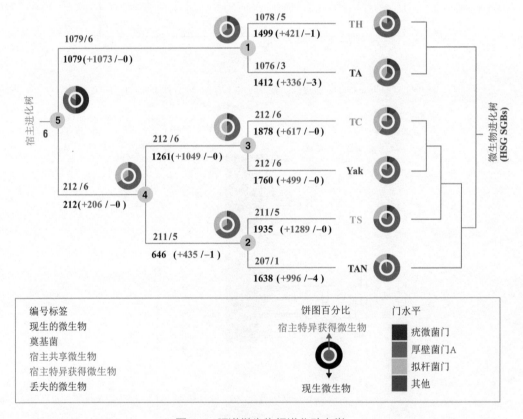

图 4-7 肠道微生物组进化动力学

基于宿主动物的系统发育关系和肠道核心微生物谱，使用 Count v.10.04（Csurös，2010）推断动物微生物组的进化历史，明确了奠基菌（Founder SGBs）、宿主之间共享的微生物（HS SGBs）、宿主特异获得的微生物（HSG SGBs）和丢失的微生物（Lost SGBs）。饼图显示了节点在门水平上的微生物种类组成，内部为获得的 SGBs，外部为当前 SGBs。根据六个宿主特异获得的微生物，构建微生物群落树（Microbialtree）。TC，Tibetan Cattle（藏黄牛）；TS，Tibetan Sheep（藏绵羊）；TAN，Tibetan Antelope（藏羚羊）；TH，Tibetan Horse（藏马）；TA，Tibetan Ass（藏野驴）

为了进一步验证哺乳动物肠道微生物组进化动力学规律，我们选择了高原鼢鼠（*Eospalax baileyi*）及近缘的 5 个鼢鼠物种：甘肃鼢鼠（*Eospalax cansus*）、中华鼢鼠（*Eospalax fontanierii*）、秦岭鼢鼠（*Eospalax rufescens*）、斯氏鼢鼠（*Eospalax smithii*）和罗氏鼢鼠（*Eospalax rothschildi*）作为主要研究对象（图 4-8）。凸颅鼢鼠属 6 个物种的 16S rRNA 扩增子数据为采样测序数据。6 个鼢鼠 223 个个体，其中 222 个个体进行了 16S rRNA 扩增子测序。在 16S rRNA 研究的数据集当中，除了包含有采样测序的凸颅鼢鼠属物种肠道微生物信息之外，还添加了盲鼹鼠（*Spalax leucodon*）（Sibai et al.，2020）、野生小鼠（*Mus musculus*）（Rosshart et al.，2017）、裸鼹鼠（*Heterocephalus glaber*）（Song et al.，2020）、高原鼠兔（*Ochotona curzoniae*）（Li H et al.，2016）和其他哺乳动物（Youngblut et al.，2019）作为外群进行研究。其他哺乳动物外群中，我们主要选择了兔形目动物与本节研究的凸颅鼢鼠属物种进行比较，凸颅鼢鼠属物种与啮齿目、兔形目近缘物种的系统发育关系如图 4-9 所示。外群动物 16S rRNA 扩增子测序数据来源于已公布的基因组数据。详细物种信息表见表 4-5。

表 4-5　16S rRNA 数据集物种数据来源信息

物种	拉丁名	缩写	数据来源	个体数	16S rRNA 测序区域
高原鼢鼠	*Eospalax baileyi*	EBA	未发表	121	V3 ～ V4
斯氏鼢鼠	*Eospalax smithii*	ESM	未发表	8	V3 ～ V4
甘肃鼢鼠	*Eospalax cansus*	ECA	未发表	57	V3 ～ V4
中华鼢鼠	*Eospalax fontanierii*	EFO	未发表	9	V3 ～ V4
罗氏鼢鼠	*Eospalax rothschildi*	ERO	未发表	17	V3 ～ V4
秦岭鼢鼠	*Eospalax rufescens*	ERU	未发表	10	V3 ～ V4
裸鼹鼠	*Heterocephalus glaber*	NMR	NCBI（PRJEB35449）MG-Rast（mgp79665）	42	V4/V3 ～ V4
盲鼹鼠	*Spalax leucodon*	BMR	NCBI（PRJNA607251）	34	V3 ～ V4
高原鼠兔	*Ochotona curzoniae*	Pika	未发表 /NCBI（PRJEB11203）	61	V4/V4 ～ V5
野生小鼠	*Mus musculus*	Mus	NCBI（PRJNA390686）	231	V4
其他兔形目哺乳动物	*Lepus europaeus*；*Lepus tolai*		NCBI（PRJEB29403）	213	V4

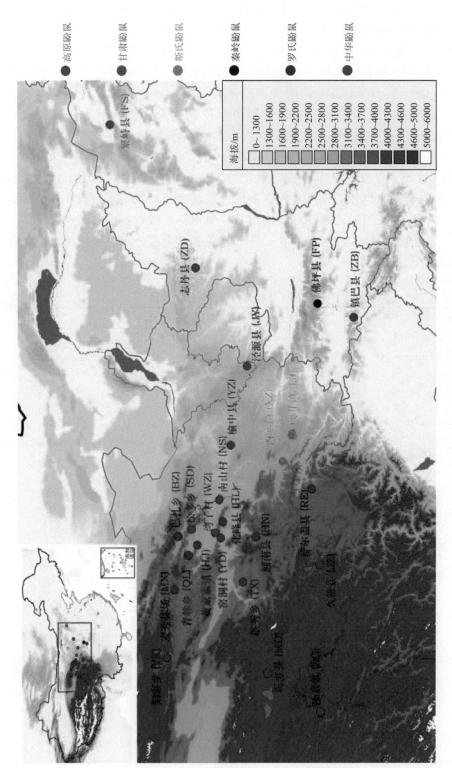

图 4-8　凸顶鼢鼠属六个鼢鼠物种采样地图

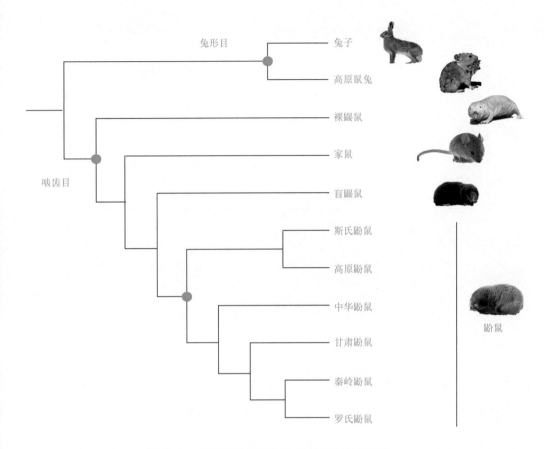

图 4-9　凸颅鼢鼠属及近缘物种系统发育关系

聚焦啮齿目（Rodentia）以及与啮齿目近缘的兔形目（Lagomorpha）动物肠道微生物的组分和结构，啮齿目动物中包括河狸科（Castoridae）、仓鼠科（Cricetidae）、睡鼠科（Gliridae）、滨鼠科（Heterocephalidae）、异鼠科（Heteromyidae）、鼠科（Muridae）、松鼠科（Sciuridae）和高原鼢鼠（*Eospalax baileyi*）所属的鼹形鼠科（Spalacidae）；兔形目动物中包括兔科（Leporidae）和鼠兔科（Ochotonidae）。如图 4-10，不同"科"水平的动物肠道微生物进行比较，基于非权重的 Unifrac 的进行 PCoA 分析，结果表明（图 4-10），高原鼢鼠所属的鼹形鼠科与鼠科、裸鼹鼠所属的滨鼠科、鼠兔科的动物肠道微生物群落结构差异显著（$P < 0.001$）。

啮齿目和兔形目动物肠道微生物群落结构差异显著，组分上也有所差异（图 4-11）。兔形目和啮齿目动物肠道微生物相对丰度均较高的细菌门有：厚壁菌门（Firmicutes）和拟杆菌门（Bacteroidetes），但两组相比丰度差异显著。相较于兔形目，啮齿目肠道微生物中丰度显著高的菌门有拟杆菌门（Bacteroidetes）、变形菌门（Proteobacteria）、柔膜菌门（Tenericutes）。由此可知，啮齿目和兔形目动物肠道微生物在组分和结构多样性上有显著差异。

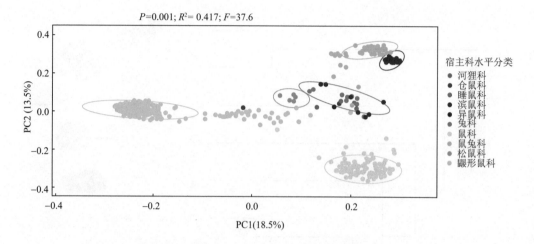

图 4-10　啮齿目和兔形目（科水平）动物肠道微生物群落主坐标分析

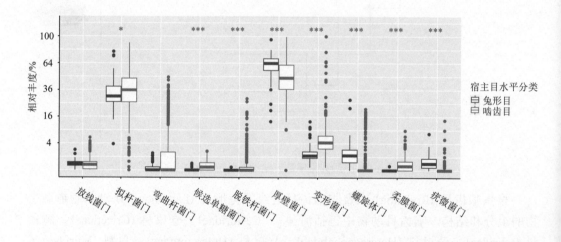

图 4-11　啮齿目和兔形目动物肠道微生物群落组成（排前十门水平）

　　我们进一步研究了啮齿目动物肠道微生物的组成情况，包括高原鼢鼠（*Eospalax baileyi*）在内的凸颅鼢鼠属（*Eospalax*）的六个物种、盲鼹鼠（blind mole rats）、野生家鼠（*Mus musculus domesticus*）和裸鼹鼠（naked mole rat）等（图 4-12）。

　　如图 4-12 所示，凸颅鼢鼠属物种肠道微生物的组分组成相对一致和保守，且与近缘物种盲鼹鼠（blind mole rats）类似，主要的优势菌门有拟杆菌门（Bacteroidetes）、厚壁菌门（Firmicutes）和变形菌门（Proteobacteria）。高原鼢鼠（*Eospalax baileyi*）相比于近缘的五个鼢鼠物种，拟杆菌门、变形菌门和厚壁菌门的丰度有所波动。外围物种裸鼹鼠（naked mole rat）相较于其他物种，肠道微生物中含有较高含量的螺旋体门（Spirochaetes）和放线菌门（Actinobacteria）。野生小鼠相较于其他动物的肠道微生物，Campilobacterota 菌门含量较高。

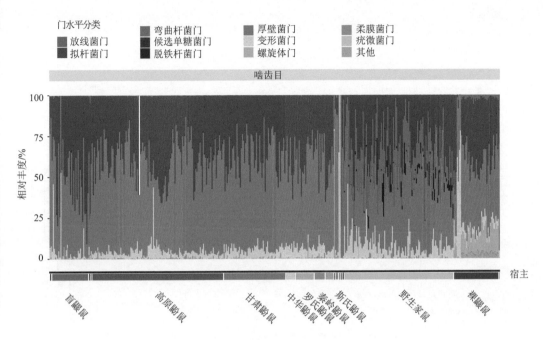

图 4-12 啮齿目动物肠道微生物群落组成（门水平）

基于啮齿目和兔形目层面、凸颅鼢鼠属所属的啮齿目层面分析得到的动物肠道微生物结构组分结果，可以总结出，目水平和科水平上，不同宿主的肠道微生物组分结构差异明显，那么伴随着凸颅鼢鼠属物种的形成，肠道微生物在宿主物种形成过程中是如何演化的？主要的进化驱动力是什么？为了解决以上问题，我们对肠道微生物进行祖先微生物重建，以探究肠道微生物随宿主演化的进化动力学。

随着鼢鼠及近缘物种的形成，它们的肠道微生物的进化会受多种因素影响，如宿主基因组、宿主饮食及宿主生存环境等。基于以上对凸颅鼢鼠属物种及其近缘物种的肠道微生物组分结构的分析，为了进一步提高分析的准确性，我们选取凸颅鼢鼠属六个物种及啮齿目内的近缘物种的核心肠道微生物进行祖先肠道微生物重建，预测祖先状态及各个分化节点的肠道微生物的组成，分析肠道微生物随宿主进化过程中的演化情况。核心肠道微生物中占优势的组分有拟杆菌门（44.82%）、厚壁菌门（46.19%）和变形菌门（4.62%）。

图 4-13 展示了肠道微生物群落的进化动力学。随着宿主物种的系统发育进化，六个鼢鼠物种的核心肠道微生物呈动态变化，包括"祖先"奠基菌（funder bacteria）的出现（节点 7）、宿主谱系特异性获得（gain）或损失（loss）的细菌，以及宿主物种之间共享的细菌。宿主系统发育树（左）中标注的黑色数字代表该进化节点或该物种中存在的核心微生物数量；绿色数字代表获得的肠道微生物数量；红色数字代表丢失的肠道微生物数量；蓝色数字代表各个节点和物种中与最原始祖先状态（节点 7）共享的肠道微生物数量；橙色数字代表六个鼢鼠物种与凸颅鼢鼠属祖先状态（节点 5）共享的肠道

微生物数量。

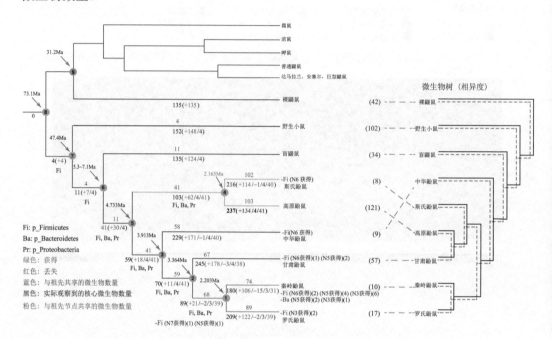

图 4-13　肠道微生物随宿主进化的演化情况（左）及肠道微生物群落树（右）

外群物种裸鼹鼠（*Heterocephalus glaber*）（Song et al.，2020）、野生小鼠（*Mus musculus*）（Rosshart et al.，2017）和盲鼹鼠（*Spalax leucodon*）（Sibai et al.，2020）的肠道微生物 16S rRNA 数据来源于已公开发表数据集。凸颅鼢鼠与盲鼹鼠分化时间约为 7 Ma（Hadid et al.，2012）（节点 6），与野生小鼠分化时间为 47.4 Ma（节点 7），与裸鼹鼠分化时间为 73.1 Ma（节点 8），裸鼹鼠分支分化时间为 31.2Ma（节点 9）（Lewis et al.，2016）

如图 4-13 所示，六个鼢鼠物种与最外群物种裸鼹鼠的分化时间达到 73.1 Ma（百万年前），凸颅鼢鼠属六个物种与裸鼹鼠已没有共享的肠道微生物（节点 8），因此，我们确定裸鼹鼠作为最外群物种进行肠道微生物动力学研究。随着宿主演化，在鼢鼠、盲鼹鼠与野生小鼠的祖先状态节点（节点 7）出现了共享肠道微生物组分厚壁菌门（Firmicutes），在六个鼢鼠物种的祖先状态节点（节点 5）出现了拟杆菌门（Bacteroidetes）和变形菌门（Proteobacteria）。由此可见，研究肠道微生物的进化动力学适合于选择一个进化时间较短的进化支系中的动物宿主，宿主进化分歧时间越近，共享的肠道微生物越多。随着宿主进化，末端物种的肠道微生物主要由两部分组成：与祖先节点共享的细菌组分及进化过程中谱系特异性获得的细菌组分，其中影响肠道微生物形成的主要贡献组分为谱系特异性获得的组分。

以高原鼢鼠为代表的凸颅鼢鼠属六个物种肠道微生物进化动力学的结果进一步佐证了高原哺乳动物肠道微生物的进化动力学模式（图 4-7），为进一步探究哺乳动物宿主谱系特异性获得的肠道微生物与宿主之间是否存在"协同成种"规律，我们在藏野驴、藏马、牦牛、藏黄牛、藏绵羊和藏羚羊 6 种动物中进行验证，选取了 3 个代表细菌门中的 8 个代表细菌属（至少在 4 种动物中存在）。其中，AFB 不符合协同成种的规律，因此我们主要针对 LSGB 肠菌进行系统发育分析（图 4-14 和图 4-15）。结果发现，LSGB 物种并不像已知的那样（以往的研究主要依赖 16S rRNA 基因或单个 marker 基因进行细菌系统发育关系的推断，无法克服频繁发生的水平基因转移对准确判断细菌系统发育关系的影响。相反，该研究则利用全基因组范围的 marker 基因进行细菌系统发育关系的推断，能够降低频繁发生的水平基因转移事件对于细菌系统发育推断的影响，要求频繁地与动物宿主协同成种；相反，LSGB 肠菌物种可以跨越宿主不同分类阶元的遗传限制，频繁地进行宿主间的水平转移，甚至打破动物宿主目水平的遗传局限性（图 4-14）。

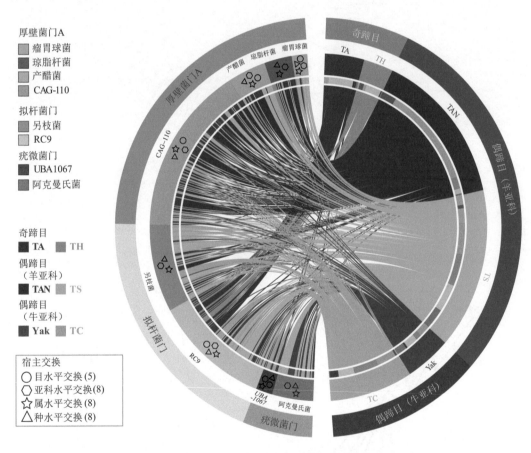

图 4-14　肠道核心细菌跨宿主转移事件的统计

根据图 4-15 中描述的 SGB 树的枝叶顺序对所有 SGB 进行排序。中间的线条连接 SGB 和宿主，表明宿主之间的微生物交换。括号中显示了宿主微生物交换的次数。TC, Tibetan Cattle（藏黄牛）；TS, Tibetan Sheep（藏绵羊）；TAN, Tibetan Antelope（藏羚羊）；TH, Tibetan Horse（藏马）；TA, Tibetan Ass（藏野驴）

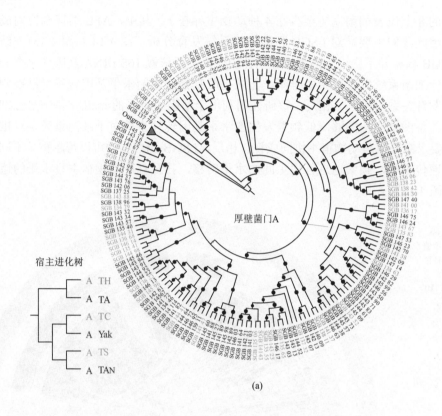

(a)

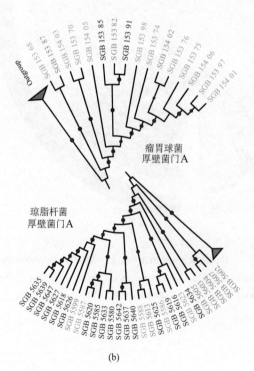

(b)

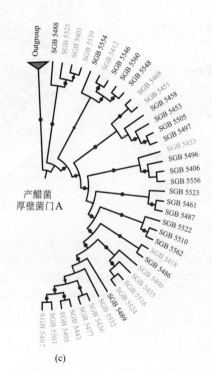

(c)

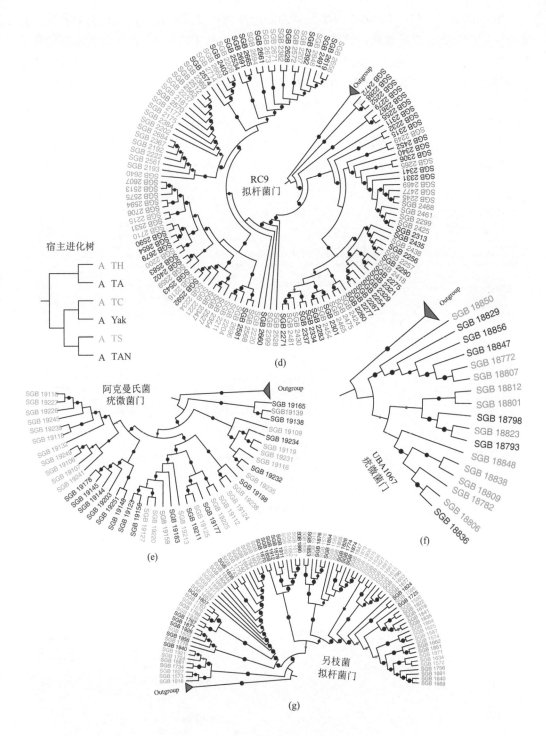

图 4-15　八个细菌属物种系统发育关系

TC，Tibetan Cattle（藏黄牛）；TS，Tibetan Sheep（藏绵羊）；TAN，Tibetan Antelope（藏羚羊）；TH，Tibetan Horse（藏马）；

TA，Tibetan Ass（藏野驴）

我们剖析了 AFB 和 LSGB 两类肠菌的功能性状：发现前者可以代谢大多数碳水化合物（如纤维素、半纤维素、淀粉、木聚糖、果胶、几丁质等）、产生宿主所需的重要能量物质（如短链脂肪酸、乳酸、琥珀酸）、合成除组氨酸之外的 19 种必需氨基酸和七种维生素（A、B1、B2、B3、B5、B6 和 B9），表明 AFB 在形成稳定肠道微生物群落过程中扮演着基本功能框架作用［图 4-16(a)］；后者主要体现两个方面的功能角色［图 4-16(b)］，一是维持 AFB 的功能稳定性或冗余性［Ala（丙氨酸）、Val（缬氨酸）、Leu（亮氨酸）等氨基酸合成］，二是获得一定新功能或功能增强，利于宿主对特定环境胁迫的适应［His（组氨酸）、VE（维生素 E）、VK（维生素 K）等的合成］。

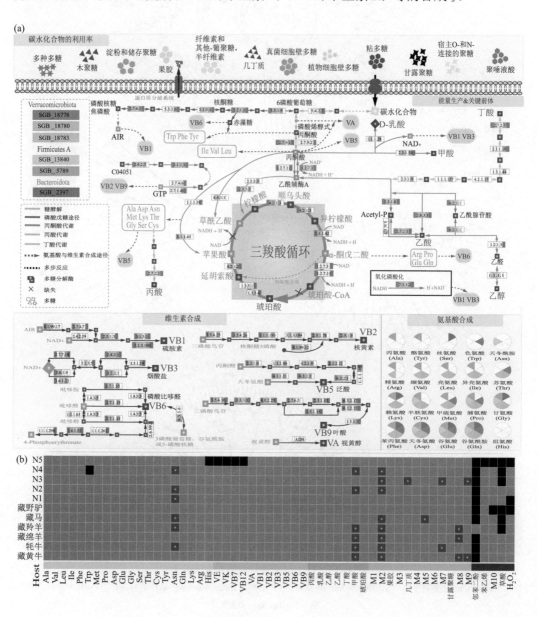

图 4-16　AFB（a）和 LSGB（b）两类肠菌功能性状解析

4.3　肠道微生物与动物宿主之间普遍的协同进化新机制

为了夯实 4.2 节发现的协同进化新机制，我们整合了全球数据库可获得的动物肠道微生物参考基因组以及我们自产的青藏高原六个大型动物肠道微生物参考基因组信息（https://db.cngb.org/qtp/），重点针对肠道微生物三个代表菌属物种进行系统发育组学分析，包括一个肠道优势功能菌［拟杆菌属（*Bacteroides*）］和两个肠道稀有功能菌［双歧杆菌属（*Bifidobacterium*）和阿克曼氏菌属（*Akkermansia*）］，以从更大尺度宿主范围来解析肠道微生物与动物宿主协同进化关系。其中，纳入分析的高质量细菌基因组的标准为：基因组完整度 > 50，污染率 < 10，质量分数（QS）=（完整度 −5× 污染率）> 50；涉及的动物宿主大多数为哺乳纲动物，少数为鸟纲、爬行纲及昆虫纲动物。根据上述标准，对 *Bacteroides*、*Bifidobacterium* 和 *Akkermansia* 三个细菌属共计 2549 个高质量参考基因组进行系统发育组学分析。

Bacteroides 细菌属包括 1239 个基因组，来自 3 个纲（哺乳纲、鸟纲、昆虫纲）、6 个目（灵长目、偶蹄目、啮齿目、鸡形目、蜚蠊目、食肉目）、9 个科、14 个属及 18 个种的动物宿主。*Bifidobacterium* 细菌属包括 1093 个基因组，来自 3 个纲（哺乳纲、鸟纲、昆虫纲）、15 个目（灵长目、偶蹄目、膜翅目、食肉目、啮齿目等）、29 个科、52 个属及 89 个种的动物宿主。*Akkermansia* 细菌属包括 217 个基因组，来自 4 个纲（哺乳纲、鸟纲、爬行纲及鱼纲）、9 个目（灵长目、偶蹄目、奇蹄目、啮齿目、鸡形目、长鼻目、双门齿目等）、12 个科、20 个属及 23 个种的动物宿主。基于上述基因组信息，至少使用 120 个保守 marker 基因，应用 FastTree 软件（Price et al.，2010）中的最大似然法模型来构建每个属内物种和菌株的系统发育树（图 4-17 ～图 4-19）。

基于图 4-17 ～图 4-19 的结果，我们发现肠道微生物物种的系统发育关系不仅在高原 6 个物种中可以跨越宿主不同分类阶元的遗传限制，频繁地进行宿主间的水平转移，而且发现来自脊椎动物、无脊椎动物的肠道微生物物种可以在动物宿主物种间频繁地转移，打破了宿主纲目科属种水平的遗传局限性。例如，以 *Bacteroides* 细菌属中 *B. pyogenes* 物种为例（图 4-17），研究发现，该种可以跨越 3 个目（灵长目、偶蹄目、食肉目）、4 个科（人科、牛科、猪科及猫科）及 4 个属（人属、牛属、猪属及猫属）频繁进行转移；以 *Bifidobacterium* 细菌属中 *B. globosum* 为例（图 4-18），研究发现，该菌种可以跨越 2 个纲（哺乳纲和鸟纲）、9 个目（灵长目、偶蹄目、鸡形目、双门齿目等）、18 个科（人科、牛科、猪科及犬科等）及 22 个属（人属、牛属、猪属及犬属等）频繁地进行转移；以 *Akkermansia* 细菌属中 *A. muciniphila* 为例（图 4-19），研究发现，该菌种可以跨越 2 个纲（哺乳纲和鸟纲）、7 个目（灵长目、偶蹄目、啮齿目、鸡形目、长鼻目、双门齿目、鲈形目）、10 个科（人科、牛科、猪科、马科等）、12 个属（人属、牛属、猪属等）频繁地进行转移。综上所述，研究结果一致表明，肠道微生物物种水平系统发育关系并不总是和宿主系统发育关系保持一致，而是可以跨越宿主在纲目科属种水平频繁地进行转移。

拟杆菌物种树

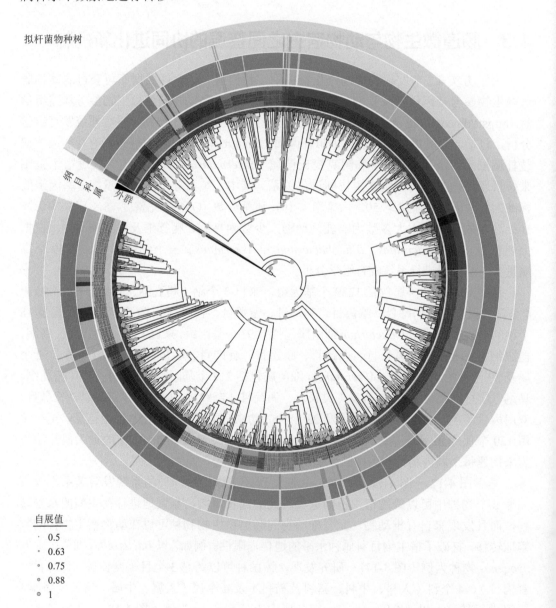

纲目科属外群

自展值
- 0.5
- 0.63
- 0.75
- 0.88
- 1

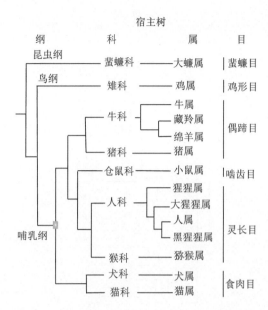

图 4-17　拟杆菌属（*Bacteroides*）物种系统发育树

选取拟杆菌属 1239 个基因组，以 Prevotella 作为外群，基于 120 个 marker 基因，通过 FastTree 里的最大似然法模型构建系统发育树（图左）。外圈由内向外依次是菌群宿主的属、科、目、纲分类。图右为动物宿主的 14 个属、9 个科、6 个目、3 个纲的系统进化树（Murphy et al., 2001；Moeller et al., 2016；Esselstyn et al., 2017；Wu D D et al., 2018）

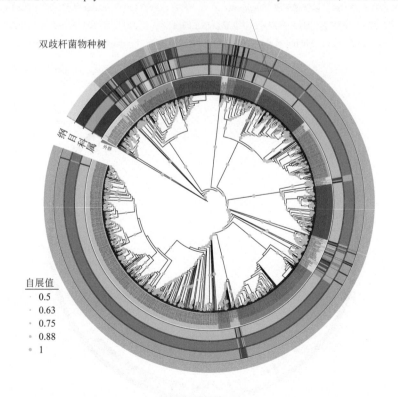

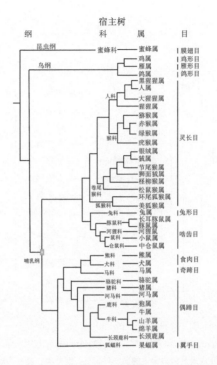

图 4-18　双歧杆菌属（*Bifidobacterium*）系统发育树

选取双歧杆菌属 1093 个基因组，以链球菌属（*Streptococcus*）作为外群，基于 120 个 marker 基因，通过 FastTree 里的最大似然法模型构建系统发育树（图左）。外圈由内向外依次是菌群宿主的属、科、目、纲分类。图右为动物宿主的 52 个属、29 个科、15 个目、3 个纲的系统进化树（Murphy et al.，2001；Moeller et al.，2016；Esselstyn et al.，2017；Wu D D et al.，2018）

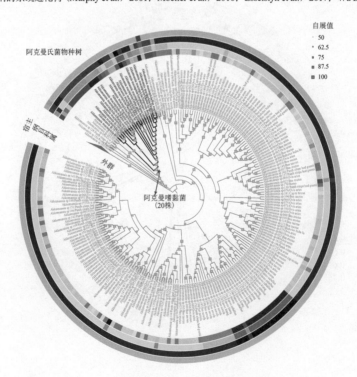

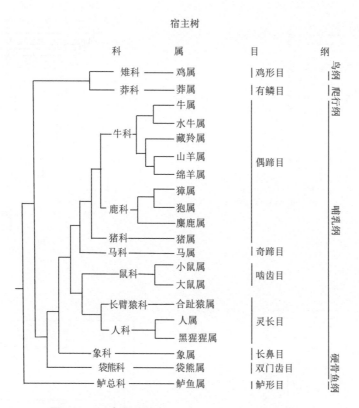

图 4-19　阿克曼氏菌属（*Akkermansia*）系统发育树

选取阿克曼氏菌属 217 个基因组，以突柄杆菌属（*Prosthecobacter*）作为外群，基于 120 个 marker 基因，通过 FastTree 里的最大似然法模型构建系统发育树（图左）。外圈由内向外依次是菌群宿主的属、科、目、纲分类。图右为动物宿主的 20 个属、12 个科、9 个目、4 个纲的进化树（Murphy et al.，2001；Moeller et al.，2016；Esselstyn et al.，2017；Wu D D et al.，2018）

　　最后，我们选取了 6 个典型肠菌物种进行了菌株水平的系统发育组学分析（图 4-20、表 4-6）。结果发现，在每个微生物菌种中都存在着频繁的菌株跨宿主转移现象。例如，*B. fragilis* 在人（*Homo sapiens*）、婆罗洲猩猩（*Pongo pygmaeus*）和藏羚羊（*Tibetan antelope*）中跨种水平宿主间转移；*B. xylanisolvens* 在原鸡（*Gallus gallus*）、人（*Homo sapiens*）、大猩猩（*Gorilla gorilla*）、婆罗洲猩猩（*Pogo pygmaeus*）、黑猩猩（*Pan troglodytes*）中跨种水平宿主间转移；*B. uniformis* 在人（*Homo sapiens*）、原鸡（*Gallus gallus*）、家猫（*Felis catus*）和家鼠（*Mus musculus*）中跨种水平宿主间转移。这些结果表明，肠道微生物菌株水平的系统发育关系并不总是和宿主系统发育关系保持一致，同肠菌物种水平的发现一致，其同样可以跨宿主在纲目科属种水平进行频繁转移。

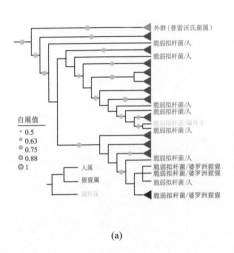

(a)

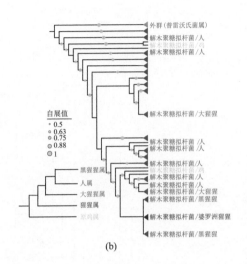

(b)

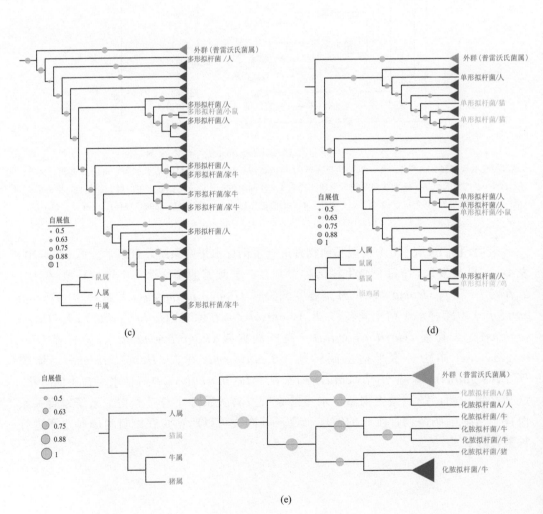

(c)

(d)

(e)

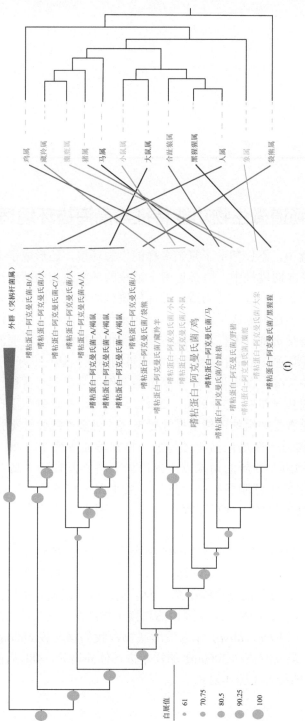

图 4-20　拟杆菌属、阿克曼氏菌属菌株系统发育树

表 4-6　6 个肠道微生物物种菌株水平系统发育关系分类统计（对应于图 4-20）

肠菌种名（菌株数）	跨宿主纲	跨宿主目	跨宿主科	跨宿主属
嗜粘蛋白 – 阿克曼氏菌（20）	2	7	10	12
单形拟杆菌（236）	2	4	4	4
解木聚糖拟杆菌（145）	2	2	2	5
多形拟杆菌（135）	无	3	3	3
化脓拟杆菌（21）	无	3	4	4
脆弱拟杆菌（152）	无	2	2	3

4.4　高原动物肠道微生物功能特征与高海拔环境适应

　　青藏高原隆升过程中，不仅塑造了复杂多样的生态环境，还形成了丰富多样的生物物种。在生物物种形成的过程中，势必也留下独特的环境适应的遗传印记。因此，青藏高原动物适应机制研究一直是动物适应性进化研究的热点。因为哺乳动物在长期适应高原环境过程中，也逐渐形成了耐低氧、耐高寒和耐低能量食物的特性。理解动物高原适应的遗传和组学机制，不仅对于解析复杂性状的形成具有重要的科学意义，而且对于高原动物的环境适应性和生境变化的响应机制的认知具有很好的启发。其中，青藏高原土著动物牦牛（Yak）就提供了一个经典的案例，且基因组解析已阐明了牦牛适应高原极端环境的遗传学机制（Qiu et al.，2012）。然而，与动物宿主自身基因组的遗传变异相比，其肠道微生物组的遗传多样性更丰富，可塑性或弹性更强，但肠道微生物组如何贡献于动物适应性进化仍知之甚少，特别是能量代谢方面。因此，2016年我们以"肠道微生物组"为新的切入点，提出如下科学假设："高效的能量产生与利用（瘤胃发酵产生的短链脂肪酸是能量的主要来源）和低的能量损耗（甲烷是瘤胃发酵的副产物，是能量的一种重要存在形式）有利于哺乳动物对青藏高原极端环境的适应"。

　　我们假设，适应性进化发生在高海拔哺乳动物的共生微生物群中，特别是反刍动物，因为它们拓展了宿主的代谢能力，包括宿主自身不能产生的短链脂肪酸（short-chain fatty acid，SCFAs）及瘤胃发酵的副产物甲烷。为了验证这一假设，我们首先测定了甲烷的排放和 VFAs 的产生，这两种物质主要由瘤胃微生物产生。利用可控的体外产气实验，以等量的燕麦干草（Avena sativa）作为发酵底物，我们将海拔 3000m 的牦牛以及同域放牧的土著黄牛（最高海拔约 3000m）的样本进行体外培养，48h 后检测发酵液甲烷的排放和 VFAs 产生的能力（图 4-21）。

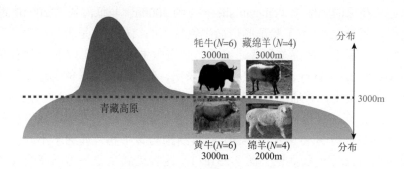

图 4-21　反刍动物物种及其分布情况

结果显示，牦牛产生的甲烷显著低于土著黄牛（牦牛约为 6mL，黄牛约为 10mL）。相反，牦牛产生的总 VFAs（total VFAs，TVFAs）、乙酸、丙酸和丁酸显著高于土著黄牛（TVFAs：牦牛约为 80mmol/L，黄牛约为 57mmol/L；乙酸：牦牛约为 60mmol/L，黄牛约为 40mmol/L；丙酸：牦牛约为 20mmol/L，黄牛约为 15mmol/L；丁酸：牦牛约为 10mmol/L，黄牛约为 5mmol/L）（图 4-22）。

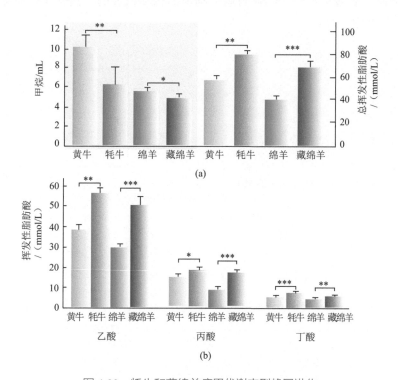

图 4-22　牦牛和藏绵羊瘤胃代谢表型趋同进化

* 代表显著性水平 $P \leqslant 0.05$；** 代表显著性水平 $P \leqslant 0.01$；*** 代表显著性水平 $P < 0.001$

(a) 体外培养 48h 后发酵液甲烷排放和 TVFAs 产生的能力；(b) 体外培养 48h 后 TVFAs 产生的能力 [与图 (a) 有关]

这些结果与以前的体内观察相吻合。因此，与其他来自不同牛品系的类似研究相比，牦牛产生较少的甲烷和较多的 TVFAs 已成为稳定的适应性性状。同样的规律在经历短期人工选择适应高原的藏绵羊（Tibetan sheep）（约 3000m）与低海拔（2200m）的普通绵羊之间被发现（图 4-22）。为了验证肠道微生物群落的结构变化是否与代谢表型趋同，我们比较了牦牛、黄牛、藏绵羊和普通绵羊的肠道微生物群落和 17 种其他食草动物。基于 16S rRNA（Kuczynski et al.，2012a）分析表明，牦牛和藏绵羊的肠道微生物细菌群落结构始终不同于黄牛、普通绵羊和其他 17 种食草动物［图 4-23（a）］。我们进一步通过深度测序充分估计了瘤胃样品中微生物物种的丰富度。结果表明，牦牛和藏绵羊的瘤胃细菌［图 4-23（b）］和古菌（图 4-24）群落结构与黄牛和普通绵羊不同。高海拔反刍动物的微生物群落呈现收敛性［图 4-23（c）］。这种模式主要是由高海拔反刍动物与其低海拔动物肠道微生物组成之间的差异造成的，并且可能与甲烷产量和 VFAs 积累的表型差异有关。例如，属于热原体属（*Thermoplasmata*）类的甲基营养产甲烷菌与甲烷产量减少有关（Poulsen et al.，2013），并且牦牛和藏绵羊的相对丰度显著高于黄牛和普通绵羊。相比之下，甲烷短杆菌属（*Methanobrevibacter gottschalkii*）与高甲烷产量有关（Shi et al.，2014），黄牛和普通绵羊的相对丰度分别高于牦牛和藏绵羊。同样，牦牛和藏绵羊的普雷沃氏菌相对丰度较高，利于产生更多的短链脂肪酸，如乙酸、丙酸和琥珀酸等。因此，高海拔反刍动物瘤胃微生物组结构和组成的一致变化可能导致低甲烷和高 VFAs 表型相一致。

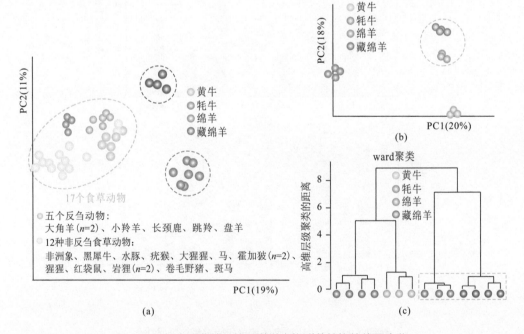

图 4-23　牦牛和藏绵羊的肠道微生物群落结构的趋同变化

（a）牦牛、黄牛、藏绵羊、绵羊和 17 种食草动物的粪便细菌群落的 PCoA 聚类分析。（b）基于 100000 个子样本的读数，通过 UniFrac g-full tree 和 Bray-Curtis 矩阵对瘤胃细菌群落的 PCoA 聚类分析。（c）基于皮尔逊相关不相似性方法［对应图（b）］对瘤胃细菌群落的分级聚类。*n* 表示个体数

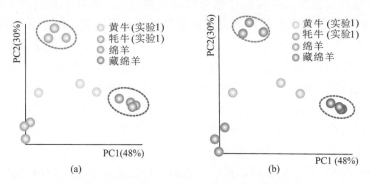

图 4-24　牦牛和藏绵羊瘤胃古菌的趋同变化

为了剖析反刍动物瘤胃微生物组产生甲烷和 VFAs 所涉及的代谢途径，我们沿青藏高原的海拔梯度从牦牛种群中采样的瘤胃微生物组进行宏基因组分析，共计获得了 379Gb 的宏基因组序列数据。随后我们将这些数据结合在一起以生成代表牦牛的核心瘤胃微生物组，然后将其与已经发表的牛的数据（268Gb 序列数据）进行比较。我们借助 KEGG 功能注释，特别是基于 KO 功能富集分析，对适应性表型变化的遗传基础进行深入了解，发现与黄牛和绵羊相比，牦牛和藏绵羊的瘤胃微生物组能量代谢和碳水化合物代谢更加富集（图 4-25）。

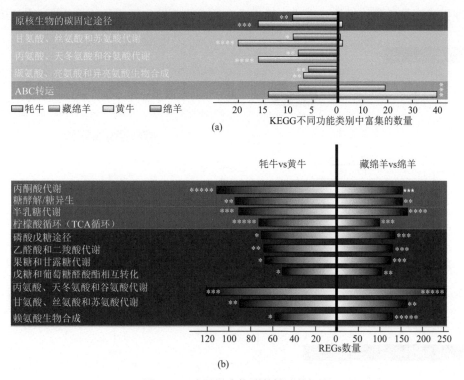

图 4-25　瘤胃微生物群落的功能概况

（a）高海拔反刍动物与低海拔反刍动物 KO 功能类别存在显著差异；（b）快速进化基因（REGs）显著富集的功能类别

我们发现瘤胃微生物宏基因组证据与代谢表型一致，即牦牛和藏绵羊在短链脂肪酸合成代谢通路的基因显著富集，而黄牛在甲烷形成通路富集（图 4-26），且瘤胃中形成的 VFAs 大部分被宿主的瘤胃上皮吸收。因此，我们假设，高海拔反刍动物可能具有更有效地运输和吸收 VFAs 的能力。通过瘤胃黏膜上皮组织转录组分析发现，与黄牛相比，牦牛短链脂肪酸运输和吸收相关的基因显著上调（图 4-27），提示高原动物自身进化出更强的短链脂肪酸吸收和利用能力，表明宿主和肠道微生物的协同进化。综上所述，我们的研究不仅阐明了高海拔反刍动物间具有更相似的肠道微生物物种，而且发现了高海拔牦牛和藏绵羊在 VFAs 生成通路上更加富集，表明"第二套基因组（肠道微生物组）"在协助宿主产生更多的能量，提示肠道微生物组趋同进化是同域哺乳动物适应进化的内在驱动力之一，也是动物宿主和其共生肠道微生物长期协同进化的结果，进一步表明长期适应高原极端环境的哺乳动物牦牛可能是典型的"节能减排"的代表（Zhang et al.，2016），该成果以"动物适应性进化研究的新视角：动物肠道微生物组"为题，入选为 2016 年《中国科学：生命科学》亮点研究工作。

肠道微生物如何快速响应短期生态环境的变化？为了回答这个问题，我们以牦牛为模式动物开展系统性研究，收集了固定牧场（OCG）（草地类型为高寒草甸）和迁移牧场（TH）（草地类型为高寒灌丛草甸）的牦牛粪便进行分析。对牦牛粪便中的食物普采用叶绿体 *trn*L（UAA）基因，微生物群落通过 16S rRNA 基因的 V3 ～ V4 区域测序，来分析青藏高原牦牛的食物组成和肠道细菌群落组成，结果表明，不管是传统固定牧场管理模式还是迁移牧场管理模式，牦牛采食的食物都发生了明显的季节性变化，秋冬

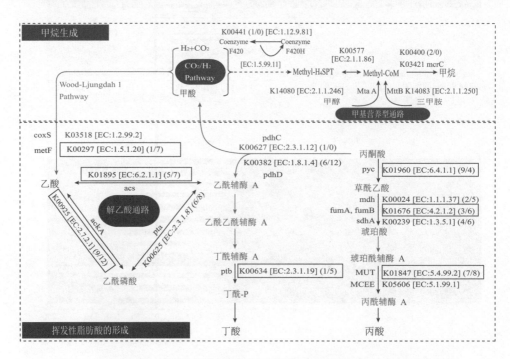

图 4-26　牦牛和藏绵羊瘤胃微生物组甲烷代谢和短链脂肪酸代谢通路的趋同进化

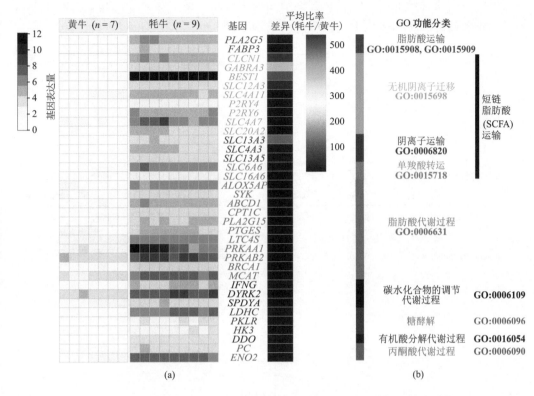

图 4-27　比较转录组发现牦牛瘤胃黏膜短链脂肪酸运输和吸收相关基因显著上调

两季微生物群落趋向一致，春夏两季微生物群落有差异，四季分布相对稳定，不同季节的食物变化比微生物群落变化差异更大（图 4-28），牦牛为了更好地利用氮营养和碳营养，根据食物在暖季和冷季的变化，肠道微生物发生快速响应，形成了三种不同的肠型来适应季节性变化带来的食物改变（图 4-29），肠型 1 主要出现在寒冷季节（春季、秋季和冬季），肠型 2 主要出现在温暖季节（夏季）。以 Akkermansia 和 WCHB1-41 为代表的固定肠道肠型，在食物稀少的寒冷季节对调节营养需求起着至关重要的作用。我们通过 KEGG 数据库，基于属水平的泛基因组研究了这两种肠型的功能相关性，Akkermansia 和 WCHB1-41 都显示出参与精氨酸和脂肪酸生物合成途径的酶的趋同富集，牦牛肠道微生物生态型通过这两条潜在的代谢通路满足氮营养（精氨酸合成通路）和碳营养（脂肪酸合成通路）的需求。冷季情况下，牦牛还得面临低氮胁迫，精氨酸合成通路相关的微生物丢失尿素合成酶，以减少低氮胁迫下尿液中氮的损失。由肠道微生物介导的丙酮酸，产生乙酰辅酶 A，进入三羧酸（TCA）循环，其中间产物（α- 酮戊二酸）可以进入精氨酸合成通路，合成更多的氨基酸，以适应冷季低氮的营养胁迫；冷季相关的微生物脂肪酸合成通路富集，利于能量储藏，满足冷季能量需求（图 4-30）。牦牛常年在青藏高原上放牧，面临着严峻的挑战，特别是在寒冷和食物供应有限的季节，为了在这种环境下生存，牦牛通过改变肠型来响应季节性饮食结构的改变，这种模式进化出了一种长期协同进化适应性机制，使牦牛能够被精准喂养以及更好地利用低蛋白质含量的不良饲料，在调节高海拔极端环境中营养稳态起着关键作用。其研究成果发表在 *Nature* 旗下 *npj Biofilms & Microbiomes* 杂志（Guo J et al.，2021）。

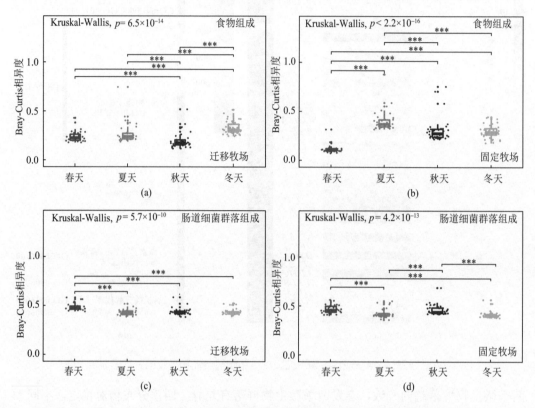

图 4-28　不同放牧方式下牦牛食物和肠道微生物群落结构的季节变化

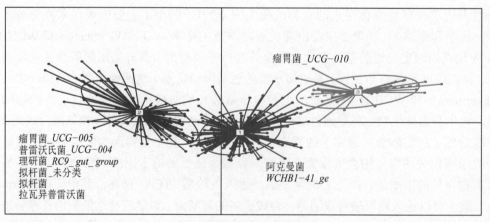

(a) 通过 PAM 聚类鉴定肠型

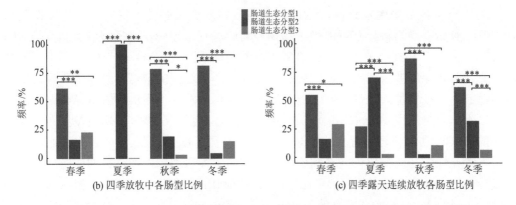

图 4-29　牦牛胃肠道微生物生态型以及对季节性食物变化的快速响应

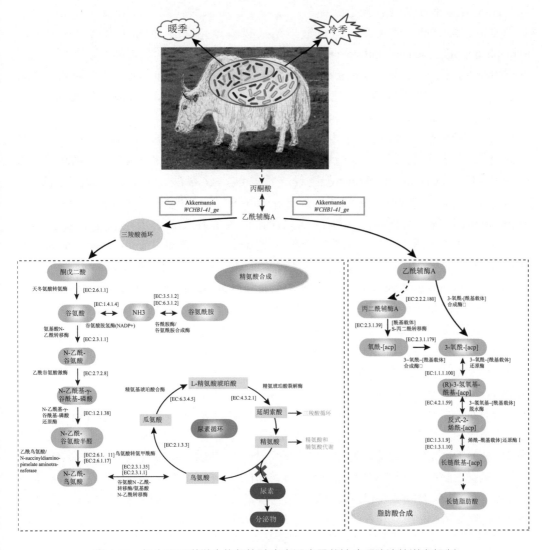

图 4-30　牦牛胃肠道微生物组协助宿主适应季节性冷暖胁迫的潜在机制

为了夯实肠道微生物组与动物高海拔适应的普遍关联性，我们对系统发育关系较近的三对高原动物特异获得的微生物物种功能进行了比较，包括藏野驴和藏马（TA vs. TH）、藏羚羊和藏绵羊（TAN vs. TS）以及牦牛和藏黄牛（Yak vs. TC）。其中，藏野驴、藏羚羊和牦牛被考虑为长期适应高海拔物种，而对应的藏马、藏绵羊和藏黄牛为短期适应高海拔物种。通过代谢功能富集分析，我们发现不同宿主的特异获得的微生物在碳水化合物利用（carbohydrate utilization）能力方面存在显著的功能差异，在四个类别的 KEGG 功能代谢途径中也发现了类似的结果（图 4-31）。这些发现表明，宿主微生物特异性的功能变化可能有利于应对不同的生存压力。例如，长期适应高原环境的藏羚羊与亲缘关系最近的藏绵羊相比，藏羚羊利用甲壳素（chitin）、多聚糖（multiple polysaccharides）、淀粉和储藏聚糖（starch and storage glycans）等碳水化合物的能力显著强于藏绵羊；藏羚羊在糖酵解（glycolysis）、戊糖磷酸途径（pentose phosphate pathway）等产能代谢途径方面显著强于藏绵羊；藏羚羊在组氨酸代谢（histidine metabolism）、苯丙氨酸、酪氨酸、色氨酸、缬氨酸、亮氨酸和异亮氨酸（phenylalanine、tyrosine、tryptophan、valine、leucine and isoleucine）等氨基酸的生物合成能力显著强于藏绵羊。但是，辅酶和维生素代谢（metabolism of cofactors and vitamins），藏羚羊只有一个代谢通路比藏绵羊富集，其余代谢通路藏绵羊比藏羚羊富集；在外源物的代谢和降解方面（xenobiotics biodegradation and metabolism），二者多数代谢途径没有显著差异。

我们也发现，有些途径至少在两种土著高原哺乳动物富集（图 4-31 中蓝色字体标记），包括甲壳素和多聚糖等碳水化合物的利用途径，糖酵解、三羧酸循环和丙酸代谢（propanoate metabolism）途径，甘氨酸、丝氨酸、苏氨酸和组氨酸代谢（glycine、serine、threonine and histidine metabolism）途径和硝基甲苯降解（nitrotoluene degradation）途径。同时，在至少两种短期适应高原环境的哺乳动物中也观察到共同富集的途径（图 4-31），如戊糖和葡萄糖醛酸相互转化（pentose and glucuronate interconversions）途径，苯丙氨酸、酪氨酸和色氨酸生物合成（phenylalanine、tyrosine and tryptophan biosynthesis）途径和生物素代谢（biotin metabolism）途径等。

最后，我们还发现肠道微生物能够提供宿主特异性富集的代谢途径，这可能有助于宿主长期适应高海拔环境（图 4-31）。例如，精氨酸生物合成（arginine biosynthesis）途径仅在牦牛富集；辅酶和维生素代谢的 10 条通路在藏野驴富集；赖氨酸生物合成（lysine biosynthesis）途径、半胱氨酸、甲硫氨酸和苯丙氨酸代谢（cysteine、methionine and phenylalanine metabolism）途径只在藏羚羊富集。

总体而言，宿主特异性获得的肠道微生物能够帮助动物宿主适应高海拔环境。其中，与低氧适应相关的氨基酸和维生素生物合成途径，在藏羚羊等长期适应高海拔环境的宿主特异性获得的微生物中富集。例如，已有研究报道，在低氧环境下，维生素 B6、B12、叶酸和胆碱会对脑神经起到保护作用（Yu et al.，2016b）。在急性缺氧条件下，宿主核黄素需求增加，通过补充核黄素可以改善能量代谢过程（Wang et al.，2014）。另外，有研究证实，补充半胱氨酸（Cys）可以让身体更快地适应缺氧环境（Nunes et al.，2018）。

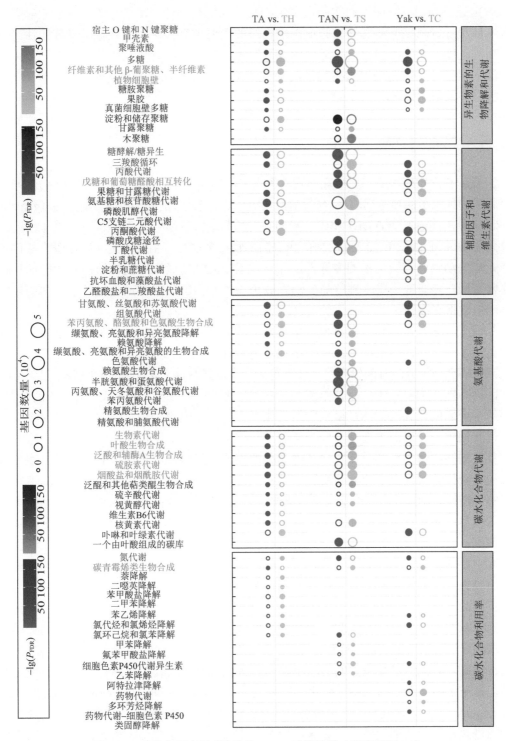

图 4-31 青藏高原大型哺乳动物 LSGB 功能比较（对应于图 4-7）

TC，Tibetan Cattle（藏黄牛）；TS，Tibetan Sheep（藏绵羊）；TAN，Tibetan Antelope（藏羚羊）；TH，Tibetan Horse（藏马）；

TA，Tibetan Ass（藏野驴）

　　上述系列研究表明，动物肠道微生物与动物生存的环境密切相关。为了适应高原极端环境，青藏高原哺乳动物肠道微生物组的重要生理代谢功能具有不可替代性，但是哺乳动物甚至脊椎动物高原适应的普遍肠道微生物组机制还有待于进一步全面系统的深入研究，且阐明肠道微生物组与动物高原适应（耐低氧、耐高寒、抗病性好等）的因果关系是亟待解决的重大科学问题。

4.5　本章小结

　　我们首次发现青藏高原哺乳动物蕴含丰富的肠道微生物组资源，并且获得了 19251 个肠菌物种水平的参考基因组。与当前应用最广、影响最大的基因组分类数据库（genome taxonomy database，GTDB）相比，我们获得的肠道微生物组资源 99% 以上是未知的，分别拓展了约 63% 和 10.3% 的细菌和古菌的物种多样性。由此可见，以往研究低估了非人哺乳动物肠道微生物的多样性，并且对于哺乳动物肠道微生物结构和功能的认知非常有限。该研究成果为理解哺乳动物肠道微生物组的形成和演化提供了扎实的参考基因组数据支撑。

　　我们通过深度解析青藏高原大型哺乳动物和小型哺乳动物核心肠道微生物组，首次查清了青藏高原动物肠道微生物结构功能特征及其独特的进化地位。在此基础上，我们以哺乳动物分歧时间较短的动物类群为例［奇偶蹄目（分歧时间大约 78 百万年前）和鼠科（分歧时间大约 47 百万年前）］，基于进化过程中微生物获得或丢失均衡的模型，揭示了全新的哺乳动物肠道微生物组进化动力学：肠道微生物组的形成是以动物宿主最近共同祖先发现的古老奠基菌为核心结构框架，在长期特定生境的作用下，通过反反复复的动物宿主系统谱系特异获得肠菌的形式，最终形成了稳定的肠道微生物群落结构。我们首次提出了哺乳动物肠道微生物组是通过分歧时间较短的动物类群独立形成的可能性。我们首次利用系统发育组学的方法和策略，利用跨大尺度的动物宿主（包括啮齿目、偶蹄目、鸡形目、灵长目及食肉目等 30 个动物宿主目）2500 多个参考基因组数据，首次揭示了肠道微生物物种与动物宿主物种之间协同进化的新机制。以往的研究主要依赖 16S rRNA 基因或单个 marker 基因进行细菌系统发育关系的推断，无法克服频繁发生的水平基因转移对准确判断细菌系统发育关系的影响。我们利用全基因组范围的 marker 基因进行细菌系统发育关系的推断，能够将频繁发生水平基因转移对准确判断细菌系统发育关系的影响降到最低，我们发现 LSGB 物种并不像已知的那样，要求频繁地与动物宿主协同成种；相反，LSGB 肠菌物种可以跨越宿主不同分类阶元的遗传限制，频繁地进行宿主间的水平转移，甚至突破了动物宿主纲目水平的遗传局限性，打破了哺乳动物与其肠道微生物物种之间 "co-speciation"（协同成种）或者 "co-phylogeny"（共系统发育）的传统观点。我们针对肠道微生物物种与动物宿主物种之间协同进化新机制的创新性理论突破，为进一步深入理解肠道微生物如何影响动物宿主性状形成、维持和演化的机制提供了很好的理论参考。在未来的研究当中，考虑到微生物与动物宿主协同进化过程中存在微生物获得或丢失不平衡的问题，或者考虑到进化过程中微生物丢失事件的真实性或重要性，需要进一步通过加权微生物丢失事件发生的概率，结合高质量微生物基因组的获取和功能解析，来更加全面地理解和认知哺乳动物肠道微生物组进化动力学。

最后，我们初步从能量代谢、营养代谢（氨基酸、维生素等）等多方面，通过对高低海拔生活的动物物种和长短期适应高原环境的动物物种肠道微生物结构和功能的解析，大尺度地探讨肠道微生物如何协助宿主高海拔适应。2020 年，中国科学院动物研究所张知彬研究员团队发现，田鼠的肠道菌群结构能够响应气候变化，促进田鼠的生长（Li S P et al.，2020）。2021 年，中国科学院西北高原生物研究所张同作研究员团队发现圈养林麝和马麝肠道微生物结构和功能随季节变化而变化，有利于物种适应环境并有效促进食物的消化代谢（Jiang et al.，2021）。这些研究与我们的发现一致表明，肠道微生物的结构和功能有助于动物适应高海拔环境和短期快速响应生态环境变化，但是深入的机制有待更加全面系统的理解和认知。总体而言，我们的相关研究成果能够为今后青藏高原动物微生物资源可持续挖掘和利用提供很好的理论参考和资源积累。

第 5 章

空气微生物与大气环流的关系

　　大气气溶胶（aerosol）是固态或液态微粒悬浮在气体介质中的分散体系，在自然环境和人类环境中普遍存在。生物气溶胶（bioaerosol）是大气气溶胶的重要组成部分，主要包括具有生命的气溶胶粒子（如细菌、真菌、病毒等微生物）、活性粒子（花粉、孢子等）以及由生命活性有机体释放到空气中的各种细胞和细胞残片等具有生命活性的微小粒子（杜睿，2006；Fröhlich-Nowoisky et al.，2016）。空气微生物（air microorganism）又是生物气溶胶的主要组分，指空气中病毒、细菌、霉菌和放线菌等具有生命的活体，是生态系统重要的生物组成部分（孙平勇等，2010）。它们可以从任何表面雾化，排放到大气当中（Smets et al.，2016）。由于体积小，它们通常为几纳米到十分之一毫米，它们在大气中平均停留时间从几天到几周不等。因此，空气微生物可以被大气环流挟带和扩散（Maki et al.，2014）进行长距离传输（Yoo et al.，2017），有效地将大陆、岛屿和海洋的微生物群落联系在一起（Fröhlich-Nowoisky et al.，2016）。空气微生物沉降在顺风生态系统的表面，可能影响微生物群落发育及功能演替（Maki et al.，2015），这对简单的冰冻圈生态系统尤为重要。

　　青藏高原被誉为世界“第三极”（Yao et al.，2012b），是全球气候变化的敏感地区，其生态功能对保障我国乃至亚洲生态安全具有重要的屏障作用。青藏高原受印度季风和西风控制（Yao et al.，2013）。在夏季（每年 6 ~ 9 月），在 30°N 以南地区盛行印度季风，并在 30°N ~ 35°N 逐渐减弱，而西风则在 35°N 以北盛行。在冬季（每年 12 月至次年 2 月），西风主导整个青藏高原的水汽传输。许多研究表明，印度季风和西风对气溶胶输送发挥重要作用（Li C et al.，2016；Wu X et al.，2018；Gong and Wang，2021）。然而，印度季风和西风不同来源的空气团是否会影响青藏高原的空气微生物，目前还不清楚。

　　第二次青藏高原综合科学考察围绕青藏高原空气微生物的时空分布格局及其潜在来源来开展空气微生物多样性、物种组成及其环境因子影响的研究，拟解决的关键科学问题包括：①青藏高原空气微生物的浓度、多样性和物种组成的本底和现状是什么？②气候变化和人类活动影响下，空气微生物的多样性如何变化？③印度季风和西风环流如何影响青藏高原空气微生物多样性的形成、演化和分布格局？研究的总体思路是通过面上调查，揭示大气环流影响条件下，青藏高原冰川空气微生物的时空分布格局及其潜在来源，进而深入探究下垫面类型及人类活动如何影响冰川空气微生物的多样性和物种组成。最后，研究空气微生物分布格局及其与关键环境因子的关联，揭示青藏高原空气微生物在区域尺度上的时空变异，以及对顺风生态系统的影响。

5.1　空气微生物的研究方法

5.1.1　空气微生物样品获取

　　空气微生物的采集利用了自行设计的便携式生物气溶胶采样器，以方便野外的移动观测。该采样器由锂离子电池、微型真空泵（12L/min）、采样头（换膜过滤器和防风防雨塑料盒）、伸缩式三脚架、浮子流量计、紫外照度温湿度记录仪等构成（图 5-1）。其主要优点包括：①采样使用 13mm 的小尺寸聚碳酸酯膜，方便携带与保存；②可充电式移动电源，适合野外观测；③采样头防风防雨，方便清洁，适合多种天气条件；④所有部件可拆卸、更换方便，可以在野外根据实际情况进行改装。该采样器使用 Millipore 公司的可换膜过滤器（型号：SX0001300）和 Whatman 公司的聚碳酸酯滤膜（货号：111106；直径：13mm；孔径：0.2μm）采集生物气溶胶样品。采样前，所有过滤膜和换膜过滤器需在 121℃下灭菌 20min。样本采集之后，立即置于 −20℃冰箱中保存。为避免污染，所有物品均需使用 75% 的消毒酒精进行灭菌。每次采样时均佩戴口罩，以防止人为污染。

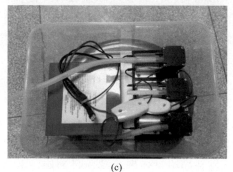

(a)　　　　　　　　　　　　　　　　(c)

图 5-1　便携式生物气溶胶采样器

(a) 架设在冰川上的气溶胶采样器；(b) 采样头与紫外照度温湿度记录仪；(c) 采样器的动力装置，包括锂离子电池和微型真空泵

5.1.2　空气微生物群落分析

在 PC2 认证的实验室中打开换膜过滤器取出聚碳酸酯膜。根据制造商的说明，使用提取土壤 DNA 试剂盒（MoBio，San Diego，CA），从孔径为 0.2μm 的聚碳酸酯薄膜

上提取 DNA。细菌 16S rRNA 基因的 V4～V5 区域用引物组 515F/907R 进行扩增（Fang et al.，2017）。聚合酶链式反应在体积为 50μL 的体系中进行。PCR 扩增条件为：94℃ 5min，94℃ 1min，94℃ 30s，52℃ 30s，72℃ 30s，35 个循环；72℃ 10min；4℃保温。扩增完成后，使用 1.5% 琼脂糖凝胶电泳检测 PCR 产物，并对 PCR 产物进行纯化、定量和等量混合后构建文库，最后在 Illumina MiSeq 测序平台上对所有文库进行双端 250bp 测序。

利用 QIIME2 流程（版本 2021.04）对下机原始序列进行分析。首先导入原始双端序列，通过 q2-demux 和用 DADA2 去除引物后的双端对序列进行合并、质量过滤及去噪，去噪后的高质量序列按 99% 的相似性聚类为扩增子序列变体（ASV），用于下游微生物群落多样性分析。使用 q2-classify-sklearn 插件对 ASV 进行物种注释，所使用的物种数据库为 SILVA v138。该插件首先利用 SILVA 数据库（138 版）训练朴素贝叶斯分类器，根据测序引物截取 16S 全长序列，获得 V4～V5 区域的参考序列，然后构建物种注释数据库。在进行物种注释后，对非细菌的 ASV（如叶绿体、线粒体、古菌和无法分类）序列进行剔除，从 ASV 列表中删除。最后将结果进行抽平，所有样本被随机抽样到最小的序列数。

5.1.3　荧光显微镜分析

准备试剂：10μg/mL 的 DAPI 染色液（-20℃冻存，解冻过程中使用最佳），4% 的多聚甲醛溶液（4℃保存），无菌超纯水（常温保存）。

准备材料：载玻片和盖玻片（提前清洗干净，以保证显微镜下无污染），无荧光镜油（100 倍物镜使用），镊子（夹取滤膜），1000μL 和 20μL 的移液枪与移液枪头（吸取微量液体），真空泵装置（抽出换膜过滤器内的液体），废液瓶（收集抽滤液），冰盒（冷冻 DAPI 染色液），75% 灭菌酒精（操作过程中的灭菌消毒）。

观察实验步骤如下：①用无菌水配制终浓度为 1% 的多聚甲醛溶液。②用移液管将 250μL 多聚甲醛溶液注入装有膜样品的换膜过滤器中，固定 1h。③利用真空泵装置抽出换膜过滤器内的液体。④在换膜过滤器中注入 200μL DAPI 染色液（染色液需在冰箱中低温保存），染色 15～20min。⑤再次利用真空泵装置抽出换膜过滤器内的液体，随后打开换膜过滤器，移出过滤膜，并进行制片。⑥上述染色和制片过程完成后，在奥林巴斯荧光显微镜 100 倍油镜（盖玻片上滴加浸油）下观察。

5.1.4　气象数据与后向轨迹分析

为了确定每个采样点的气溶胶气团来源，建立源-汇关系，分析气溶胶的地理来源、路径、气团移动速度和海拔。利用混合单粒子拉格朗日综合轨迹（HYSPLIT）模式和全球数据同化系统气象数据计算了地面以上 500～1000m 的后向轨迹，并使用 MeteoInfo 进行了可视化（Choufany et al.，2021）。行星边界层内低空飞行的气团的地理区域都被认为是收集到微生物的可能来源区域（Péguilhan et al.，2021）。本节研究中使用的气象数据和 HYSPLIT 模型气象数据均来自欧洲中期天气预报中心。

本章在第二次青藏高原综合科学考察研究中的空气细菌采样地点如图 5-2。

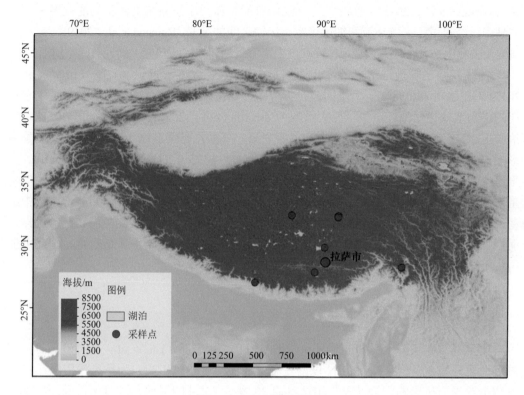

图 5-2　空气细菌采样地点

5.2　青藏高原不同冰川空气微生物的物种组成与多样性

微生物广泛分布于冰川表面，驱动了营养物质循环 (Stibal et al.，2012)，它们还可能通过降低冰川表面反照率来影响冰川的融化速度 (Sommers et al.，2019b)。此外，冰川表面的生物过程放大了气候变暖对冰川的影响 (Irvine-Fynn et al.，2012)。因此，微生物是冰川生态系统的重要组成部分 (Edwards et al.，2020)。许多研究都表明，冰川表面的微生物受到气溶胶沉积的影响 (Stibal et al.，2012)，但它们的来源尚不清楚。

微生物是生物气溶胶的重要组成部分 (Burrows et al.，2009b)，几乎可以从任何表面雾化 (Smets et al.，2016)，然后排放到大气中。大气中的微生物可以通过气流进行长距离输送 (Yoo et al.，2017)，有效连接跨大陆、岛屿和海洋的微生物群落 (Burrows et al.，2009a)。这些空气微生物受重力作用沉降到地表后，可能会影响当地的微生物群落演化 (Maki et al.，2011)。这种影响对于像冰川这样脆弱的生态系统尤为重要。早期的研究表明，细菌可以通过大气环流在全球范围内传播，并影响顺风生态系统中的微生物组成 (Hervas et al.，2009)。跨越太平洋的西风可以将微生物分散到各大洲 (Smith et al.，2013)，这种空气微生物的长距离运输影响了南极土壤的微生物多样性(Archer et al.，2019)。沙尘暴抬升的微生物可以在大气长途运输中存活下来，并定殖于高海拔雪中(Chuvochina et al.，2011)。因此，空气细菌可能是冰川生态系统中微生物的重要来源。文献中已经报道了大气环流和细菌远距离运输之间的关联(Romano et al.，2019)，但这些研究主要集中在单个地点或较小空间尺度上，空气细菌在区域尺度上的分布尚不清晰。

青藏高原是除极地地区外冰川面积最大的地区(Yao et al.，2012b；Liu Y et al.，2017)。在冰川表面发现了大量的微生物群落，这些微生物通过冰川融水对下游生态系统的生物地球化学循环产生了巨大影响(Edwards et al.，2020；Liu F et al.，2021)。气溶胶沉积被认为是冰川表面微生物的重要来源。夏季，青藏高原 35°N 以南受印度季风影响，而 35°N 以北则主要受西风影响(Yao et al.，2012a；Thompson et al.，2018)。大量研究表明，季风和西风在输送气溶胶(包括黑碳、棕碳和有机污染物)方面发挥着重要作用(Wu G et al.，2018；Gong et al.，2019；Kang et al.，2019)。然而，空气中细菌的组成是否存在差异尚不清楚。由于印度季风源自阿拉伯海、孟加拉湾和南印度洋，而西风则源自地中海、红海和波斯湾，且其途经的生态系统类型具有差异，因此可能携带不同的微生物群落。

5.2.1 样点信息与样品采集

青藏高原冰川降水受印度季风和西风的相互作用影响(Yao et al.，2012a)。青藏高原可大致分为 3 个气候域：30°N 以南夏季主要受印度季风影响，为季风作用区；35°N 以北主要受西风影响，为西风作用区；而 30°N ～ 35°N 的区域是过渡区，受印度季风和西风之间气候变化的控制(Yao et al.，2013；Wang X et al.，2016)。

本节研究在青藏高原的 6 条不同冰川上采集空气气溶胶样品(图 5-3)，其中 3 条位于季风作用区(帕隆 4 号、枪勇和蒙达岗日冰川)，另外 3 条位于过渡区(羌塘 1号、冬克玛底和唐古拉龙匣宰陇巴冰川)。帕隆 4 号冰川(PL4，29.26°N，96.93°E；海拔 4664m)，长约 8km，面积约 11.7 km²(Yang et al.，2011)，位于青藏高原东南部的帕隆藏布河流域上游，印度季风通过布拉马普特拉山谷侵入此地。枪勇冰川(QY，28.89°N，90.23°E；海拔 4884m)位于青藏高原南部的喜马拉雅山脉和雅鲁藏布江之间(Tian R and Tian L，2019)。该冰川全长 4.9 km，最大宽度 2.8 km，面积 7.7 km²(Luo et al.，2003)。蒙达岗日冰川(MDKR，28.47°N，90.60°E；海拔 5408m)位于喜马拉雅山脉的中东部，长 3.1km，面积约 2.46km²(Gao et al.，2017)。PL4、QY 和 MDKR 冰川在 6 ～ 8 月受印度季风影响。羌塘 1 号冰川(QT1)、冬克玛底冰川(DKMD)和唐古拉龙匣宰陇巴冰川(LXZLB)位于过渡区，其气候同时受季风和西风影响(Li et al.，2017)。QT1(33.17°N，88.42°E；海拔 5726m)位于青藏高原中部羌塘高原东部，长约 2km，面积约 2.4km²；DKMD(33.03°N，92.03°E；海拔 5284m)和 LXZLB 冰川(33.11°N，92.03°E；海拔 5255m)位于青藏高原中部唐古拉山北坡(Zhou et al.，2011)，DKMD 冰川长 5.4km，面积 14.63km²；LXZLB 冰川长 2.8km，宽 0.5 ～ 0.6km，表面积 1.7km²。

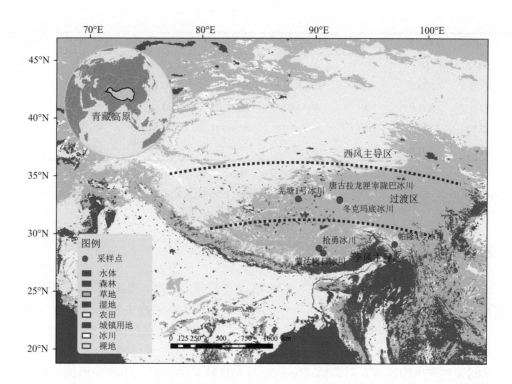

图 5-3　地图显示生态系统和取样地点

样本冰川包括：帕隆 4 号冰川（PL4）、枪勇冰川（QY）、蒙达岗日冰川（MDKR）、羌塘 1 号冰川（QT1）、冬克玛底冰川
（DKMD）和唐古拉龙匣宰陇巴冰川（LXZLB）。虚线表示西风和季风影响的边界

2018 年和 2019 年季风季（6～8 月），利用便携式生物气溶胶采样器共采集了 13 个气溶胶样品（表 5-1）。气溶胶采样器连接真空泵（流速约为 2.5L/min），通过持续抽气 48～144h，将气溶胶样品过滤到孔径为 0.2μm 的聚碳酸酯膜上（Qi et al.，2021）。对照组采用相同采样器设置，但没有连接真空泵。采样器被安装在冰川末端，距离冰面 1.5m 的高度。

表 5-1　所有气溶胶样品的采样时间及采样位置信息

样品名称	冰川名称	区域名称	采样开始日期	采样结束日期	纬度（°N）	经度（°E）	海拔 /m
PL4_1	PL4	MD	2019/7/17	2019/7/23	29.26	96.93	4664
QY_1	QY	MD	2019/7/29	2019/7/31	28.89	90.23	4884
QY_2	QY	MD	2019/7/29	2019/7/31	28.89	90.23	4884
MDKR_1	MDKR	MD	2019/7/28	2019/7/30	28.47	90.60	5408
MDKR_2	MDKR	MD	2019/7/28	2019/7/30	28.47	90.60	5408
QT1_1	QT1	TDM	2018/8/5	2018/8/9	33.17	88.42	5726
LXZLB_1	LXZLB	TDM	2019/6/27	2019/7/1	33.11	92.03	5255
DKMD_1	DKMD	TDM	2018/7/29	2018/7/31	33.03	92.03	5284

样品名称	冰川名称	区域名称	采样开始日期	采样结束日期	纬度 (°N)	经度 (°E)	海拔 /m
QT1_2	QT1	TDN	2018/8/9	2018/8/11	33.17	88.42	5726
LXZLB_2	LXZLB	TDN	2018/7/21	2018/7/23	33.11	92.03	5255
LXZLB_3	LXZLB	TDN	2018/7/23	2018/7/25	33.11	92.03	5255
LXZLB_4	LXZLB	TDN	2019/6/23	2019/6/27	33.11	92.03	5255
LXZLB_5	LXZLB	TDN	2019/7/2	2019/7/6	33.11	92.03	5255

注：MD，季风作用区；TDM，受季风影响的过渡区；TDN，不受季风影响的过渡区。PL4，帕隆 4 号冰川；QY，枪勇冰川；MDKR，蒙达岗日冰川；QT1，羌塘 1 号冰川；DKMD，冬克玛底冰川；LXZLB，唐古拉龙匣宰陇巴冰川。下同。

5.2.2 青藏高原不同冰川的气团来源

根据气团的 10 天后向轨迹结果可将 13 个样品分为 3 组。PL4_1、QY_1、QY_2、MDKR_1 和 MDKR_2 样本位于季风作用区（MD），其微生物主要来自印度大陆（孟加拉国、印度和尼泊尔）和印度洋。这些气团在到达采样点之前主要在低空（500m）移动［图 5-4(a)］。QT1_1、LXZLB_1 和 DKMD_1 样本位于过渡区（TDM），且在采样期间受到季风的影响，后向轨迹显示了与 MD 样品类似的气团轨迹历史，它们均受到来自印度大陆和海洋气团的影响［图 5-4(b)］。而 QT1_2、LXZLB_2、LXZLB_3、LXZLB_4 和 LXZLB_5 样本虽位于过渡区，但在采样期间没有受到季风的影响（TDN）。影响气溶胶微生物的气团主要来自新疆和欧洲高空［1500 ～ 6000 m，图 5-4(c)］，因此它们被归为不受季风影响的过渡区样品。虽然 LXZLB_4 的后向轨迹起源于尼泊尔，但其气团进入青藏高原后由西向东在高海拔移动，所经过的生态系统与其他 TDN 样品基本一致，因此归类为 TDN 组［图 5-4(c)］。

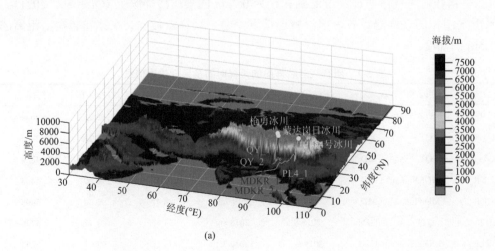

(a)

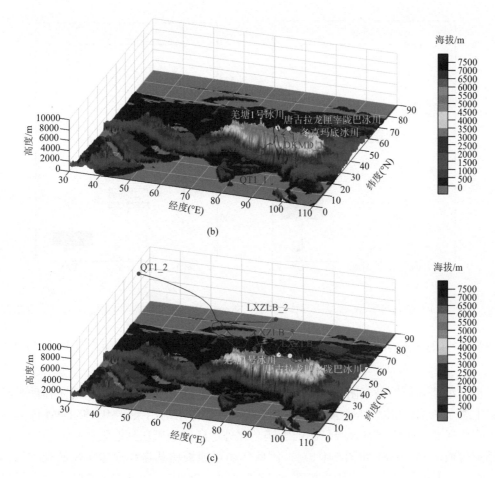

图 5-4　在 MD（a）、TDM（b）和 TDN（c）样本中，采用混合单粒子拉格朗日综合轨迹（HYSPLIT）模型在距地面 500 m 处模拟 10 天的后向轨迹

黄点表示后向轨迹的最终位置（采样位置），红点表示后向轨迹的起始位置。不同冰川的轨迹用不同的颜色表示

5.2.3　青藏高原冰川空气细菌多样性的空间变化

空气细菌的 Shannon-Wiener 物种多样性指数为 5.02 ～ 7.99，均值为 6.64，Chao1 指数为 128 ～ 517，均值为 260。MD 样本的 Shannon-Wiener 物种多样性指数与 TDM 样本相似（Kruskal-Wallis，$P=0.25$）。MD 和 TDM 的 Shannon-Wiener 物种多样性指数显著高于 TDN 样本（$P=0.016$ 和 0.036，图 5-5），而 MD 和 TDM 样本的 Chao1 指数都显著高于 TDN 样本（$P=0.008$ 和 0.036，图 5-5）。由于 MD 和 TDM 样本均受印度季风的影响，因此印度季风可能会增加空气细菌的多样性。

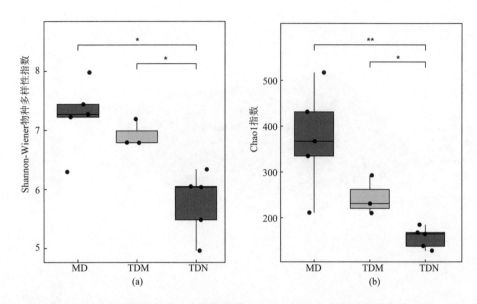

图 5-5　MD、TDM 和 TDN 样品的细菌 α 多样性指数：Shannon-Wiener 物种多样性指数 (a) 和 Chao1 指数 (b) 的比较

方框从第 25 个百分位数延伸到第 75 个百分位数，中间值已标记。采用 Kruskal-Wallis 检验进行显著性检验，$P < 0.05$ 认为显著。$**P < 0.01$，$*P < 0.05$

空气细菌多样性是气团来源（Tang et al.，2018；Qi et al.，2021）和气团移动时经过的生态系统（Fröhlich-Nowoisky et al.，2016）共同作用的结果。MD 和 TDM 样品的空气细菌都受到印度季风来源气团的影响。此外，印度季风在到达采样点之前，一直在低空传输 [图 5-4(a) 和图 5-4(b)]，因此气团可能裹挟其途经生态系统的微生物，协助不同来源的细菌向冰川环境扩散（Li S P et al.，2020）。印度季风在低空途经了包括草甸、灌木和森林等多个不同的生态系统（图 5-3）。这一微生物来源的多样性，或可解释印度季风较高的细菌多样性。

对于 TDN 样本，气团主要受西风带的影响，在高空移动 [图 5-4(c)]。在干燥、恶劣和强紫外线辐射的大气环境中，空气微生物可能受到了更强的环境筛选作用（Pan et al.，2021），这可能极大地降低了存活下来的细菌多样性。北极地区的研究也发现，北极的低温、强风、强紫外线辐射和寡营养环境，极大地降低了空气微生物的多样性。一项关于南极空气中的细菌的研究表明，大气传输过程中的环境筛选作用限制了空气细菌进入南极大陆（Archer et al.，2019）。此外，由于西风主要在高空途经沙漠、稀疏草原等简单的生态系统 [图 5-3 和图 5-4(c)]，相对单一的微生物类型进一步限制了西风影响区空气细菌的多样性。

5.2.4　青藏高原冰川空气细菌群落结构的空间变化

基于 Bray-Curtis 相异度的主坐标分析（PCoA）结果表明，青藏高原冰川近地表的

气溶胶样品可分为三组。组 I 包含 MD 样本，组 II 和组 III 分别包含受季风 (TDM) 影响和不受季风 (TDN) 影响的过渡区样本 [图 5-6(a)]。三组间的细菌群落结构存在显著差异 (PERMANOVA，P=0.021，表 5-2)，而 MD 和 TDM 组间的群落相似性 (P=0.021) 高于其与 TDN 样本的组间群落相似性 (P=0.009)。

表 5-2　基于 Bray-Curtis 距离的 MD、TDM 和 TDN 样本的 β 多样性差异

	R^2	P 值	矫正 P 值
MD *vs* TDM	0.256	0.021	0.021
MD *vs* TDN	0.163	0.009	0.021
TDM *vs* TDN	0.193	0.014	0.021

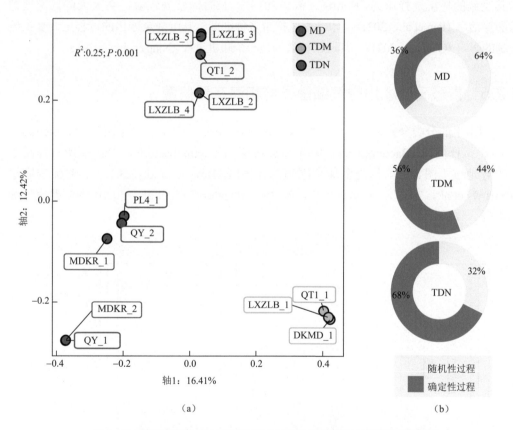

图 5-6　青藏高原面上冰川近地表空气微生物群落结构及其驱动机制
基于 Bray-Curtis 差异的主坐标分析 (a) 和决定细菌群落组成生态过程的贡献 (b)

空气中的细菌样本被分成三组：MD、TDM 和 TDN [图 5-6(a)]。MD 和 TDM 样本比 MD 与 TDN 的组间差异更小，这可能与 MD 和 TDM 均受印度季风的影响有关。MD 和 TDM 气团以相似的轨迹从印度大陆向青藏高原移动 [图 5-4(a) 和图 5-4(b)]。因此，这些气团可能挟带着相似的微生物类群 (Burrows et al.，2009a；Qi et al.，

2021)。TDN 样本主要受到西风影响，其微生物来源和途经的生态系统与印度季风完全不同 [图 5-3 和图 5-4（c）]。已有研究表明，生态系统类型影响其能释放出的气溶胶微生物类型（Fröhlich-Nowoisky et al.，2016），这解释了 TDN 与其他样品巨大的细菌群落结构差异。因此，大气环流影响气溶胶细菌的多样性和相对丰度，可能进而影响冰川表面的微生物生态系统。

MD 样本的群落演替主要受随机过程影响 [64%，图 5-6（b）]，而确定性过程只能解释 36%。相比之下，过渡区样本的群落组装主要受确定性过程影响（56% 和 68%）。对于受季风影响的 TDM 样本，随机过程解释率为 44%，显著高于 TDN 样本 [32%，图 5-6（b）]。在过渡区样品中，由于其气团移动高度比季风影响区样品的气团高度更高，其微生物可能受到了更强的紫外线辐射和低温影响（Cuthbertson et al.，2017），大大增加其受到的环境选择压力（Bottos et al.，2014）。长时间紫外辐射，会大大降低空气细菌的存活率（Pan et al.，2021）。印度季风携带多种细菌，其沉降至冰川的过程主要受扩散限制的影响（Qi et al.，2021），其通常被认为是一个随机过程（Ning et al.，2020）。

5.2.5　青藏高原冰川空气细菌类群和潜在致病菌

门水平的分类分析显示，变形菌门（Proteobacteria，43%）、厚壁菌门（Firmicutes，10%）、拟杆菌门（Bacteroidetes，9%）和放线菌门（Actinobacteria，8%）在所有样品中占主导地位（图 5-7）。这与全球范围高海拔地区（Bowers et al.，2012）和对流层底层（Burrows et al.，2009b；Pearce et al.，2010；González-Toril et al.，2020）的主要空气细菌类群一致。

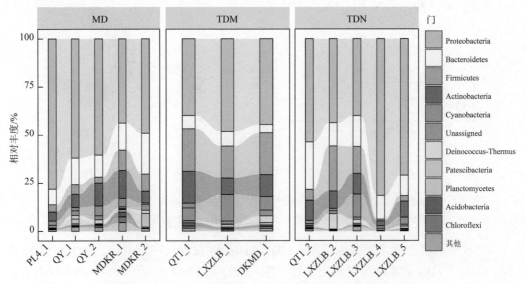

图 5-7　MD、TDM 和 TDN 冰川气溶胶样品中细菌组成差异

细菌群落组成基于 16S rRNA 基因序列在门水平的相对丰度（相对丰度＞2%）

MD 和 TDM 样品中的拟杆菌门（Bacteroidetes）相对丰度显著高于 TDN 样品（Kruskal-Wallis，$P=0.036$），TDM 样品中的厚壁菌门（Firmicutes）相对丰度显著高于 MD 样品 [$P=0.036$，图 5-8（a）]。进一步比较发现，乳酸菌属（*Lactobacillus*）和黄杆菌属（*Flavobacterium*）分别是造成拟杆菌门和厚壁菌门差异的主要因素 [图 5-8（b）和图 5-8（c）]。厚壁菌门可能很好地适应大气生活，甚至可以在尘埃颗粒中繁殖（Tang et al.，2018）。而当养分匮乏时，它们能够形成内生孢子以休眠状态生存（Galperin，2013）。此外，本书研究中厚壁菌门相对丰度的差异主要由乳酸杆菌的差异所致 [图 5-8（a）和图 5-8（c），主要是乳球菌属]。乳酸杆菌通常在乳制品中被发现（Bolotin et al.，2001），这与西藏中部广泛的放牧活动一致（Monk et al.，2019）。MD 样品中拟杆菌门（Bacteroidetes）的相对丰度显著高于 TDM 样品，其差异主要归因于黄杆菌目（Flavobacteriales）[图 5-8（a）和图 5-8（b）]，黄杆菌属细菌广泛存在于淡水、河流沉积物、海水、土壤、农田和冰川等多种生境（McCammon and Bowman，2000；Dong et al.，2013；Ekwe and Kim，2018），这与印度季风路径上复杂的生态系统和频繁的人类活动一致。

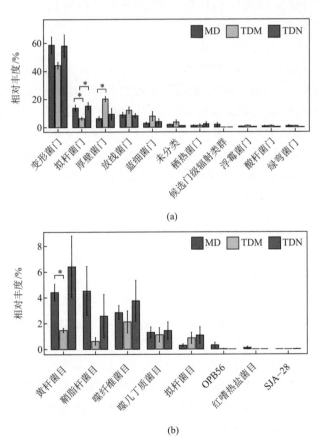

(a)

(b)

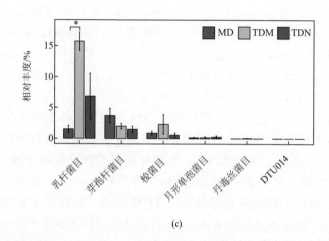

(c)

图 5-8　MD、TDM 和 TDN 样品中优势细菌门（a）、厚壁菌门（b）和拟杆菌门（c）的相对丰度
采用 Kruskal-Wallis 检验进行显著性比较。* 表示领域之间存在显著差异（$P < 0.05$）。误差条表示离均值的一个标准差

　　通过与传染病数据库的序列比较，识别出了潜在的病原体，共鉴定出 23 个潜在病原细菌，分别为荧光假单胞菌（*Pseudomonas fluorescens*）、成团泛藻（*Pantoea agglomerans*）、醋酸钙不动杆菌（*Acinetobacter calcoaceticus*）、乳酸杆菌（*Lactobacillus* sp.）、路邓葡萄球菌（*Staphylococcus lugdunensis*）、金黄色葡萄球菌（*Staphylococcus aureensis*）、奥斯陆莫拉菌（*Moraxella osloensis*）、嗜麦芽窄食单胞菌（*stenotroomonas malophilia*）和具核梭杆菌（*Fusobacterium nucleatum*）亚种等。在检测到的病原体中，44% 可在 MD 样本中检测到，52% 可在 TDM 样本中检测到，而只有 4% 可在 TDN 样本中检测到（表 5-3）。潜在病原体占所有样品 16S rRNA 基因序列的 0.7%，MD 和 TDM 样品的相对丰度接近（分别为 4.93% 和 5.49%，Kruskal-Wallis，P=0.21，图 5-9），两者均显著高于 TDN 样品（0.03%，P=0.002 和 $P < 0.001$，图 5-9）。

　　本书研究中发现的细菌病原体可以影响多种宿主，包括植物、鱼类、节肢动物、两栖动物、鸟类、哺乳动物和人类（表 5-3）。MD 和 TDM 样品中潜在病原菌的相对丰度均显著高于 TDN 样品（图 5-9），因此，印度季风不仅增加了空气细菌的多样性，也增加了潜在病原体的多样性和相对丰度，其中包括臭名昭著的致病细菌，如荧光假单胞菌（Schwartz et al.，2006）、金黄色葡萄球菌（Myles and Datta，2012）和丁酸梭菌等（Lee et al.，2008）。MD 和 TDM 样品都受到印度季风的影响，印度季风影响区的人口比西风影响区更高（Rumpf et al.，2017）。较高的人口数量和密度或可解释西风和西风挟带的病原体多样性和相对丰度差异。潜在病原体沉降在冰川表面可能使青藏高原冰川成为危险细菌的储存库，这些潜在的病原体可能会通过冰川融水释放到下游的生态系统中，并影响植物、动物和人类的健康。

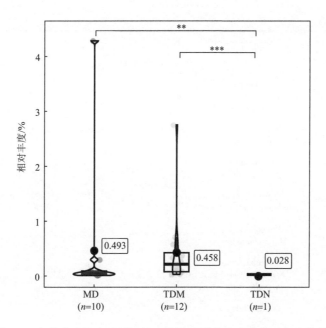

图 5-9　青藏高原面上冰川近地表气溶胶潜在致病菌相对丰度比较

红色的点是潜在细菌病原体的平均相对丰度。方框从第 25 个百分位数延伸到第 75 个百分位数。显著性检验采用 Kruskal-Wallis 检验进行，*** 代表 $P < 0.001$，** 代表 $P < 0.01$

表 5-3　季风作用区（MD）、受季风影响的过渡区（TDM）和不受季风影响的过渡区（TDN）样品中潜在致病菌的鉴定和相对丰度

名称	BLAST hit	物种分类	相对丰度 /%			宿主
			MD	TDM	TDN	
ASV1	MH443348	Proteobacteria： *Pseudomonas fluorescens*	4.28	n.d	n.d	高等植物、节肢动物、人类、寄生虫、两栖动物、真菌、细菌、鸟、鱼
ASV11	FJ917740	Proteobacteria：*Pantoea agglomerans*	n.d	2.75	n.d	高等植物、家养、节肢动物、人类、哺乳动物
ASV110	AXDA01000015	Proteobacteria *Pseudomonas fluorescens*	n.d	0.71	n.d	高等植物、节肢动物、人类、寄生虫、两栖动物、真菌、细菌、鸟、鱼
ASV150	AXOF01000036	Proteobacteria：*Pantoea agglomerans*	n.d	0.58	n.d	高等植物、家养、节肢动物、人类、哺乳动物
ASV188	KF612591	Proteobacteria： *Acinetobacter calcoaceticus*	0.30	n.d	n.d	高等植物、节肢动物、人类
ASV261	KX350049	Proteobacteria： *Pseudomonas fluorescens*	n.d	0.37	n.d	高等植物、节肢动物、人类、寄生虫、两栖动物、真菌、细菌、鸟、鱼
ASV370	LC076844	Firmicutes： *Lactobacillus* sp.	n.d	0.26	n.d	人类、哺乳动物
ASV295	KX350049	Proteobacteria： *Pseudomonas fluorescens*	n.d	0.33	n.d	高等植物、节肢动物、人类、寄生虫、两栖动物、真菌、细菌、鸟、鱼

续表

名称	BLAST hit	物种分类	相对丰度 /%			宿主
			MD	TDM	TDN	
ASV575	KT026103	Firmicutes: *Staphylococcus lugdunensis*	n.d	0.16	n.d	家养、人类
ASV557	MF671969	Proteobacteria: *Pseudomonas fluorescens*	0.10	n.d	n.d	高等植物、节肢动物、人类、寄生虫、两栖动物、真菌、细菌、鸟、鱼
ASV842	JEBX01000001	Firmicutes: *Staphylococcus aureus*	n.d	0.11	n.d	高等植物、家养、节肢动物、人类、哺乳动物、鸟类、灵长类动物
ASV956	DQ981457	Proteobacteria: *Pseudomonas fluorescens*	0.05	n.d	n.d	高等植物、节肢动物、人类、寄生虫、两栖动物、真菌、细菌、鸟、鱼
ASV1036	CP024176	Proteobacteria: *Moraxella osloensis*	n.d	0.08	n.d	高等植物、家养、人类、哺乳动物、真菌
ASV864	EU434550	Proteobacteria: *Stenotrophomonas maltophilia*	0.06	n.d	n.d	分节虫、高等植物、家养、节肢动物、蠕虫、真菌、鸟类、鱼类、刺胞动物、孔虫类
ASV1160	CP007064	Fusobacteriota: *Fusobacterium nucleatum* subsp.	n.d	0.07	n.d	人类
ASV1041	LUKJ01000003	Proteobacteria: *Pseudomonas fluorescens*	0.05	n.d	n.d	高等植物、节肢动物、人类、寄生虫、两栖动物、真菌、细菌、鸟、鱼
ASV1327	JEBX01000001	Firmicutes: *Staphylococcus aureus*	0.03	n.d	n.d	高等植物、家养、节肢动物、人类、哺乳动物、鸟类、灵长类动物
ASV1482	JYCH01000077	Proteobacteria: *Bacillus thuringiensis*	n.d	n.d	0.03	细菌
ASV1698	LY336399	Proteobacteria: *Achromobacter piechaudii*	n.d	0.04	n.d	高等植物、人类、节肢动物、真菌
ASV1625	KJ606789	Proteobacteria: *Sphingomonas paucimobilis*	0.02	n.d	n.d	人类、节肢动物、真菌
ASV1979	LY336869	Bacteroidota: *Capnocytophaga sputigena*	n.d	0.03	n.d	人类
ASV2208	LKJQ01000005	Proteobacteria: *Aeromonas veronii*	0.01	n.d	n.d	分段蠕虫、人类、家养、节肢动物、鸟、鱼、软体动物类、爬行动物
ASV2434	ABDT01000109	Firmicutes: *Clostridium butyricum*	0.01	n.d	n.d	分段蠕虫、人类
总计			4.91	5.49	0.03	

n.d 代表未检测到。

本节研究结果表明，印度季风和西风影响区的近地表空气微生物多样性和群落结构具有显著差异。空气微生物差异将影响沉降到冰川表面的微生物类群，进而影响其生物地球化学循环，并在冰川融化时影响下游生态系统。本节研究为青藏高原冰川微生物生态系统的建立和演化提供了新的见解。

5.3　青藏高原不同下垫面空气微生物的物种组成与多样性

微生物在近地表大气中普遍存在，并对人类健康有着重要影响，但由于气象条件和空气细菌的潜在来源不同，不同下垫面类型的大气中会有不同的细菌群落。此前有人提出，空气中的细菌群落与土壤中的细菌群落相似（Brodie et al.，2007），但尚不清楚这一发现是否适用于其他近地表大气环境。研究发现，美国科罗拉多州北部三种不同土地利用类型（农田、郊区和森林）近地表大气的微生物丰度稳定，且空气细菌群落的组成与土地利用类型显著相关（Bowers et al.，2010）。我们预计青藏高原的下垫面类型可能会对空气细菌群落的结构产生重大影响（Despres et al.，2007a）。因此，我们在 2018 年 6 ～ 7 月、2019 年 4 ～ 8 月分别收集了青藏高原三条冰川的三种下垫面类型的气溶胶样品，并对空气细菌的多样性和物种组成进行了研究，以揭示青藏高原不同下垫面类型空气细菌的组成差异，以及下垫面类型的变化和人为因素对空气细菌群落多样性和组成的影响。

5.3.1　样点信息与样品采集

本节研究在青藏高原三条冰川（珠穆朗玛峰、帕隆 4 号冰川和唐古拉龙匣宰陇巴冰川）的三种下垫面：高寒草甸（营地）、碎石（末端）和冰面（冰川）采集了气溶胶样品（图 5-10）。其中，珠穆朗玛峰和帕隆 4 号冰川均位于季风区，而唐古拉龙匣宰陇巴冰川位于过渡区。珠穆朗玛峰（ZF）的三个下垫面的距离较远，其中营地位于县城里的珠穆朗玛峰观测站；冰川末端位于珠穆朗玛峰大本营的海拔纪念碑处，此地多登山游客，人类活动很多；冰川下垫面则为海拔 6300m 的冰面。相比之下，帕隆 4 号冰川（PL4）和唐古拉龙匣宰陇巴冰川（LXZLB）的三个下垫面的距离较近，其中帕隆 4 号冰川的三个下垫面的距离最近，附近还有牧民活动。另外，这两条冰川的营地均为科考人员驻扎帐篷的位置，冰川末端是冰川消融的界线处，而冰川下垫面则分别为海拔 4759m 和 5487m 的冰面。

(a)　　　　　　　　　　(b)　　　　　　　　　　(c)

(d)　　　　　　　　　　(e)　　　　　　　　　　(f)

（g）   （h）   （i）

图 5-10　珠穆朗玛峰 [（a）～（c）]、帕隆 4 号冰川 [（d）～（f）] 和唐古拉龙匣宰陇巴冰川 [（g）～（i）]

分别在营地、末端和冰川三种下垫面类型的采样信息图

在 2018 年和 2019 年（4 ～ 8 月）期间，共采集了 48 个样品（表 5-4）。便携式生物气溶胶采样器连接真空泵（流速为 1 ～ 2.5L/min），通过持续抽气 48 ～ 144h，将气溶胶样品过滤到孔径为 0.2μm 的聚碳酸酯膜上。表 5-4 详细记录了每个气溶胶样品的采样时间和位置信息。

表 5-4　全部气溶胶样本的采样时间及采样位置信息

样品名称	冰川名称	采样位置	采样开始时间	采样结束时间	纬度（°N）	经度（°E）	海拔/m
ZFC1	珠穆朗玛峰	营地	2019/4/25	2019/4/27	28.21	86.56	4900
ZFC2	珠穆朗玛峰	营地	2019/4/25	2019/5/27	28.21	86.56	4900
ZFC3	珠穆朗玛峰	营地	2019/4/29	2019/5/3	28.21	86.56	4900
ZFC4	珠穆朗玛峰	营地	2019/5/3	2019/5/7	28.21	86.56	4900
ZFC5	珠穆朗玛峰	营地	2019/5/10	2019/5/14	28.21	86.56	4900
ZFC6	珠穆朗玛峰	营地	2019/5/15	2019/5/21	28.21	86.56	4900
ZFC7	珠穆朗玛峰	营地	2019/5/24	2019/5/27	28.21	86.56	4900
ZFT1	珠穆朗玛峰	末端	2019/4/25	2019/4/29	28.14	86.85	5200
ZFT2	珠穆朗玛峰	末端	2019/4/29	2019/5/3	28.14	86.85	5200
ZFT3	珠穆朗玛峰	末端	2019/5/3	2019/5/7	28.14	86.85	5200
ZFT4	珠穆朗玛峰	末端	2019/5/9	2019/5/14	28.14	86.85	5200
ZFT5	珠穆朗玛峰	末端	2019/5/24	2019/5/27	28.14	86.85	5200
ZFG1	珠穆朗玛峰	冰川	2019/5/2	2019/5/6	28.02	86.57	6300
ZFG2	珠穆朗玛峰	冰川	2019/5/6	2019/5/10	28.02	86.57	6300
ZFG3	珠穆朗玛峰	冰川	2019/5/10	2019/5/14	28.02	86.57	6300
ZFG4	珠穆朗玛峰	冰川	2019/5/14	2019/5/15	28.02	86.57	6300
ZFG5	珠穆朗玛峰	冰川	2019/5/2	2019/5/6	28.02	86.57	6300
ZFG6	珠穆朗玛峰	冰川	2019/5/2	2019/5/6	28.02	86.57	6300
ZFG7	珠穆朗玛峰	冰川	2019/5/6	2019/5/10	28.02	86.57	6300
ZFG8	珠穆朗玛峰	冰川	2019/5/6	2019/5/10	28.02	86.57	6300
ZFG9	珠穆朗玛峰	冰川	2019/5/10	2019/5/14	28.02	86.57	6300

续表

样品名称	冰川名称	采样位置	采样开始时间	采样结束时间	纬度 (°N)	经度 (°E)	海拔 /m
ZFG10	珠穆朗玛峰	冰川	2019/5/14	2019/5/18	28.02	86.57	6300
PL4C1	帕隆 4 号冰川	营地	2019/7/17	2019/7/23	29.27	96.94	4591
PL4C2	帕隆 4 号冰川	营地	2019/7/17	2019/7/23	29.27	96.94	4591
PL4T1	帕隆 4 号冰川	末端	2018/6/20	2018/6/21	29.26	96.93	4664
PL4T2	帕隆 4 号冰川	末端	2018/6/21	2018/6/22	29.26	96.93	4664
PL4T3	帕隆 4 号冰川	末端	2018/6/22	2018/6/23	29.26	96.93	4664
PL4T4	帕隆 4 号冰川	末端	2018/6/23	2018/6/24	29.26	96.93	4664
PL4T5	帕隆 4 号冰川	末端	2018/6/24	2018/6/25	29.26	96.93	4664
PL4T6	帕隆 4 号冰川	末端	2019/7/17	2019/7/23	29.26	96.93	4664
PL4T7	帕隆 4 号冰川	末端	2019/7/17	2019/7/23	29.26	96.93	4664
PL4G1	帕隆 4 号冰川	冰川	2019/7/17	2019/7/23	29.25	96.93	4759
PL4G2	帕隆 4 号冰川	冰川	2019/7/17	2019/7/24	29.25	96.93	4759
LXZLBC1	唐古拉龙匣宰陇巴冰川	营地	2019/6/27	2019/7/1	33.10	91.99	5170
LXZLBC2	唐古拉龙匣宰陇巴冰川	营地	2019/8/7	2019/8/10	33.10	91.99	5170
LXZLBC3	唐古拉龙匣宰陇巴冰川	营地	2019/8/7	2019/8/10	33.10	91.99	5170
LXZLBT1	唐古拉龙匣宰陇巴冰川	末端	2018/7/21	2018/7/23	33.11	92.03	5255
LXZLBT2	唐古拉龙匣宰陇巴冰川	末端	2018/7/22	2018/7/23	33.11	92.03	5255
LXZLBT3	唐古拉龙匣宰陇巴冰川	末端	2018/7/23	2018/7/25	33.11	92.03	5255
LXZLBT4	唐古拉龙匣宰陇巴冰川	末端	2018/7/23	2018/7/25	33.11	92.03	5255
LXZLBT5	唐古拉龙匣宰陇巴冰川	末端	2019/6/23	2019/6/27	33.11	92.03	5255
LXZLBT6	唐古拉龙匣宰陇巴冰川	末端	2019/6/27	2019/7/1	33.11	92.03	5255
LXZLBT7	唐古拉龙匣宰陇巴冰川	末端	2019/7/2	2019/7/6	33.11	92.03	5255
LXZLBT8	唐古拉龙匣宰陇巴冰川	末端	2019/8/7	2019/8/10	33.11	92.03	5255
LXZLBT9	唐古拉龙匣宰陇巴冰川	末端	2019/8/7	2019/8/10	33.11	92.03	5255
LXZLBG1	唐古拉龙匣宰陇巴冰川	冰川	2019/6/23	2019/6/27	33.12	92.05	5487
LXZLBG2	唐古拉龙匣宰陇巴冰川	冰川	2019/6/27	2019/6/29	33.12	92.05	5487
LXZLBG3	唐古拉龙匣宰陇巴冰川	冰川	2019/7/2	2019/7/6	33.12	92.05	5487

5.3.2　青藏高原不同下垫面空气细菌多样性的空间变化

气溶胶样品的 Shannon-Wiener 物种多样性指数为 5.9 ～ 8.7，均值为 7.3，
Chao1 指数为 107 ～ 1146，均值为 470。在 ZF 和 LXZLB，营地与末端下垫面样品
的 Shannon-Wiener 物种多样性相似，均显著高于冰川下垫面（Kruskal-Wallis 检验，P
< 0.001，图 5-11），这可能是由于 ZF 的营地和末端都受到了大量人类活动的影响，
LXZLB 则是因为营地与末端的距离很近，大气连通性强，物种分布相对均匀。不受人

类活动影响的冰川下垫面，可能仍保留着自然大气的本底状态，因此微生物多样性最低。然而，PL4 的营地、末端和冰川三种下垫面的 Shannon-Wiener 物种多样性却都没有显著性差异（$P > 0.05$，图 5-11），推测是人类活动和较近的地理距离导致的。

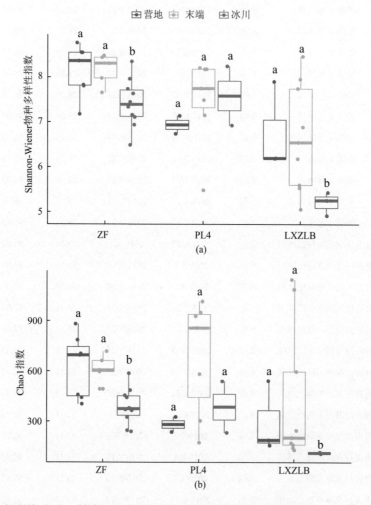

图 5-11　珠穆朗玛峰（ZF）、帕隆 4 号冰川（PL4）和唐古拉龙匣宰陇巴冰川（LXZLB）三种不同下垫面类型（营地、末端和冰川）的细菌 α 多样性指数

Shannon-Wiener 物种多样性指数（a）和 Chao1 指数（b）的比较。显著性检验采用 Kruskal-Wallis 检验进行

5.3.3　青藏高原不同下垫面空气细菌的物种组成

气溶胶样品的细菌群落主要由九个门组成，包括酸杆菌门（Acidobacteria）、放线菌门（Actinobacteria）、α- 变形菌门（Alphaproteobacteria）、拟杆菌门（Bacteroidetes）、绿弯菌门（Chloroflexi）、蓝细菌门（Cyanobacteria）、厚壁菌门（Firmicutes）、γ- 变形菌门（Gammaproteobacteria）和浮霉菌门（Planctomycetes）（图 5-12）。珠穆朗玛峰、帕隆

4 号冰川与唐古拉龙匣宰陇巴冰川的营地、末端和冰川下垫面的空气细菌群落相对丰度存在不同的变化趋势。其中，珠穆朗玛峰的空气细菌群落的相对丰度自营地至冰川下垫面，放线菌门、α- 变形菌门、绿弯菌门和蓝细菌门的相对丰度逐渐降低，而拟杆菌门、厚壁菌门和 γ- 变形菌门的相对丰度却逐渐升高［图 5-12（b）］。在唐古拉龙匣宰陇巴冰川得到与珠穆朗玛峰相似的结果，自营地至冰川下垫面，放线菌门、拟杆菌门、蓝细菌门和厚壁菌门相对丰度逐渐降低，α- 变形菌门和 γ- 变形菌门的相对丰度却逐渐升高［图 5-12（f）］。然而，帕隆 4 号冰川物种组成的变化趋势却截然不同，自营地至冰川下垫面，α- 变形菌门和 γ- 变形菌门相对丰度逐渐降低，蓝细菌门、厚壁菌门和浮霉菌门的相对丰度却逐渐升高［图 5-12（d）］。

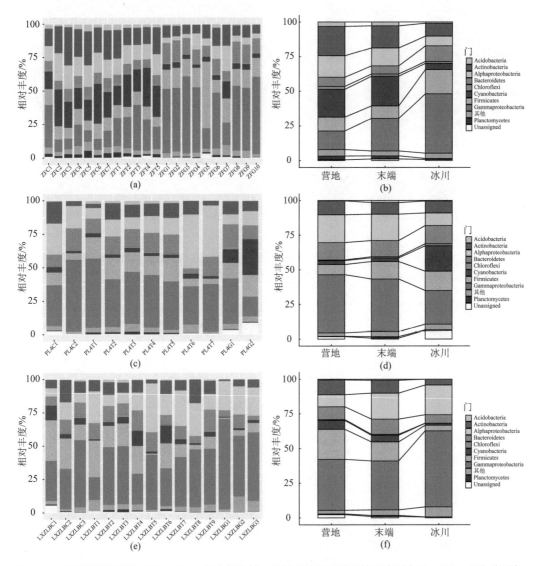

图 5-12　全部气溶胶样品［(a)、(c)、(e)］与营地、末端和冰川三种下垫面类型［(b)、(d)、(f)］分别在珠穆朗玛峰［(a)、(b)］、帕隆 4 号冰川［(c)、(d)］和唐古拉龙匣宰陇巴冰川［(e)、(f)］的细菌组成差异

　　珠穆朗玛峰、帕隆 4 号冰川与唐古拉龙匣宰陇巴冰川的细菌 OTUs 数目不同，珠穆朗玛峰样品中的 OTUs 总数最高（5950），其次是帕隆 4 号冰川（3314），唐古拉龙匣宰陇巴冰川的 OTUs 总数最低（3260）（图 5-13）。珠穆朗玛峰和帕隆 4 号冰川位于季风作用区，周围多为草甸、灌木和森林等不同的生态系统。由于受到印度季风的影响，微生物来源多样化，解释了它们的较高物种数。此外，由于受到大量外来登山游客的影响，珠穆朗玛峰的物种数目也是最多的。对于唐古拉龙匣宰陇巴冰川而言，它位于西风区，由于西风主要在高空途经沙漠、稀疏草原等简单的生态系统，相对单一的微生物类型限制了西风影响区空气细菌的物种数。

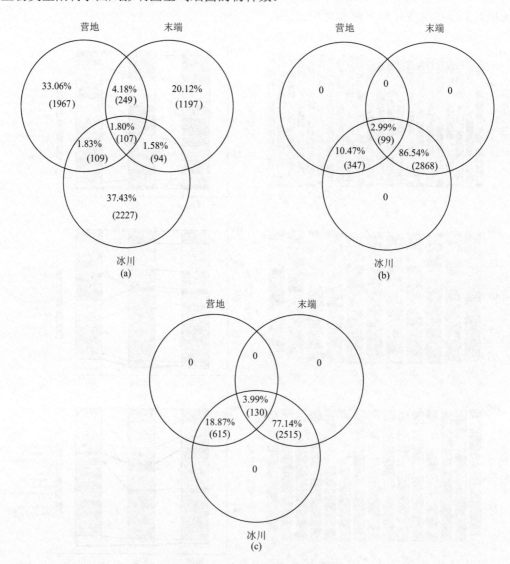

图 5-13　珠穆朗玛峰（a）、帕隆 4 号冰川（b）和唐古拉龙匣宰陇巴冰川（c）分别在营地、末端和冰川三种下垫面共享 OTUs 数量的韦恩图

因数值修约，图中个别数据略有误差

同一条冰川，不同下垫面类型的空气细菌 OTUs 数目也不同，珠穆朗玛峰三种下垫面类型中，冰川下垫面独有的 OTUs 数目最多（2227，37.43%），其次是营地（1967，33.06%）和末端（1197，20.12%）。其中，营地与末端公有的 OTUs 数目最多（249，4.18%），其次是营地与冰川（109，1.83%），末端与冰川公有的 OTUs 数目最少（94，1.58%）。因为 ZF 的营地与末端下垫面都受到了人类活动的影响，因此两个下垫面之间公有的 OTUs 数目最多，人类活动排放的空气细菌可能对自然环境产生了重要影响。然而，帕隆 4 号和唐古拉龙匣宰陇巴冰川的三种下垫面均无独有的 OTUs 物种，但是末端与冰川公有的 OTUs 数目都是最多的（2868 和 2515，占比分别为 88.54% 和 77.15%），其次是营地与末端（347 和 615，占比分别为 10.47% 和 18.87%）。这可能是因为 PL4 与 LXZLB 冰川三个下垫面的距离都很近，大气连通性强，空气细菌的类群相同。因此，研究青藏高原不同下垫面类型的空气微生物多样性和物种组成，有利于揭示大气微生物的本底值，对于未来研究具有重要的指示意义。

5.4　青藏高原冰川与城市空气微生物的多样性和物种组成

大气微生物通过自由对流层向顺风地区输送，极大地影响了气候变化、生态系统变化和人类健康。空气微生物主要通过土壤、森林、陆地和海洋环境、沙漠、农业／堆肥活动和人类活动排放而来，这些微生物甚至可以在恶劣的环境条件下生存，如干燥、高海拔、营养缺乏、紫外线辐射和高温等（Fröhlich-Nowoisky et al.，2016）。世界范围内的研究发现，空气中微生物群落的丰度和组成随时间和空间而变化，且不同类型的环境中，细菌浓度不同，季节性差异显著（Sharma Ghimire et al.，2020）。但是到目前为止，影响微生物丰度变化的环境条件和因素尚不清楚，过去的研究也没有显示原始自然地区（冰川）和城市地区的细菌群落有太大的差异。因此，空气微生物的时间和空间变化模式对于青藏高原地区来说仍需要深入研究，以填补知识空白。这是首次在青藏高原的冰川和城市地区同时收集气溶胶样品，研究空气细菌群落浓度、多样性和物种组成的季节变化特征，并为更好地了解青藏高原的空气微生物提供参考。

5.4.1　样点信息与样品采集

本次科考选择了青藏高原的枪勇冰川和拉萨市，在两个受人类活动影响程度不同的研究地点进行了长达一年的观测。2019 ～ 2021 年，共采集 63 个气溶胶样品，其中枪勇冰川包含 17 个样品，拉萨市包含 46 个样品（表 5-5）。枪勇冰川采样点海拔4884m，位于季风区，人类活动较少。该样点的采样器被安装在冰川末端，距离地面的高度为 1.5m［图 5-14（a）］。而拉萨市的采样点位于青藏高原研究所拉萨部的办公楼楼顶［图 5-14（b）］。该位置多人类活动，但不是旅游中心，人流量适中。

表 5-5　所有气溶胶样本的采样时间及采样位置信息

样品名称	采样地点	采样开始日期	采样结束日期	季节	经度（°E）	纬度（°N）	海拔 /m
QY1	枪勇冰川	2020/5/20	2020/5/22	春季	90.23	28.89	4884
QY2	枪勇冰川	2020/6/16	2020/6/18	夏季	90.23	28.89	4884
QY3	枪勇冰川	2020/6/16	2020/6/18	夏季	90.23	28.89	4884
QY4	枪勇冰川	2020/7/20	2020/7/24	夏季	90.23	28.89	4884
QY5	枪勇冰川	2020/7/20	2020/7/24	夏季	90.23	28.89	4884
QY6	枪勇冰川	2020/8/18	2020/8/20	夏季	90.23	28.89	4884
QY7	枪勇冰川	2020/8/18	2020/8/20	夏季	90.23	28.89	4884
QY8	枪勇冰川	2020/9/24	2020/9/26	秋季	90.23	28.89	4884
QY9	枪勇冰川	2020/10/20	2020/10/22	秋季	90.23	28.89	4884
QY10	枪勇冰川	2021/2/26	2021/2/26	冬季	90.23	28.89	4884
QY11	枪勇冰川	2021/2/26	2021/2/26	冬季	90.23	28.89	4884
QY12	枪勇冰川	2021/3/24	2021/3/26	春季	90.23	28.89	4884
QY13	枪勇冰川	2021/3/24	2021/3/26	春季	90.23	28.89	4884
QY14	枪勇冰川	2021/4/25	2021/4/26	春季	90.23	28.89	4884
QY15	枪勇冰川	2021/4/25	2021/4/26	春季	90.23	28.89	4884
QY16	枪勇冰川	2021/5/30	2021/5/31	春季	90.23	28.89	4884
QY17	枪勇冰川	2021/6/29	2021/6/30	夏季	90.23	28.89	4884
LS1	拉萨市	2019/10/7	2019/10/10	秋季	91.03	29.65	3600
LS2	拉萨市	2019/10/17	2019/10/20	秋季	91.03	29.65	3600
LS3	拉萨市	2019/11/3	2019/11/6	秋季	91.03	29.65	3600
LS4	拉萨市	2019/11/10	2019/11/13	秋季	91.03	29.65	3600
LS5	拉萨市	2019/11/17	2019/11/20	秋季	91.03	29.65	3600
LS6	拉萨市	2019/11/27	2019/11/30	秋季	91.03	29.65	3600
LS7	拉萨市	2019/12/1	2019/12/4	冬季	91.03	29.65	3600
LS8	拉萨市	2019/12/8	2019/12/11	冬季	91.03	29.65	3600
LS9	拉萨市	2019/12/15	2019/12/18	冬季	91.03	29.65	3600
LS10	拉萨市	2019/12/23	2019/12/26	冬季	91.03	29.65	3600
LS11	拉萨市	2020/12/31	2020/1/2	冬季	91.03	29.65	3600
LS12	拉萨市	2020/1/5	2020/1/8	冬季	91.03	29.65	3600
LS13	拉萨市	2020/1/13	2020/1/16	冬季	91.03	29.65	3600
LS14	拉萨市	2020/1/20	2020/1/23	冬季	91.03	29.65	3600
LS15	拉萨市	2020/1/27	2020/1/30	冬季	91.03	29.65	3600

续表

样品名称	采样地点	采样开始日期	采样结束日期	季节	经度（°E）	纬度（°N）	海拔 /m
LS16	拉萨市	2020/3/1	2020/3/4	春季	91.03	29.65	3600
LS17	拉萨市	2020/3/8	2020/3/11	春季	91.03	29.65	3600
LS18	拉萨市	2020/3/15	2020/3/18	春季	91.03	29.65	3600
LS19	拉萨市	2020/3/22	2020/3/25	春季	91.03	29.65	3600
LS20	拉萨市	2020/3/29	2020/4/1	春季	91.03	29.65	3600
LS21	拉萨市	2020/4/5	2020/4/8	春季	91.03	29.65	3600
LS22	拉萨市	2020/4/12	2020/4/15	春季	91.03	29.65	3600
LS23	拉萨市	2020/4/19	2020/4/22	春季	91.03	29.65	3600
LS24	拉萨市	2020/4/26	2020/4/29	春季	91.03	29.65	3600
LS25	拉萨市	2020/5/3	2020/5/6	春季	91.03	29.65	3600
LS26	拉萨市	2020/5/25	2020/5/28	春季	91.03	29.65	3600
LS27	拉萨市	2020/6/1	2020/6/4	夏季	91.03	29.65	3600
LS28	拉萨市	2020/6/5	2020/6/9	夏季	91.03	29.65	3600
LS29	拉萨市	2020/6/8	2020/6/11	夏季	91.03	29.65	3600
LS30	拉萨市	2020/6/14	2020/6/17	夏季	91.03	29.65	3600
LS31	拉萨市	2020/6/21	2020/6/24	夏季	91.03	29.65	3600
LS32	拉萨市	2020/6/28	2020/7/1	夏季	91.03	29.65	3600
LS33	拉萨市	2020/7/5	2020/7/8	夏季	91.03	29.65	3600
LS34	拉萨市	2020/7/26	2020/7/29	夏季	91.03	29.65	3600
LS35	拉萨市	2020/8/2	2020/8/5	夏季	91.03	29.65	3600
LS36	拉萨市	2020/8/9	2020/8/12	夏季	91.03	29.65	3600
LS37	拉萨市	2020/8/17	2020/8/20	夏季	91.03	29.65	3600
LS38	拉萨市	2020/8/23	2020/8/26	夏季	91.03	29.65	3600
LS39	拉萨市	2020/8/30	2020/9/2	秋季	91.03	29.65	3600
LS40	拉萨市	2020/9/24	2020/9/27	秋季	91.03	29.65	3600
LS41	拉萨市	2020/10/7	2020/10/10	秋季	91.03	29.65	3600
LS42	拉萨市	2020/12/1	2020/12/3	冬季	91.03	29.65	3600
LS43	拉萨市	2020/12/7	2020/12/9	冬季	91.03	29.65	3600
LS44	拉萨市	2020/12/14	2020/12/16	冬季	91.03	29.65	3600
LS45	拉萨市	2020/12/21	2020/12/23	冬季	91.03	29.65	3600
LS46	拉萨市	2020/12/28	2020/12/30	冬季	91.03	29.65	3600

(a)   (b)

图 5-14　枪勇冰川（a）和拉萨市（b）架设的便携式生物气溶胶采样器

5.4.2　青藏高原冰川与城市空气细菌的物种组成

空气细菌群落主要由 6 个门组成，包括变形菌门（Proteobacteria）、厚壁菌门（Firmicutes）、放线菌门（Actinobacteria）、拟杆菌门（Bacteroidetes）、蓝细菌门（Cyanobacteria）和浮霉菌门（Planctomycetes）等（图 5-15）。冰川与城市地区空气细菌群落的相对丰度存在不同的变化趋势。枪勇冰川空气细菌群落的相对丰度分别是变形菌门（Proteobacteria）39.18%、厚壁菌门（Firmicutes）19.68%、放线菌门（Actinobacteria）17.34%、拟杆菌门（Bacteroidetes）7.59%、蓝细菌门（Cyanobacteria）4.90% 和浮霉菌门（Planctomycetes）2.14%；而拉萨市空气细菌群落的相对丰度分别为放线菌门（Actinobacteria）24.14%、变形菌门（Proteobacteria）24.03%、蓝细菌门（Cyanobacteria）16.65%、厚壁菌门（Firmicutes）16.42% 和拟杆菌门（Bacteroidetes）8.66%（图 5-15）。枪勇冰川空气细菌的变形菌门相对丰度最高；拉萨市变形菌门的丰度比枪勇冰川的低，但是蓝细菌门的相对丰度却变得异常高。有研究表明，变形菌门更代表了自然环境的状态，在南北极和青藏高原的冰川上甚至一些高空大气等较少人类活动的地区，都是变形菌门的相对丰度最高。此外，也有研究发现蓝细菌门可能存在致病性。人类活动的增加，扰乱了自然大气状态，一些与人类相关的物种逐渐占据了较高的相对丰度。但是，两研究地点物种相对丰度的季节变化特征均不显著。

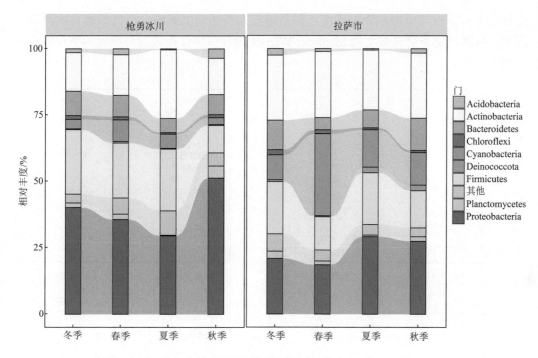

图 5-15　枪勇冰川和拉萨市的气溶胶样品分别在春夏秋冬四个季节中的细菌组成差异

细菌群落组成基于 16S rRNA 基因序列在门水平的相对丰度

5.4.3　青藏高原冰川与城市空气细菌的多样性

枪勇冰川空气细菌浓度为 $8 \times 10^2 \sim 1.7 \times 10^4 \text{cells/m}^3$，Shannon-Wiener 物种多样性指数为 7.0 ～ 10.7，均值为 8.7。拉萨市空气细菌浓度为 $2 \times 10^3 \sim 4 \times 10^4 \text{cells/m}^3$，Shannon-Wiener 物种多样性指数为 4.9 ～ 11.2，均值为 9.6。枪勇冰川的空气细菌浓度 [Kruskal-Wallis 检验，$P < 0.001$，图 5-16（a）] 和 Shannon-Wiener 物种多样性指数 [Kruskal-Wallis 检验，$P < 0.001$，图 5-16（b）] 均显著低于拉萨市。城市因人类活动的影响可能带来了较多种类的微生物，并排放到大气当中，而不受人类活动影响的冰川地区仍保留着自然状态。

枪勇冰川空气细菌在夏季 Shannon-Wiener 物种多样性指数最低，显著低于一年中其他三个季节，而其他三个季节 Shannon-Wiener 物种多样性指数相近 [图 5-16（c）]。这可能与夏季降水有关，降雨和冰雹事件冲刷了大气中的颗粒物，使空气中的微生物沉降到地面。然而，拉萨市却有着截然不同的结果。空气微生物在春季 Shannon-Wiener 物种多样性指数最低，冬季 Shannon-Wiener 物种多样性指数最高，秋季 Shannon-Wiener 物种多样性指数与春季相近，夏季 Shannon-Wiener 物种多样性指数与春秋两季无显著性差异 [图 5-16（d）]。冬季供暖可能造成大量颗粒物排放到大气当中，微生物附着在这些颗粒物上，随之与其在空气中漂浮，大幅增加其多样性。夏季也是拉萨市的旅游旺季，会有大量机动车出行，微生物可能附着在汽车尾气的颗粒物上。虽然夏季的多降水会在一定程度上抑制空气中颗粒物的浓度，但是随着人类活动的影响，空气细菌再次漂浮。因此，拉萨市夏季空气微生物 Shannon-Wiener 物种多样性指数会与春秋两季相似而显著低于冬季。

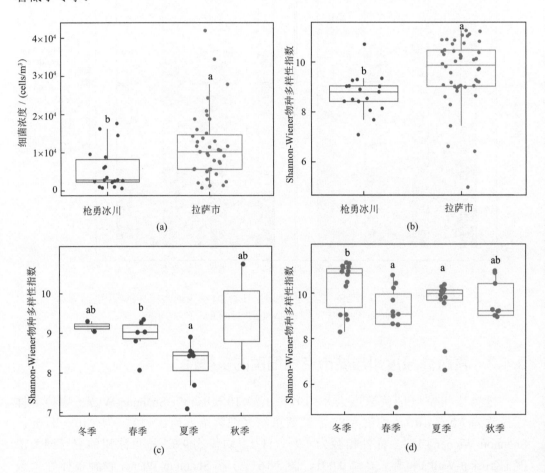

图 5-16　枪勇冰川和拉萨市细菌浓度（a）及 Shannon-Wiener 物种多样性指数（b）比较，以及 Shannon-Wiener 物种多样性指数在枪勇冰川（c）和拉萨市（d）的季节分布

5.4.4　青藏高原冰川与城市空气细菌的群落结构

　　该研究采用 NMDS 方法对空气细菌相对丰度进行分析，按照地点和季节，基于 Bray-Curtis 距离进行聚类比较（胁强系数 =0.1754）。我们发现，两地的空气细菌群落结构都具有很明显的季节变化规律（图 5-17）。然而，与枪勇冰川相比，拉萨市的样品更加聚集，这可能是人类活动导致拉萨市的空气细菌群落组成变得更加相似。

　　综上所述，人类活动会对空气微生物产生影响，人类活动会整体增加空气微生物多样性，并改变自然界原有的季节变化规律。

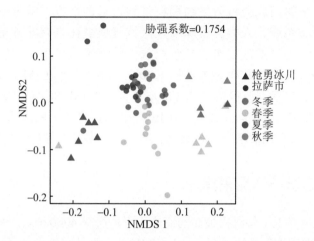

图 5-17 根据细菌类群相对丰度的 Bray-Curtis 差异，将枪勇冰川和拉萨市的空气细菌群落组成以
NMDS 表示

5.5 青藏高原南部和蒙古高原空气微生物多样性与气候环境的关系

空气细菌是生物气溶胶的重要组成部分，它来源于陆地和水生环境，并在大气运输过程中与矿物颗粒和有机碎屑结合，穿过自由对流层进入下风向区域 (Pearce et al.，2010)。空气细菌积极参与大气的物理和化学过程 (Fröhlich-Nowoisky et al.，2016)，如冰核和云凝结核的形成，从而影响降水、云动力学和太阳辐射 (Amato et al.，2005)。细菌可以附着在矿物颗粒上（干沉降），或以降水形式（湿沉降）沉降到陆地 (Morris et al.，2014)。空气中细菌的沉降对大气和陆地生态系统的多样性和功能具有潜在影响 (Delort et al.，2010)。这些细菌还可以在地球化学循环、农业生产力、生态系统发育和人类健康方面发挥重要作用 (Smets et al.，2016；Perron et al.，2020)。

大气中的细菌主要属于放线菌门（Actinobacteria）、拟杆菌门（Bacteroidetes）、厚壁菌门（Firmicutes）和变形菌门（Proteobacteria）(Cuthbertson et al.，2017)。然而，较低的分类水平（如属）的空气细菌群落具有极大时空差异，其受微生物对环境的适应性影响。此外，气象指标（如风速、风向、温度和相对湿度）和采样位置 (Pearce et al.，2010) 也会直接影响空气中细菌群落的组成。有研究表明，北海和波罗的海之间的空气细菌群落受到温度、风向和样本位置的强烈影响 (Seifried et al.，2015)。在美国俄勒冈州西部，空气中的细菌数量在四季中都与温度呈正相关、与相对湿度呈负相关 (Tong and Lighthart，2000)。有研究表明，细菌群落的组成和多样性受当地气象条件的影响，尤其是相对湿度和风速，微生物来源及其在大气中传播的距离并不是控制当地空气中细菌群落的主要因素 (Uetake et al.，2020)。

细菌通过大气环流的远距离传输及其对下风向生态系统的影响逐渐受到了重视。

在东亚，高空吹来的西风会将微生物颗粒带到很远的地方。明确空气细菌的远程传输过程及其对生态系统、人类健康和顺风区域气候变化具有非常重要的意义。源自戈壁和塔克拉玛干沙漠的沙尘事件导致空气中的细菌浓度由通常的 $1×10^4 \sim 1×10^6$ 个 /L（Cuthbertson et al.，2017）增加到 $1×10^7 \sim 1×10^9$ 个 /L（Maki et al.，2017），直接影响中国北方的空气细菌群落结构（Tang et al.，2018）和组成（Maki et al.，2014；Innocente et al.，2017；Romano et al.，2019）。然而，青藏高原南部空气气溶胶的细菌组成还不清晰，其与中国北部（蒙古高原）的空气气溶胶差异也还需要进一步研究。

5.5.1 样点信息与样品采集

青藏高原是世界上平均海拔最高的高原（平均海拔 4000m），一些地表特征甚至可以影响对流层中部的大气环流（Yao et al.，2012a）。喜马拉雅山是区域和全球尺度上的关键和敏感地区（Kang et al.，2010）。蒙古高原（MP）是亚洲另一个气候变化敏感区，包括中国内蒙古和蒙古国。MP 包含分别受西风带和东亚季风控制的干旱和半干旱地区（Chen et al.，2008）。

2013 年和 2016 年，我们从高海拔地区喜马拉雅山南坡（SH）、青藏高原南部（STP）和沙漠地区蒙古高原（MP）收集了 13 个气溶胶样品，如图 5-18 和表 5-6 所示，SH 和 MP 中的气溶胶样品均在非季风季节采样，主要受西风影响。STP 的采样周期在季风季节，受印度季风影响，此时西风的影响较弱。尼泊尔的两个地点［蓝毗尼（Lb）和通泽（Dc）］位于喜马拉雅山南坡（SH）。中国的聂拉木（Nm）位于喜马拉雅山脉的一个山谷中。蓝毗尼、通泽和聂拉木地理位置相近，被归为喜马拉雅山南坡（SH）。蓝毗尼市因其旅游业及汽车交通造成的空气质量差而受到全世界的关注。通泽位于尼泊尔北部，主要为农田（Tripathee et al.，2017）。中国边境的聂拉木位于喜马拉雅山脉的一个山谷中，以农业和牦牛畜牧业为主。

2013 年 4 月，在蓝毗尼和通泽各采集了一个 24h 的样本，而在聂拉木，2013 年 12 月采集了一个 24h 的样本。2016 年夏天，在青藏高原南部（STP）的三个采样点，即拉萨市、纳木错湖边和枪勇冰川共采集了四个样本。2016 年 6 月，拉萨市的样本由粒度分离采集器采集于中国科学院青藏高原研究所拉萨部办公楼的楼顶（Ls1 和 Ls2），采集时间为 72h（表 5-6）。其中，Ls2 位于上层，Ls1 为下层的过滤样品。2016 年 7 月，在中国科学院纳木错观测研究站采集了一个样本（NC），时间超过 111h（表 5-6）。纳木错是一个人口稀少、偏远的高海拔地区，生态系统为高寒草原。2016 年 7 月，在枪勇冰川的末端采集了一个 72h 的样本（Qy）。蒙古高原（MP）的样品分别采集自中国二连浩特和蒙古国（达兰扎德嘎德和乌兰巴托）。2016 年 4 月，在二连浩特（Erh1、Erh2 和 Erh3）采集了三个气溶胶样品，采集时间为 24h，该样点位于居民区的西北部，距离居民区较远（表 5-6）。2016 年 5 月，在达兰扎德嘎德和乌兰巴托之间穿越戈壁沙漠的道路上，利用布置在汽车顶部的气溶胶采样器采集了 1h 的样本（DU1、DU2 和 DU3，表 5-6）。

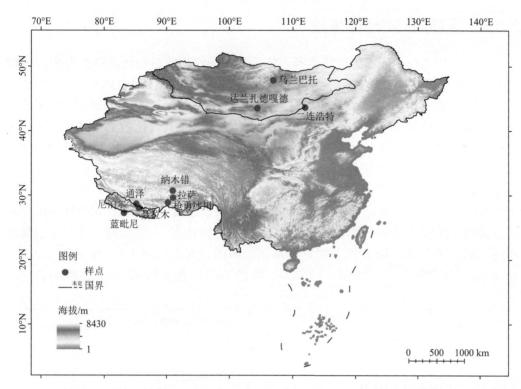

图 5-18　在尼泊尔（蓝毗尼和通泽）、中国（拉萨、纳木错、枪勇冰川、聂拉木和二连浩特）和蒙古国
（达兰扎德嘎德至乌兰巴托）三个国家的空气细菌采样地点

表 5-6　全部气溶胶样本的采样信息和 Shannon-Wiener 物种多样性指数

国家	采样地点	样品名称	区域	采样日期	采样持续时长 /h	纬度 (°N)	经度 (°E)	海拔 /m	Shannon-Wiener 物种多样性指数
尼泊尔	蓝毗尼	Lb	SH	2013/4/19	24	27.29	83.17	100	10.18
	通泽	Dc	SH	2013/4/25	24	28.70	85.18	2051	4.69
中国（TP）	聂拉木	Nm	SH	2013/12/25	24	28.10	85.59	4166	7.63
	拉萨	Ls1	STP	2016/6/22	72	29.65	91.03	3600	3.78
	拉萨	Ls2	STP	2016/6/22	72	29.65	91.03	3600	8.39
	纳木错	NC	STP	2016/7/7	111	30.76	90.98	4730	5.75
	枪勇冰川	Qy	STP	2016/7/27	72	28.89	90.23	4800	6.05
中国（IM）	二连浩特	Erh1	MP	2016/4/1	14	43.67	111.96	957	9.19
	二连浩特	Erh2	MP	2016/4/7	24	43.67	111.96	957	7.24
	二连浩特	Erh3	MP	2016/4/8	24	43.67	111.96	957	7.42
蒙古国	达兰扎德嘎德和乌兰巴托之间的公路	DU1	MP	2016/5/5	1	Dz：43.56	Dz：104.42	Dz：1489	7.13
	达兰扎德嘎德和乌兰巴托之间的公路	DU2	MP	2016/5/5	1	Ub：47.89	Ub：106.91	Ub：1302	8.02
	达兰扎德嘎德和乌兰巴托之间的公路	DU3	MP	2016/5/5	1				7.19

注：TP 指青藏高原；IM 指内蒙古自治区；Dz 指达兰扎德嘎德；Ub 指乌兰巴托；R-DzToUb 指达兰扎德嘎德和乌兰巴托之间的公路。SH 指喜马拉雅山南坡；STP 指青藏高原南部；MP 指蒙古高原。

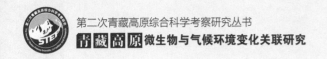

5.5.2 采样期间的气团来源

为了确定空气中细菌的可能来源,将采样期间气团的后向轨迹聚类为 SH、STP 和 MP 三种模式。在 SH 的三个地点中,蓝毗尼的快速流动气团 1(33%) 源自西部的巴基斯坦和印度,并向东移动,而其余的慢速流动气团 2(67%) 源自印度南部 [图 5-19(a)]。通泽和聂拉木的轨迹聚类结果非常相似,尼泊尔本地是其气团的主要来源,贡献了 91% 和 82% 的气团,另一个次要来源是巴基斯坦,分别贡献了 9% 和 18%[图 5-19(b) 和图 5-19(c)]。在 STP 采样期间,源自南方的气团轨迹向东移动到拉萨,有一对快速流动的气团,分别贡献了 73% 和 27%[图 5-19(d)]。在纳木错和枪勇冰川,气团 9(86%)、气团 11(60%) 和气团 12(40%) 主要来自尼泊尔和印度,但气团 10(14%) 主要来自中国西部并向东移动 [图 5-19(e) 和图 5-19(f)]。二连浩特、达兰扎德嘎德和乌兰巴托的气团主要来源于俄罗斯地区,如图分别为气团 13(55%)、14(26%)、15(19%)、16(75%)、17(25%)、18(72%) 和 19(28%)[图 5-19(g) ～图 5-19(i)]。

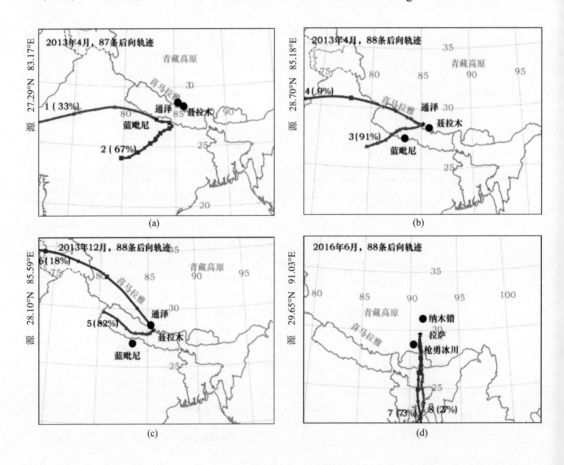

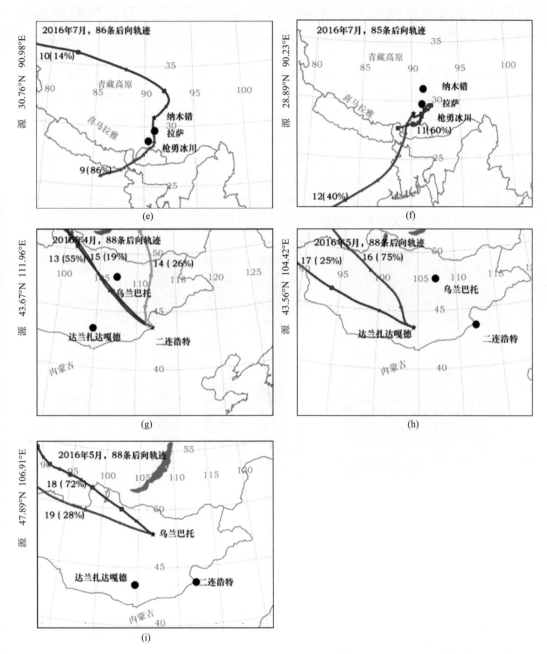

图 5-19　在离地面 1000m，HYSPLIT 模型在采样期间模拟的七天后向轨迹

可以分为三种模式气团：SH［(a) ～ (c)］、STP［(d) ～ (f)］和 MP［(g) ～ (i)］。(a) 蓝毗尼，(b) 通泽，(c) 聂拉木，(d) 拉萨，(e) 纳木错，(f) 枪勇冰川，(g) 二连浩特，(h) 乌兰巴托和 (i) 达兰扎德嘎德。SH：喜马拉雅山南坡，STP：青藏高原南部，MP：蒙古高原，BT：后向轨迹。采样点是气团轨迹的终点，用一颗黑星标记。其他采样点用黑点标记。

用不同颜色标记每个点不同的聚类反向轨迹。每条轨迹上的数字表示运动轨迹名称和聚类轨迹数目所占百分比

5.5.3 青藏高原南部和蒙古高原空气细菌群落组成及与气候环境的关系

气溶胶样品的细菌群落主要由8个门组成，占所有气溶胶样品扩增子序列的91%以上，包括拟杆菌门（Bacteroidetes）、放线菌门（Actinobacteria）、变形菌门（Proteobacteria）、厚壁菌门（Firmicutes）、酸杆菌门（Acidobacteria）、芽单胞菌门（Gemmatimonadetes）、绿弯菌门（Chloroflexi）和浮霉菌门（Planctomycetes）[图 5-20（a）]。SH、STP 和 MP 三个地区的空气细菌群落结构显示出显著差异（MRPP、ANOSIM 和 PERMANOVA，$P < 0.05$，表 5-7）。SH 和 MP 样本均主要由三个门组成：放线菌门、变形菌门和拟杆菌门，平均相对丰度在19% ~ 34%，而放线菌门（39%）、变形菌门（31%）和厚壁菌门（19%）是 STP 样本中最丰富的细菌类群[图 5-20（b）]。

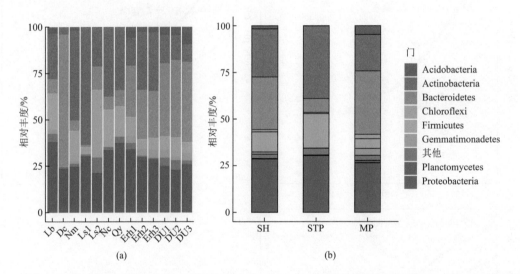

图 5-20　全部气溶胶样本（a）与 SH（喜马拉雅山南坡）、STP（青藏高原南部）和 MP（蒙古高原）三个地区细菌 16S rRNA 基因序列的门水平相对丰度（> 2%）(b)

优势菌的相对丰度与气象参数有关。酸杆菌门、芽单胞菌门和绿弯菌门的相对丰度与海拔和总太阳入射辐射呈负相关，但与风速呈正相关（Spearman 秩相关，$P < 0.05$，图 5-21）。拟杆菌门、酸杆菌门和绿弯菌门的相对丰度与温度呈负相关，而放线菌门的相对丰度与温度呈正相关（$P < 0.05$）。此外，酸杆菌门的相对丰度与地表反照率呈正相关（Spearman 秩相关，$P < 0.05$，图 5-21）。

放线菌门（39%）在 STP 的空气样本中占主导地位，而 STP 地区的总太阳入射辐射值最高，与放线菌门具有更高的抗紫外线（UV）能力一致（Jeon et al., 2011）。在阿尔卑斯山（奥地利）10 个山地湖泊的地表水中发现大量放线菌，这与太阳紫外线辐射强度显著相关（Warren-Rhodes et al., 2005）。放线菌门的成员经常在高海拔栖息地占据主导地位，如青藏高原的纳木错湖滨海湿地（Yun et al., 2014），以及青藏高原冰川的冰芯（Yao et al., 2008）和雪（Ji et al., 2021）。

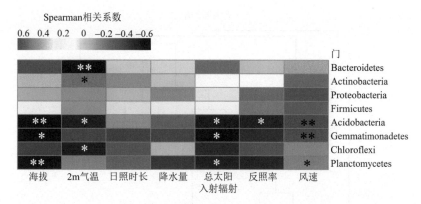

图 5-21　气溶胶样本中细菌群落结构在门水平上的变化与环境因素相关

显著性检验，$P < 0.05$ 认为显著。** 代表 $P < 0.01$，* 代表 $P < 0.05$

STP 样品中厚壁菌门的相对丰度高于 SH 和 MP 样品［图 5-20(b)］。这可能与其能在低营养条件下形成孢子有关。它们的孢子能够抵抗高海拔和干燥条件下的极端环境压力（Galperin，2013）。研究还发现，高空（0.3 ～ 11km）采集的气溶胶样本中，厚壁菌门占大多数（Smith et al.，2018）。厚壁菌门也是西藏中部和中东部 10 个温泉（海拔 4600m）中数量最多的一类（Huang et al.，2011）。因此，我们推测高海拔和强紫外线辐射影响了 STP 样品中的细菌群落组成。这些发现表明，STP 样本中占主导地位的放线菌门和厚壁菌门序列可能来自青藏高原周围的自然环境。

基于样本之间的 Bray-Curtis 距离的细菌群落组成聚类分析结果表明，三个地区空气中细菌群落具有差异（图 5-22），表明地理位置是细菌群落组成的一个重要决定因素（MRPP、ANOSIM 和 PERMANOVA，$P < 0.05$，表 5-7）。DistLM 结果表明，空气细菌群落组成与风速（$P=0.002$）、海拔（$P=0.004$）、反照率（$P=0.044$）和总太阳入射辐射（$P=0.018$）显著相关，累积贡献为 73.3%（表 5-8）。

表 5-7　SH、STP 和 MP 空气细菌群落的 Bray-Curtis 距离差异检验

群落结构	MRPP		ANOSIM		Adonis	
	δ	P	R	P	R^2	P
MP VS. SH	0.079	**0.012**	0.852	**0.016**	0.272	**0.011**
MP VS. STP	0.639	**0.006**	1.000	**0.004**	0.460	**0.008**
SH VS. STP	0.694	**0.025**	0.704	**0.027**	0.418	**0.029**

注：MRPP，多反应排列程序。MRPP 是一个依赖于数据内部可变性的非参数过程。ANOSIM，相似性分析。采用 Adonis 函数进行非参数多变量方差分析。SH：喜马拉雅山南坡；STP：青藏高原南部；MP：蒙古高原；粗体显示的数据表明相关性显著。

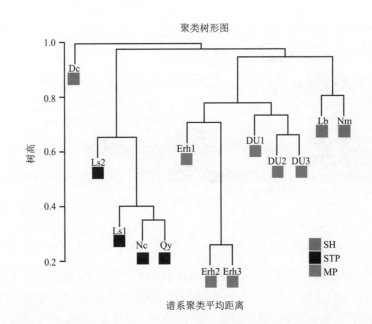

图 5-22　通过基于 Bray-Curtis 距离的非加权对群平均算法的聚类分析

将空气细菌群落分为喜马拉雅山南坡（SH）、青藏高原南部（STP）和蒙古高原（MP）3 个区域

表 5-8　基于距离的细菌群落结构多元线性模型，显示环境因素的差异贡献百分比（序列检验，999 个排列）

环境因素	伪 F	P	差异贡献	综合贡献
风速	2.992	**0.002**	0.214	0.214
海拔	2.043	**0.004**	0.133	0.347
反照率	1.638	**0.044**	0.101	0.448
总入射太阳辐射	1.733	**0.018**	0.098	0.546
日照时数	1.005	0.519	0.057	0.603
降水量	1.588	0.091	0.083	0.686
2m 气温	0.869	0.558	0.047	0.733

注：粗体显示的数据表明相关性显著。

　　SIMPER 分析的结果表明，10 个 OTUs（对差异性的贡献＞1%）主导了 SH、STP 和 MP 样本中空气细菌群落组成的变化。这 10 个 OTUs 占细菌序列的 26.14%，分别属于变形菌门（Proteobacteria）、放线菌门（Actinobacteria）和拟杆菌门（Bacteroidetes）（图 5-23）。在 SH、STP 和 MP 样本中，四种放线菌的 OTUs 对总体差异的贡献最大（11.96%），其次是拟杆菌门（5 种 OTUs，7.36%），最后是变形菌门（1 种 OTU，6.82%）。SH 样本中具有更高丰度的红球菌属（*Rhodococcus*）和黄杆菌属（*Flavobacterium*）OTUs（图 5-23）。在 STP 空气样本中富集了芽单胞菌属（*Blastomonas*）、玫瑰菌属（*Rosea*）和分枝杆菌属（*Mycobacteriums*）OTUs。MP 样本中具有更多土中杆菌属（*Segetibacter*）

和噬几丁质菌科（*Chitinophagaceae*）OTUs。

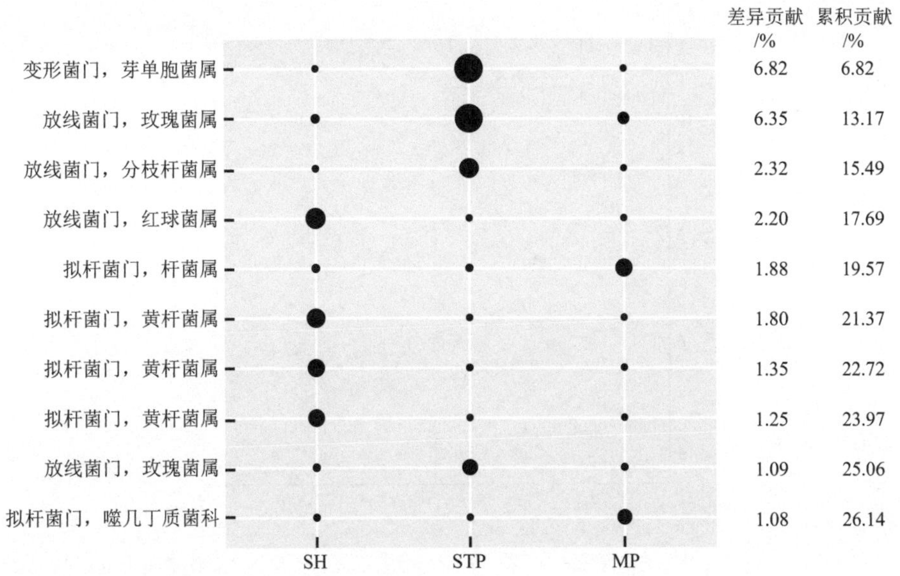

图 5-23　以青藏高原南部（STP）、喜马拉雅山南坡（SH）和蒙古高原（MP）为代表的 10 个典型 OTUs 的分类类型及其对群落差异的相对贡献

圆的直径表示各区域平均值（转平方根后）下 OTUs 的相对丰度

STP 样品具有较高相对丰度的红球菌属（变形菌门）、玫瑰菌属（放线菌门）和分枝杆菌属（放线菌门）细菌。这些微生物能够在极端环境中存活，已从湖水（Xia et al.，2015）、沿海水域（Xie et al.，2021）、海水（Meng et al.，2017）和盐渍土（Castro et al.，2017）等多种环境中分离。这说明 STP 气溶胶可能受到挟带来自海洋气团的印度季风和局地排放的（如青藏高原中湖泊的广泛分布）(Zhang B et al.，2017）微生物的影响［图 5-19(d)］。MP 样本中占优势的杆菌属和噬几丁质菌科主要来源于土壤（Kakikawa et al.，2009；Dahal et al.，2017），与蒙古高原经常受到亚洲沙尘事件影响一致。SH 样本中的红球菌属和黄杆菌属广泛存在于多种环境，如叶表面（Kampfer et al.，2013）、土壤（Nguyen and Kim，2016）、淡水（Chen et al.，2013）、冰川冰（Dong et al.，2021）和高海拔湖泊（Li et al.，2014）等，它们的存在与 SH 周围地理环境和人类活动的复杂排放有关［图 5-19(a) ～图 5-19(c)］。

5.5.4　青藏高原南部和蒙古高原空气细菌多样性及与气候环境的关系

Shannon-Wiener 物种多样性指数在来自 SH、STP 和 MP 的气溶胶样品中没有显示出显著差异（Kruskal-Wallis 检验，P=0.38，图 5-24）。然而，样品 Shannon-Wiener 物种多样性指数与海拔呈显著负相关（Spearman 秩相关，r=-0.556，$P <$ 0.048，表 5-9）。

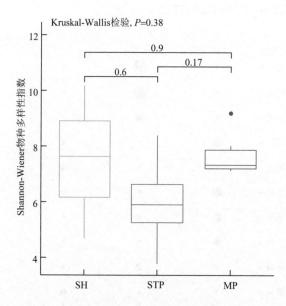

图 5-24　喜马拉雅山南坡（SH）、青藏高原南部（STP）和蒙古高原（MP）的物种 Shannon-Wiener 物种多样性指数比较

表 5-9　气溶胶样品 Shannon-Wiener 物种多样性指数与环境因子的 Spearman 秩相关（r）

环境因子	Shannon-Wiener 物种多样性指数	
	r	P
海拔	−0.556	**0.048**
2m 气温	−0.033	0.914
日照时数	−0.216	0.478
降水量	−0.407	0.168
总入射太阳辐射	−0.443	0.130
反照率	−0.216	0.479
风速	0.094	0.760

注：加粗数据表明相关性显著。

　　此外，三个地区空气细菌 OTUs 的丰富度不同，SH 样品中的 OTUs 丰富度最高，STP 样品中的 OTUs 丰富度最低。SH、STP 和 MP 样本的 OTUs 数分别为 4627、3318 和 3464，分别占所发现 OTUs 总数的 46.4%、33.3% 和 34.7%（图 5-25）。STP 和 MP 的公有 OTUs 数目较低，只有 109 个（1.1%）。SH 和 STP 之间公有 OTUs 数为 462 个（4.6%），在 SH 和 MP 之间公有的 OTUs 数为 532 个（5.3%）。三个地区样本中公有的 OTUs 为 168 个，所占比例为 1.7%。

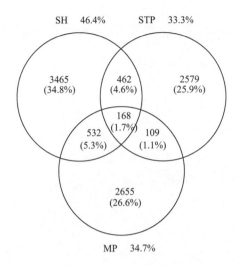

图 5-25 喜马拉雅山南坡（SH）、青藏高原南部（STP）和蒙古高原（MP）三个区域共享 OTUs
数量的韦恩图

STP 样本中的空气细菌群落多样性较低（图 5-24），本地气象参数，尤其是海拔与多样性指数显著相关（表 5-9）。由于青藏高原的高海拔导致温度较低、太阳辐射较强（Liu K et al.，2017），因此环境筛选了能够抵抗恶劣条件的细菌物种，这与北极地区相对较低的空气细菌多样性一致（Cuthbertson et al.，2017）。此外，青藏高原季风期降水频繁（降雨、冰雹和降雪），有助于大气悬浮颗粒的移除，降低空气细菌多样性。云中的冰核细菌可诱导降水，进一步加速空气微生物的沉积。对沿海空气（Murata and Zhang，2014）和海拔 2450m 地区的空气细菌（Maki et al.，2018）研究发现，沉积作用增强会减少空气中的细菌数量。因此，恶劣的栖息地条件加上季风季节的高降水量导致了 STP 较低的多样性。

SH 和 STP 之间的群落组成差异小于 SH 和 MP 之间的差异（表 5-7）。这可能是因为它们在地理位置上接近，影响它们的气团经常相互混合［图 5-19（b）、图 5-19（c）、图 5-19（e）和图 5-19（f）］。此外，风速是空气细菌群落结构的关键驱动因子（表 5-9）。尽管喜马拉雅山脉被认为是颗粒物大气传输的"屏障"（Gong and Wang，2021），但一些气溶胶颗粒物仍可以通过（Wang et al.，2015）。研究还发现，印度恒河平原和中亚排放的污染物可能会被输送到青藏高原（Cong et al.，2015）。当地的气象条件和区域大气环流过程促进了南亚碳质气溶胶输入喜马拉雅山脉（Cong et al.，2015）。

SH 和 MP 之间公有的 OTUs 数量大于 SH 和 STP 之间公有的 OTUs 数量（图 5-25）。在非季风季节，SH 和 STP 气溶胶样本主要受西风影响，或可解释其大量公有微生物类群。然而，STP 样本主要受印度季风的影响，西风效应减弱。最近的研究发现，上层大气中微生物丰富，尤其是干旱地区的顺风带，那里的风会裹挟大量表土和灰尘（Smith et al.，2013）。青藏高原的热泵效应可能帮助青藏高原南部空气微生物远距离传输到内蒙古草原，影响荒漠区空气细菌沉降（图 5-26）（Xu et al.，2018；Yuan et al.，2020）。

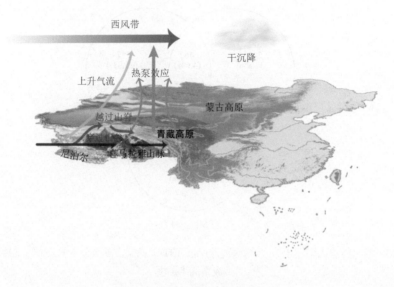

图 5-26 空气细菌传输示意图

5.6 本章小结

青藏高原近地表空气细菌群落以变形菌门（Proteobacteria）、放线菌门（Actinobacteria）、拟杆菌门（Bacteroidetes）和厚壁菌门（Firmicutes）为主，但其微生物组成具有显著时空差异。高原近地表空气细菌多样性和组成受大气环流、下垫面类型和降水过程影响。印度季风裹挟海洋来源气团并途经森林、草地和城市等多种生态系统，显著增加空气细菌多样性，但同时也增加了潜在病原菌的相对丰度。西风挟带的空气细菌多样性较低、途经的下垫面生态系统以草地为主，对顺风生态系统细菌多样性的影响较弱。青藏高原的热泵效应可能帮助青藏高原南部空气微生物远距离传输到内蒙古草原，影响荒漠区空气细菌沉降。在第二次青藏高原综合科学考察的资助下，本书首次揭示了大气环流对青藏高原空气细菌时空分布格局的影响，这可能为研究青藏高原冰川微生物群落结构和功能提供了重要依据。未来的工作将研究从点扩展到面，构建青藏高原空气微生物监测网，进一步探究空气微生物对顺风生态系统生物地球化学循环过程的影响，并监测空气中的有害微生物类群，增强青藏高原的生态屏障作用。

第6章

青藏高原微生物抗生素抗性基因

抗生素抗性基因（简称抗性基因）(antibiotic resistance genes) 是一类普遍存在于环境微生物中的"古老"基因 (D'Costa et al.，2006，2011)。抗生素的大规模生产和广泛使用促进了抗性基因的传播扩散，使其成为严重威胁人类健康的新型微生物污染物之一。抗性基因不仅环境残留时间较长，而且可通过水平基因转移在环境–微生物宿主、宿主–宿主之间转移和传播，导致耐药菌的滋生与扩散 (Zhu et al.，2018)。耐药致病菌，如耐甲氧西林金黄色葡萄球菌 (meticillin-resistant *Staphylococcus aureus*，MRSA)、万古霉素肠球菌 (vancomycin-resistant *Enterococcus*，VRE)、碳青霉烯耐药肠杆菌 (carbapenem-resistant *Enterobacteriaceae*，CRE) 和多粘菌素耐药菌 (colistin-resistant bacteria) 的感染暴发，往往会导致重大公共卫生危机 (Liu Y et al.，2016)。近年来，世界卫生组织、我国及一些西方发达国家出台了多项措施／行动计划，以期遏制细菌耐药性问题。以往研究表明，人、养殖动物肠道以及医院等已成为抗性基因和耐药菌形成、进化与传播的重要场所，而收纳人和动物排泄物、医疗废水和制药工业废水的城市污水处理厂则成为抗性基因的储库和水平基因转移的热区 (Ju et al.，2019)。然而，相对洁净的自然环境中微生物也常常携带有多种抗性基因。多项研究表明，北极和南极等极地生境中广泛分布有几十乃至上百种"古老"的抗性基因，它们主要通过垂直基因转移（微生物通过自身繁殖，将亲代携带的抗性基因传递给子代），维持"古老"抗性基因在极地环境中的传播，促进微生物抵抗恶劣环境条件的能力 (van Goethem et al.，2018；Yang et al.，2019)。然而，对于"地球第三极"青藏高原这一独特生境中抗性基因的时空分布格局及其形成机制的认识还有待深入研究。

当前全球变暖正不断加速冰川消融，因此冰川环境中存留的"古老"耐药菌及其携带的抗性基因有可能随冰川消融输出到下游受纳生境（水、沉积物、土壤等）。由于下游生态系统大多受到人类活动干扰，其带来的环境污染（如抗生素与重金属），可能导致多重环境选择压力，进而促进外源和土著（原位）抗性基因在不同环境微生物宿主之间，乃至在病原菌与非病原菌之间相互传播（朱永官等，2015），对下游环境生态安全和居民健康产生潜在威胁。虽然青藏高原的环境总体较为洁净，但当前城镇化建设、旅游业发展及人口增长不可避免地会导致一些环境污染问题。最近的研究表明，亚抑制浓度（低于最小抑菌浓度）的重金属（铜、铬和锌等）也可以诱导和激发抗性基因与重金属抗性基因的共同传播 (Rafiq et al.，2019；Sherpa et al.，2020)。而新型化学污染物，如药品与个人护理品等化学品也被发现是抗性基因传播的重要诱导因子之一 (Kallenborn et al.，2018；Sajjad et al.，2020)。虽然，受纳环境中药品与个人护理品的浓度一般较低 (ng/L ～ μg/L)，但由于这类化学品与居民生活息息相关，因此其在环境中具有"假持久性"的赋存特征，会增加抗性基因的传播扩散风险。此外，当冰川中留存的"古老"抗性基因随冰川融水进入下游环境时，微生物群落可能通过群落"融合"作用，促进上下游生境之间抗性基因的重组和转移 (Sajjad et al.，2020)。

McCann 等（2019）在北极的观测表明，气候变化和人为扰动可显著促进抗性基因在北极土壤中的传播扩散，导致其种类和丰度大幅抬升。这一结果强调了开展极地环境抗性基因赋存特征研究的重要性。诸多证据表明，地区宏观发展（人口、经济发展、土地利用和工业化程度等）与生境微观特性（温度、pH、电导率、化学污染物以及微生物菌群等）均会影响抗性基因的污染特征和迁移转化规律（Zhu et al.，2017；Hu et al.，2020a）。因此，系统解析青藏高原多生境（水、土和冰川）中抗性基因与耐药菌的污染特征，鉴别其主要调控因素，可为评估"第三极"环境中抗性基因的负荷水平提供关键基础参数，为制定有效防控措施、保障该区域的生态环境健康以及人与自然的和谐共生提供重要科学依据。

本章的总体研究思路是：聚焦青藏高原未受人类活动干扰的代表性自然生境（湖泊、土壤和冰川），通过面上调查，初步探明高原独特生境中抗性基因的本底丰度和多样性；在此基础上，重点比较不同气候区（西风影响区和季风影响区）冰川不同生境（雪、冰和冰尘）中抗性基因的空间分布格局，探讨西风－季风交互作用对高原冰川抗性基因分布格局和演化进程的潜在影响。

6.1　青藏高原微生物抗性基因的样品采集及分析方法

为初步探明青藏高原代表性生境中抗性基因的分布特征，科考队采集了 16 个湖泊的沉积物、纳木错地区唐古拉山原始土壤（不同深度）以及 20 条冰川上的雪、冰和冰尘样品（图 6-1）。根据湖泊水体盐度，可将湖泊分为淡水 / 寡盐型（6 个湖泊）、中盐型（6 个）和高盐型（4 个）。此外，针对湖泊沉积物，科考队纳入城市潟湖（厦门筼筜湖）沉积物作为受人类活动剧烈干扰的典型环境样品，采用高通量定量 PCR 技术（Zhu et al.，2017；Hu et al.，2020a），比较了高原湖泊与城市湖泊沉积物中 285 种抗性基因和 10 种移动遗传元件（mobile genetic elements）的分布格局。抗性基因丰度用微生物 16S rRNA 基因绝对拷贝数进行标准化转换。针对土壤和冰川生境样品，科考队采用基于宏基因组测序－组装的抗性基因分析策略：通过 Illumina 高通量测序平台对样品总基因组 DNA 进行鸟枪法测序，对测序数据进行质控，采用生物信息分析软件对序列进行组装和基因预测，将预测基因与 NCBI nr 数据库（https://www.ncbi.nlm.nih.gov）、毒力基因 VFDB 数据库（http://www.mgc.ac.cn/cgi-bin/VFs/v3_ai_main.cgi?ID=F06）、功能基因数据库 KEGG（http://www.genome.jp/kegg/）、COG（https://www.ncbi.nlm.nih.gov/COG/）和 Pfam（http://pfam.xfam.org/）、耐药基因数据库 CARD（http://arpcard.mcmaster.ca/?q=CARD/ontology/35506）、致病基因 PHI-base 数据库（http://www.phi-base.org/）、转座子 ISfinder 数据库（https://www.is.biotoul.fr/）等进行序列比对与功能注释，进而计算各预测基因的丰度。为回答青藏高原西风影响区和季风影响区冰川生境中的抗性基因丰度与多样性是否存在差别这一科学问题，科考队通过宏基因组测序－组装－分箱技术（sequencing-assembly-binning），构建了冰川微生物组装基因组（MAGs）集，筛选出西风影响区和季风影响区冰川样品中携带抗性基因的微生物组装基因组（即耐药菌），并合并统计携带相同抗性基因类型的耐药菌的丰度，进而比较西风影响区和季风影响区冰川独特生境中耐药菌的空间分布格局。

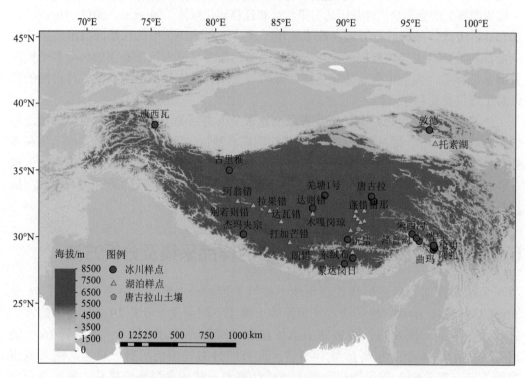

图 6-1　青藏高原湖泊、土壤和冰川生境抗性基因样品采样站位图

6.2　青藏高原湖泊沉积物抗性基因的空间分布格局

为探明青藏高原湖泊沉积物中抗性基因的潜在微生物宿主，科考队采用 16S rRNA 基因扩增子高通量测序技术分析了高原湖泊沉积物微生物群落组成。分析结果表明，厚壁菌门、拟杆菌门、γ- 变形菌纲、放线菌门、α- 变形菌纲和 δ- 变形菌纲是高原湖泊沉积物中的优势类群，分别占总微生物群落的 29.4%、22.1%、15.3%、9.5%、5.7% 和 2.9%［图 6-2(a)］。抗性基因高通量定量 PCR 分析结果表明，青藏高原 16 个湖泊沉积物共分布有 87 种抗性基因亚型，其相对丰度为 0.0002 ～ 0.0069 个抗性基因拷贝 / 每微生物细胞［图 6-2(b)］，远远低于已报道的受人为干扰生境中的抗性基因丰度，说明高原湖泊沉积物中抗性基因的富集程度较低。抗性基因分类分析表明，多重耐药性类（multidrug resistance）、β- 内酰胺类（β-lactamase）和氨基糖苷类（aminoglycosides）是高原湖泊沉积物中的优势抗性基因［图 6-2(b)］。

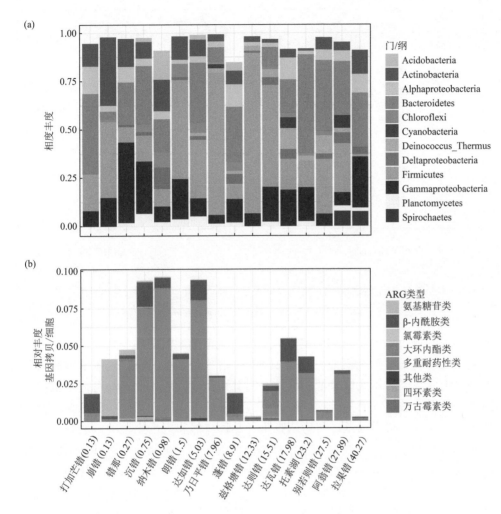

图 6-2　(a) 青藏高原湖泊沉积物微生物群落组成（仅展示相对丰度超过 1% 的原核生物门 / 纲）；
(b) 高原湖泊沉积物抗性基因丰度（湖泊名称后面的括号里显示了湖水盐度）

抗性基因主要被分为氨基糖苷类（aminoglycosides）、β- 内酰胺类（β-lactamase）、氯霉素类（chloramphenicol）、
多重耐药性类（multidrug resistance）、四环素类（tetracycline）、万古霉素类（vancomycin）、
大环内酯类（macrolide）和其他类（others）

　　结合环境因子的多元统计分析表明，高原沉积物微生物群落有着明显的沿盐度梯度分布的趋势，湖泊样品按不同湖泊类型（淡水 / 寡盐型、中盐型和高盐型）聚集，盐度、pH 和沉积物中铵离子的浓度显著影响了沉积物微生物群落组成。而高原沉积物抗性基因群落没有沿湖泊盐度聚集的趋势，沉积物总碳、总硫以及微生物群落（NMDS 坐标 2）是影响抗性基因群落组成的显著因子（图 6-3）。

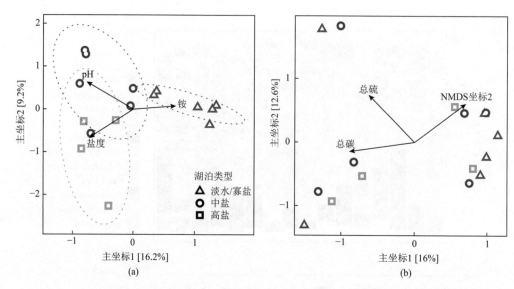

图 6-3　青藏高原湖泊沉积物微生物群落（a）及抗性基因（b）与环境因子之间的潜在关联

图（b）中的 NMDS 坐标 2 指代微生物群落 NMDS 排序分析的坐标轴 2

　　高原湖泊和城市湖泊沉积物对比分析表明，城市潟湖沉积物中抗性基因的种类和绝对丰度分别比高原湖泊沉积物中的高 21 和 53 倍（图 6-4），再次说明了青藏高原湖泊沉积物中抗性基因的本底值较低，同时表明城镇化建设等人类活动可促进抗性基因在湖泊中的传播扩散，进而在沉积物中富集。为了回答高原湖泊沉积物是否具有独特的抗性基因群落这一科学问题，科考队收集了 9 种自然和人为生境的抗性基因高通量定量 PCR 数据开展了对比分析。多生境抗性基因的主坐标分析表明，环境中的抗性基因群落组成具有明显的沿人类活动强度而演替的趋势：受高强度人为干扰的污水处理厂进水、污泥和出水以及城市景观水体样品与较为洁净的浅海热区、海水、海洋沉积物、饮用水水库以及高原湖泊沉积物样品有着显著区分（图 6-5）。这一结果说明，抗性基因的环境分布格局主要是受人类活动的影响，同时具有一定的生境特异性。

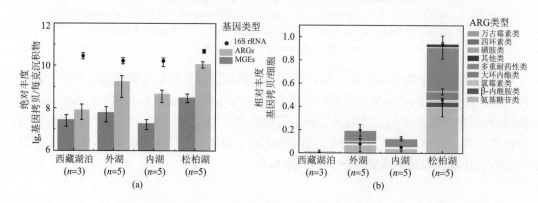

图 6-4　青藏高原和城市湖泊沉积物中抗性基因的绝对丰度（a）和相对丰度（b）

外湖、内湖和松柏湖是厦门筼筜湖的组成部分；n 代表样品数量

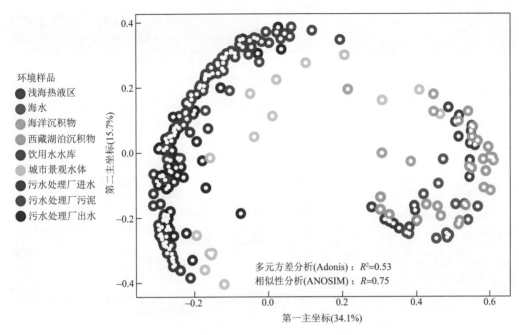

图 6-5　多生境抗性基因群落组成主坐标排序分析

6.3　青藏高原土壤中抗性基因的空间分布格局初探

为了初步解析青藏高原土壤抗性基因的赋存特征，科考队采集了纳木错地区念青唐古拉山的土壤样品，提取土壤 DNA 进行宏基因组测序，将测序结果进行组装分析。通过与抗性基因数据库进行比对来识别抗性基因序列，获得抗性基因亚型和基因型信息，进而将每个抗性基因序列的拷贝数相对于参考序列的长度进行标准化，并基于单拷贝标记基因的拷贝数来计算不同分类水平（序列、基因亚型和基因型）的抗性基因相对丰度（基因拷贝 / 细胞）。

分析结果表明，纳木错地区念青唐古拉山土壤中可得到 48 类抗性基因，总相对丰度为 0.05 ～ 0.28 拷贝 /16S rRNA 拷贝。这与以往在青藏高原低海拔土壤和湿地中观测到抗性基因水平相当（Chen L et al.，2016；Yang et al.，2019）。这些结果也与农田土壤中分布抗性基因浓度相当（Fang et al.，2014），说明高海拔人烟稀少的高原土壤中抗性基因的含量并不会偏低。深入分析表明，念青唐古拉山土壤中检测到的抗性基因主要隶属于常见的糖肽类和利福霉素类，其中糖肽类的 *van*RO 和 *van*SO 相对丰度最高（图 6-6）。此外，一些具有临床意义的抗性基因，如 β- 内酰胺类的 *LRA*-3、*LRA*-9和 *LRA*-5 和 RND 类外排泵基因 *mux*B、*mux*C、*mex*F、*mex*K 和 *mex*W 也被检出。总体上，念青唐古拉山土壤优势抗性基因的耐药机制是抗生素修饰，而其他大部分抗性基因（72.9%）则通过编码外排泵来耐药，说明念青唐古拉山土壤中的抗性基因主要是细菌自身携带或来源于基因突变。

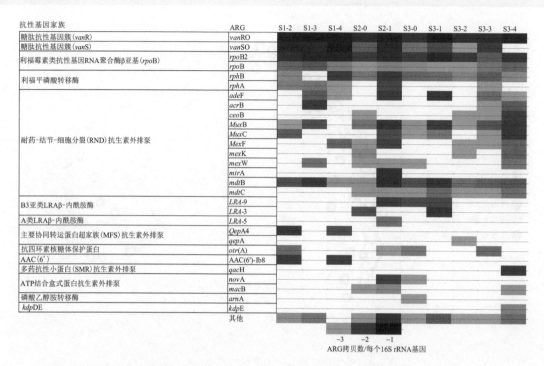

图 6-6　纳木错地区念青唐古拉山土壤中分布的优势抗性基因（相对丰度≥ 1%）

　　移动遗传元件分析表明，念青唐古拉山土壤中的移动遗传元件（MGEs）含量（整合子：0.21 ± 0.12 拷贝 /16S rRNA 拷贝；质粒：0.07 ± 0.05 拷贝 /16S rRNA 拷贝；插入序列：2.01±1.50 拷贝 /16S rRNA 拷贝）较低，远低于人类活动强度较高的区域，且抗性基因多与质粒偶联（图 6-7）。这说明念青唐古拉山土壤中水平基因转移发生的频率较低。相关性分析表明，土壤水分、总有机碳（TOC）和微生物活性异样平板计数（HPC）、脱氢酶活性（DHA）和荧光素二乙酸脂（FDA）与抗性基因丰度之间无显著相关性，但抗性基因丰度与细菌群落丰富度（Chao1 指数）呈显著负相关，说明念青唐古拉山土壤中细菌物种数越多，抗性基因丰度越低。冗余分析（RDA）表明，TOC 是显著影响土壤细菌群落和抗性基因群落结构的土壤因子：TOC 可解释 36.4% 的细菌群落结构变异以及 28.2% 的抗性基因群落结构变动（图 6-8）。

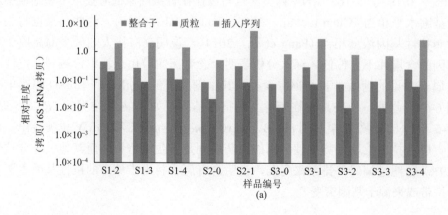

(a)

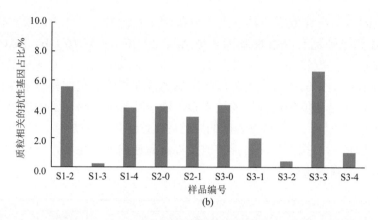

图 6-7　纳木错地区念青唐古拉山土壤中移动遗传元件（整合子、质粒和插入序列）的相对丰度（a）及与质粒相关的抗性基因占比（b）

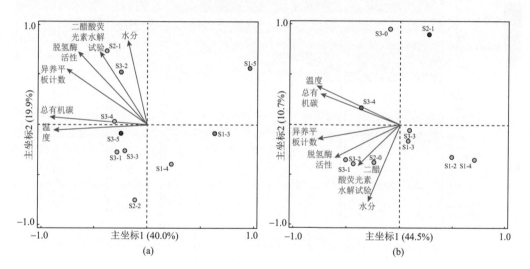

图 6-8　纳木错地区念青唐古拉山土壤中细菌群落与土壤环境因子之间的耦合关系（a）及抗性基因与土壤环境因子之间的耦合关系（b）

6.4　青藏高原西风影响区和季风影响区冰川抗性基因的分布特征

　　宏基因组组装分析结果表明，青藏高原冰川宏基因组非冗余基因集中有 926114 个基因与参考抗性基因的序列相似度较高，隶属于 29 个抗性基因大类、145 个抗性基因亚型，占总非冗余基因数的 2.3%。图 6-9 展示了冰川生境中 28 个优势抗性基因亚型（平均相对丰度大于 0.0005）的分布特征，其相对丰度占抗性基因总量的 38.1% ～ 61.2%。进一步分析表明，四环素类抗性基因亚型 *tet*（D）、*tet*（C）、*tet*（59），肽类抗性基因亚型

bas(S)、*bas*(R)，氟喹诺酮类抗性基因亚型 *qac*A、*Qnr*D1，大环内酯类抗性基因亚型 *mph*C、*mph*M 和氨基糖苷类抗性基因亚型 AAC(3)-IIc、AAC(6')-Ii、AAC(6')-IIa 在冰川生境中的相对丰度较高。值得注意的是，高原季风影响区，尤其是藏东南地区帕隆冰川雪、冰和冰尘中的四环素类和氟喹诺酮类抗性基因亚型的相对丰度较高。由于四环素和氟喹诺酮是印度广泛使用的抗生素，这一结果可能暗示了印度等南亚国家的抗生素滥用不仅可以导致当地抗性基因的广泛滋生，也可能通过季风介导的干湿沉降，将喜马拉雅山脉南侧的抗性基因传播扩散至青藏高原的冰川生境，然而该推测还有待于进一步的大尺度观测去验证。

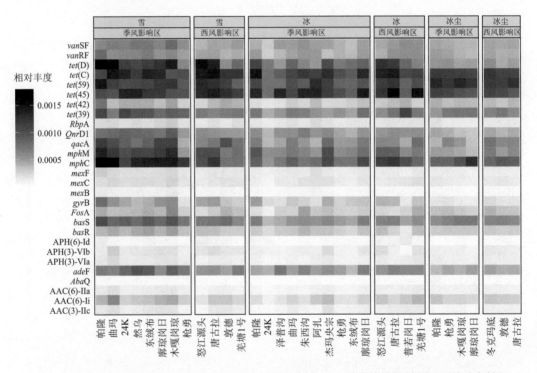

图6-9 青藏高原西风影响区和季风影响区冰川不同生境中28种优势抗性基因亚型的分布特征

对比分析高原西风影响区和季风影响区不同冰川生境中的抗性基因分布特征发现，雪和冰中的抗性基因相对丰度要高于冰尘（图6-10）。对比不同冰川区域发现，西风影响区和季风影响区冰川雪、冰和冰尘中的抗性基因分布特征存在一定差别。例如，在冰川雪中，季风影响区抗性基因的总相对丰度（0.033±0.0065）显著高于西风影响区冰川抗性基因（0.025±0.0044），而西风影响区和季风影响区冰川冰和冰尘中的抗性基因相对丰度较为相似。由于干湿沉降是抗性基因跨区域传播的重要方式，抗性基因可以随气团运动经由降雪从不同的源区传输到冰川环境，沉降在冰川表面，这一过程就可能导致外源抗性基因在本地（雪）微生物群落中传播，促进冰川雪中抗性基因的相对丰度升高。而季风影响区冰川雪中高丰度抗性基因（相对于西风影响区）则暗示了季风可能会将南亚国家（如印度）的抗性基因输入到季风影响区冰川上。然而，对于冰，由于冰川的冰是由雪多年积累而形成的，雪冰含有的抗性基因可能在雪形成冰的这一过程中受到了环境条件变化的选择，因此可能导致季风影响区冰中抗性基因的相对丰度要低于雪。与此类似，冰尘可能由于其自身特殊的微环境，会对外源输入的抗性基因进行进一步的选择，进而导致冰尘中含有的抗性基因较少（相对丰度较低）。然而以上推测还有待于进一步的实验验证。

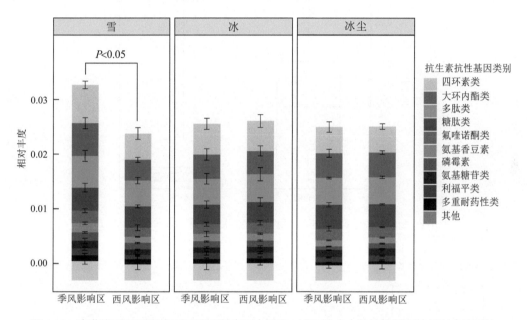

图 6-10　青藏高原西风影响区和季风影响区冰川雪、冰和冰尘中的抗性基因的相对丰度对比

　　准确识别环境中抗性基因的传播媒介，阐明抗性基因在环境中的传播机制，是评估其传播风险、制定有效污染控制及阻断措施的必要前提。以往研究表明，噬菌体介导的转导、移动遗传元件（如质粒等）介导的接合以及游离 DNA 的转化是抗性基因传播扩散的主要机制（水平基因转移）。科考队的分析结果表明，质粒是高原冰川生境的优势移动遗传元件，其序列数占总可移动遗传元件的 81.2%。质粒是一种独立于染色体之外的遗传元件，具有很强的自主复制和转录能力，可以在微生物之间发生水平转移，被认为是介导传播抗性基因的主要载体之一。深入分析表明，季风影响区冰川生境中移动遗传元件的丰度显著高于西风影响区（图 6-11）。由于移动遗传元件的丰度高低往往与抗性基因水平基因转移发生的概率存在关联，季风影响区冰川生境中较高丰度的移动遗传元件暗示了抗性基因在该区域的传播扩散风险高于西风影响区冰川。

　　科考队进一步基于宏基因组分箱技术分析了冰川生境中的耐药菌和非耐药菌（不携带抗性基因）的分布特征，基于携带抗性基因的数量对冰川微生物进行了分类统计。分析结果表明，冰川生境中检出的非耐药菌为 2047 个，占总细菌数的 63%，携带一种抗性基因的冰川耐药菌（简称耐药菌）为 96 个（3%），携带两种及以上抗性基因的冰川多重耐药菌（简称多重耐药菌）为 1098 个（34%）（图 6-12）。这一结果说明，虽然高原冰川大部分微生物基因组并不携带抗性基因，但仍有超过三分之一的冰川微生物可能携带抗性基因。然而，对于冰川消融是否会导致这些耐药菌对冰川下游生态系统和人类健康产生影响还尚未可知。

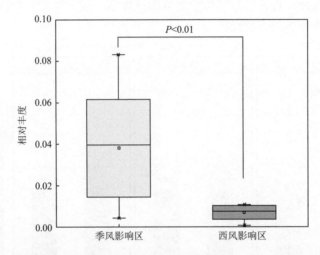

图 6-11　青藏高原西风影响区和季风影响区冰川中移动遗传元件的相对丰度

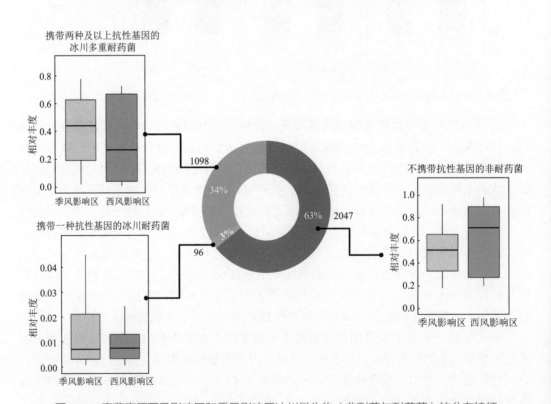

图 6-12　青藏高原西风影响区和季风影响区冰川微生物（非耐药与耐药菌）的分布特征

进一步比较西风影响区和季风影响区冰川生境中的非耐药菌、耐药菌和多重耐药菌的分布特征发现，西风影响区冰川非耐药菌的相对丰度高于季风影响区，但季风影响区冰川多重耐药菌的相对丰度较高，西风影响区和季风影响区的冰川耐药菌相对丰度没有明显区别（图 6-12）。值得注意的是，冰川多重耐药菌数量和相对丰度都显著高于冰川耐药菌，暗示青藏高原冰川生境的严酷环境条件可能会促进冰川微生物携带多种抗性基因。

　　进一步分析冰川耐药菌所携带的抗性基因种类表明，冰川耐药菌大多携带有多种抗性基因。统计分析表明，冰川耐药菌携带抗性基因的组合方式有 58 种，这些组合方式是由 29 种抗性基因类型组成的（图 6-13）。其中，携带四环素类－氟喹诺酮类抗生素抗性基因组合的冰川耐药菌数量最多，共有 891 个，占总耐药菌数的 74.6%，其次为携带青霉烷类－头孢类－大环内酯类－磷霉素类－糖肽类这五种抗生素抗性基因组合的耐药菌，共有 54 个，占总耐药菌数的 4.5%。为了评估气候因素对冰川耐药菌空间分布格局的影响，科考队比较了西风影响区和季风影响区冰川中四环素类－氟喹诺酮类耐药菌的分布特征。对比分析结果表明，季风影响区冰川雪中耐药菌的相对丰度显著高于西风影响区，但冰川冰和冰尘中的耐药菌相对丰度在西风影响区和季风影响区冰川中没有显著差异（图 6-14）。这样的分布特征可能再次暗示，季风传播（由南亚至青藏高原）对耐药菌传播扩散的促进作用。

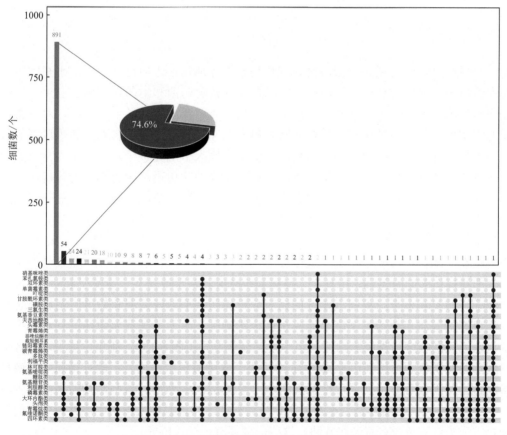

图 6-13　高原冰川耐药菌含有的抗性基因组合及数量

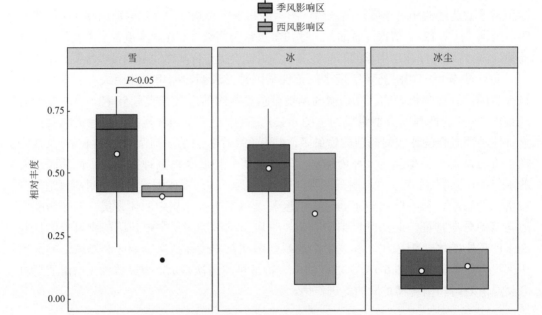

图 6-14　青藏高原西风影响区和季风影响区冰川中同时携带四环素类－氟喹诺酮类抗性基因耐药菌的
相对丰度

　　外源抗性基因可通过干湿沉降过程传播至高原冰川，进而可能通过水平基因转移传递给冰川土著菌甚至冰川中埋藏的病原菌，导致耐药菌和耐药致病菌的滋生。气候变暖造成冰川消融，可能会导致耐药菌、耐药致病菌释放到下游生态系统，对下游环境的生态安全和居民健康产生潜在威胁。科考队深入分析了西风影响区和季风影响区冰川生境中耐药致病菌的空间分布格局，侧重在属水平上分析了六种医院内常见致病菌在冰川中的分布特征。分析结果表明，有 21.0% 的冰川耐药菌可划分为致病菌，主要隶属于葡萄球菌属、不动杆菌属和假单胞菌属。葡萄球菌属中的金黄色葡萄球菌是人类主要致病菌之一，可引起泌尿系统感染、细菌性心内膜炎和败血症；鲍曼不动杆菌也是临床感染中最常见的致病菌，可引起呼吸系统感染、皮肤和伤口感染、尿路感染、心内膜炎、腹膜炎和脑膜炎等。假单胞菌属中的铜绿假单胞菌主要会造成继发性感染，如大面积烧伤的创面感染、中耳炎、泌尿系统感染，甚至败血症，也能引起动物（猪）的坏死性肺炎和肠炎。不同气候区的比对分析表明，不动杆菌属和假单胞菌属耐药菌在季风影响区冰川的相对丰度显著高于西风影响区，而葡萄球菌属耐药菌相对丰度较低，在西风影响区和季风影响区冰川中没有显著差异（图 6-15）。冰川生境中这三种致病耐药菌属携带的抗性基因隶属于 26 个大类，其中假单胞菌属、不动杆菌属耐药菌携带的抗性基因数量分别占总抗性基因的 11.8% 和 6.8%。然而，这些耐药致病菌与下游（城市）生态系统的菌群是否存在差别？是否会随冰川消融输入下游生态系统？它们对动物、人类健康是否有着潜在威胁？这些问题还有待深入研究。

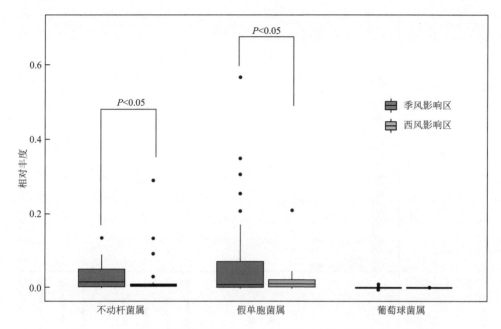

图 6-15　青藏高原西风区和季风区冰川携带抗性基因病原菌的分布特征

　　深入解析抗性基因的抗生素抗性机制特征发现，西风影响区和季风影响区冰川耐药菌有 6 种不同的抗性机制，即①外排泵抗性机制：通过药物外排泵将抗生素排出细胞；②靶点替换抗性机制：通过替换和改变抗生素的结合靶位，对抗生素产生耐药性；③抗生素失活抗性机制：降解抗生素或取代活性基团；④靶点修饰抗性机制：突变修饰抗生素靶点的目标蛋白，使抗生素结合位点失效；⑤靶点保护抗性机制：抗性蛋白与靶位相互作用介导对抗生素的耐药；⑥抗生素渗透屏障抗性机制：在细胞膜上形成屏障，阻止抗生素进入细胞内。基于这 6 种抗性机制，冰川耐药菌中共发现了 17 种不同的抗性机制组合。其中，含外排泵抗性机制的耐药菌数量最多为 939 个，其次为靶点替换抗性机制的耐药菌，总数为 81 个（图 6-16）。以往研究指出，微生物本身固有的抗性机制称为内在抗性，而微生物在抗生素持续选择压力下，通过细胞间水平基因转移获得抗性基因而产生的抗性机制称为获得抗性。由于冰川微生物处于极端恶劣环境，但冰川生境中的本底抗生素浓度较低，对微生物施加的选择压力可能较小，因此冰川微生物主要携带内在抗性机制的抗性基因，包括外排泵、靶点修饰和靶点替换等。进一步比较西风影响区和季风影响区冰川耐药菌的抗性机制组合特征表明，有三类抗性机制组合（外排泵 - 靶点替换，外排泵 - 抗生素失活、外排泵 - 靶点替换 - 抗生素失活 - 抗生素渗透屏蔽）的耐药菌在季风影响区冰川的相对丰度显著高于西风影响区，并且这些耐药菌均表现为不同抗性机制的组合（2 ～ 4 种组合），说明青藏高原季风影响区冰川微生物潜在耐药能力较强，且表现为多种抗性机制的组合，再次暗示了南亚等国家抗生素的滥用可能通过季风传输导致外源抗性基因在青藏高原季风影响区冰川的传播。

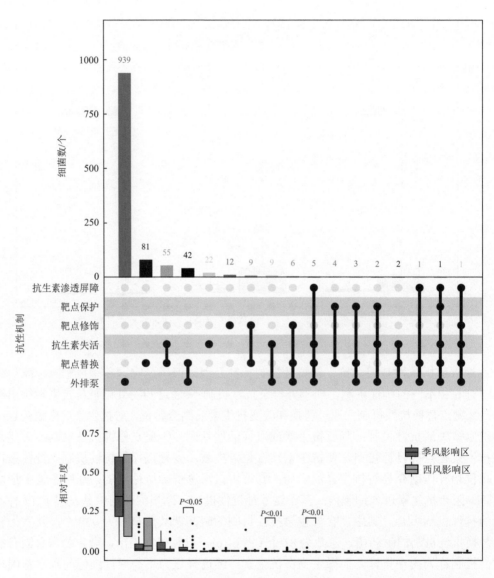

图 6-16　青藏高原西风影响区和季风影响区冰川中不同抗性机制组合的耐药菌的相对丰度

6.5　本章小结

　　综上所述，青藏高原湖泊沉积物中抗性基因的多样性和丰度（0.0002～0.0069 基因拷贝／每微生物细胞）显著低于城市湖泊沉积物，且高原湖泊沉积物的抗性基因群落组成与受人类活动干扰程度较低的自然生境中的抗性基因群落更为相似，反映出高原生境抗性基因的"自然"属性。虽然高原土壤中抗性基因的含量与低海拔地区相当，但由于移动遗传元件含量显著偏低，高原土壤抗性基因通过水平基因转移传播的潜在风险较低。青藏高原冰川生境中检出了多种抗性基因的基因型,冰川耐药菌既携带有微生物固有的内在抗性基因,又携带有经由水平基因转移获得的"外源"抗性基因。西风影响区和季风影响区冰川对比分析表明,季风影响区冰川,尤其是藏东南冰川生境中的耐药菌及其携带的抗性基因丰度较高,暗示季风可能会将南亚地区的外源抗性基因输送至高原地区。此外,冰川生境中广泛分布有三种潜在耐药致病菌属,提示后续科考需进一步关注、评估冰川消融可能带来的耐药菌释放所导致的潜在风险。值得注意的是,外排泵是青藏高原不同生境(湖泊、土壤和冰川)中抗性基因具有的主要抗性机制,说明高原微生物可能主要通过携带这些抗性基因来抵御外在的恶劣环境。

第 7 章

展望和建议

　　以增温为主要特征的全球气候变化、以经济全球化为特征的强烈人类活动,给人类带来许多灾难,给人类生存、生产安全不断敲响警钟。作为我国巨大生态屏障的青藏高原蕴含着丰富多样的微生物生态系统,受气候变化和人类活动的影响,封存其中的古老微生物生态系统被渐渐打开,古老微生物类群破茧而出,在湖泊、河流、土壤甚至动物中传播,极大地丰富了已有微生物类群的遗传多样性,加速微生物的进化,对现存多圈层微生物系统带来了不可预期和不可估量的影响。多圈层中初步揭示的大量的、新的、未知的细菌、病毒等微生物,已经提示了青藏高原微生物存在巨大的"暗箱"亟待破解,揭示跨生境、跨宿主的微生物演化、流行和传播规律是目前亟待精准解析的重大科学问题,也是当前国家大健康战略需求。

　　第二次青藏高原综合科学考察过程中,高原微生物科考队伍对青藏高原及周边地区微生物标本和数据进行了全覆盖的收集,包括冰川样 1700 份、湖泊水样 1800 份、土壤样本 1100 份和动物样本 5000 份以上,同时建立了成熟完善的破译细菌、病毒等微生物遗传信息的组学手段,获取了 5000 多份环境样品高通量测序数据,250 个冰雪、土壤、湖泊宏基因组数据,动物样本测序完成或正在测序已经超过 3000 份样本,获得了细菌参考基因组 10 万个以上,病毒基因组是细菌的 10 ~ 100 倍。这些基础积累为全面系统解决上述重大科学问题提供了重要的支撑。

　　为了全面系统解决上述重大科学问题,必须遵从核心任务分解、集中力量突破的原则。具体建议如下:

　　1)冰川–湖泊–土壤梯度研究(细菌流和病毒流)

　　冰川释放微生物主要通过河流或降雨冲刷汇集于湖泊或土壤,在增加湖泊或土壤微生物多样性的同时,古老的微生物为了适应现存生态系统,势必发生快速进化,并不断对湖泊或土壤已经建立的稳定的互利竞争微生物群落构成挑战,甚至改变湖泊或土壤微生态系统的功能。因此,发现冰川释放微生物在湖泊和土壤中的沉积演化规律,重点揭示冰川微生物对湖泊和土壤微生态系统功能的影响,对于间接理解气候变化影响冰川微生物,进而改变高原微生态系统功能具有重要的参考价值。

　　2)高原冰川–动物微生物轴研究(细菌流和病毒流)

　　冰山释放的古老微生物可能通过饮水或食物等途径进入动物体内。大多数情况下,由于动物自身的免疫选择,不能定殖生存。然而,逃逸动物免疫防御的微生物可能会在动物体内逐步定殖,快速进化,形成定殖优势,不仅改变动物体内微生态系统,甚至加速潜在条件致病菌或病毒的进化,在特定条件暴发和传播。因此,发现冰川释放微生物在动物体内的沉积演化规律,重点阐明高风险病原类群的演变规律,对动物健康,特别是对家养动物养殖安全的早期预警具有重要的现实意义。

　　3)高原冻土–动物微生物轴研究(细菌流和病毒流)

　　气候变暖除了加速冰川消融,另一个备受影响的就是永久或多年冻土层逐渐转换成为激活层或沼泽土壤层。在这一过程中,冻土层会释放古老的微生物到多样化的环境当中,其中动物很容易通过饮水或直接接触等方式获得特定微生物类群(包括细菌和病毒），在动物体内逐步形成定殖，通过基因组重组或水平基因转移实现快速演化。在特定条件下会形成高风险的病原细菌和病毒，对动物健康和安全造成不可预期的影响。因此，发现冻土释放微生物在动物体内的沉积演化规律，重点阐明高风险病原类群的演变规律，同样对于动物健康，特别是家养动物养殖安全的早期预警具有重要的现实意义。

4）人 - 家养动物 - 野生动物轴研究（细菌和病毒共发生）

野生动物或 / 和家养动物是重要病原微生物（包括细菌和病毒）的自然宿主或中间宿主。例如，艾滋病毒（HIV）是 100 年前通过跨物种传播，从灵长类动物的猴免疫缺陷病毒（SIV）传播给人的。2003 年暴发的严重急性呼吸综合征冠状病毒（SARS-CoV）和 2012 年的中东呼吸综合征冠状病毒（MERS-CoV）分别通过在果子狸和骆驼中间宿主进化和适应，直到与人类病毒只剩下几个碱基的差异时才感染人并造成人传人散播的。因此，全面系统调研野生、家养动物的细菌组和病毒组，发现人 - 家养动物 - 野生动物之间潜在病原的演化和传播规律，重点揭示高风险人畜共患病原微生物的变化趋势，对于人类公共安全早期预警意义重大。

5）环境微生物 - 人体微生物 - 动物微生物耐药组协同研究

抗耐药基因是全球性的公共安全问题。受气候变暖影响，冰山和冻土释放出微生物；加上人类活动的加剧，特别是人及动物的肠道菌群可能作为抗生素耐药基因的"蓄水池"，使得高原微生物抗耐药基因的变化更加丰富多样，导致出现超级细菌的潜在风险与日俱增。因此，发现冰山、冻土、湖泊和土壤微生物与动物微生物抗耐药基因的传播和演化规律，重点解决重要耐药基因的演变机理，对于防控超级耐药菌的出现具有举足轻重的现实意义。

6）气溶胶微生物与高原微生物的关系

气溶胶是指空气中长时间悬浮的、直径一般在 100μm 以下的微小颗粒物组成的系统。雾和霾都属于气溶胶。其组分中包含的病毒、细菌、真菌、花粉、动植物源性蛋白等微生物或来自生物物质的气溶胶，则被称为"生物气溶胶"。直径约为 0.1μm 的病毒，可以附着在尘埃、飞沫、飞沫核上以气溶胶的形式进行"空气传播"。而生物气溶胶的成分和潜在危害都极为多样，既是一个流行病学问题，也是一个环境问题。2014 年，清华大学的一个研究组发现北京的雾霾中藏有 1300 种微生物，其中极少数微生物可能致病； 2016 年，国际期刊 *Microbiome* 发表的一项研究发现，北京雾霾中含有抗生素耐药基因，引起公众强烈关注。因此，建立气溶胶微生物快速精准的检测手段，重点解决气溶胶微生物与青藏高原不同圈层微生物的趋同趋异规律，也是高原微生物与环境变化关系研究中值得深入探索的科学命题之一。

7）基于毒力因子（VF）和耐药基因（ARG）的冰川微生物潜在风险的研究

VF 和 ARG 是微生物风险评估的重要指标。含有 VF 的微生物能使人和动物患病，如果其同时又携带 ARG 则会降低抗生素的治疗效果。当 VF 和 ARG 共存于微生物的染色体内，其对人类及动物的潜在风险将会上升。冰川是一个重要的 VF 和 ARG 基因库，这些基因沉降到冰川环境可以储存数百年甚至更长时间，且可以在沉积过程中进行基因组重排，使冰川上的微生物同时携带 VF 和 ARG，而这些携带 VF 和 ARG 的微生物随冰川消融可能会释放到下游地区，致使下游生态系统和人类健康面临潜在微生物风险。基于 VF 和 ARG 识别冰川微生物的潜在风险将有助于正确认识和评估冰川微生物的生态环境效应。

参 考 文 献

白玉.2007.天山冻土微生物的系统多样性分析及生长特性的研究.兰州:兰州大学.

陈德亮,徐柏青,姚檀栋,等.2015.青藏高原环境变化科学评估:过去,现在与未来.科学通报,60(32):3025-3035.

陈伟,张威,李师翁,等.2011.青藏高原不同类型草地生态系统下土壤可培养细菌数量及多样性分布特征研究.冰川冻土,33(6):1419-1426.

褚海燕.2013.高寒生态系统微生物群落研究进展.微生物学通报,40(1):123-136.

杜睿.2006.大气生物气溶胶的研究进展.气候与环境研究,11(4):546-552.

顾燕玲,史学伟,祝建波,等.2013.天山乌鲁木齐河源1号冰川前沿冻土活动层古菌群落的垂直分布格局.冰川冻土,35(3):761-769.

金会军,李述训.2000.气候变化对中国多年冻土和寒区环境的影响.地理学报,55(2):161-173.

李昌明,张新芳,赵林,等.2012.青藏高原多年冻土区土壤需氧可培养细菌多样性及群落功能研究.冰川冻土,34(3):713-725.

李明家,吴凯媛,孟凡凡,等.2020.西藏横断山区溪流细菌beta多样性组分对气候和水体环境的响应.生物多样性,28(12):1570-1580.

刘慧艳.2011.青藏高原北麓河冻土区微生物季节变化及其与环境关系的研究.兰州:兰州大学.

刘金花,易朝路,李英奎.2018.藏南卡鲁雄峰枪勇冰川新冰期冰川发育探讨.第四纪研究,38(2):348-354.

刘时银,姚晓军,郭万钦,等.2015.基于第二次冰川编目的中国冰川现状.地理学报,70(1):3-16.

刘正辉,李德豪.2015.氨氧化古菌及其对氮循环贡献的研究进展.微生物学通报,42(4):774-782.

罗日升,曹峻,刘耕年,等.2003.西藏枪勇冰川冰下富碎屑化学沉淀特征与冰下过程.地理学报,58(5):757-764.

斯贵才,王光鹏,雷天柱,等.2015.青藏高原东北缘土壤微生物群落结构变化.干旱区研究,32(5):7.

孙平勇,刘雄伦,刘金灵,等.2010.空气微生物的研究进展.中国农学通报,26(11):336-340.

汤秋鸿,兰措,苏凤阁,等.2019.青藏高原河川径流变化及其影响研究进展.科学通报,64(27):2807-2821.

王根绪,杨燕,张光涛,等.2020.冰冻圈生态系统:全球变化的前哨与屏障.中国科学院院刊,35(4):425-433.

王艳发,魏士平,崔鸿鹏,等.2016.青藏高原冻土区土壤垂直剖面中微生物的分布与多样性.微生物学通报,43(9):1902-1917.

姚檀栋,秦大河,王宁练,等.2020.冰芯气候环境记录研究:从科学到政策.中国科学院院刊,35(4):466-474.

姚檀栋,邬光剑,徐柏青,等.2019."亚洲水塔"变化与影响.中国科学院院刊,34(11):1203-1209.

姚檀栋,朱立平.2006.青藏高原环境变化对全球变化的响应及其适应对策.地球科学进展,21(5):459.

章高森.2007.青藏高原多年冻土区微生物多样性及其潜在应用的研究.兰州:兰州大学.

郑度,赵东升.2017.青藏高原的自然环境特征.科技导报,35(6):13-22.

朱立平,鞠建廷,乔宝晋,等.2019a."亚洲水塔"的近期湖泊变化及气候响应:进展、问题与展望.科学通报,64(27):2796-2806.

朱立平，彭萍，张国庆，等 . 2020. 全球变化下青藏高原湖泊在地表水循环中的作用 . 湖泊科学 , 32(3)：597-608.

朱立平，张国庆，杨瑞敏，等 . 2019b. 青藏高原最近 40 年湖泊变化的主要表现与发展趋势 . 中国科学院院刊 , 34(11)：1254-1263.

朱永官，欧阳纬莹，吴楠，等 . 2015. 抗生素耐药性的来源与控制对策 . 中国科学院院刊 , 30(4)：509-516.

朱永官，沈仁芳，贺纪正，等 . 2018. 中国土壤微生物组：进展与展望 . 中国农业文摘 - 农业工程 , 30(3)：6-12, 38.

Abe T, Inokuchi H, Yamada Y, et al. 2014. tRNADB-CE: tRNA gene database well-timed in the era of big sequence data. Frontiers in Genetics, 5: 114.

Altschul S F, Madden T L, Schaffer A A, et al. 1997. Gapped BLAST and PSI-BLAST: a new generation of protein database search programs. Nucleic Acids Research, 25(17): 3389-3402.

Amato P, Hennebelle R, Magand O, et al. 2007. Bacterial characterization of the snow cover at Spitzberg, Svalbard. FEMS Microbiology Ecology, 59(2): 255-264.

Amato P, Ménager M, Sancelme M, et al. 2005. Microbial population in cloud water at the Puy de Dôme: implications for the chemistry of clouds. Atmospheric Environment, 39(22): 4143-4153.

Amoroso A, Domine F, Esposito G, et al. 2010. Microorganisms in dry polar snow are involved in the exchanges of reactive nitrogen species with the atmosphere. Environmental Science & Technology, 44(2): 714-719.

An L Z, Chen Y, Xiang S R, et al. 2010. Differences in community composition of bacteria in four glaciers in western China. Biogeosciences, 7(6): 1937-1952.

Anesio A M, Bellas C M. 2011. Are low temperature habitats hot spots of microbial evolution driven by viruses? Trends in Microbiology, 19(2): 52-57.

Anesio A M, Laybourn-Parry J. 2012. Glaciers and ice sheets as a biome. Trends in Ecology & Evolution, 27(4): 219-225.

Anne B. 2010. The nitrogen cycle: processes, players and human impact. Nature Education Knowledge, 3(10): 25.

Archer S D J, Lee K C, Caruso T, et al. 2019. Airborne microbial transport limitation to isolated Antarctic soil habitats. Nature Microbiology, 4(6): 925-932.

Armstrong W. 1964. Oxygen diffusion from the roots of some british bog plants. Nature, 204: 801-802.

Asnicar F, Weingart G, Tickle T L, et al. 2015. Compact graphical representation of phylogenetic data and metadata with GraPhlAn. PeerJ, 3: e1029.

Bagshaw E A, Tranter M, Fountain A G, et al. 2013. Do cryoconite holes have the potential to be significant sources of C, N, and P to downstream depauperate. Arctic, Antarctic, and Alpine Research, 45(4): 440-454.

Bahl J, Lau M C Y, Smith G J D, et al. 2011. Ancient origins determine global biogeography of hot and cold desert cyanobacteria. Nature Communications, 2: 163.

Barga S C, Olwell P, Edwards F, et al. 2020. Seeds of Success: a conservation and restoration investment in the future of USlands. Conservation Science and Practice, 2(7): e209.

Beine H J, Domine F, Ianniello A, et al. 2003. Fluxes of nitrates between snow surfaces and the atmosphere in the European high Arctic. Atmospheric Chemistry and Physics, 3: 335-346.

Bellas C, Anesio A, Barker G. 2015. Analysis of virus genomes from glacial environments reveals novel virus groups with unusual host interactions. Frontiers in Microbiology, 6: 656.

Ben W, Zhu B, Yuan X, et al. 2018. Occurrence, removal and risk of organic micropollutants in wastewater treatment plants across China: comparison of wastewater treatment processes. Water Research, 130: 38-46.

Berry D, Widder S. 2014. Deciphering microbial interactions and detecting keystone species with co-occurrence networks. Frontiers in Microbiology, 5: 219.

Björkman M P, Vega C P, Kuhnel R, et al. 2014. Nitrate postdeposition processes in Svalbard surface snow. Journal of Geophysical Research-Atmospheres, 119 (22): 12953-12976.

Bland C, Ramsey T L, Sabree F, et al. 2007. CRISPR recognition tool (CRT): a tool for automatic detection of clustered regularly interspaced palindromic repeats. BMC Bioinformatics, 8 (1): 1-8.

Boetius A, Anesio A M, Deming J W, et al. 2015. Microbial ecology of the cryosphere: sea ice and glacial habitats. Nature Reviews Microbiology, 13 (11): 677-690.

Bolduc B, Jang H B, Doulcier G, et al. 2017. vConTACT: an iVirus tool to classify double-stranded DNA viruses that infect Archaea and Bacteria. PeerJ, 5: e3243.

Bolger A M, Lohse M, Usadel B. 2014. Trimmomatic: a flexible trimmer for Illumina sequence data. Bioinformatics, 30 (15): 2114-2120.

Bolotin A, Wincker P, Mauger S, et al. 2001. The complete genome sequence of the lactic acid bacterium Lactococcus lactis ssp.lactis IL1403. Genome Research, 11: 731-753.

Bottos E M, Woo A C, Zawar-Reza P, et al. 2014. Airborne bacterial populations above desert soils of the McMurdo Dry Valleys, Antarctica. Microbial Ecology, 67 (1): 120-128.

Bouvier T, del Giorgio P A, Gasol J M. 2007. A comparative study of the cytometric characteristics of High and Low nucleic-acid bacterioplankton cells from different aquatic ecosystems. Environmental Microbiology, 9 (8): 2050-2066.

Bowers R M, McCubbin I B, Hallar A G, et al. 2012. Seasonal variability in airborne bacterial communities at a high-elevation site. Atmospheric Environment, 50: 41-49.

Bowers R M, McLetchie S, Knight R, et al. 2010. Spatial variability in airborne bacterial communities across land-use types and their relationship to the bacterial communities of potential source environments. The ISME Journal, 5 (4): 601-612.

Bowman J P, McCammon S A, Brown M V, et al. 1997. Diversity and association of psychrophilic bacteria in Antarctic sea ice. Applied & Environmental Microbiology, 63 (8): 3068-3078.

Brodie E L, Moberg Parker J P, Zubietta I X, et al. 2007. Urban aerosols harbor diverse and dynamic bacterial populations. Proceedings of the National Academy of Sciences, 104: 299-304.

Brucker R M, Bordenstein S R. 2012. The roles of host evolutionary relationships (genus: Nasonia) and development in structuring microbial communities. Evolution, 66 (2): 349-362.

Buchfink B, Xie C, Huson D H. 2015. Fast and sensitive protein alignment using DIAMOND. Nature

Methods, 12(1): 59-60.

Bulgarelli D, Schlaeppi K, Spaepen S, et al. 2013. Structure and functions of the bacterial microbiota of plants. Annual Review of Plant Biology, 64(1): 807-838.

Burrows S M, Butler T, Jöckel P, et al. 2009a. Bacteria in the global atmosphere-Part 2: modeling of emissions and transport between different ecosystems. Atmospheric Chemistry and Physics, 9(23): 9281-9297.

Burrows S M, Elbert W, Lawrence M G, et al. 2009b. Bacteria in the global atmosphere - Part 1: Review and synthesis of literature data for different ecosystems. Atmospheric Chemistry and Physics, 9(23): 9263-9280.

Bzymek K P, Newton G L, Ta P, et al. 2007. Mycothiol import by Mycobacterium smegmatis and function as a resource for metabolic precursors and energy production. Journal of Bacteriology, 189(19): 6796-6805.

Cacciari I, Lippi D. 1987. Arthrobacters: successful arid soil bacteria: a review. Arid Land Research and Management, 1(1): 1-30.

Calcagno V, Jarne P, Loreau M, et al. 2017. Diversity spurs diversification in ecological communities. Nature Communications, 8(1): 15810.

Cameron K A, Hodson A J, Osborn A M. 2012. Structure and diversity of bacterial, eukaryotic and archaeal communities in glacial cryoconite holes from the Arctic and the Antarctic. FEMS Microbiology Ecology, 82(2): 254-267.

Caporaso J G, Bittinger K, Bushman F D, et al. 2010a. PyNAST: a flexible tool for aligning sequences to a template alignment. Bioinformatics, 26(2): 266-267.

Caporaso J G, Kuczynski J, Stombaugh J, et al. 2010b. QIIME allows analysis of high-throughput community sequencing data. Nature Methods, 7(5): 335-336.

Carpenter E J, Lin S J, Capone D G. 2000. Bacterial activity in South Pole snow. Applied & Environmental Microbiology, 66(10): 4514-4517.

Castro D J, Llamas I, Bejar V, et al. 2017. Blastomonas quesadae sp. nov., isolated from a saline soil by dilution-to-extinction cultivation. International Journal of Systematic and Evolutionary Microbiology, 67(6): 2001-2007.

Cavicchioli R. 2015. Microbial ecology of Antarctic aquatic systems. Nature Reviews Microbiology, 13(11): 691-706.

Cavicchioli R, Charlton T, Ertan H, et al. 2011. Biotechnological uses of enzymes from psychrophiles. Microbial Biotechnology, 4(4): 449-460.

Cavicchioli R, Ripple W J, Timmis K N, et al. 2019. Scientists' warning to humanity: microorganisms and climate change. Nature Reviews Microbiology, 17(9): 569-586.

Cavicchioli R. 2016. On the concept of a psychrophile. The ISME Journal, 10(4): 793-795.

Chauhan A, Layton A C, Vishnivetskaya T A, et al. 2014. Metagenomes from thawing low-soil-organic-carbon mineral cryosols and permafrost of the canadian high arctic. Genome Announcements, 2(6): 10-1128.

Chaumeil P A, Mussig A J, Hugenholtz P, et al. 2019. GTDB-Tk: a toolkit to classify genomes with the Genome Taxonomy Database. Bioinformatics, 36: 1925-1927.

Chelius M K, Triplett E W. 2000. Dyadobacter fermentans gen. nov., sp. nov., a novel gram-negative bacterium isolated from surface-sterilized Zea mays stems. International Journal of Systematic and Evolutionary Microbiology, 50(2): 751-758.

Chen B, Yuan K, Chen X, et al. 2016. Metagenomic analysis revealing antibiotic resistance genes (ARGS) and their genetic compartments in the Tibetan environment. Environmental Science & Technology, 50(13): 6670-6679.

Chen F, Yu Z, Yang M, et al. 2008. Holocene moisture evolution in arid central Asia and its out-of-phase relationship with Asian monsoon history. Quaternary Science Reviews, 27(3-4): 351-364.

Chen J, Sun S H, Wang P F, et al. 2021. Sedimentary microeukaryotes reveal more dispersal limitation and form networks with less connectivity than planktonic microeukaryotes in a highly regulated river. Freshwater Biology, 66(5): 826-841.

Chen J, Wang P F, Wang C, et al. 2020. Fungal community demonstrates stronger dispersal limitation and less network connectivity than bacterial community in sediments along a large river. Environmental Microbiology, 22(3): 832-849.

Chen L, Liang J, Qin S, et al. 2016. Determinants of carbon release from the active layer and permafrost deposits on the Tibetan Plateau. Nature Communications, 7.

Chen L, Qiu Q, Jiang Y, et al. 2019. Large-scale ruminant genome sequencing provides insights into their evolution and distinct traits. Science, 364(6446).

Chen L X, Anantharaman K, Shaiber A, et al. 2020. Accurate and complete genomes from metagenomes. Genome Research, 30(3): 315-333.

Chen Q, Yuan Y, Hu Y, et al. 2021. Excessive nitrogen addition accelerates N assimilation and P utilization by enhancing organic carbon decomposition in a Tibetan alpine steppe. Science of the Total Environment, 764: 142848.

Chen S, Zhou Y, Chen Y, et al. 2018. Fastp: an ultra-fast all-in-one FASTQ preprocessor. Bioinformatics, 34(17): i884-i890.

Chen W M, Huang W C, Young C C, et al. 2013. Flavobacterium tilapiae sp. nov., isolated from a freshwater pond, and emended descriptions of Flavobacterium defluvii and Flavobacterium johnsoniae. International Journal of Systematic and Evolutionary Microbiology, 63(Pt 3): 827-834.

Chen X M, Jiang Y, Li Y T, et al. 2011. Regulation of expression of trehalose-6-phosphate synthase during cold shock in Arthrobacter strain A3. Extremophiles, 15(4): 499-508.

Chen Y, Liu Y, Liu K, et al. 2021. Snowstorm enhanced the deterministic processes of the microbial community in cryoconite at Laohugou Glacier, Tibetan Plateau. Frontiers in Microbiology, 12: 784273.

Chen Y L, Deng Y, Ding J Z, et al. 2017. Distinct microbial communities in the active and permafrost layers on the Tibetan Plateau. Molecular Ecology, 26(23): 6608-6620.

Cheng D, Ngo H H, Guo W, et al. 2020. Contribution of antibiotics to the fate of antibiotic resistance genes in anaerobic treatment processes of swine wastewater: a review. Bioresource Technology, 299: 122654.

Choudoir M J, Buckley D H. 2018. Phylogenetic conservatism of thermal traits explains dispersal limitation and genomic differentiation of Streptomyces sister-taxa. The ISME Journal, 12(9): 2176-2186.

Choufany M, Martinetti D, Soubeyrand S, et al. 2021. Inferring long-distance connectivity shaped by air-mass movement for improved experimental design in aerobiology. Scientific Reports, 11(1): 11093.

Chrismas N A M, Anesio A M, Sanchez-Baracaldo P. 2018. The future of genomics in polar and alpine cyanobacteria. FEMS Microbiology Ecology, 94(4): fiy032.

Christner B C. 2002. Detection, Recovery, Isolation and Characterization of Bacteria in Glacial Ice and Lake Vostok Accretion Ice. Columbus: The Ohio State University.

Christner B C, Kvitko B H, Reeve J N. 2003a. Molecular identification of bacteria and eukarya inhabiting an Antarctic cryoconite hole. Extremophiles, 7(3): 177-183.

Christner B C, Mosley-Thompson E, Thompson L G, et al. 2000. Recovery and identification of viable bacteria immured in glacial ice. Icarus, 144(2): 479-485.

Christner B C, Mosley-Thompson E, Thompson L G, et al. 2003b. Bacterial recovery from ancient glacial ice. Environmental Microbiology, 5(5): 433-436.

Church J, Clark P, Cazenave A, et al. 2013. Climate change 2013: the physical science basis. contribution of working group I to the fifth assessment report of the intergovernmental panel on climate change. Computational Geometry.

Chuvochina M S, Marie D, Chevaillier S, et al. 2011. Community variability of bacteria in Alpine snow (Mont Blanc) containing saharan dust deposition and their snow colonisation potential. Microbes and Environments, 26(3): 237-247.

Cole J R, Wang Q, Chai B, et al. 2011. The Ribosomal Database Project: Sequences and Software for High - throughput rRNA Analysis. New York: John Wiley & Sons, Ltd.

Collins T, Margesin R. 2019. Psychrophilic lifestyles: mechanisms of adaptation and biotechnological tools. Applied Microbiology and Biotechnology, 103(7): 2857-2871.

Cong Z, Kang S, Kawamura K, et al. 2015. Carbonaceous aerosols on the south edge of the Tibetan Plateau: concentrations, seasonality and sources. Atmospheric Chemistry and Physics, 15(3): 1573-1584.

Conn H J, Dimmick I. 1947. Soil bacteria similar in morphology to Mycobacterium and Corynebacterium. Journal of Bacteriology, 54(3): 291-303.

Conrad R. 2009. The global methane cycle: recent advances in understanding the microbial processes involved. Environmental Microbiology Reports, 1(5): 285-292.

Csurös M. 2010. Count: evolutionary analysis of phylogenetic profiles with parsimony and likelihood. Bioinformatics, 26(15): 1910-1912.

Cuddington K. 2011. Legacy effects: the persistent impact of ecological interactions. Biological Theory, 6(3): 203-210.

Cui Y, Bing H, Fang L, et al. 2019. Diversity patterns of the rhizosphere and bulk soil microbial communities along an altitudinal gradient in an alpine ecosystem of the eastern Tibetan Plateau. Geoderma, 338: 118-127.

Cuthbertson L, Amores-Arrocha H, Malard L A, et al. 2017. Characterisation of arctic bacterial communities in the air above Svalbard. Biology(Basel), 6(2): 29.

D'Costa V M, King C E, Kalan L, et al. 2011. Antibiotic resistance is ancient. Nature, 477 (7365) : 457-461.

D'Costa V M, Mcgrann K M, Hughes D W, et al. 2006. Sampling the antibiotic resistome. Science, 311 (5759) : 374-377.

Dahal R H, Chaudhary D K, Kim J. 2017. Rurimicrobium arvi gen. nov., sp. nov., a member of the family Chitinophagaceae isolated from farmland soil. International Journal of Systematic and Evolutionary Microbiology, 67 (12) : 5235-5243.

David L A, Maurice C F, Carmody R N, et al. 2014. Diet rapidly and reproducibly alters the human gut microbiome. Nature, 505 (7784) : 559-563.

De Maayer P, Anderson D, Cary C, et al. 2014. Some like it cold: understanding the survival strategies of psychrophiles. Embo Reports, 15 (5) : 508-517.

Delort A M, Vaïtilingom M, Amato P, et al. 2010. A short overview of the microbial population in clouds: potential roles in atmospheric chemistry and nucleation processes. Atmospheric Research, 98 (2-4) : 249-260.

Derosa L, Routy B, Thomas A M, et al. 2022. Intestinal Akkermansia muciniphila predicts clinical response to PD-1 blockade in patients with advanced non-small-cell lung cancer. Nature Medicine, 28 (2) : 315-324.

DeSantis T Z, Hugenholtz P, Larsen N, et al. 2006. Greengenes, a chimera-checked 16S rRNA gene database and workbench compatible with ARB. Applied & Environmental Microbiology, 72 (7) : 5069-5072.

Despres V R, Nowoisky J F, Klose M, et al. 2007a. Characterization of primary biogenic aerosol particles in urban, rural, and high-alpine air by DNA sequence and restriction fragment analysis of ribosomal RNA genes. Biogeosciences, 4: 1127-1141.

Despres V R, Nowoisky J F, Klose M, et al. 2007b. Molecular genetics and diversity of primary biogenic aerosol particles in urban, rural, and high-alpine air. Biogeosciences Discuss, 4: 349-384.

Dey N, Wagner V, Blanton L, et al. 2015. Regulators of gut motility revealed by a gnotobiotic model of diet-microbiome interactions related to travel. Cell, 163 (1) : 95-107.

Diamond S, Lavy A, Crits-Christoph A, et al. 2021. Soils and sediments host novel archaea with divergent monooxygenases implicated in ammonia oxidation. bioRxiv: 442362.

Dong H, Wang L, Wang X, et al. 2021. Microplastics in a remote lake basin of the Tibetan Plateau: impacts of atmospheric transport and glacial melting. Environmental Science & Technology, 55 (19) : 12951-12960.

Dong K, Chen F, Du Y, et al. 2013. Flavobacterium enshiense sp. nov., isolated from soil, and emended descriptions of the genus Flavobacterium and Flavobacterium cauense , Flavobacterium saliperosum and Flavobacterium suncheonense. International Journal of Systematic and Evolutionary Microbiology, 63 (Pt_3) : 886-892.

Dong Y Y, Gao J, Wu Q S, et al. 2020. Co-occurrence pattern and function prediction of bacterial community in Karst cave. BMC Microbiology, 20 (1) : 137.

Du S, Ya T, Zhang M, et al. 2020. Distinct microbial communities and their networks in an anammox coupled with sulfur autotrophic/mixotrophic denitrification system. Environmental Pollution, 262: 114190.

Dutta K, Schuur E A G, Neff J C, et al. 2006. Potential carbon release from permafrost soils of Northeastern Siberia. Global Change Biology, 12 (12) : 2336-2351.

Edgar R C. 2010. Search and clustering orders of magnitude faster than BLAST. Bioinformatics, 26 (19): 2460-2461.

Edgar R C. 2013. UPARSE: highly accurate OTU sequences from microbial amplicon reads. Nature Methods, 10 (10): 996-998.

Edwards A, Anesio A M, Rassner S M, et al. 2011. Possible interactions between bacterial diversity, microbial activity and supraglacial hydrology of cryoconite holes in Svalbard. The ISME Journal, 5 (1): 150-160.

Edwards A, Cameron K A, Cook J M, et al. 2020. Microbial genomics amidst the Arctic crisis. Microbial Genomics, 6 (5): e000375.

Edwards A, Mur L A J, Girdwood S E, et al. 2014. Coupled cryoconite ecosystem structure-function relationships are revealed by comparing bacterial communities in alpine and Arctic glaciers. FEMS Microbiology Ecology, 89 (2): 222-237.

Edwards J, Johnson C, Santos-Medellin C, et al. 2015. Structure, variation, and assembly of the root-associated microbiomes of rice. Proceedings of the National Academy of Sciences of the United States of America, 112 (8): E911-E920.

Ekwe A P, Kim S B. 2018. Flavobacterium commune sp. nov., isolated from freshwater and emended description of Flavobacterium seoulense. International Journal of Systematic and Evolutionary Microbiology, 68 (1): 93-98.

Esselstyn J A, Oliveros C H, Swanson M T, et al. 2017. Investigating difficult nodes in the placental mammal tree with expanded taxon sampling and thousands of ultraconserved elements. Genome Biology and Evolution, 9 (9): 2308-2321.

Falkowski P G, Fenchel T, Delong E F. 2008. The microbial engines that drive earth's biogeochemical cycles. Science, 320 (5879): 1034-1039.

Fang H, Chen Y, Huang L, et al. 2017. Analysis of biofilm bacterial communities under different shear stresses using size-fractionated sediment. Scientific Reports, 7 (1): 1299.

Fang H, Han Y, Yin Y, et al. 2014. Variations in dissipation rate, microbial function and antibiotic resistance due to repeated introductions of manure containing sulfadiazine and chlortetracycline to soil. Chemosphere, 96: 51-56.

Faust K. 2021. Open challenges for microbial network construction and analysis. The ISME Journal, 15 (11): 3111-3118.

Feller G. 2013. Psychrophilic enzymes: from folding to function and biotechnology. Scientifica, (28): 512840.

Foulquier A, Volat B, Neyra M, et al. 2013. Long-term impact of hydrological regime on structure and functions of microbial communities in riverine wetland sediments. FEMS Microbiology Ecology, 85 (2): 211-226.

Frauendorf T C, MacKenzie R A, Tingley III R W, et al. 2019. Evaluating ecosystem effects of climate change on tropical island streams using high spatial and temporal resolution sampling regimes. Global Change Biology, 25 (4): 1344-1357.

Fröhlich-Nowoisky J, Kampf C J, Weber B, et al. 2016. Bioaerosols in the Earth system: climate, health, and ecosystem interactions. Atmospheric Research, 182: 346-376.

Galperin M Y. 2013. Genome diversity of spore-forming Firmicutes. Microbiology Spectrum, 1(2): TBS-0015-2012.

Gao J L, Sun P B, Wang X M, et al. 2016. Dyadobacter endophyticus sp nov., an endophytic bacterium isolated from maize root. International Journal of Systematic and Evolutionary Microbiology, 66: 4022-4026.

Gao J, Yao T, Joswiak D. 2017. Variations of water stable isotopes ($\delta^{18}O$) in two lake basins, southern Tibetan Plateau. Annals of Glaciology, 55(66): 97-104.

Gao P, Lu H, Xing P, et al. 2020. Halomonas rituensis sp. nov. and Halomonas zhuhanensis sp. nov., isolated from natural salt marsh sediment on the Tibetan Plateau. International Journal of Systematic and Evolutionary Microbiology, 70(10): 5217-5225.

Garcia-Garcia N, Tamames J, Linz A M, et al. 2019. Microdiversity ensures the maintenance of functional microbial communities under changing environmental conditions. The ISME Journal, 13(12): 2969-2983.

Ge R L, Cai Q, Shen Y Y, et al. 2013. Draft genome sequence of the Tibetan antelope. Nature Communications, 4(1): 1858.

Glassman S I, Wang I J, Bruns T D. 2017. Environmental filtering by pH and soil nutrients drives community assembly in fungi at fine spatial scales. Molecular Ecology, 26(24): 6960-6973.

Gong P, Wang X, Pokhrel B, et al. 2019. Trans-himalayan transport of organochlorine compounds: three-year observations and model-based flux estimation. Environmental Science & Technology, 53(12): 6773-6783.

Gong P, Wang X. 2021. Forest fires enhance the emission and transport of persistent organic pollutants and polycyclic aromatic hydrocarbons from the central Himalaya to the Tibetan Plateau. Environmental Science & Technology Letters, 8(7): 498-503.

González-Toril E, Osuna S, Viúdez-Moreiras D, et al. 2020. Impacts of Saharan dust intrusions on bacterial communities of the low Troposphere. Scientific Reports, 10(1): 6837.

Gregory A C, Zayed A A, Conceição-Neto N, et al. 2019. Marine DNA viral macro- and microdiversity from pole to pole. Cell, 177(5): 1109-1123.

Grzymski J J, Riesenfeld C S, Williams T J, et al. 2012. A metagenomic assessment of winter and summer bacterioplankton from Antarctica Peninsula coastal surface waters. The ISME Journal, 6(10): 1901-1915.

Gu Z, Liu K, Pedersen M W, et al. 2021. Community assembly processes underlying the temporal dynamics of glacial stream and lake bacterial communities. Science of the Total Environment, 761: 143178.

Guo J, Bolduc B, Zayed A A, et al. 2021. VirSorter2: a multi-classifier, expert-guided approach to detect diverse DNA and RNA viruses. Microbiome, 9(1): 1-13.

Guo N, Wu Q, Shi F, et al. 2021. Seasonal dynamics of diet-gut microbiota interaction in adaptation of yaks to life at high altitude. Npj Biofilms and Microbiomes, 7(1): 38.

Guo X, Gao Q, Yuan M, et al. 2020. Gene-informed decomposition model predicts lower soil carbon loss due to persistent microbial adaptation to warming. Nature Communications, 11(1): 4897.

Haas B J, Gevers D, Earl A M, et al. 2011. Chimeric 16S rRNA sequence formation and detection in Sanger and 454-pyrosequenced PCR amplicons. Genome Research, 21(3): 494-504.

Habiyaremye J, Herrmann S, Reitz T, et al. 2021. Balance between geographic, soil, and host tree parameters to shape soil microbiomes associated to clonal oak varies across soil zones along a European North-South transect. Environmental Microbiology, 23(10): 2274-2292.

Hadid Y, Németh A, Snir S, et al. 2012. Is evolution of blind mole rats determined by climate oscillations? PLoS One, 7(1): e30043.

Hall M, Beiko R G. 2018. 16S rRNA Gene Analysis with QIIME2. New York: Springer.

Hammarlund S P, Harcombe W R. 2019. Refining the stress gradient hypothesis in a microbial community. Proceedings of the National Academy of Sciences of the United States of America, 116(32): 15760-15762.

Hannula S E, Morriën E, de Hollander M, et al. 2017. Shifts in rhizosphere fungal community during secondary succession following abandonment from agriculture. The ISME Journal, 11(10): 2294-2304.

Hanson C A, Fuhrman J A, Horner-Devine M C, et al. 2012. Beyond biogeographic patterns: processes shaping the microbial landscape. Nature Reviews Microbiology, 10(7): 497-506.

Hao Y, Xiong Y, Cheng Y, et al. 2019. Comparative transcriptomics of 3 high-altitude passerine birds and their low-altitude relatives. Proceedings of the National Academy of Sciences of the United States of America, 116(24): 11851-11856.

Hardoim P R, van Overbeek L S, van Elsas J D. 2008. Properties of bacterial endophytes and their proposed role in plant growth. Trends in Microbiology, 16(10): 463-471.

He J Z, Shen J P, Zhang L M, et al. 2012. A review of ammonia-oxidizing bacteria and archaea in Chinese soils. Frontiers in Microbiology, 3: 296.

He R, Wooller M J, Pohlman J W, et al. 2012. Shifts in identity and activity of methanotrophs in arctic lake sediments in response to temperature changes. Applied & Environmental Microbiology, 78(13): 4715-4723.

He R J, Zeng J, Zhao D Y, et al. 2020. Patterns in diversity and community assembly of phragmites australis root-associated bacterial communities from different seasons. Applied & Environmental Microbiology, 86(14): e00320-e00379.

Hell K, Edwards A, Zarsky J, et al. 2013. The dynamic bacterial communities of a melting High Arctic glacier snowpack. The ISME Journal, 7(9): 1814-1826.

Henry S, Baudoin E, Lopez-Gutierrez J C, et al. 2004. Quantification of denitrifying bacteria in soils by nirK gene targeted real-time PCR. Journal of Microbiological Methods, 59(3): 327-335.

Hermans S M, Buckley H L, Case B S, et al. 2020. Connecting through space and time: catchment-scale distributions of bacteria in soil, stream water and sediment. Environmental Microbiology, 22(3): 1000-1010.

Hervas A, Camarero L, Reche I, et al. 2009. Viability and potential for immigration of airborne bacteria from Africa that reach high mountain lakes in Europe. Environmental Microbiology, 11(6): 1612-1623.

Hinsa-Leasure S M, Bhavaraju L, Rodrigues J L M, et al. 2010. Characterization of a bacterial community from a Northeast Siberian seacoast permafrost sample. FEMS Microbiology Ecology, 74(1): 103-113.

Hobbie E A, Ouimette A P, Schuur E A G, et al. 2013. Radiocarbon evidence for the mining of organic nitrogen from soil by mycorrhizal fungi. Biogeochemistry, 114(1): 381-389.

Hoegh-Guldberg O, Jacob D, Bindi M, et al. 2018. Impacts of 1.5℃ global warming on natural and human systems. Global warming of 1.5℃.

Holland A T, Pinto B B, Layton R, et al. 2020. Over winter microbial processes in a Svalbard snow pack: an experimental approach. Frontiers in Microbiology, 11: 1029.

Hood E, Battin T J, Fellman J, et al. 2015. Storage and release of organic carbon from glaciers and ice sheets. Nature Geoscience, 8(2): 91-96.

Hou J, Wu L, Liu W, et al. 2020. Biogeography and diversity patterns of abundant and rare bacterial communities in rice paddy soils across China. Science of the Total Environment, 730: 139116.

Hu A, Wang H, Li J, et al. 2020a. Homogeneous selection drives antibiotic resistome in two adjacent sub-watersheds, China. Journal of Hazardous Materials, 398: 122820.

Hu A, Wang J, Sun H, et al. 2020b. Mountain biodiversity and ecosystem functions: interplay between geology and contemporary environments. The ISME Journal, 14(4): 931-944.

Hu X J, Yang J, Xie X L, et al. 2019. The genome landscape of Tibetan sheep reveals adaptive introgression from argali and the history of early human settlements on the Qinghai-Tibetan Plateau. Molecular Biology and Evolution, 36(2): 283-303.

Huang da W, Sherman B T, Lempicki R A. 2009. Bioinformatics enrichment tools: paths toward the comprehensive functional analysis of large gene lists. Nucleic Acids Research, 37(1): 1-13.

Huang Q, Dong C Z, Dong R M, et al. 2011. Archaeal and bacterial diversity in hot springs on the Tibetan Plateau, China. Extremophiles, 15(5): 549-563.

Huerta-Cepas J, Forslund K, Coelho L P, et al. 2017. Fast genome-wide functional annotation through orthology assignment by eggNOG-mapper. Molecular Biology and Evolution, 34(8): 2115-2122.

Hunt D E, Ward C S. 2015. A network-based approach to disturbance transmission through microbial interactions. Frontiers in Microbiology, 6: 1182.

Hyatt D, Chen G-L, LoCascio P F, et al. 2010. Prodigal: prokaryotic gene recognition and translation initiation site identification. BMC Bioinformatics, 11(1): 1-11.

Innocente E, Squizzato S, Visin F, et al. 2017. Influence of seasonality, air mass origin and particulate matter chemical composition on airborne bacterial community structure in the Po Valley, Italy. Science of the Total Environment, 593-594: 677-687.

Irvine-Fynn T D L, Edwards A, Newton S, et al. 2012. Microbial cell budgets of an Arctic glacier surface quantified using flow cytometry. Environmental Microbiology, 14(11): 2998-3012.

Jeon E M, Kim H J, Jung K, et al. 2011. Impact of Asian dust events on airborne bacterial community assessed by molecular analyses. Atmospheric Environment, 45(25): 4313-4321.

Ji M, Greening C, Vanwonterghem I, et al. 2017. Atmospheric trace gases support primary production in Antarctic desert surface soil. Nature, 552(7685): 400-403.

Ji M, Kong W, Jia H, et al. 2021. Similar heterotrophic communities but distinct interactions supported by red and green-snow algae in the Antarctic Peninsula. New Phytologist, 233(3): 1358-1368.

Ji M, Kong W, Yue L, et al. 2019. Salinity reduces bacterial diversity, but increases network complexity in

Tibetan Plateau lakes. FEMS Microbiology Ecology, 95(12): fiZ190.

Jia J, Cao Z, Liu C, et al. 2019. Climate warming alters subsoil but not topsoil carbon dynamics in alpine grassland. Global Change Biology, 25(12): 4383-4393.

Jiang F, Gao H, Qin W, et al. 2021. Marked seasonal variation in structure and function of gut microbiota in forest and alpine musk deer. Frontiers in Microbiology, 12: 699797.

Jiang N, Li Y, Zheng C, et al. 2015. Characteristic microbial communities in the continuous permafrost beside the bitumen in Qinghai-Tibetan Plateau. Environmental Earth Sciences, 74(2): 1343-1352.

Jiang Y, Xie M, Chen W, et al. 2014. The sheep genome illuminates biology of the rumen and lipid metabolism. Science, 344(6188): 1168-1173.

Johnston E R, Hatt J K, He Z, et al. 2019. Responses of tundra soil microbial communities to half a decade of experimental warming at two critical depths. Proceedings of the National Academy of Sciences of the United States of America, 116(30): 15096.

Jones P, Binns D, Chang H Y, et al. 2014. InterProScan 5: genome-scale protein function classification. Bioinformatics, 30(9): 1236-1240.

Jonsson H, Schubert M, Seguin-Orlando A, et al. 2014. Speciation with gene flow in equids despite extensive chromosomal plasticity. Proceedings of the National Academy of Sciences of the United States of America, 111(52): 18655-18660.

Ju F, Beck K, Yin X, et al. 2019. Wastewater treatment plant resistomes are shaped by bacterial composition, genetic exchange, and upregulated expression in the effluent microbiomes. The ISME Journal, 13(2): 346-360.

Ju F, Xia Y, Guo F, et al. 2014. Taxonomic relatedness shapes bacterial assembly in activated sludge of globally distributed wastewater treatment plants. Environmental Microbiology, 16(8): 2421-2432.

Kaisermann A, Maron P A, Beaumelle L, et al. 2015. Fungal communities are more sensitive indicators to non-extreme soil moisture variations than bacterial communities. Applied Soil Ecology, 86: 158-164.

Kakikawa M, Kobayashi F, Maki T, et al. 2009. Dustborne microorganisms in the atmosphere over an Asian dust source region, Dunhuang. Air Quality, Atmosphere & Health, 1(4): 195-202.

Kallenborn R, Brorstrom-Lunden E, Reiersen L O, et al. 2018. Pharmaceuticals and personal care products (PPCPs) in Arctic environments: indicator contaminants for assessing local and remote anthropogenic sources in a pristine ecosystem in change. Environmental Science and Pollution Research, 25(33): 33001-33013.

Kampfer P, Wellner S, Lohse K, et al. 2013. Rhodococcus cerastii sp. nov. and Rhodococcus trifolii sp. nov., two novel species isolated from leaf surfaces. International Journal of Systematic and Evolutionary Microbiology, 63(Pt-3): 1024-1029.

Kang S, Xu Y, You Q, et al. 2010. Review of climate and cryospheric change in the Tibetan Plateau. Environmental Research Letters, 5(1): 015101.

Kang S, Zhang Q, Qian Y, et al. 2019. Linking atmospheric pollution to cryospheric change in the Third Pole region: current progress and future prospects. National Science Review, 6(4): 796-809.

Kau A L, Ahern P P, Griffin N W, et al. 2011. Human nutrition, the gut microbiome and the immune system. Nature, 474 (7351) : 327-336.

Keshri J, Pradeep Ram A S, Sime-Ngando T. 2018. Distinctive patterns in the taxonomical resolution of bacterioplankton in the sediment and pore waters of contrasted freshwater lakes. Microbial Ecology, 75 (3) : 662-673.

Kieft K, Zhou Z, Anantharaman K. 2020. VIBRANT: automated recovery, annotation and curation of microbial viruses, and evaluation of viral community function from genomic sequences. Microbiome, 8 (1) : 1-23.

Kim O S, Cho Y J, Lee K, et al. 2012. Introducing EzTaxon-e: a prokaryotic 16S rRNA gene sequence database with phylotypes that represent uncultured species. International Journal of Systematic and Evolutionary Microbiology, 62: 716-721.

Knief C. 2015. Diversity and habitat preferences of cultivated and uncultivated aerobic methanotrophic bacteria evaluated based on pmoA as molecular marker. Frontiers in Microbiology, 6: 1346.

Kou D, Yang G, Li F, et al. 2020. Progressive nitrogen limitation across the Tibetan alpine permafrost region. Nature Communications, 11 (1) : 3331.

Kozlov A M, Darriba D, Flouri T, et al. 2019. RAxML-NG: a fast, scalable and user-friendly tool for maximum likelihood phylogenetic inference. Bioinformatics, 35 (21) : 4453-4455.

Kuang J L, Huang L N, He Z L, et al. 2016. Predicting taxonomic and functional structure of microbial communities in acid mine drainage. The ISME Journal, 10 (6) : 1527-1539.

Kuczynski J, Lauber C L, Walters W A, et al. 2012a. Experimental and analytical tools for studying the human microbiome. Nature Reviews Genetics, 13 (1) : 47-58.

Kuczynski J, Stombaugh J, Walters W A, et al. 2012b. Using QIIME to analyze 16S rRNA gene sequences from microbial communities. Current Protocols in Microbiology, 27 (1) : 1E.5.1-1E.5.20.

Kumar V, Kumar S, Singh D. 2021. Metagenomic insights into Himalayan glacial and kettle lake sediments revealed microbial community structure, function, and stress adaptation strategies. Extremophiles, 26 (1) : 3.

Kuypers M M M, Marchant H K, Kartal B. 2018. The microbial nitrogen-cycling network. Nature Reviews Microbiology, 16 (5) : 263-276.

Kwong W K, Medina L A, Koch H, et al. 2017. Dynamic microbiome evolution in social bees. Science Advances, 3 (3) : e1600513.

Langdon W B. 2015. Performance of genetic programming optimised Bowtie2 on genome comparison and analytic testing (GCAT) benchmarks. BioData Mining, 8 (1) : 1-7.

Langmead B, Salzberg S L. 2012. Fast gapped-read alignment with Bowtie 2. Nature Methods, 9 (4) : 357-359.

Larose C, Berger S, Ferrari C, et al. 2010. Microbial sequences retrieved from environmental samples from seasonal Arctic snow and meltwater from Svalbard, Norway. Extremophiles, 14 (2) : 205-212.

Larose C, Dommergue A, Vogel T M. 2013. Microbial nitrogen cycling in Arctic snowpacks. Environmental Research Letters, 8 (3) : 035004.

Lau M C Y, Stackhouse B T, Layton A C, et al. 2015. An active atmospheric methane sink in high Arctic mineral cryosols. The ISME Journal, 9 (8) : 1880-1891.

Le Mer J, Roger P. 2001. Production, oxidation, emission and consumption of methane by soils: a review. European Journal of Soil Biology, 37 (1) : 25-50.

Lee D Y, Lauder H, Cruwys H, et al. 2008. Development and application of an oligonucleotide microarray and real-time quantitative PCR for detection of wastewater bacterial pathogens. Science of the Total Environment, 398 (1-3) : 203-211.

Lee M, Woo S G, Park J, et al. 2010. Dyadobacter soli sp. nov., a starch-degrading bacterium isolated from farm soil. International Journal of Systematic and Evolutionary Microbiology, 60: 2577-2582.

Legendre M, Bartoli J, Shmakova L, et al. 2014. Thirty-thousand-year-old distant relative of giant icosahedral DNA viruses with a pandoravirus morphology. Proceedings of the National Academy of Sciences of the United States of America, 111 (11) : 4274-4279.

Legendre M, Lartigue A, Bertaux L, et al. 2015. In-depth study of Mollivirus sibericum, a new 30,000-y-old giant virus infecting Acanthamoeba. Proceedings of the National Academy of Sciences of the United States of America, 112 (38) : E5327-E5335.

Letunic I, Bork P. 2021. Interactive Tree Of Life (iTOL) v5: an online tool for phylogenetic tree display and annotation. Nucleic Acids Research, 49 (W1) : W293-W296.

Levy-Booth D J, Prescott C E, Grayston S J. 2014. Microbial functional genes involved in nitrogen fixation, nitrification and denitrification in forest ecosystems. Soil Biology & Biochemistry, 75: 11-25.

Lewis K N, Soifer I, Melamud E, et al. 2016. Unraveling the message: insights into comparative genomics of the naked mole-rat. Mammalian Genome : Official Journal of the International Mammalian Genome Society, 27 (7-8) : 259-278.

Li A, Liu H, Sun B, et al. 2014. Flavobacterium lacus sp. nov., isolated from a high-altitude lake, and emended description of Flavobacterium filum. International Journal of Systematic and Evolutionary Microbiology, 64 (Pt 3) : 933-939.

Li C, Bosch C, Kang S, et al. 2016. Sources of black carbon to the Himalayan-Tibetan Plateau glaciers. Nature Communications, 7: 12574.

Li D, Liu C M, Luo R, et al. 2015. MEGAHIT: an ultra-fast single-node solution for large and complex metagenomics assembly via succinct de Bruijn graph. Bioinformatics, 31 (10) : 1674-1676.

Li G, Yin B, Li J, et al. 2020. Host-microbiota interaction helps to explain the bottom-up effects of climate change on a small rodent species. The ISME Journal, 14 (7) : 1795-1808.

Li H, Qu J, Li T, et al. 2016. Pika population density is associated with the composition and diversity of gut microbiota. Frontiers in Microbiology, 7: 758.

Li H B, Zeng J, Ren L J, et al. 2020. Enhanced metabolic potentials and functional gene interactions of microbial stress responses to a 4,100m elevational increase in freshwater lakes. Frontiers in Microbiology, 11: 595967.

Li J T, Gao Y D, Xie L, et al. 2018. Comparative genomic investigation of high-elevation adaptation in ectothermic snakes. Proceedings of the National Academy of Sciences of the United States of America,

115(33): 8406-8411.

Li J, Xu X Q, Liu C L, et al. 2021. Active Methanotrophs and their response to temperature in marine environments: an experimental study. Journal of Marine Science and Engineering, 9(11): 1261.

Li S P, Wang P D, Chen Y J, et al. 2020. Island biogeography of soil bacteria and fungi: similar patterns, but different mechanisms. The ISME Journal, 14(7): 1886-1896.

Li W, Godzik A. 2006. Cd-hit: a fast program for clustering and comparing large sets of protein or nucleotide sequences. Bioinformatics, 22(13): 1658-1659.

Li X, Chen H, Yao M. 2020. Microbial emission levels and diversities from different land use types. Environment International, 143: 105988.

Li Y, Tian L, Yi Y, et al. 2017. Simulating the evolution of Qiangtang No. 1 Glacier in the central Tibetan Plateau to 2050. Arctic, Antarctic, and Alpine Research, 49(1): 1-12.

Liebner S, Wagner D. 2007. Abundance, distribution and potential activity of methane oxidizing bacteria in permafrost soils from the Lena Delta, Siberia. Environmental Microbiology, 9(1): 107-117.

Ligi T, Oopkaup K, Truu M, et al. 2014. Characterization of bacterial communities in soil and sediment of a created riverine wetland complex using high-throughput 16S rRNA amplicon sequencing. Ecological Engineering, 72: 56-66.

Liu F, Chen L, Abbott B W, et al. 2018. Reduced quantity and quality of SOM along a thaw sequence on the Tibetan Plateau. Environmental Research Letters, 13(10): 104017.

Liu F, Kou D, Chen Y, et al. 2021. Altered microbial structure and function after thermokarst formation. Global Change Biology, 27(4): 823-835.

Liu K, Hou J, Liu Y, et al. 2019a. Biogeography of the free-living and particle-attached bacteria in Tibetan lakes. FEMS Microbiology Ecology, 95(7): fiz088.

Liu K, Liu Y, Han B P, et al. 2019b. Bacterial community changes in a glacial-fed Tibetan lake are correlated with glacial melting. Science of the Total Environment, 651(Pt 2): 2059-2067.

Liu K, Liu Y, Hu A, et al. 2020. Different community assembly mechanisms underlie similar biogeography of bacteria and microeukaryotes in Tibetan lakes. FEMS Microbiology Ecology, 96(6): fiaa071.

Liu K, Liu Y, Hu A, et al. 2021a. Temporal variability of microbial communities during the past 600 years in a Tibetan lake sediment core. Palaeogeography Palaeoclimatology Palaeoecology, 584: 110678.

Liu K, Liu Y, Hu A, et al. 2021b. Fate of glacier surface snow-originating bacteria in the glacier-fed hydrologic continuums. Environmental Microbiology, 23(11): 6450-6462.

Liu K, Liu Y, Jiao N, et al. 2017. Bacterial community composition and diversity in Kalakuli, an alpine glacial-fed lake in Muztagh Ata of the westernmost Tibetan Plateau. FEMS Microbiology Ecology, 93(7): fix085.

Liu K, Yao T, Pearce D A, et al. 2021c. Bacteria in the lakes of the Tibetan Plateau and polar regions. Science of the Total Environment, 754: 142248.

Liu T, Zhang A N, Wang J W, et al. 2018. Integrated biogeography of planktonic and sedimentary bacterial communities in the Yangtze River. Microbiome, 6(1): 16.

Liu Y Y, Wang Y, Walsh T R, et al. 2016. Emergence of plasmid-mediated colistin resistance mechanism MCR-1 in animals and human beings in China: a microbiological and molecular biological study. Lancet Infectious Diseases, 16(2): 161-168.

Liu Y, Li D, Qi J, et al. 2020. Stochastic processes shape the biogeographic variations in core bacterial communities between aerial and belowground compartments of common bean. Environmental Microbiology, 23: 949-964.

Liu Y, Priscu J C, Yao T, et al. 2016. Bacterial responses to environmental change on the Tibetan Plateau over the past half century. Environmental Microbiology, 18(6): 1930-1941.

Liu Y, Priscu J C, Yao T, et al. 2018. Culturable bacteria isolated from seven high-altitude ice cores on the Tibetan Plateau. Journal of Glaciology, 65(249): 29-38.

Liu Y, Vick-Majors T J, Priscu J C, et al. 2017. Biogeography of cryoconite bacterial communities on glaciers of the Tibetan Plateau. FEMS Microbiology Ecology, 93(6): fix072.

Liu Y, Yao T, Gleixner G, et al. 2013. Methanogenic pathways, C-13 isotope fractionation, and archaeal community composition in lake sediments and wetland soils on the Tibetan Plateau. Journal of Geophysical Research-Biogeosciences, 118(2): 650-664.

Lopatina A, Krylenkov V, Severinov K. 2013. Activity and bacterial diversity of snow around Russian Antarctic stations. Research in Microbiology, 164(9): 949-958.

Louca S. 2022. The rates of global bacterial and archaeal dispersal. The ISME Journal, 16(1): 159-167.

Lu H, Gao P, Phurbu D, et al. 2022. Salegentibacter lacus sp. nov. and Salegentibacter tibetensis sp. nov., isolated from hypersaline lakes on the Tibetan Plateau. International Journal of Systematic and Evolutionary Microbiology, 72(1): 005202.

Lue C, Tian H. 2007. Spatial and temporal patterns of nitrogen deposition in China: synthesis of observational data. Journal of Geophysical Research-Atmospheres, 112(D22).

Luo R, Cao J, Liu G, et al. 2003. Characteristics of the subglacially-formed debris-rich chemical deposits and related subglacial processes of Qiangyong Glacier,Tibet. Journal of Geographical Sciences, 13: 455-462.

Luo R, Fan J, Wang W, et al. 2019. Nitrogen and phosphorus enrichment accelerates soil organic carbon loss in alpine grassland on the Qinghai-Tibetan Plateau. Science of the Total Environment, 650(1): 303-312.

Ma B, Wang H Z, Dsouza M, et al. 2016. Geographic patterns of co-occurrence network topological features for soil microbiota at continental scale in eastern China. The ISME Journal, 10(8): 1891-1901.

Mackelprang R, Burkert A, Haw M, et al. 2017. Microbial survival strategies in ancient permafrost: insights from metagenomics. The ISME Journal, 11(10): 2305-2318.

Madsen E L. 2011. Microorganisms and their roles in fundamental biogeochemical cycles. Current Opinion in Biotechnology, 22(3): 456-464.

Makhalanyane T P, Valverde A, Velazquez D, et al. 2015. Ecology and biogeochemistry of cyanobacteria in soils, permafrost, aquatic and cryptic polar habitats. Biodiversity and Conservation, 24(4): 819-840.

Maki T, Furumoto S, Asahi Y, et al. 2018. Long-range-transported bioaerosols captured in snow cover on Mount Tateyama, Japan: impacts of Asian-dust events on airborne bacterial dynamics relating to icenucleation activities. Atmospheric Chemistry and Physics, 18(11): 8155-8171.

Maki T, Hara K, Kobayashi F, et al. 2015. Vertical distribution of airborne bacterial communities in an Asian-dust downwind area, Noto Peninsula. Atmospheric Environment, 119: 282-293.

Maki T, Ishikawa A, Kobayashi F, et al. 2011. Eeffects of Asian dust (KOSA) deposition event on bacterial and microalgal communities in the Pacific Ocean. Asian Journal of Atmospheric Environment, 5(3): 157-163.

Maki T, Kurosaki Y, Onishi K, et al. 2017. Variations in the structure of airborne bacterial communities in Tsogt-Ovoo of Gobi desert area during dust events. Air Quality, Atmosphere & Health, 10(3): 249-260.

Maki T, Puspitasari F, Hara K, et al. 2014. Variations in the structure of airborne bacterial communities in a downwind area during an Asian dust (Kosa) event. Science of the Total Environment, 488-489: 75-84.

Mao C, Kou D, Chen L, et al. 2020. Permafrost nitrogen status and its determinants on the Tibetan Plateau. Global Change Biology, 26(9): 5290-5302.

Mao C, Kou D, Wang G, et al. 2019. Trajectory of topsoil nitrogen transformations along a thermo-erosion gully on the Tibetan Plateau. Journal of Geophysical Research-Biogeosciences, 124(5): 1342-1354.

Mao G, Ji M, Xu B, et al. 2022. Variation of high and low nucleic acid-content bacteria in Tibetan ice cores and their relationship to black carbon. Frontiers in Microbiology, 13: 844432.

Margesin R, Feller G. 2010. Biotechnological applications of psychrophiles. Environmental Technology, 31(8-9): 835-844.

Margesin R, Miteva V. 2011. Diversity and ecology of psychrophilic microorganisms. Research in Microbiology, 162(3): 346-361.

Marshall W A, Chalmers M O. 1997. Airborne dispersal of Antarctic terrestrial algae and cyanobacteria. Ecography, 20(6): 585-594.

Martineau C, Whyte L G, Greer C W. 2010. Stable isotope probing analysis of the diversity and activity of methanotrophic bacteria in soils from the Canadian high Arctic. Applied & Environmental Microbiology, 76(17): 5773-5784.

Martiny J B H, Bohannan B J M, Brown J H, et al. 2006. Microbial biogeography: putting microorganisms on the map. Nature Reviews Microbiology, 4(2): 102-112.

McCammon S A, Bowman J P. 2000. Taxonomy of Antarctic Flavobacterium species: description of Flavobacterium gillisiaesp. nov., Flavobacterium tegetincolasp. nov. and Flavobacterium xanthumsp. nov., nom. rev. and reclassification of [Flavobacterium] salegens as Salegentibacter salegensgen. nov., comb. nov. International Journal of Systematic and Evolutionary Microbiology, 50(3): 1055-1063.

McCann C M, Christgen B, Roberts J A, et al. 2019. Understanding drivers of antibiotic resistance genes in High Arctic soil ecosystems. Environment International, 125: 497-504.

McCrimmon D O, Bizimis M, Holland A, et al. 2018. Supraglacial microbes use young carbon and not aged cryoconite carbon. Organic Geochemistry, 118: 63-72.

Meng Y C, Liu H C, Kang Y Q, et al. 2017. Blastomonas marina sp. nov., a bacteriochlorophyll-containing bacterium isolated from seawater. International Journal of Systematic and Evolutionary Microbiology, 67(8): 3015-3019.

Methe B A, Nelson K E, Deming J W, et al. 2005. The psychrophilic lifestyle as revealed by the genome sequence of Colwellia psychrerythraea 34H through genomic and proteomic analyses. Proceedings of the National Academy of Sciences of the United States of America, 102 (31): 10913-10918.

Milner A M, Khamis K, Battin T J, et al. 2017. Glacier shrinkage driving global changes in downstream systems. Proceedings of the National Academy of Sciences of the United States of America, 114 (37): 9770-9778.

Miteva V I, Sheridan P P, Brenchley J E. 2004. Phylogenetic and physiological diversity of microorganisms isolated from a deep Greenland glacier ice core. Applied & Environmental Microbiology, 70 (1): 202-213.

Miteva V, Teacher C, Sowers T, et al. 2009. Comparison of the microbial diversity at different depths of the GISP2 Greenland ice core in relationship to deposition climates. Environmental Microbiology, 11 (3): 640-656.

Moeller A H, Caro-Quintero A, Mjungu D, et al. 2016. Cospeciation of gut microbiota with hominids. Science, 353 (6297): 380-382.

Moeller A H, Li Y, Ngole E M, et al. 2014. Rapid changes in the gut microbiome during human evolution. Proceedings of the National Academy of Sciences of the United States of America, 111 (46): 16431-16435.

Mohanty S R, Bodelier P L E, Conrad R. 2007. Effect of temperature on composition of the methanotrophic community in rice field and forest soil. FEMS Microbiology Ecology, 62 (1): 24-31.

Monk W A, Compson Z G, Choung C B, et al. 2019. Urbanisation of floodplain ecosystems: weight-of-evidence and network meta-analysis elucidate multiple stressor pathways. Science of the Total Environment, 684: 741-752.

Morrien E, Hannula S E, Snoek L B, et al. 2017. Soil networks become more connected and take up more carbon as nature restoration progresses. Nature Communications, 8: 14349.

Morris C E, Conen F, Huffman J A, et al. 2014. Bioprecipitation: a feedback cycle linking Earth history, ecosystem dynamics and land use through biological ice nucleators in the atmosphere. Global Change Biology, 20 (2): 341-351.

Mueller D R, Pollard W H. 2004. Gradient analysis of cryoconite ecosystems from two polar glaciers. Polar Biology, 27 (2): 66-74.

Mukherjee S, Seshadri R, Varghese N J, et al. 2017. 1,003 reference genomes of bacterial and archaeal isolates expand coverage of the tree of life. Nature Biotechnology, 35 (7): 676-683.

Murakami T, Segawa T, Bodington D, et al. 2015. Census of bacterial microbiota associated with the glacier ice worm Mesenchytraeus solifugus. FEMS Microbiology Ecology, 91 (3): fiv003.

Murata K, Zhang D. 2014. Transport of bacterial cells toward the Pacific in Northern Hemisphere westerly winds. Atmospheric Environment, 87: 138-145.

Murphy W J, Eizirik E, Johnson W E, et al. 2001. Molecular phylogenetics and the origins of placental mammals. Nature, 409 (6820): 614-618.

Myles I A, Datta S K. 2012. Staphylococcus aureus: an introduction. Semin Immunopathol, 34 (2): 181-184.

Newton G L, Buchmeier N, Fahey R C. 2008. Biosynthesis and functions of mycothiol, the unique protective thiol of Actinobacteria. Microbiology and Molecular Biology Reviews, 72(3): 471-494.

Nguyen T M, Kim J. 2016. Rhodococcus pedocola sp. nov. and Rhodococcus humicola sp. nov., two antibiotic-producing actinomycetes isolated from soil. International Journal of Systematic and Evolutionary Microbiology, 66(6): 2362-2369.

Nicholes M J, Williamson C J, Tranter M, et al. 2019. Bacterial dynamics in supraglacial habitats of the Greenland ice sheet. Frontiers in Microbiology, 10: 1366.

Niewerth H, Schuldes J, Parschat K, et al. 2012. Complete genome sequence and metabolic potential of the quinaldine-degrading bacterium Arthrobacter sp Rue61a. BMC Genomics, 13(1): 1-19.

Ning D, Yuan M, Wu L, et al. 2020. A quantitative framework reveals ecological drivers of grassland microbial community assembly in response to warming. Nature Communications, 11(1): 4717.

Nkongolo K K, Narendrula-Kotha R. 2020. Advances in monitoring soil microbial community dynamic and function. Journal of Applied Genetics, 61(2): 249-263.

Nunes S C, Lopes-Coelho F, Gouveia-Fernandes S, et al. 2018. Cysteine boosters the evolutionary adaptation to CoCl(2) mimicked hypoxia conditions, favouring carboplatin resistance in ovarian cancer. BMC Evolutionary Biology, 18(1): 97.

Ouzhuluobu He Y, Lou H, Cui C, et al. 2020. De novo assembly of a Tibetan genome and identification of novel structural variants associated with high-altitude adaptation. National Science Review, 7(2): 391-402.

Overbeek R, Olson R, Pusch G D, et al. 2014. The SEED and the Rapid Annotation of microbial genomes using Subsystems Technology (RAST). Nucleic Acids Research, 42(D1): D206-D214.

Pan Y L, Kalume A, Wang C, et al. 2021. Atmospheric aging processes of bioaerosols under laboratory-controlled conditions: a review. Journal of Aerosol Science, 155: 105767.

Panwar P, Allen M A, Williams T J, et al. 2020. Influence of the polar light cycle on seasonal dynamics of an Antarctic lake microbial community. Microbiome, 8(1): 1-24.

Parks D H, Chuvochina M, Rinke C, et al. 2022. GTDB: an ongoing census of bacterial and archaeal diversity through a phylogenetically consistent, rank normalized and complete genome-based taxonomy. Nucleic Acids Research, 50(D1): D785-D794.

Parks D H, Imelfort M, Skennerton C T, et al. 2015. CheckM: assessing the quality of microbial genomes recovered from isolates, single cells, and metagenomes. Genome Research, 25(7): 1043-1055.

Parks D H, Rinke C, Chuvochina M, et al. 2017. Recovery of nearly 8,000 metagenome-assembled genomes substantially expands the tree of life. Nature Microbiology, 2(11): 1533-1542.

Patriat P, Achache J. 1984. India-Eurasia collision chronology has implications for crustal shortening and driving mechanism of plates. Nature, 311(5987): 615-621.

Pautasso M. 2013. Fungal under-representation is (indeed) diminishing in the life sciences. Fungal Ecology, 6(5): 460-463.

Pearce D A, Hughes K A, Lachlan-Cope T, et al. 2010. Biodiversity of air-borne microorganisms at Halley Station, Antarctica. Extremophiles, 14(2): 145-159.

Peeters K, Hodgson D A, Convey P, et al. 2011. Culturable diversity of heterotrophic bacteria in Forlidas

Pond（Pensacola Mountains）and Lundstrom Lake（Shackleton Range）, Antarctica. Microbial Ecology, 62（2）: 399-413.

Péguilhan R, Besaury L, Rossi F, et al. 2021. Rainfalls sprinkle cloud bacterial diversity while scavenging biomass. FEMS Microbiology Ecology, 97（11）: 1574-6941.

Peiffer J A, Spor A, Koren O, et al. 2013. Diversity and heritability of the maize rhizosphere microbiome under field conditions. Proceedings of the National Academy of Sciences of the United States of America, 110（16）: 6548-6553.

Peng F, Xue X, You Q G, et al. 2020. Change in the trade-off between aboveground and belowground biomass of alpine grassland: implications for the land degradation process. Land Degradation & Development, 31（1）: 105-117.

Pepin N, Bradley R S, Diaz H F, et al. 2015. Elevation-dependent warming in mountain regions of the world. Nature Climate Change, 5（5）: 424-430.

Perron M M G, Proemse B C, Strzelec M, et al. 2020. Origin, transport and deposition of aerosol iron to Australian coastal waters. Atmospheric Environment, 228: 117432.

Peter H, Sommaruga R. 2016. Shifts in diversity and function of lake bacterial communities upon glacier retreat. The ISME Journal, 10（7）: 1545-1554.

Philippot L, Raaijmakers J M, Lemanceau P, et al. 2013. Going back to the roots: the microbial ecology of the rhizosphere. Nature Reviews Microbiology, 11（11）: 789-799.

Porter E M, Bowman W D, Clark C M, et al. 2013. Interactive effects of anthropogenic nitrogen enrichment and climate change on terrestrial and aquatic biodiversity. Biogeochemistry, 114（1）: 93-120.

Poulsen M, Schwab C, Borg Jensen B, et al. 2013. Methylotrophic methanogenic thermoplasmata implicated in reduced methane emissions from bovine rumen. Nature Communications, 4（1）: 1428.

Price M N, Dehal P S, Arkin A P. 2010. FastTree 2-approximately maximum-likelihood trees for large alignments. PLoS One, 5（3）: e9490.

Priscu J C, Christner B C, Foreman C M, et al. 2007. Biological material in ice cores. Encyclopedia of Quaternary Sciences, 2: 1156-1166.

Prjibelski A, Antipov D, Meleshko D, et al. 2020. Using SPAdes de novo assembler. Current Protocols in Bioinformatics, 70（1）: e102.

Pruesse E, Quast C, Knittel K, et al. 2007. SILVA: a comprehensive online resource for quality checked and aligned ribosomal RNA sequence data compatible with ARB. Nucleic Acids Research, 35（21）: 7188-7196.

Qi J, Huang Z, Maki T, et al. 2021. Airborne bacterial communities over the Tibetan and Mongolian Plateaus: variations and their possible sources. Atmospheric Research, 247: 105215.

Qin J, Li Y, Cai Z, et al. 2012. A metagenome-wide association study of gut microbiota in type 2 diabetes. Nature, 490（7418）: 55-60.

Qiu J. 2008. The third pole: climate change is coming fast and furious to the Tibetan plateau. Jane Qiu reports on the changes atop the roof of the world. Nature, 454（7203）: 393-397.

Qiu J. 2014. Global warming land models put to climate test. Nature, 510（7503）: 16-17.

Qiu Q, Zhang G, Ma T, et al. 2012. The yak genome and adaptation to life at high altitude. Nature Genetics, 44(8): 946-949.

Rafiq M, Hayat M, Zada S, et al. 2019. Geochemistry and bacterial recovery from Hindu Kush Range glacier and their potential for metal resistance and antibiotic production. Geomicrobiology Journal, 36(4): 326-338.

Rahbek C, Borregaard M K, Colwell R K, et al. 2019. Humboldt's enigma: what causes global patterns of mountain biodiversity? Science, 365(6458): 1108-1113.

Rawat S R, Mannisto M K, Bromberg Y, et al. 2012. Comparative genomic and physiological analysis provides insights into the role of Acidobacteria in organic carbon utilization in Arctic tundra soils. FEMS Microbiology Ecology, 82(2): 341-355.

Read D S, Gweon H S, Bowes M J, et al. 2015. Catchment-scale biogeography of riverine bacterioplankton. The ISME Journal, 9(2): 516-526.

Reeder J, Knight R. 2010. Rapidly denoising pyrosequencing amplicon reads by exploiting rank-abundance distributions. Nature Methods, 7(9): 668-669.

Ren J, Ahlgren N A, Lu Y Y, et al. 2017. VirFinder: a novel k-mer based tool for identifying viral sequences from assembled metagenomic data. Microbiome, 5(1): 1-20.

Ren L J, Song X Y, Jeppesen E, et al. 2018. Contrasting patterns of freshwater microbial metabolic potentials and functional gene interactions between an acidic mining lake and a weakly alkaline lake. Limnology and Oceanography, 63: S354-S366.

Rodrigues D F, Tiedje J M. 2008. Coping with our cold planet. Applied & Environmental Microbiology, 74(6): 1677-1686.

Rogers S O, Starmer W T, Castello J D. 2004. Recycling of pathogenic microbes through survival in ice. Medical Hypotheses, 63(5): 773-777.

Romano S, Di Salvo M, Rispoli G, et al. 2019. Airborne bacteria in the Central Mediterranean: structure and role of meteorology and air mass transport. Science of the Total Environment, 697: 134020.

Ronquist F, Teslenko M, van der Mark P, et al. 2012. MrBayes 3.2: efficient Bayesian phylogenetic inference and model choice across a large model space. Systematic Biology, 61(3): 539-542.

Rosshart S P, Vassallo B G, Angeletti D, et al. 2017. Wild mouse gut microbiota promotes host fitness and improves disease resistance. Cell, 171(5): 1015-1028.

Roux S, Paez-Espino D, Chen I A, et al. 2021. IMG/VR v3: an integrated ecological and evolutionary framework for interrogating genomes of uncultivated viruses. Nucleic Acids Research, 49(D1): D764-D775.

Rozwalak P, Podkowa P, Buda J, et al. 2022. Cryoconite-From minerals and organic matter to bioengineered sediments on glacier's surfaces. Science of the Total Environment, 807: 150874.

Rumpel C, Chabbi A, Marschner B. 2012. Carbon Storage and Sequestration in Subsoil Horizons: Knowledge, Gaps and Potentials. Dordrecht:Springer Netherlands.

Rumpf C M, Lewis H G, Atkinson P M. 2017. Population vulnerability models for asteroid impact risk assessment. Meteoritics & Planetary Science, 52(6): 1082-1102.

Sajjad W, Rafiq M, Din G, et al. 2020. Resurrection of inactive microbes and resistome present in the natural frozen world: reality or myth? (vol 735, 139275, 2020). Science of the Total Environment, 737.

Savio D, Sinclair L, Ijaz U Z, et al. 2015. Bacterial diversity along a 2600 km river continuum. Environmental Microbiology, 17(12): 4994-5007.

Sawatdeenarunat C, Nguyen D, Surendra C, et al. 2016. Anaerobic biorefinery: current status, challenges, and opportunities. Bioresource Technology, 215: 304-313.

Scheffer M, Carpenter S R, Lenton T M, et al. 2012. Anticipating critical transitions. Science, 338(6105): 344-348.

Schloss P D. 2009. A high-throughput DNA sequence aligner for microbial ecology studies. PLoS One, 4(12): e8230.

Schreiter S, Ding G C, Heuer H, et al. 2014. Effect of the soil type on the microbiome in the rhizosphere of field-grown lettuce. Frontiers in Microbiology, 5: 144.

Schwartz T, Volkmann H, Kirchen S, et al. 2006. Real-time PCR detection of Pseudomonas aeruginosa in clinical and municipal wastewater and genotyping of the ciprofloxacin-resistant isolates. FEMS Microbiology Ecology, 57(1): 158-167.

Schwieger S, Kreyling J, Couwenberg J, et al. 2020. Wetter is better: rewetting of minerotrophic peatlands increases plant production and moves them towards carbon sinks in a dry year. Ecosystems, 24(5): 1093-1109.

Seemann T. 2014. Prokka: rapid prokaryotic genome annotation. Bioinformatics, 30(14): 2068-2069.

Segata N, Bornigen D, Morgan X C, et al. 2013. PhyloPhlAn is a new method for improved phylogenetic and taxonomic placement of microbes. Nature Communications, 4(1): 2304.

Seifried J S, Wichels A, Gerdts G. 2015. Spatial distribution of marine airborne bacterial communities. Microbiologyopen, 4(3): 475-490.

Shaffer M, Borton M A, McGivern B B, et al. 2020. DRAM for distilling microbial metabolism to automate the curation of microbiome function. Nucleic Acids Research, 48(16): 8883-8900.

Sharma Ghimire P, Kang S, Sajjad W, et al. 2020. Microbial community composition analysis in spring aerosols at urban and remote sites over the Tibetan Plateau. Atmosphere, 11(5): 527.

Shen L, Liu Y Q, Yao T D, et al. 2013. Dyadobacter tibetensis sp nov., isolated from glacial ice core. International Journal of Systematic and Evolutionary Microbiology, 63: 3636-3639.

Shen L, Liu Y, Allen M A, et al. 2021. Linking genomic and physiological characteristics of psychrophilic Arthrobacter to metagenomic data to explain global environmental distribution. Microbiome, 9(1): 136.

Shen L, Liu Y, Wang N, et al. 2018. Variation with depth of the abundance, diversity and pigmentation of culturable bacteria in a deep ice core from the Yuzhufeng Glacier, Tibetan Plateau. Extremophiles, 22(1): 29-38.

Shen L, Liu Y, Wang N, et al. 2019. Genomic insights of Dyadobacter tibetensis Y620-1 isolated from ice core reveal genomic features for succession in glacier environment. Microorganisms, 7(7): 211.

Shen L, Yao T D, Xu B Q, et al. 2012. Variation of culturable bacteria along depth in the East Rongbuk ice core, Mt. Everest. Geoscience Frontiers, 3(3): 327-334.

Sherpa M T, Najar I N, Das S, et al. 2020. Distribution of antibiotic and metal resistance genes in two glaciers of North Sikkim, India. Ecotoxicology and Environmental Safety, 203: 111037.

Shi W, Moon C D, Leahy S C, et al. 2014. Methane yield phenotypes linked to differential gene expression in the sheep rumen microbiome. Genome Research, 24(9): 1517-1525.

Shivaji S, Begum Z, Rao S, et al. 2013. Antarctic ice core samples: culturable bacterial diversity. Research in Microbiology, 164(1): 70-82.

Sibai M, Altuntaş E, Yıldırım B, et al. 2020. Microbiome and longevity: high abundance of longevity-linked Muribaculaceae in the gut of the long-living rodent *Spalax leucodon*. OMICS: A Journal of Integrative Biology, 24(10): 592-601.

Siddiqui K S, Cavicchioli R. 2006. Cold-adapted enzymes. Annual Review of Biochemistry, 75: 403-433.

Siddiqui K S, Williams T J, Wilkins D, et al. 2013. Psychrophiles. Annual Review of Earth and Planetary Sciences, 41: 87-115.

Sivan A, Corrales L, Hubert N, et al. 2015. Commensal Bifidobacterium promotes antitumor immunity and facilitates anti-PD-L1 efficacy. Science, 350(6264): 1084-1089.

Smejkalova H, Erb T J, Fuchs G. 2010. Methanol assimilation in methylobacterium extorquens AM1: demonstration of all enzymes and their regulation. PLoS One, 5(10): e13001.

Smets W, Moretti S, Denys S, et al. 2016. Airborne bacteria in the atmosphere: presence, purpose, and potential. Atmospheric Environment, 139: 214-221.

Smith D J, Ravichandar J D, Jain S, et al. 2018. Airborne bacteria in Earth's lower stratosphere resemble taxa detected in the troposphere: results from a new NASA aircraft bioaerosol collector (ABC). Frontiers in Microbiology, 9: 1752.

Smith D J, Timonen H J, Jaffe D A, et al. 2013. Intercontinental dispersal of bacteria and archaea by transpacific winds. Applied & Environmental Microbiology, 79(4): 1134-1139.

Smith H J, Foster R A, McKnight D M, et al. 2017. Microbial formation of labile organic carbon in Antarctic glacial environments. Nature Geoscience, 10(5): 356-359.

Sommers P, Darcy J L, Porazinska D L, et al. 2019a. Comparison of microbial communities in the sediments and water columns of frozen cryoconite holes in the McMurdo Dry Valleys, Antarctica. Frontiers in Microbiology, 10: 65.

Sommers P, Fontenele R S, Kringen T, et al. 2019b. Single-stranded DNA viruses in Antarctic cryoconite holes. Viruses-Basel, 11(11): 1022.

Song S J, Sanders J G, Delsuc F, et al. 2020. Comparative analyses of vertebrate gut microbiomes reveal convergence between birds and bats. MBio, 11(1): e02901-02919.

Speakman J R, Chi Q, Ołdakowski Ł, et al. 2021. Surviving winter on the Qinghai-Tibetan Plateau: Pikas suppress energy demands and exploit yak feces to survive winter. Proceedings of the National Academy of Sciences of the United States of America, 118(30): e2100707118.

Stackhouse B T, Vishnivetskaya T A, Layton A, et al. 2015. Effects of simulated spring thaw of permafrost from mineral cryosol on CO_2 emissions and atmospheric CH_4 uptake. Journal of Geophysical Research-Biogeosciences, 120(9): 1764-1784.

Staley C, Gould T J, Wang P, et al. 2016. Sediments and soils act as reservoirs for taxonomic and functional bacterial diversity in the upper Mississippi River. Microbial Ecology, 71(4): 814-824.

Stibal M, Šabacká M, Žárský J. 2012. Biological processes on glacier and ice sheet surfaces. Nature Geoscience, 5(11): 771-774.

Stibal M, Schostag M, Cameron K A, et al. 2015. Different bulk and active bacterial communities in cryoconite from the margin and interior of the Greenland ice sheet. Environmental Microbiology Reports, 7(2): 293-300.

Sun Y B, Xiong Z J, Xiang X Y, et al. 2015. Whole-genome sequence of the Tibetan frog Nanorana parkeri and the comparative evolution of tetrapod genomes. Proceedings of the National Academy of Sciences of the United States of America, 112(11): E1257-E1262.

Sun Y, Shen Y X, Liang P, et al. 2014. Linkages between microbial functional potential and wastewater constituents in large-scale membrane bioreactors for municipal wastewater treatment. Water Research, 56: 162-171.

Talbot J M, Bruns T D, Taylor J W, et al. 2014. Endemism and functional convergence across the North American soil mycobiome. Proceedings of the National Academy of Sciences of the United States of America, 111(17): 6341-6346.

Tamura K, Peterson D, Peterson N, et al. 2011. MEGA5: molecular evolutionary genetics analysis using maximum likelihood, evolutionary distance, and maximum parsimony methods. Molecular Biology and Evolution, 28(10): 2731-2739.

Tang K, Huang Z W, Huang J P, et al. 2018. Characterization of atmospheric bioaerosols along the transport pathway of Asian dust during the Dust-Bioaerosol 2016 Campaign. Atmospheric Chemistry and Physics, 18(10): 7131-7148.

Tang L, Zhong L, Xue K, et al. 2019. Warming counteracts grazing effects on the functional structure of the soil microbial community in a Tibetan grassland. Soil Biology & Biochemistry, 134: 113-121.

Telling J, Anesio A M, Tranter M, et al. 2011. Nitrogen fixation on Arctic glaciers, Svalbard. Journal of Geophysical Research-Biogeosciences, 116(G3).

Telling J, Stibal M, Anesio A M, et al. 2012. Microbial nitrogen cycling on the Greenland Ice Sheet. Biogeosciences, 9(7): 2431-2442.

Thompson L G, Yao T, Davis M E, et al. 2018. Ice core records of climate variability on the Third Pole with emphasis on the Guliya ice cap, western Kunlun Mountains. Quaternary Science Reviews, 188: 1-14.

Thompson L R, Sanders J G, McDonald D, et al. 2017. A communal catalogue reveals Earth's multiscale microbial diversity. Nature, 551(7681): 457-463.

Tian J Q, Zhu D, Wang J Z, et al. 2018. Environmental factors driving fungal distribution in freshwater lake sediments across the Headwater Region of the Yellow River, China. Scientific Reports, 8(1): 3768.

Tian R, Tian L. 2019. Two decades ammonium records from ice core in Qiangyong glacier in the Northern

Himalayas. Atmospheric Research, 222: 36-46.

Timmis K, Cavicchioli R, Garcia J L, et al. 2019. The urgent need for microbiology literacy in society. Environmental Microbiology, 21 (5): 1513-1528.

Tong Y, Lighthart B. 2000. The annual bacterial particle concentration and size distribution in the ambient atmosphere in a rural area of the willamette valley, oregon. Aerosol Science and Technology, 32 (5): 393-403.

Toyama T, Furukawa T, Maeda N, et al. 2011. Accelerated biodegradation of pyrene and benzo[a]pyrene in the Phragmites australis rhizosphere by bacteria-root exudate interactions. Water Research, 45 (4): 1629-1638.

Tripathee L, Kang S, Rupakheti D, et al. 2017. Chemical characteristics of soluble aerosols over the central Himalayas: insights into spatiotemporal variations and sources. Environmental Science and Pollution Research International, 24 (31): 24454-24472.

Tung H C, Price P B, Bramall N E, et al. 2006. Microorganisms metabolizing on clay grains in 3-km-deep Greenland basal ice. Astrobiology, 6 (1): 69-86.

Turner T R, Ramakrishnan K, Walshaw J, et al. 2013. Comparative metatranscriptomics reveals kingdom level changes in the rhizosphere microbiome of plants. The ISME Journal, 7 (12): 2248-2258.

Uetake J, Hill T C J, Moore K A, et al. 2020. Airborne bacteria confirm the pristine nature of the Southern Ocean boundary layer. Proceedings of the National Academy of Sciences of the United States of America, 117 (24): 13275-13282.

Unell M, Nordin K, Jernberg C, et al. 2008. Degradation of mixtures of phenolic compounds by Arthrobacter chlorophenolicus A6. Biodegradation, 19 (4): 495-505.

van Goethem M W, Pierneef R, Bezuidt O K I, et al. 2018. A reservoir of 'historical' antibiotic resistance genes in remote pristine Antarctic soils. Microbiome, 6 (1): 40.

van Winden J F, Reichart G J, McNamara N P, et al. 2012. Temperature-induced increase in methane release from peat bogs: a mesocosm experiment. PLoS One, 7 (6): e39614.

Vannote R L, Minshall G W, Cummins K W. 1980. The river continuum concept. Canadian Journal of Fisheries and Aquatic Sciences, 37: 130-137.

Velimirov B, Milosevic N, Kavka G G, et al. 2011. Development of the bacterial compartment along the Danube river: a continuum despite local influences. Microbial Ecology, 61 (4): 955-967.

Vilmi A, Gibert C, Escarguel G, et al. 2021. Dispersal-niche continuum index: a new quantitative metric for assessing the relative importance of dispersal versus niche processes in community assembly. Ecography, 44 (3): 370-379.

Vilmi A, Zhao W, Picazo F, et al. 2020. Ecological processes underlying community assembly of aquatic bacteria and macroinvertebrates under contrasting climates on the Tibetan Plateau. Science of the Total Environment, 702: 134974.

von Meijenfeldt F A B, Arkhipova K, Cambuy D D, et al. 2019. Robust taxonomic classification of uncharted microbial sequences and bins with CAT and BAT. Genome Biology, 20 (1): 217.

Wang J, Soininen J, Zhang Y, et al. 2011. Contrasting patterns in elevational diversity between microorganisms and macroorganisms. Journal of Biogeography, 38 (3): 595-603.

Wang L, Chen L, Ling O, et al. 2015. Dyadobacter jiangsuensis sp nov., a methyl red degrading bacterium isolated from a dye-manufacturing factory. International Journal of Systematic and Evolutionary Microbiology, 65: 1138-1143.

Wang Q, Garrity G M, Tiedje J M, et al. 2007. Naive Bayesian classifier for rapid assignment of rRNA sequences into the new bacterial taxonomy. Applied & Environmental Microbiology, 73 (16): 5261-5267.

Wang T, Yang D, Yang Y, et al. 2020. Permafrost thawing puts the frozen carbon at risk over the Tibetan Plateau. Science Advances, 6 (19): eaaz3513.

Wang X, Gong P, Sheng J, et al. 2015. Long-range atmospheric transport of particulate Polycyclic Aromatic Hydrocarbons and the incursion of aerosols to the southeast Tibetan Plateau. Atmospheric Environment, 115: 124-131.

Wang X, Ren J, Gong P, et al. 2016. Spatial distribution of the persistent organic pollutants across the Tibetan Plateau and its linkage with the climate systems: a 5-year air monitoring study. Atmospheric Chemistry and Physics, 16 (11): 6901-6911.

Wang Y M, Liu L M, Chen H H, et al. 2015. Spatiotemporal dynamics and determinants of planktonic bacterial and microeukaryotic communities in a Chinese subtropical river. Applied Microbiology Biotechnology, 99: 9255-9266.

Wang Y P, Wei J Y, Yang J J, et al. 2014. Riboflavin supplementation improves energy metabolism in mice exposed to acute hypoxia. Physiological Research, 63 (3): 341-350.

Wang Y Y, Hammes F, Boon N, et al. 2009. Isolation and characterization of low nucleic acid (LNA)-content bacteria. The ISME Journal, 3 (8): 889-902.

Wang Y Z, Jiao P Y, Guo W, et al. 2021. Changes in bulk and rhizosphere soil microbial diversity and composition along an age gradient of Chinese fir (Cunninghamia lanceolate) plantations in subtropical China. Frontiers in Microbiology, 12: 777862.

Wang Y, Wei S, Cui H, et al. 2016. Distribution and diversity of microbial community along a vertical permafrost profile, Qinghai-Tibetan Plateau. Microbiology China, 43 (9): 1902-1917.

Warren-Rhodes K A, Rhodes K L, Pointing S B, et al. 2005. Aridity-induced limit to photosynthesis and primary production in the Atacama Desert. Abstracts of Papers of the American Chemical Society, 229: U889.

Wei D, Tarchen T, Dai D, et al. 2015. Revisiting the role of CH_4 emissions from alpine wetlands on the Tibetan Plateau: evidence from two in situ measurements at 4758 and 4320 m above sea level. Journal of Geophysical Research: Biogeosciences, 120 (9): 1741-1750.

Wei S, Cui H, He H, et al. 2014. Diversity and distribution of archaea community along a stratigraphic permafrost profile from Qinghai-Tibetan Plateau, China. Archaea, 2014: 240817.

Wilhelm L, Singer G, Fasching C, et al. 2013. Microbial biodiversity in glacier-fed streams. The ISME Journal, 7 (8): 1651-1660.

Williams T J, Lauro F M, Ertan H, et al. 2011. Defining the response of a microorganism to temperatures that span its complete growth temperature range (-2 degrees C to 28 degrees C) using multiplex quantitative proteomics. Environmental Microbiology, 13(8): 2186-2203.

Wu D D, Ding X D, Wang S, et al. 2018. Pervasive introgression facilitated domestication and adaptation in the Bos species complex. Nature Ecology & Evolution, 2(7): 1139-1145.

Wu G, Wan X, Gao S, et al. 2018. Humic-like substances (HULIS) in aerosols of central Tibetan Plateau (Nam Co, 4730 m asl): abundance, light absorption properties, and sources. Environmental Science & Technology, 52(13): 7203-7211.

Wu Q L, Zwart G, Schauer M, et al. 2006. Bacterioplankton community composition along a salinity gradient of sixteen high-mountain lakes located on the Tibetan Plateau, China. Applied & Environmental Microbiology, 72(8): 5478-5485.

Wu X, Xu H, Liu G, et al. 2017. Bacterial communities in the upper soil layers in the permafrost regions on the Qinghai-Tibetan plateau. Applied Soil Ecology, 120: 81-88.

Wu X, Xu H, Liu G, et al. 2018. Effects of permafrost collapse on soil bacterial communities in a wet meadow on the northern Qinghai-Tibetan Plateau. BMC Ecology, 18: 27.

Xia S, Li J, Wang R. 2008. Nitrogen removal performance and microbial community structure dynamics response to carbon nitrogen ratio in a compact suspended carrier biofilm reactor. Ecological Engineering, 32(3): 256-262.

Xia X, Wang J, Ji J, et al. 2015. Bacterial communities in marine aerosols revealed by 454 pyrosequencing of the 16S rRNA gene*. Journal of the Atmospheric Sciences, 72(8): 2997-3008.

Xiang S R, Yao T D, An L Z, et al. 2005a. Vertical quantitative and dominant population distribution of the bacteria isolated from the Muztagata ice core. Science in China Series D-Earth Sciences, 48(10): 1728-1739.

Xiang S R, Yao T D, An L Z, et al. 2005b. 16S rRNA sequences and differences in bacteria isolated from the Muztag Ata glacier at increasing depths. Applied & Environmental Microbiology, 71(8): 4619-4627.

Xiang S, Shang T, Chen Y, et al. 2009. Deposition and postdeposition mechanisms as possible drivers of microbial population variability in glacier ice. FEMS Microbiology Ecology, 70(2): 9-20.

Xiao X, Liang Y, Zhou S, et al. 2017. Fungal community reveals less dispersal limitation and potentially more connected network than that of bacteria in bamboo forest soils. Molecular Ecology, 27(2): 550-563.

Xie W, Li Y, Bai W, et al. 2021. The source and transport of bioaerosols in the air: a review. Frontiers of Environmental Science & Engineering, 15(3): 44.

Xing P, Tao Y, Jeppesen E, et al. 2020. Comparing microbial composition and diversity in freshwater lakes between Greenland and the Tibetan Plateau. Limnology and Oceanography, 66: S142-S156.

Xing T, Liu P, Ji M, et al. 2022. Sink or source: alternative roles of glacier foreland meadow soils in methane emission is regulated by glacier melting on the Tibetan Plateau. Frontiers in Microbiology, 13: 862242.

Xu B, Cao J, Hansen J, et al. 2009. Black soot and the survival of Tibetan glaciers. Proceedings of the National Academy of Sciences of the United States of America, 106(52): 22114-22118.

Xu C, Ma Y, Yang K, et al. 2018. Tibetan Plateau impacts on global dust transport in the upper troposphere. Journal of Climate, 31(12): 4745-4756.

Xun F, Li B, Chen H, et al. 2022. Effect of Salinity in Alpine Lakes on the Southern Tibetan Plateau on Greenhouse Gas Diffusive Fluxes. Journal of Geophysical Research: Biogeosciences, 127(7): e2022JG0066984.

Yadav A N, Sachan S G, Verma P, et al. 2015. Culturable diversity and functional annotation of psychrotrophic bacteria from cold desert of Leh Ladakh (India). World Journal of Microbiology & Biotechnology, 31(1): 95-108.

Yadav A N, Sachan S G, Verma P, et al. 2016. Cold active hydrolytic enzymes production by psychrotrophic Bacilli isolated from three sub-glacial lakes of NW Indian Himalayas. Journal of Basic Microbiology, 56(3): 294-307.

Yan D, Li J, Pei J, et al. 2017. The temperature sensitivity of soil organic carbon decomposition is greater in subsoil than in topsoil during laboratory incubation. Scientific Reports, 7(1): 5181.

Yan F, Sillanpää M, Kang S, et al. 2018. Lakes on the Tibetan Plateau as conduits of greenhouse gases to the atmosphere. Journal of Geophysical Research: Biogeosciences, 123(7): 2091-2103.

Yang G, Peng Y, Marushchak M E, et al. 2018a. Magnitude and pathways of increased nitrous oxide emissions from uplands following permafrost thaw. Environmental Science & Technology, 52(16): 9162-9169.

Yang G, Peng Y, Olefeld D, et al. 2018b. Changes in methane flux along a permafrost thaw sequence on the Tibetan Plateau. Environmental Science & Technology, 52(3): 1244-1252.

Yang J, Ji Z, Kang S, et al. 2021. Contribution of South Asian biomass burning to black carbon over the Tibetan Plateau and its climatic impact. Environmental Pollution (Barking, Essex : 1987), 270: 116195.

Yang L, Wang Y, Zhang Z, et al. 2015. Comprehensive transcriptome analysis reveals accelerated genic evolution in a Tibet Fish, Gymnodiptychus pachycheilus. Genome Biology and Evolution, 7(1): 251-261.

Yang W, Guo X, Yao T, et al. 2011. Summertime surface energy budget and ablation modeling in the ablation zone of a maritime Tibetan glacier. Journal of Geophysical Research-Atmospheres, 116(D14).

Yang Y, Fang J, Smith P, et al. 2009. Changes in topsoil carbon stock in the Tibetan grasslands between the 1980s and 2004. Global Change Biology, 15(11): 2723-2729.

Yang Y, Gao Y, Wang S, et al. 2014. The microbial gene diversity along an elevation gradient of the Tibetan grassland. The ISME Journal, 8(2): 430-440.

Yang Y, Liu G, Ye C, et al. 2019. Bacterial community and climate change implication affected the diversity and abundance of antibiotic resistance genes in wetlands on the Qinghai-Tibetan Plateau. Journal of Hazardous Materials, 361: 283-293.

Yao T, Liu Y, Kang S, et al. 2008. Bacteria variabilities in a Tibetan ice core and their relations with climate change. Global Biogeochemical Cycles, 22(4).

Yao T, Masson-Delmotte V, Gao J, et al. 2013. A review of climatic controls on $\delta^{18}O$ in precipitation over the Tibetan Plateau: observations and simulations. Reviews of Geophysics, 51(4): 525-548.

Yao T, Pu J, Lu A, et al. 2007. Recent glacial retreat and its impact on hydrological processes on the Tibetan Plateau, China, and surrounding regions. Arctic, Antarctic, and Alpine Research, 39(4): 642-650.

Yao T, Thompson L G, Mosbrugger V, et al. 2012a. Third pole environment (TPE). Environmental Development, 3: 52-64.

Yao T, Thompson L, Yang W. 2012b. Different glacier status with atmospheric circulations in Tibetan Plateau and surroundings. Nature Climate Change, 2(9): 663-667.

Yoo K, Lee T K, Choi E J, et al. 2017. Molecular approaches for the detection and monitoring of microbial communities in bioaerosols: a review. Journal of Environmental Sciences-China, 51: 234-247.

Youngblut N D, Reischer G H, Walters W, et al. 2019. Host diet and evolutionary history explain different aspects of gut microbiome diversity among vertebrate clades. Nature Communications, 10(1): 2200.

Yu L, Chen Y, Wang W, et al. 2016a. Multi-Vitamin B supplementation reverses hypoxia-induced Tau Hyperphosphorylation and improves memory function in adult mice. Journal of Alzheimers Disease, 54(1): 297-306.

Yu L, Wang G D, Ruan J, et al. 2016b. Genomic analysis of snub-nosed monkeys (Rhinopithecus) identifies genes and processes related to high-altitude adaptation. Nature Genetics, 48(8): 947-952.

Yuan H J, Huang S, Yuan J, et al. 2021a. Characteristics of microbial denitrification under different aeration intensities: performance, mechanism, and co-occurrence network. Science of the Total Environment, 754: 141965.

Yuan H J, Meng F F, Yamamoto M, et al. 2021b. Linking historical vegetation to bacterial succession under the contrasting climates of the Tibetan Plateau. Ecological Indicators, 126: 107625.

Yuan T, Chen S, Wang L, et al. 2020. Impacts of two East Asian atmospheric circulation modes on black carbon aerosol over the Tibetan Plateau in winter. Journal of Geophysical Research: Atmospheres, 125(12): e2020JD032458.

Yun J, Ju Y, Deng Y et al. 2014. Bacterial community structure in two permafrost wetlands on the Tibetan Plateau and Sanjiang Plain, China. Microbial Ecology, 68(2): 360-369.

Zang L, Liu Y, Song X, et al. 2021. Unique T4-like phages in high-altitude lakes above 4500 m on the Tibetan Plateau. Science of the Total Environment, 801: 149649.

Zarsky J D, Stibal M, Hodson A, et al. 2013. Large cryoconite aggregates on a Svalbard glacier support a diverse microbial community including ammonia-oxidizing archaea. Environmental Research Letters, 8(3): 035044.

Zdanowski M K, Zmuda-Baranowska M J, Borsuk P, et al. 2013. Culturable bacteria community development in postglacial soils of Ecology Glacier, King George Island, Antarctica. Polar Biology, 36(4): 511-527.

Zeng J, Zhao D, Li H, et al. 2016. A monotonically declining elevational pattern of bacterial diversity in freshwater lake sediments. Environmental Microbiology, 18(12): 5175-5186.

Zhang B, Chamba Y, Shang P, et al. 2017. Comparative transcriptomic and proteomic analyses provide insights into the key genes involved in high-altitude adaptation in the Tibetan pig. Scientific Reports, 7(1): 3654.

Zhang G Q, Yao T D, Piao S L, et al. 2017. Extensive and drastically different alpine lake changes on Asia's high plateaus during the past four decades. Geophysical Research Letters, 44(1): 252-260.

Zhang H J, Sun, L W, Li Y, et al. 2021. The bacterial community structure and N-cycling gene abundance in response to dam construction in a riparian zone. Environmental Research, 194: 110717.

Zhang H, Yohe T, Huang L, et al. 2018. dbCAN2: a meta server for automated carbohydrate-active enzyme annotation. Nucleic Acids Research, 46(W1): W95-W101.

Zhang J, Wang J, Chen W, et al. 1988. Vegetation of Xizang.

Zhang L Y, Delgado-Baquerizo M, Shi Y, et al. 2021. Co-existing water and sediment bacteria are driven by contrasting environmental factors across glacier-fed aquatic systems. Water Research, 198: 117139.

Zhang L, Dumont M G, Bodelier P L, et al. 2020. DNA stable-isotope probing highlights the effects of temperature on functionally active methanotrophs in natural wetlands. Soil Biology & Biochemistry, 149: 107954.

Zhang S H, Hou S G, Yang G L, et al. 2010. Bacterial community in the East Rongbuk Glacier, Mt. Qomolangma (Everest) by culture and culture-independent methods. Microbiological Research, 165(4): 336-345.

Zhang S, Hou S, Ma X, et al. 2007. Culturable bacteria in Himalayan glacial ice in response to atmospheric circulation. Biogeosciences, 4(1): 1-9.

Zhang S, Hou S, Wu Y, et al. 2008. Bacteria in Himalayan glacial ice and its relationship to dust. Biogeosciences, 5(6): 1741-1750.

Zhang X F, Yao T D, Tian L D, et al. 2008. Phylogenetic and physiological diversity of bacteria isolated from Puruogangri ice core. Microbial Ecology, 55(3): 476-488.

Zhang X F, Zhao L, Xu S J, et al. 2013. Soil moisture effect on bacterial and fungal community in Beilu River (Tibetan Plateau) permafrost soils with different vegetation types. Journal of Applied Microbiology, 114(4): 1054-1065.

Zhang X, Xu S, Li C, et al. 2014. The soil carbon/nitrogen ratio and moisture affect microbial community structures in alkaline permafrost-affected soils with different vegetation types on the Tibetan plateau. Research in Microbiology, 165(2): 128-139.

Zhang Z, Xu D, Wang L, et al. 2016. Convergent evolution of rumen microbiomes in high-altitude mammals. Current Biology, 26(14): 1873-1879.

Zheng X, Liu W, Dai X, et al. 2021. Extraordinary diversity of viruses in deep-sea sediments as revealed by metagenomics without prior virion separation. Environmental Microbiology, 23(2): 728-743.

Zhou J, Li Z, Li X, et al. 2011. Movement estimate of the Dongkemadi Glacier on the Qinghai-Tibetan Plateau using L-band and C-band spaceborne SAR data. International Journal of Remote Sensing, 32(22): 6911- 6928.

Zhou L, Zhou Y, Hu Y, et al. 2019. Microbial production and consumption of dissolved organic matter in glacial ecosystems on the Tibetan Plateau. Water Research, 160: 18-28.

Zhu Y G, Gillings M, Simonet P, et al. 2018. Human dissemination of genes and microorganisms in Earth's Critical Zone. Global Change Biology, 24(4): 1488-1499.

Zhu Y G, Zhao Y, Li B, et al. 2017. Continental-scale pollution of estuaries with antibiotic resistance genes. Nature Microbiology, 2: 16270.

Zhu Y, Lu Z, Xie X. 2011. Potential distribution of gas hydrate in the Qinghai-Tibetan Plateau. Geological

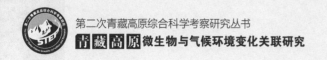
Bulletin of China, 30(12): 1918-1926.

Ziegler M, Eguiluz V M, Duarte C M, et al. 2018. Rare symbionts may contribute to the resilience of coral-algal assemblages. The ISME Journal, 12(1): 161-172.

Zosso C U, Ofiti N O E, Soong J L, et al. 2021. Whole-soil warming decreases abundance and modifies the community structure of microorganisms in the subsoil but not in surface soil. Soil, 7(2): 477-494.

附录

科考日志

一、高原微生物多样性保护和可持续利用科考分队联合科学考察日志

附表 1.1　分队联合科学考察日志表

日期	工作内容	停留地点
2019 年 7 月 8 日 至 7 月 15 日	从云南昆明出发前往西藏八宿县然乌镇，并沿途开展滇西北—藏东南微生物多样性特征综合科学考察	云南昆明 - 西藏八宿县然乌镇
2019 年 7 月 16 日 至 7 月 23 日	前往帕隆 4 号冰川，开展冰雪、径流、冰川前缘土壤、植被多圈层微生物多样性调查	帕隆 4 号冰川

附图 1.1　45 名科考队员于帕隆 4 号冰川合影留念

附图 1.2　冰川归来用一杯酥油茶暖身（从左到右分别是：杨云锋、杨祝良、刘勇勤、李岳昂。其中李岳昂是一名来自北京四中的高中生，他一路不惧艰难，不怕吃苦，帮助科考队员完成样品采集。）

二、冰川微生物考察日志

附表 2.1 枪勇、唐古拉、廓琼岗日、古里雅冰川科考日志表

日期	工作内容	停留地点
2020 年 6 月 19 日至 6 月 21 日	前往枪勇冰川，采集冰川径流及湖泊冰雪微生物样品、冰川末端生物气溶胶样品	枪勇冰川
2020 年 6 月 22 日至 7 月 4 日	前往唐古拉龙匣宰陇巴冰川，在冰川末端及 5400m 处架设生物气溶胶采集器，采集冰雪、冰尘及径流样品，采集高寒草甸土壤样品	唐古拉龙匣宰陇巴冰川
2020 年 7 月 5 日至 7 月 8 日	前往廓琼岗日冰川，采集冰上、冰下、冰前及冰川末端等多生境各种微生物样品	廓琼岗日冰川
2020 年 7 月 9 日至 8 月 6 日	前往枪勇冰川，采集冰川冰、雪、湖水、径流微生物样品，开展湖水原位培养试验	枪勇冰川
2020 年 9 月 7 日	从改则县前往日土县，沿途采集氮同位素水样及雅江干流与支流河流样品	改则县－日土县
2020 年 9 月 8 日	前往阿里地区日土县，参观中国科学院阿里荒漠环境综合观测研究站	日土县
2020 年 9 月 9 日至 9 月 11 日	前往古里雅冰川末端海拔 5500m 处采集冰川连续体微生物多样性样品	日土县古里雅冰川
2020 年 9 月 14 日至 9 月 21 日	前往日土县长热湖、芒错及马头湖采集湖泊微生物多样性样品	日土县
2020 年 10 月 1 日	前往阿里地区札达县采集雅江河流微生物多样性及氮同位素样品	阿里地区札达县

附图 2.1 枪勇冰川末端和冰川补给湖泊（枪勇湖）

附表 2.2 2022 年"巅峰使命"珠峰绒布冰川科考日志表

日期	工作内容	停留地点
2022 年 4 月 27 日	从拉萨市出发前往定日县扎西宗乡境内珠峰大本营	定日县珠峰大本营
2022 年 4 月 28 日	在大本营搭建工作帐篷并架设气溶胶采样器，规划并讨论后期科研方案，准备耗材	定日县珠峰大本营
2022 年 4 月 29 日至 5 月 3 日	分组前往大本营下游采集海拔梯度土壤、径流及沉积物样品	珠峰大本营下游
2022 年 5 月 4 日	在珠峰大本营观看登顶仪式，并采访兰州大学校友，规划后期采样方案	定日县珠峰大本营

日期	工作内容	停留地点
2022 年 5 月 5 日至 5 月 9 日	采集冰湖、入湖径流水体样品及沿途土壤样品，开展冰湖初级生产力原位测定实验	大本营下游冰湖
2022 年 5 月 10 日至 5 月 15 日	汪文强前往珠峰海拔 6800m 处采集样品，其余人员在珠峰大本营下游进行样品补采及样品处理，并做好返回准备	珠峰大本营
2022 年 5 月 16 日	部分人员驻守珠峰大本营接应高海拔冰芯钻取工作并完成气溶胶采集收尾工作，其余人员返回拉萨	珠峰大本营－拉萨

附图 2.2　科考队员在珠峰大本营指挥部观看登顶直播（左）；观看登顶仪式结束后，冰川微生物科考分队在帐篷内讨论采样计划（右）

附图 2.3　（左）唐古拉龙匣宰陇巴冰川采样途中；（右）龙匣宰陇巴冰川前缘湿地忽变的天气

附图 2.4 古里雅冰川连续体微生物多样性采样调研

附图 2.5 绒布冰川径流和土壤样品采集

三、土壤微生物考察日志

附表 3.1　土壤微生物考察日志表

日期	工作内容	停留地点
2019 年 7 月 9 日	购买物资，科考队员见面会暨野外安全培训	昆明市
2019 年 7 月 10 日	二次科考启动仪式，进行采样物资准备及仪器调试	昆明市 - 香格里拉市
2019 年 7 月 11 日	白马雪山附近海拔 3000m 处进行 L 型土壤采样、根系采样及土壤呼吸测定	德钦县
2019 年 7 月 12 日	为快速行进之然乌湖进行综合采样做准备	德钦县 - 如美镇
2019 年 7 月 13 日	在芒康县海拔 4245m 处进行 L 型土壤采样，并检测对应土壤呼吸	如美镇 - 八宿县
2019 年 7 月 14 日	在八宿县吉达乡海拔 3900m 处进行 L 型土壤采样，在八宿县白衣错海拔 4420m 处进行 L 型土壤采样，下午到达然乌湖并进行修整和准备	八宿县
2019 年 7 月 15 日	绕然乌湖及溪流边缘发散采样，上湖 4 个样点，中下湖 6 个样点，每个样点采集样品 4 号，并进行相应土壤呼吸监测	然乌湖
2019 年 7 月 16 日	在帕隆 4 号冰川前沿分组进行真菌、湖泊溪流及土壤联合采样	帕隆 4 号冰川
2019 年 7 月 17 日	从然乌湖前往察隅县，沿途分别在海拔 3800m、3600m、3100m 及 2500m 处进行 L 型土壤样品采集	然乌湖 - 察隅县
2019 年 7 月 18 日	前往察隅县察瓦龙乡，在察瓦龙乡附近海拔 2000m 处进行 L 型土壤样品采集及土壤呼吸测定	察隅县察瓦龙乡
2019 年 7 月 19 日	从察瓦龙乡前往福贡县，在贡山附近海拔 1600m 处进行 L 型土壤样品采集	察瓦龙乡 - 福贡县
2019 年 7 月 20 日	从福贡县前往瓦窑镇，在福贡县附近海拔 1000m 处进行 L 型土壤采样	福贡县 - 瓦窑镇
2019 年 7 月 21 日	从瓦窑镇返回昆明市，进行样品整理与物资邮寄	瓦窑镇 - 昆明市

附图 3.1　科考队员在行车路途中的观景台上合影

附图 3.2　科考队员分工采样及土壤呼吸测定

四、湖泊微生物考察日志

附表 4.1　湖泊微生物考察日志表

日期	工作内容	停留地点
2022 年 8 月 2 日	科考队员在中国科学院青藏高原研究所拉萨部集合并召开野外动员会议,确定实验方案及耗材并装车	拉萨市
2022 年 8 月 3 日至 8 月 6 日	科考队员分组分别开展细菌生产力及呼吸实验、紫外线对病毒生态特性影响实验,以及水样的采集、测定与实验样品的布置	当雄县纳木错
2022 年 8 月 7 日	科考队员分组分别进行水文参数、病毒丰度、浮游动植物样品、RNA 和 epicPCR 样品的采集,以及不同水层微生物日周期的培养实验	当雄县纳木错
2022 年 8 月 8 日至 8 月 12 日	科考队员分别开展湖心分层样品采集、水层微生物培养、水层微生物样品处理等实验	当雄县纳木错
2022 年 8 月 13 日	科考队员按照第一次的安排顺利开展纳木错不同水层微生物的日周期培养实验	当雄县纳木错
2022 年 8 月 14 日	进行实验样品收纳与耗材物资的整理	当雄县纳木错

附图 4.1　湖泊野外之前众人合影；水质测定与浮游动物样品采集

五、河流微生物考察日志

附表 5.1　河流微生物考察日志表

日期	工作内容	停留地点
2023 年 7 月 23 日	科考队员在中国科学院青藏高原研究所拉萨部会面并进行野外安全培训	拉萨市
2023 年 7 月 24 日	科考队员办理证明材料和边防证，为野外进行耗材清点及物资采买	拉萨市
2023 年 7 月 25 日	科考队伍从拉萨市出发前往波密县	拉萨市－波密县
2023 年 7 月 26 日	从波密县前往察隅县，在察隅河下游进行水样和沉积物样品的采集，并于当晚进行样品的整理与过滤工作	波密县－察隅县
2023 年 7 月 27 日	科考队从察隅县出发，沿途分别于察隅县上游和波密县帕隆藏布上游进行水样和沉积物样品采集，并于当晚进行样品整理与过滤工作	察隅县－波密县
2023 年 7 月 28 日	科考队从波密县出发，于帕隆藏布中游进行水样和沉积物样品采集，并于当晚进行样品整理与过滤工作	波密县
2023 年 7 月 29 日	科考队从波密县出发前往林芝市，沿途进行帕隆藏布、易贡藏布及尼洋河的水样和沉积物采集工作，并于当晚进行样品整理及过滤工作	波密县－林芝市

续表

日期	工作内容	停留地点
2023 年 7 月 30 日	科考队从林芝市出发前往拉萨市，沿途进行尼洋河及拉萨河的水样和沉积物样品采集，并于当晚进行样品整理与过滤工作	林芝市 - 拉萨市
2023 年 7 月 31 日	科考队从拉萨市出发前往贡嘎县，沿途进行拉萨河下游及雅鲁藏布江的水样和沉积物采集，并于当晚进行样品整理与过滤工作	拉萨市 - 贡嘎县
2023 年 8 月 1 日	科考队从贡嘎县出发前往拉萨市，沿途进行拉萨河和拉萨市景观水体的水样和沉积物样品采集，并于当晚进行样品整理与过滤工作	贡嘎县 - 拉萨市
2023 年 8 月 2 日	科考队清点并整理冷藏水样、土壤和沉积物样品，将其从拉萨市运回并保存于厦门市的实验室冰箱中	拉萨市 - 厦门市

附图 5.1　科考队员在察隅河、帕隆藏布、尼洋河和拉萨河沿岸采集水样和沉积物样品、测定水质参数

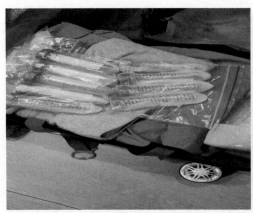

附图 5.2　用于保存样品的保存液（左）；科考队在过滤野外采回的水样（右）

六、真菌考察日志

附表 6.1　西藏自治区昌都市、那曲市、日喀则市、山南市和林芝市真菌科考日志表

日期	工作内容	停留地点
2023 年 7 月 17 日 至 7 月 19 日	科考队在中国科学院昆明植物研究所进行野外动员，从昆明市出发前往拉萨市，并在沿途各县采集真菌剂植物病原菌样品	昆明市-迪庆州德钦县-昌都市芒康县-八宿县-类乌齐县-丁青县
2023 年 7 月 20 日 至 7 月 22 日	科考队于羊卓雍措和普莫雍错进行木腐水生真菌样品采集及部分草地真菌样品收集	那曲市比如县-色尼区-拉萨市曲水县-山南市浪卡子县
2023 年 7 月 23 日 至 7 月 30 日	科考队从山南市浪卡子县前往日喀则市康马县，在沿途各县进行真菌、水生真菌及植物病原菌的样品采集与处理	日喀则市亚东县-岗巴县-康马县
2023 年 7 月 31 日 至 8 月 4 日	科考队分别在洛扎县、错那市和隆子县进行真菌及植物病原菌的样品采集	洛扎县-错那市-隆子县
2023 年 8 月 5 日 至 8 月 11 日	科考队分别在朗县、米林市和墨脱县进行真菌、水生真菌及植物病原菌的样品采集	朗县-米林市-墨脱县
2023 年 8 月 11 日 至 8 月 16 日	科考队从林芝市察隅县沿路返回昆明市，并在察隅县及怒江州贡山县进行真菌及植物病原菌的样品采集	林芝市察隅县-察瓦龙乡-怒江州贡山县-昆明市

附表 6.2　西藏自治区林芝市察隅和墨脱地区真菌科考日志表

日期	工作内容	停留地点
2024 年 6 月 15 日至 6 月 16 日	科考队自中国科学院昆明植物研究所出发前往怒江丙中洛镇	昆明市-怒江州丙中洛镇
2024 年 6 月 17 日	科考队自丙中洛镇前往察隅县，并沿途采集真菌标本、整理标本，共采集真菌标本 33 份、微型真菌标本 34 份	丙中洛镇-察隅县
2024 年 6 月 18 日	科考队自察隅县目若村出发前往下察隅镇办理边境管理区通行证，并沿途采集真菌样本	察隅县目若村-察隅县下察隅镇
2024 年 6 月 19 日	科考队自察隅县下察隅镇出发前往察隅县阿扎村，并沿途选择 5 个合适的生境进行真菌资源调查及标本采集、整理工作	察隅县下察隅镇-察隅县阿扎村

续表

日期	工作内容	停留地点
2024 年 6 月 20 日至 6 月 22 日	科考队分别在朝洞新村沿河流东北方向的阔叶林、阿扎村背面山坡针叶林及阿扎村对面的山头，展开对察隅县真菌资源的调查及标本采集，3 天共计采集真菌标本 115 份、微型真菌标本 116 份	察隅县阿扎村
2024 年 6 月 23 日至 6 月 24 日	科考队自察隅县出发前往墨脱县，并沿途采集标本	察隅县 - 波密县 - 墨脱县
2024 年 6 月 25 日至 6 月 27 日	科考队分别前往墨脱县格当乡占根卡村、墨脱县墨脱村仁青崩寺及墨脱县背崩乡进行样品采集与标本整理、记录，3 天共计采集真菌标本 71 份、微型真菌标本 57 份	墨脱县
2024 年 6 月 28 日至 6 月 29 日	科考队自波密县途径察隅县、贡山县、怒江州、保山市，返回至昆明市，结束科考	波密县 - 昆明市

附表 6.3　西藏自治区林芝市、拉萨市和阿里地区真菌科考日志表

日期	工作内容	停留地点
2024 年 7 月 28 日至 8 月 3 日	科考队自昆明市出发前往拉萨市，并于林芝市察隅县、波密县、巴宜区及拉萨市进行真菌及植物病原菌样品采集	昆明市 - 怒江州福贡县 - 林芝市察隅县察瓦龙乡 - 昌都市左贡县 - 林芝市波密县 - 林芝市巴宜区鲁朗镇 - 拉萨市 - 拉萨市墨竹工卡县
2024 年 8 月 4 日至 8 月 7 日	科考队自拉萨市当雄县起，沿途经过那曲市尼玛县和阿里地区措勤县、改则县、革吉县、噶尔县并进行真菌及植物病原菌样品采集	拉萨市当雄县 - 那曲市尼玛县 - 阿里地区措勤县 - 阿里地区改则县 - 阿里地区革吉县 - 阿里地区噶尔县
2024 年 8 月 8 日至 8 月 12 日	科考队自阿里地区日土县起，沿途经过札达县、普兰县和日喀则市萨嘎县、萨迦县并进行真菌及植物病原菌样品采集	阿里地区日土县 - 阿里地区札达县 - 阿里地区普兰县 - 日喀则市萨嘎县 - 日喀则市萨迦县 - 日喀则市拉孜县 - 拉萨市
2024 年 8 月 13 日	科考队员由于身体不适，科考临时终止进行返程	阿里地区日土县 - 阿里地区札达县 - 阿里地区普兰县 - 日喀则市萨嘎县 - 日喀则市萨迦县 - 日喀则市拉孜县 - 拉萨市

附图 6.1　科考队员临行前合影

附图 6.2　科考队员在野外拍摄生境照

附图 6.3　"有文身的蚂蟥"（左）；蚂蟥穿透鞋子吸血（右）

附图 6.4　科考队员采集得到的部分真菌子实体生境照

附图 6.5　发呆的小猴子

附图 6.6　科考队员采集到的真菌标本（左）；凌晨两点大家还在处理样品（右）

七、高原动物微生物考察日志

附表 7.1　高原动物微生物考察日志表

日期	工作内容	停留地点
2020 年 8 月 5 日	科考队乘车前往纳木错国家公园，进行高原鼠兔肠道微生物样品采集	拉萨市当雄县
2020 年 8 月 6 日	科考队驱车前往那曲市班戈县，海拔高度为 4716.22m，进行高原鼠兔肠道微生物样品采集	那曲市班戈县
2020 年 8 月 7 日	科考队驱车前往崩错，海拔高度为 4662.32m，分工进行高原鼠兔肠道微生物样品采集	那曲市班戈县
2020 年 8 月 8 日	科考队员在崩错分区、定量进行高原鼠兔肠道微生物样品采集	那曲市班戈县

附图 7.1　科考队员使用望远镜确定合适采样点

附图 7.2　高原鼠兔采样点俯瞰；科考队长张志刚抓到高原鼠兔